Alan Weisman

Die Welt ohne uns

Zu diesem Buch

Angenommen, wir verschwinden von einem Tag auf den anderen von unserem Planeten, welche Spuren hinterlassen wir auf der Erde? Alan Weisman beschreibt, wie die Welt ohne uns der Auflösung anheimfällt, wie unsere Rohrleitungen zu einem Gebirge reinsten Eisens korrodieren, warum einige Bauwerke und Kirchen womöglich als letzte Überreste von Menschenhand stehen bleiben, wie Ratten und Schaben ohne uns zu kämpfen haben und dass Plastik und Radiowellen unsere langlebigsten Geschenke an den Planeten sein werden. Schon ein Jahr nach unserem Verschwinden werden Millionen Vögel mehr leben, weil die Warnlichter der Flughäfen erloschen sind. In zwanzig Jahren werden die großen Avenues in Manhattan zu Flüssen geworden sein. Unsere Häuser halten fünfzig, vielleicht hundert Jahre. Großstädte in der Nähe von Flussdeltas, wie Hamburg, Amsterdam oder Houston, werden in dreihundert Jahren fortgewaschen. Und nach fünfhundert Jahren wächst Urwald über unsere Stadtviertel …

Alan Weisman ist ein vielfach ausgezeichneter Journalist und Professor für internationalen Journalismus an der University of Arizona. Für seine großen Reportagen bereist er die ganze Welt. Er berichtet unter anderem für *Harper`s*, das *New York Times Magazine* und das *Discover Magazine*. Weisman lebt mit seiner Frau im Bundesstaat Massachusetts.

Alan Weisman

Die Welt ohne uns

Reise über eine unbevölkerte Erde

Aus dem amerikanischen Englisch von Hainer Kober

PIPER

Mehr über unsere Autorinnen, Autoren und Bücher:
www.piper.de

Unser Versprechen für mehr Nachhaltigkeit
• Klimaneutrales Produkt
• FSC®-zertifiziertes Papier
• Hergestellt in Europa

FSC www.fsc.org MIX Papier | Fördert gute Waldnutzung FSC® C021394

Aktualisierte Taschenbuchausgabe
ISBN 978-3-492-31939-3
1. Auflage Mai 2022
2. Auflage Januar 2023

Titel der amerikanischen Originalausgabe: „The World Without Us", Thomas Dunne Books, ein Imprint von St. Martin's Press, New York 2007

Umschlaggestaltung: Büro Jorge Schmidt, München
Umschlagmotiv: © 2019 lassedesignen / shutterstock
Satz: seitenweise, Tübingen
Gesetzt aus der ADV P S. L T
Litho: Lorenz & Zeller, Inning am Ammersee
Gedruckt von ScandBook in Litauen
Printed in the EU

Das Firmament blaut ewig, und die Erde
Wird lange fest stehn und aufblühn im Lenz.
Du aber, Mensch, wie lange lebst denn du?

Das Trinklied vom Jammer der Erde
(nach Li-Tai-Po/Hans Bethge)
Gustav Mahler, *Das Lied von der Erde*

In Erinnerung an
Sonia Marguerite
in unvergänglicher Liebe
aus einer Welt ohne dich

Inhalt

Vorspiel

Eines Junimorgens im Jahre 2004 saß Ana María Santi gegen den Pfahl einer ausladenden Überdachung aus Palmblättern gelehnt. Sie betrachtete missbilligend eine Ansammlung ihrer Nachbarn und Freunde – der Bewohner des Dorfes Mazáraka am Río Conambu, einem Nebenfluss des Amazonas in Ecuador. Vom Haar abgesehen, das auch nach siebzig Jahren noch dick und schwarz war, erinnerten Ana Marías Züge ansonsten an eine vertrocknete Hülsenfrucht. Ihre grauen Augen blickten bleich aus den tiefen Runzeln ihres Gesichts. In einem Dialekt, der eine Mischung aus Kichwa und Zápara, einer fast untergegangenen Sprache, war, schalt sie ihre Nichten und Enkelinnen. Eine Stunde nach Einbruch der Dämmerung waren diese Frauen wie alle anderen Einwohner des Dorfes, mit Ausnahme von Ana María, längst betrunken.

Der Anlass war ein *minga*, Amazoniens Spielart des Scheunenbaus. Vierzig barfüßige Zápara-Indianer, etliche mit bemalten Gesichtern, saßen in einem dichten Kreis auf Bänken aus Baumstämmen. Um sich in die richtige Stimmung zu bringen, hinaus in den Wald zu gehen, ihn zu roden und niederzubrennen, damit Ana Marías Bruder ein neues Maniokfeld anlegen konnte, schütteten sie literweise *chicha* in sich hinein. Sogar die Kinder schlürften das milchige, saure Bier aus Maniokbrei, das mit dem Speichel der Zápara-Frauen gegoren wird, weshalb sie den ganzen

Tag die Knollen kauen. Zwei Mädchen, die sich Gräser ins Haar geflochten hatten, drängten sich durch die Menge, füllten die Chicha-Becher auf und gaben Schalen mit Welssuppe aus. Den Älteren und den Gästen servierten sie große Stücke gekochtes Fleisch, dunkel wie Schokolade. Doch Ana María Santi, die älteste der Anwesenden, aß nichts davon.

Während der Rest der Menschheit mit großen Schritten ins neue Jahrtausend stürmte, waren die Zápara noch kaum in der Steinzeit angekommen. Wie die Klammeraffen, die sie als ihre Ahnen ansahen, nutzten die Zápara die Bäume als Lebensraum: Mit Lianen banden sie Palmstämme zusammen, die Dächer aus geflochtenen Palmwedeln trugen. Bis zur Einführung des Manioks waren Palmherzen ihr wichtigstes Gemüse gewesen. Ihren Eiweißbedarf deckten sie, indem sie mit Netzen auf Fischfang gingen oder Tapire, Nabelschweine, Wachteln und Hokkos, eine südamerikanische Vogelart, mit Bambuspfeilen und Blasrohren jagten.

Das tun sie auch heute noch, doch gibt es kaum noch Wild. Als Ana Marías Großeltern jung waren, sagt sie, habe der Wald sie mühelos ernährt, obwohl die Zápara damals einer der größten Stämme im Amazonasgebiet waren. Rund 200 000 Stammesmitglieder lebten in Dörfern an den benachbarten Flüssen. Dann geschah etwas in einem fernen Land und nichts in ihrer Welt – oder der irgendeines anderen Menschen – war mehr wie vorher.

Henry Ford hatte mit der Erfindung des Fließbands die Massenproduktion von Automobilen möglich gemacht und damit die Nachfrage nach luftgefüllten Schläuchen und Reifen derart angekurbelt, dass profitorientierte Weiße jeden schiffbaren Strom Amazoniens auf der Suche nach Gummibäumen und potenziellen Arbeitskräften befuhren. In Ecuador halfen ihnen dabei die Hochland-Kichwas, die einst von spanischen Missionaren bekehrt worden waren und nun die heidnischen Zápara aus der Tiefebene an Bäume ketteten und zur Arbeit zwangen, bis sie an Erschöpfung starben, während sie die Zápara-Frauen und -Mädchen wie Vieh behandelten, vergewaltigten und ermordeten.

In den 1920er Jahren richteten neue Gummiplantagen in Südostasien den Markt für den wilden Kautschuksaft aus Südamerika zugrunde. Die wenigen Hundert Zápara, denen es gelungen war, sich während des Völkermords zu verstecken, blieben in ihren Schlupfwinkeln. Einige gaben sich als Kichwas aus und lebten unter den Feinden, die nun ihr Land besetzt hatten. Andere flüchteten nach Peru. Ecuadors Zápara galten offiziell als ausgestorben. Nachdem Peru und Ecuador 1999 lange währende Grenzstreitigkeiten beigelegt hatten, stieß man auf einen peruanischen Zápara-Medizinmann, der im Dschungel Ecuadors unterwegs war. Er sei hier, sagte er, um endlich seine Verwandten wiederzusehen.

Die wiederentdeckten Zápara Ecuadors wurden eine anthropologische Sensation. Der Staat erkannte ihre territorialen Rechte an, auch wenn diese nur noch einen winzigen Bruchteil ihrer einstigen Gebiete betrafen, und die UNESCO unterstützte die Wiederbelebung ihrer Kultur und die Rettung ihrer Sprache. Damals wurde sie nur noch von vier Menschen gesprochen, unter ihnen auch Ana María Santi. Der Wald, wie sie ihn einst gekannt hatten, war weitgehend vernichtet: Von ihren Unterdrückern, den Kichwas, hatten sie gelernt, Bäume mit Macheten zu fällen und die Stümpfe zu verbrennen, um Maniok anzubauen. Nach jeder Ernte müssen die Felder mehrere Jahre brachliegen. So weit das Auge reicht, wird dann das hohe Blätterdach der Maniokpflanzen von dürrem Zweitwuchs in Gestalt von Lorbeer, Magnolien und Palmen verdrängt. Maniok war jetzt ihre wichtigste Erntefrucht und wurde den ganzen Tag in Form von *chicha* konsumiert. Aber die Zápara hatten überlebt und waren im 21. Jahrhundert angekommen. Zwar jagten sie noch, doch wanderten sie oft tagelang, ohne Tapire oder auch nur eine Wachtel zu finden. In ihrer Not erlegten sie Klammeraffen, deren Fleisch einst tabu gewesen war.

Abermals stieß Ana María die Schale fort, die ihr von ihren Enkelinnen angeboten wurde, die Schale mit schokoladenfarbenem Fleisch, aus der eine winzige, daumenlose Pfote herausragte. Mit ihrem knotigen Kinn wies sie auf das verschmähte Affenfleisch.

»Wenn wir jetzt so weit sind, dass wir unsere Ahnen essen«, fragte sie, »was bleibt uns dann noch?«

Auch uns beschleicht in jüngerer Zeit eine Ahnung von dem, was Ana María bewegt.

Vor noch nicht allzu langer Zeit sind die Menschen nur knapp der atomaren Katastrophe entgangen. Mit etwas Glück wird es uns vielleicht gelingen, diese und andere Gefahren der Massenvernichtung auch in Zukunft zu vermeiden. Heute müssen wir uns jedoch fragen, ob wir den Planeten – uns eingeschlossen – nicht unbeabsichtigt vergiftet oder überhitzt haben. Wasser und Boden sind belastet und verschwendet, sodass es von beidem weit weniger gibt als früher. Tausende von Arten haben wir ausgelöscht, die wahrscheinlich auf immer verloren sind. Unser ganzer Planet könnte eines Tages, so warnen die Experten, einem verwahrlosten Brachland ähneln, wo neben dem Unkraut nur noch Ratten und Krähen gedeihen. Wann ist, wenn es zu dieser Entwicklung kommen sollte, der Punkt erreicht, wo auch wir trotz unserer viel gerühmten Intelligenz nicht mehr zu den überlebenden Arten zählen?

Wir wissen es nicht. Jede Hypothese leidet unter unserem hartnäckigen Widerstand, den schlimmsten Fall ins Auge zu fassen. Unser natürlicher Selbsterhaltungstrieb lässt uns die Vorboten von Katastrophen leugnen, verdrängen und ignorieren, falls sie uns nicht vor Angst lähmen.

Wenn uns dieser Trieb so täuscht, dass wir warten, bis es zu spät ist, sieht es schlecht für uns aus. Stärkt er unseren

Widerstandswillen angesichts sich mehrender Zeichen, wäre es von Vorteil. Mehr als einmal hat eine töricht scheinende Hoffnung in schier aussichtsloser Lage kreative Kräfte entfesselt und die Betroffenen vor dem Verderben gerettet.

Lassen wir uns also auf ein kreatives Experiment ein: Nehmen wir an, der schlimmste Fall sei eingetreten. Die Vernichtung der Menschheit wäre eine vollendete Tatsache. Kein atomares Desaster, kein Asteroideneinschlag oder irgendein anderes Ereignis, das katastrophal genug ist, um uns Menschen auszulöschen und das, was bleibt, vollkommen zu verändern. Auch kein düsteres Umweltszenario, das uns – und mit uns viele andere Arten – in den schleichenden Untergang treibt.

Vielmehr das Bild einer Welt, in der wir alle plötzlich verschwinden. Morgen zum Beispiel.

Unwahrscheinlich vielleicht, aber in einem Gedankenexperiment durchaus möglich.

Schauen Sie sich die Welt von heute an. Ihr Haus, Ihre Stadt. Die Umgebung, das Pflaster auf dem Sie stehen, der Erdboden darunter. Lassen Sie alles, wie es ist, aber nehmen Sie die Menschen aus diesem Bild heraus. Löschen Sie uns einfach aus. Was bleibt? Wie würde die Natur reagieren, wenn sie plötzlich vom Einfluss der Menschen befreit wäre? Wie schnell würde oder könnte sie in den Zustand zurückkehren, in dem sie sich befand, bevor wir unsere Maschinen in Gang setzten?

Wie lange würde es dauern, bis die Erde wieder so aussähe wie sie war, bevor Adam und Eva auf der Bildfläche erschienen? Könnte die Natur jemals all unsere Spuren auslöschen? Wie würde sie unsere riesigen Städte und Straßen verschwinden lassen? Oder gibt es Dinge, die sich nie wieder rückgängig machen lassen?

Was ist mit unseren erhabensten Schöpfungen – unserer Architektur, unserer Kunst, den Manifestationen unseres

Geistes? Sind sie wirklich zeitlos, zumindest zeitlos genug, um fortzubestehen, bis sich die Sonne ausdehnt und unsere Erde zu Asche verbrennt?

Und könnten wir selbst *danach* irgendeine schwache, überdauernde Spur im Universum hinterlassen, ein letztes Nachglühen, ein Echo der irdischen Menschheit, ein interplanetarisches Zeichen, dass wir hier waren?

Um eine Ahnung davon zu bekommen, wie die Welt ohne uns sein wird, müssen wir unter anderem die Welt betrachten, wie sie vor uns war. Nun sind wir keine Zeitreisenden, und die fossilen Funde liefern nur ein lückenhaftes Bild. Doch selbst wenn diese Funde keine Lücken aufwiesen, wäre die Zukunft kein perfektes Spiegelbild der Vergangenheit. Schließlich haben wir einige Arten so gründlich ausgerottet, dass sie – oder ihre DNS – wohl keine Chance auf Wiedergeburt haben. Da unser Handeln teils unwiderrufliche Folgen hat, wird der Planet nach unserem Fortgang nicht derselbe sein, der entstanden wäre, wenn wir uns nie entwickelt hätten.

Vielleicht wäre er aber auch nicht gar so verschieden. Die Natur hat in der Vergangenheit schon immer Verluste erlitten und die leeren Nischen wieder aufgefüllt. Selbst heute gibt es noch ein paar irdische Flecken, wo wir mit allen Sinnen ein lebendiges Echo jenes Paradieses wahrnehmen können, das der Planet vor unserer Ankunft darstellte.

Wenn wir schon träumen, warum dann nicht auch davon, wie die Natur zu ihrem Recht kommen könnte, ohne dass wir abtreten müssten? Schließlich sind auch wir nur Säugetiere. Jede Lebensform trägt zu dem bunten, vielgestaltigen Erscheinungsbild der Erde bei. Könnte dann nicht unser Verschwinden den Planeten auch ein Stück ärmer machen? Wäre es denkbar, dass die Erde, statt einen tiefen Seufzer der Erleichterung auszustoßen, uns ein bisschen vermissen würde?

1 Ein Echo des Paradieses

Vielleicht haben Sie noch nie von der *Puszcza Białowieska* gehört. Doch wenn Sie irgendwo in dem gemäßigten Klimastreifen aufgewachsen sind, der große Teile von Nordamerika, Japan, Korea, China, Russland, etlichen ehemaligen Sowjetrepubliken, der Türkei sowie Ost- und Westeuropa mit den britischen Inseln umfasst, wird diese Landschaft eine vage Erinnerung in Ihnen wecken.

Puszcza ist ein altes polnisches Wort, das »Wildnis« oder »Urwald« bedeutet. Zu beiden Seiten der polnisch-weißrussischen Grenze gelegen, enthält dieses 1500 Quadratkilometer umfassende Gebiet den letzten intakten Flachlandurwald Europas. Denken Sie an den geheimnisvoll-nebligen Wald, der sich vor Ihrem inneren Auge auftat, wenn Ihnen jemand in der Kindheit Grimms Märchen vorlas. Hier ragen Eschen und Linden fast fünfzig Meter empor und beschatten mit ihren mächtigen Wipfeln ein feuchtes, undurchdringliches Unterholz von Hainbuchen, Farnen, Grauerlen und Pilzen mit tellergroßen Hüten. Eichen, auf denen sich das Moos eines halben Jahrtausends versammelt, nehmen so imposante Ausmaße an, dass Buntspechte ihre Fichtenzapfen in die tiefen Risse der acht Zentimeter starken Rinde klemmen können. Über dem Wald liegt schwer und kühl eine Stille, die nur selten vom Krächzen eines Tannenhähers, dem leisen Ruf eines Kauzes oder dem Heulen eines Wolfs unterbrochen wird.

Aus den Tiefen des Waldes dringt der Duft des Moders,

der sich seit unvordenklichen Zeiten angesammelt hat, und ruft dem Besucher den Ursprung aller Fruchtbarkeit ins Gedächtnis. In diesem Urwald verdankt das Leben seine ganze Fülle all dem, was tot ist. Fast ein Viertel der organischen Masse oberhalb des Erdbodens befindet sich in unterschiedlichen Stadien des Zerfalls – mehr als hundert Kubikmeter verfaulender Baumstämme und Äste pro Hektar, von denen sich Tausende von Arten ernähren, Pilze, Flechten, Borkenkäfer, Maden und Mikroorganismen, die man in den ordentlichen, bewirtschafteten Forsten, die wir üblicherweise als Wälder bezeichnen, vergebens sucht.

Alle diese Arten füllen nach ihrem Tod die Speisekammer des Waldes, aus der sich Wiesel, Baummarder, Waschbären, Dachse, Otter, Füchse, Luchse, Wölfe, Rehe, Elche und Adler ernähren. Hier treffen wir mehr Arten an als irgendwo sonst auf dem europäischen Kontinent – obwohl es keine schützenden Berge oder Täler gibt, um besondere Nischen zu bilden. Der Bialoweza-Urwald ist nichts anderes als ein Rest eines Waldgebietes, das sich einst im Osten bis Sibirien und im Westen bis Irland erstreckte.

Dass mitten in Europa ein Stück biologisches Altertum in so ursprünglicher Form erhalten blieb, ist einem besonderen Umstand zu verdanken. Im 14. Jahrhundert erklärte der litauische Großfürst Wladislaw Jagiello, nachdem er sein Großfürstentum mit dem Königreich Polen vereint hatte, den Wald zum königlichen Jagdrevier. Jahrhundertelang änderte sich nichts an diesem Status. Als die polnisch-litauische Union schließlich von Russland geschluckt wurde, erklärten die Zaren die Puszcza zu ihrem Privatgebiet. Während des Ersten Weltkriegs schlugen die deutschen Besatzungstruppen hier zwar Holz und jagten die Wildbestände, doch blieb ein Kerngebiet in seiner urwüchsigen Form erhalten, das 1921 ein polnischer Nationalpark wurde. Kurzzeitig wurde der Holzschlag von den Sowjets wiederaufgenommen, doch als die deutsche Wehrmacht einfiel, erklärte

Hermann Göring, ein fanatischer Naturfreund, den Park zum absoluten Sperrgebiet, das einzig und allein seinem Vergnügen vorbehalten war.

Nach dem Zweiten Weltkrieg erklärte sich Josef Stalin während der Neuordnung der europäischen Grenzen bereit, zwei Fünftel des Waldes bei Polen zu belassen. Wenig veränderte sich unter kommunistischer Herrschaft, abgesehen vom Bau einiger Jagddatschen für die Parteielite. Leider stellt sich heute heraus, dass dieses uralte Schutzgebiet unter der jetzigen polnischen Demokratie und der weißrussischen Unabhängigkeit größeren Gefahren ausgesetzt ist als in den Jahrhunderten von Monarchie und Diktatur. Die Forstministerien in beiden Ländern unternahmen vermehrte Anstrengungen, den Urwald zu erhalten. Sogenannte forstwirtschaftliche Maßnahmen verschleiern jedoch den Umstand, dass schlagreife Laubbäume ausfindig gemacht – und verkauft – werden, die sonst eines Tages umstürzen und den Wald mit neuen Nahrungsmitteln versorgen würden.

Der Gedanke, dass ganz Europa einmal wie dieser Urwald gewesen sein soll, mutet merkwürdig an. Verfolgen wir ihn weiter, wird uns klar, dass wir uns schon sehr weit von unseren eigentlichen Ursprüngen entfernt haben. Der Anblick von Holunderbäumen mit Stämmen von mehr als zwei Metern Durchmesser oder der höchsten Bäume, die es hier gibt – riesige zerzauste Nordlandfichten –, wirkt auf uns, die wir an die vergleichsweise winzigen, forstwirtschaftlich genutzten Wälder der nördlichen Hemisphäre gewöhnt sind, fast ebenso exotisch, als befänden wir uns in Amazonien oder der Antarktis.

Als Student der Forstwirtschaft in Krakau hatte Andrzej Bobiec gelernt, den Wald unter dem Gesichtspunkt der Ertragsmaximierung zu bewirtschaften, was beispielsweise bedeutet, dass man »unverwertbare« organische Abfälle beseitigt, damit sich dort keine Forstschädlinge wie der Borkenkäfer einnisten. Doch bei einem Besuch im Bialoweza-Urwald entdeckte der Forstökologe zu seinem Erstaunen eine zehn Mal größere Artenvielfalt als in jedem Wald, den er bisher zu Gesicht bekommen hatte.

Beispielsweise waren einzig dort noch alle neun europäischen Spechtarten anzutreffen, weil einige von ihnen nur in hohlen, toten Baumstämmen nisten. »Dieser Urwald hat sich jahrtausendelang ausgezeichnet selbst bewirtschaftet«, erklärt Bobiec.

Der kräftige, bärtige Forstwirt bekam einen Posten beim polnischen Nationalparkamt, wurde jedoch wieder entlassen, weil er gegen forstwirtschaftliche Maßnahmen protestierte, die den eigentlichen Urwald immer stärker in Mitleidenschaft zogen.

Jahrelang schnürte er seine Lederstiefel und begab sich täglich auf lange Wanderungen durch seine geliebte Puszcza. Doch obwohl er jene Teile des Waldes, die von Menschenhand noch unberührt sind, engagiert verteidigt, ist Andrzej Bobiec auch fasziniert von den Spuren, die der Mensch dort im Laufe der Jahrhunderte und Jahrtausende hinterlassen hat.

Eine so urtümliche Wildnis hält alle Spuren menschlicher Anwesenheit fest und Bobiec hat gelernt, sie zu entziffern. Holzkohleschichten im Boden zeigen ihm, wo einst Waldflächen von Jägern niedergebrannt wurden, um Lichtungen zum Äsen des Wildes zu schaffen. Bestände mit Birken und Zitterpappeln zeugen von Zeiten, in denen Jagiellos Nachkommen sich anderen Dingen widmen mussten als der Jagd, vielleicht dem Krieg – und zwar so lange, dass diese sonnenhungrigen Baumarten die Waldlichtungen wieder in Besitz nehmen konnten. Die Schößlinge in ihrem Schatten verraten, welche Laubbäume hier einst wuchsen. Allmählich werden sie die Birken und Espen verdrängen, bis es sein wird, als wären sie nie verschwunden gewesen.

Immer wenn Bobiec auf einen ungewöhnlichen Strauch wie Weißdorn oder einen alten Apfelbaum stößt, weiß er, dass dort einmal eine Holzhütte gestanden haben muss und schon längst von den gleichen Mikroorganismen verzehrt wurde, welche die riesigen Bäume hier wieder in Erde verwandeln können. Jede der mächtigen Solitäreichen, die Bobiec auf einem niedrigen, kleebedeckten Hügel antrifft, markiert einen Ort, wo Feuerbestattungen stattgefunden haben. Ihre Wurzeln nähren sich von der Asche jener Slawen, die vor 900 Jahren aus dem Osten kamen und die Vorfahren der heutigen Weißrussen sind. An der Nordwestecke des Waldes haben Juden aus umliegenden Ortschaften ihre Toten begraben. Ihre in Sandstein und Granit gearbeiteten Grabsteine aus der Mitte des 19. Jahrhunderts sind moosbedeckt und von Wurzeln zu Fall gebracht. Wind und Wetter haben sie so glatt geschliffen, dass sie den Kieselsteinen ähneln, die trauernde Verwandte – inzwischen selbst schon längst verstorben – einst zum Zeichen des Gedenkens daraufgelegt haben.

Andrzej Bobiec durchquert eine blaugraue Kiefernschneise, knapp anderthalb Kilometer von der weißrussischen Grenze entfernt. Der verblassende Oktobernachmittag ist so still, dass Bobiec die Schneeflocken fallen hören kann. Plötzlich ertönt ein lautes Knacken im Unterholz und ein Dutzend Wisente bricht aus dem Versteck hervor, in dem sie sich an jungen Schößlingen gütlich getan haben. Einen Moment richten sie stampfend ihre riesigen schwarzen Augen auf den Eindringling, bevor sie die Flucht ergreifen.

Nur noch 600 Wisente leben in freier Wildbahn, fast alle von ihnen hier – oder nur die Hälfte von ihnen, je nachdem, was man unter *hier* versteht. Dieses Paradies wird von einer Grenze geteilt, die in den achtziger Jahren von den Sowjets errichtet wurde, um zu verhindern, dass Weißrussen ins liberale Polen flohen. Während sich die Wölfe einen Weg unter dem Zaun hindurchgraben und man annimmt, dass Rehwild und Elche über ihn hinwegspringen, bleibt die Herde dieser größten europäischen Säugetiere und mit ihnen ihr Genpool getrennt – und somit bedrohlich verringert, wie einige Zoologen befürchten. Nach dem Ersten Weltkrieg wurden Wisente aus zoologischen Gärten hierher gebracht, um eine Art wiederaufzufüllen, die von hungrigen Soldaten fast vernichtet worden war. Nun werden sie von einem Relikt des Kalten Krieges aufs Neue bedroht, denn Weißrusslands Behörden wollen den Grenzzaun nicht für die Tiere öffnen.

Die Riesenbäume des Urwalds unterscheiden sich nicht von denen in Polen; die gleichen Butterblumen, Flechten und gewaltigen Roteichenblätter; dieselben kreisenden Seeadler, die der Stacheldrahtzaun weit unten nicht kümmert. Tatsächlich expandiert der Wald zu beiden Seiten der Grenze, da die Landbevölkerung ihre schrumpfenden Dörfer verlässt und in die Städte zieht. In diesem feuchten Klima erobern Birken und Espen rasch die brachliegenden Kartoffeläcker; in nur zwei Jahrzehnten weichen die landwirtschaftlichen Nutzflächen dem Wald. Unter dem Blätterdach der ersten Bäume regenerieren sich Eichen, Ahorn, Linden, Ulmen und Fichten. Fünfhundert Jahre ohne den Menschen und ein echter Wald könnte neu erstehen.

2 Vom Untergang unserer Häuser

An dem Tag, an dem die Menschheit verschwindet, beginnt die Natur augenblicklich mit dem Hausputz. Sie putzt unsere Häuser vom Antlitz der Erde. Alle werden sie verschwinden.

Wenn Sie ein Haus besitzen, wissen Sie längst, dass das auch bei Ihrem Heim nur eine Frage der Zeit ist. Auch wenn Sie es sich nicht eingestehen, hat die unerbittliche Erosion bereits eingesetzt, angefangen bei Ihren Ersparnissen. Als Sie das Haus kauften, hat niemand erwähnt, was Sie darüber hinaus würden ausgeben müssen, um zu verhindern, dass die Natur es sich lange vor der Bank zurückholt.

Selbst wenn Sie in einer Siedlung leben, wo schwere Maschinen die Landschaft mit roher Gewalt ihrem Willen unterwarfen, wo die wildwuchernde natürliche Pflanzenwelt durch gefügige Rasenflächen und gesichtslose Bäumchen ersetzt und Feuchtgebiete einfach zubetoniert wurden – selbst dann wird Ihnen klar sein, dass die Natur nicht kleinzukriegen ist. Sie können Ihr bestens geheiztes Zuhause noch so gut gegen Wettereinflüsse isolieren, unsichtbare Sporen dringen trotzdem ein und machen sich irgendwann als Schimmelpilzbefall bemerkbar: Erschreckend, wenn Sie ihn entdecken, schlimmer noch, wenn nicht, weil er sich hinter der gestrichenen Wand verbirgt, wo er Rigipsplatten anfrisst, Stützpfeiler aufweicht und Fußbodenbretter zerstört. Oder Sie müssen hilflos die Invasion von Ameisen,

Kellerasseln, Schaben, Hornissen oder sogar kleinen Säugetieren mitansehen.

Vor allem aber fürchten Sie, was in anderen Situationen unser Lebenselixier ist: Wasser; denn das versucht, sich überall Zugang zu verschaffen.

Der Regen holt sich zurück, was wir der Natur genommen haben. Zunächst nimmt er sich das hölzerne Rahmenwerk vor, bei Wohnhäusern der nördlichen Hemisphäre die häufigste Bauweise. Der Prozess beginnt am Dach, wo er es vermutlich mit Bitumen-, Schiefer oder Tondachziegeln zu tun bekommt, deren Garantiezeit von zwanzig bis dreißig Jahren das erste Leck in der unmittelbaren Umgebung des Schornsteins allerdings nicht mehr verhindern kann. Wenn sich das Kehlblech an den nach innen geneigten Dachflächen, wo der Regen zusammenströmt, unter der unablässigen Einwirkung löst, läuft Wasser unter die Schindeln und breitet sich auf den darunterliegenden Schalplatten oder Holzfasern aus.

Die heutige Bauweise setzt auf leichte Materialien. Einerseits ist nichts dagegen einzuwenden: Wenn wir so kostengünstig und leicht bauen, verbrauchen wir weniger natürliche Ressourcen. Andererseits sind die dicken Bäume, denen die Gebäude aus dem europäischen und japanischen Mittelalter und der amerikanischen Frühzeit ihre Stützstreben und Tragbalken verdanken, selten und kostspielig geworden, sodass uns heute gar nichts anderes übrig bleibt, als kleinere Bretter und Späne zusammenzuleimen.

Das Kunstharz in Ihrem kostenbewusst gewählten Spanplattendach, ein wasserfester Mix aus Formaldehyd und Phenolpolymeren, wurde auch auf die frei liegenden Kanten der Platten aufgetragen, was gar nichts nützt, weil die Feuchtigkeit in der Umgebung der Nägel eindringt. Schon bald beginnen sie zu rosten und ihren Halt zu verlieren. Das führt nicht nur augenblicklich zu Lecks, sondern auch zu einer fatalen Beeinträchtigung der Stabilität. Abgesehen davon, dass die Platten die Unterlage der Deckung bilden, geben sie sich auch gegenseitig Halt. Die Versteifungen – vorfabrizierte Hölzer, die von Metallverbindungen zusammengehalten werden – haben die Aufgabe, eine Spreizung des Dachstuhls zu verhindern. Doch wenn sich die Verschalung auflöst, geht auch die Stabilität der Konstruktion verloren.

Da die Schwerkraft auf die Verschalung einwirkt, reißen die Stifte, die die Metallverbindungen halten, aus dem nassen Holz, das jetzt mit einer flaumigen Schicht von grünlichem Schimmelpilz bedeckt ist. Unter dem Schimmel sondern dünne Fäden, sogenannte Hyphen, Enzyme ab, welche Zellulose und Lignin, also das Holz, zu Pilznahrung abbauen.

Das Gleiche geschieht mit dem Fußboden im Inneren. Wenn die Heizung ausgeht, platzen die Rohre, wenn es im Winter friert, und der Regen weht ins Haus, wo unter dem Aufprall von Vögeln oder dem Druck absackender Mauern die Fenster zersprungen sind. Selbst dort, wo das Glas noch heil ist, finden Regen und Schnee unaufhaltsam ihren Weg unter den Türschwellen ins Haus. Mit fortschreitender Fäulnis brechen die Tragebalken in sich zusammen. Schließlich lehnen sich die Wände zur Seite und das Dach stürzt ein. Ein Scheunendach mit einem 50 Zentimeter großen Loch ist innerhalb von zehn Jahren hin. Ihr Haus hält vielleicht fünfzig, bestenfalls hundert Jahre.

Während das Unheil seinen Lauf nimmt, treiben Eichhörnchen, Marder und Eidechsen im Inneren des Hauses ihr Unwesen und nagen Nisthöhlen in das Ständerwerk, ohne sich um die Spechte zu kümmern, die der Wand von der anderen Seite zu Leibe rücken. Auch wenn ihnen anfangs die angeblich unverwüstlichen Fassadenverkleidungen aus Aluminium, Vinyl oder den wartungsfreien Zementfaserprofilen das Leben schwer machen, brauchen sie nur ein Jahrhundert zu warten, bis die meisten dieser Werkstoffe am Ende sind. Die ursprüngliche Farbimprägnierung ist fast verschwunden. Während das Wasser sich unaufhaltsam seinen Weg in Schnittkanten hinein sucht und durch die Löcher sickert, die einst Nägel füllten, machen sich Bakterien über die organischen Bestandteile der Baustoffe her und lassen nur die Mineralien zurück. Abgefallene Vinylverkleidungen, deren Farben schon früh verblassten, sind jetzt spröde und brüchig, da ihre Weichmacher abgebaut sind. Das Aluminium hat sich besser gehalten, doch dort, wo sich auf seiner Oberfläche salzhaltiges Wasser sammelt, frisst dieses langsam kleine Löcher, in denen eine körnige weiße Schicht zurückbleibt.

Jahrzehntelang sind Ihre stählernen Heizungszüge und Kühlschächte, auch als sie den Elementen ausgesetzt waren, durch die Verzinkung geschützt gewesen. Doch in gemeinsamer Anstrengung ist es Feuchtigkeit und Luft gelungen, sie in Zinkoxid zu verwandeln. Sobald die Verzinkung zerfressen ist, zerfällt das ungeschützte dünne Stahlblech in wenigen Jahren. Schon lange zuvor sind die wasserlöslichen Bestandteile des Rigips im Erdreich versickert. Bleibt nur noch der Schornstein, wo der ganze Ärger begann. Nach einem Jahrhundert steht er zwar noch immer, doch seine Ziegel fallen nach und nach herab und zerbrechen, weil der Kalkmörtel unter dem Einfluss der Temperaturschwankungen bröckelig wird und zu Staub zerfällt.

Wenn Sie stolzer Besitzer eines Swimmingpools waren, so hat er sich jetzt in einen Blumenkasten verwandelt, wo entweder die Aussaat jener Ziersträucher und Bäume wächst, die einst nur Ihren Garten schmückten, oder heimische Laubhölzer, an den Rand der Siedlung abgedrängt, die dort auf ihre Chance zur Rückeroberung des Terrains lauerten. Wenn das Haus über einen Keller verfügt, so füllt sich auch dieser mit Erde und Pflanzenleben. Brombeersträucher und Wilder Wein ranken an stählernen Gasleitungen empor, die zu Rost zerfallen sein werden, bevor ein weiteres Jahrhundert verstrichen ist. Die weißen PVC-Rohre in Bad und

Küche haben eine gelbliche Färbung angenommen und sind an der lichtzugekehrten Seite dünn geworden. Dort ist das Chlorid zu Salzsäure verwittert, die nun sich selbst und das Polyvinyl in ihrer Nähe auflöst. Nur die Kacheln im Badezimmer sind relativ unverändert, da gebrannte Keramik ähnliche chemische Eigenschaften hat wie Fossilien – auch wenn die Kacheln nun, mit faulendem Laub vermischt, am Boden liegen.

Was nach 500 Jahren noch vorhanden ist, hängt davon ab, an welchem Ort der Welt Sie leben. War das Klima gemäßigt, befindet sich ein Wald an der Stelle der Vorstadt; von einigen Hügeln abgesehen, ähnelt er allmählich wieder dem Ort, der er war, bevor sich die Stadtplaner darüberhermachten. Zwischen den Bäumen, halb verborgen unter dem sprießenden Unterholz, liegen die Aluminiumteile von Geschirrspülern und Kochtöpfe aus Edelstahl, deren Kunststoffgriffe rissig geworden, aber noch stabil sind. Im Laufe der kommenden Jahrhunderte wird sich – obwohl es kein Werkstoffprüfer mehr erfahren wird – endlich erweisen, wie lange es dauert, bis Aluminium korrodiert und zerfällt: Aluminium ist ein relativ neues Material, das den Frühmenschen unbekannt war – sein Grundstoff muss elektrochemisch bearbeitet werden, um das Metall zu gewinnen.

Die Chromlegierungen, die dem Edelstahl seine Elastizität verleihen, werden diese Aufgabe wahrscheinlich noch einige Jahrtausende lang erfüllen, vor allem wenn die Töpfe, Pfannen und Bestecke aus Kohlenstoff-Stahl unter Sauerstoffabschluss begraben liegen. Sollte irgendwer in hunderttausend Jahren diese Dinge ausgraben, wird ihn die Entdeckung so gebrauchsfertiger Werkzeuge unvermittelt auf eine höhere Evolutionsstufe katapultieren. Die Erkenntnis, diese wunderbaren Objekte nicht nachbauen zu können, wird sicherlich eine niederschmetternde Enttäuschung sein – oder in ihrer Rätselhaftigkeit der Ansatzpunkt einer neuen Religion.

In den Gegenden der Erde mit trockenem und heißem Klima werden die Kunststoffbestandteile des modernen Lebens rascher zerbröckeln, da die Polymerketten unter dem fortwährenden Beschuss von Ultraviolettstrahlung zerfallen. Angesichts geringerer Feuchtigkeit ist Holz dort haltbarer, während alle Metallteile, die mit den salzigen Wüstenböden in Berührung kommen, schneller rosten. Nun lassen römische Ruinen aber vermuten, dass dickes Gusseisen noch in den archäologischen Funden einer fernen Zukunft vertreten sein könnte, daher dürfte eines Tages der seltsame Anblick von Hydranten, die zwischen Kakteen aus dem Boden ragen, zu den wenigen Hinweisen gehören, dass es hier einmal Menschen gab. Wenn Backsteine und Rigipswände längst der Erosion zum Opfer gefallen sind, werden die schmiedeeisernen Balkon- und Fenstergitter, die sie einst schmückten, immer noch erkennbar sein, wenn auch löchrig wie Tüll: Der Rost, der sich durch das Eisen frisst, lässt nur dessen kristallines Gerüst zurück.

Früher errichteten wir unsere Gebäude oft auch aus den dauerhaftesten Stoffen, die wir kannten: Granitblöcken zum Beispiel. Die Ergebnisse sind noch heute Gegenstand unserer Bewunderung, doch wir machen inzwischen nur noch selten von dieser Technik Gebrauch, weil Abbau, Zuschneiden, Transport und Einpassen der Steine eine Geduld verlangen, die wir nicht mehr besitzen. Baumeister wie Antonio Gaudí, der in Barcelona im Jahr 1882 mit der Errichtung der noch immer unvollendeten Basilika *Sagrada Familia* begann, gibt es nicht mehr – niemand ist bereit, in Bauwerke zu investieren, die unsere Ururenkel in 150 Jahren vollenden werden. Ganz zu schweigen von den Kosten, die, da wir nicht mehr auf Tausende von Sklaven zurückgreifen können, sehr beträchtlich sind, vor allem im Vergleich mit einer anderen römischen Erfindung: dem Beton.

Heute verfestigt sich dieses Gemisch aus Kalkstein, Ton,

Wasser und Zusatzstoffen während des Aushärtens zu künstlichem Gestein und wird mehr und mehr zur erschwinglichsten Option des *Homo sapiens urbanus.* Was wird also mit den Betonstädten geschehen, die heute mehr als die Hälfte der Menschheit beherbergen?

Bevor wir uns dieser Frage zuwenden können, müssen wir uns mit einer anderen beschäftigen, die das Klima betrifft. Wenn wir morgen verschwinden, wird die Eigendynamik bestimmter Kräfte, die wir bereits in Gang gesetzt haben, noch so lange fortwirken, bis Jahrhunderte später der Einfluss von Schwerkraft, Chemie und Entropie ein neues Gleichgewicht herstellt, das nur noch teilweise dem ähneln wird, das vor unserer Zeit herrschte. Dieses frühere Gleichgewicht beruhte darauf, dass ein erheblicher Teil des Kohlenstoffs, den wir inzwischen wieder in die Atmosphäre befördert haben, unter der Erdkruste eingeschlossen war. Statt zu verfaulen, könnten die Balkenkonstruktionen unserer Häuser konserviert werden wie die Planken der spanischen Galeonen, die dem steigenden Salzgehalt des Meerwassers ihre Erhaltung verdanken.

In einer wärmeren Welt würden die Wüsten möglicherweise noch trockener werden, während die Gegenden, in denen Menschen lebten, wahrscheinlich wieder von dem Element in Besitz genommen würden, das die Menschen ursprünglich angelockt hatte: fließendes Wasser. Von Kairo bis Phoenix entstanden Wüstenstädte dort, wo Flüsse Trockengebiete bewohnbar machten. Als ihre Zahl anstieg, unterwarfen die Menschen diese Wasseradern ihrer Kontrolle und leiteten sie in einer Weise um, die ein weiteres Bevölkerungswachstum ermöglichte. Doch mit den Menschen werden auch diese Veränderungen am natürlichen Lauf der Flüsse verschwinden. Den trockeneren, heißeren Wüstenklimata stehen dann feuchtere, stürmischere Großwetterlagen in den Gebirgen gegenüber, die reißende Wassermassen in die Ebenen schicken, Dämme überfluten, sich in die ehemaligen Überschwemmungsgebiete ergießen und alles begraben, was auf ihren alljährlich abgelagerten Schlammschichten erbaut wurde. Unter dieser Schicht könnten Hydranten, Lkw-Reifen, zertrümmertes Flachglas, Apartment- und Bürohochhäuser unbefristet fortbestehen, den Blicken allerdings ebenso gründlich entzogen wie einst unsere fossilen Brennstoffe.

Kein Denkmal wird ihr Grab kennzeichnen, nur die Wurzeln der Pappeln, Weiden und Palmen werden ihre Anwesenheit gelegentlich zur Kenntnis nehmen. Erst Ewigkeiten später, wenn die alten Gebirge abgetragen und neue aufgeworfen sind, werden junge Ströme neue Felsschluchten durch Sedimentschichten graben und dabei offenbaren, wer hier kurze Zeit weilte.

3 Die Stadt ohne uns

Die Vorstellung, die Natur könnte eines Tages etwas so Gigantisches und Festgefügtes wie eine moderne Großstadt schlucken, gelingt nicht ohne Weiteres. Angesichts der ungeheuren Größe von New York City scheitern alle Bemühungen, uns sein Verschwinden von der Landkarte vorzustellen. Die Ereignisse vom September 2001 haben lediglich gezeigt, was Menschen mit entsprechenden Mitteln bewirken können, nicht aber, wozu natürliche Prozesse wie Erosion oder Fäulnis fähig sind. Der atemberaubend rasche Zusammenbruch der Türme des World Trade Center vermittelte uns eher einen Eindruck von den Attentätern als von der extremen Verwundbarkeit, die unsere gesamte Infrastruktur bedrohen könnte. Und selbst diese zuvor unvorstellbare Katastrophe blieb auf einige wenige Gebäude beschränkt. Trotzdem: Die Zeit, welche die Natur brauchen würde, um sich aller Errungenschaften unserer urbanen Zivilisation zu entledigen, könnte kürzer sein, als wir vermuten.

1939 fand in New York eine Weltausstellung statt. Zu diesem Anlass schickte Polens Regierung ein Standbild von Wladislaw Jagiello, dem Begründer der *Puszcza Białowieska*. Triumphierend reckt er zwei Schwerter empor, die er dem gerade besiegten Feind Polens, den deutschen Ordensrittern, abgenommen hat.

Das Jagiello-Denkmal wurde im Central Park aufgestellt

und blickt auf den Turtle Pond hinab, wie der Teich heute heißt.

Wenn Dr. Eric Sanderson Besuchergruppen durch den Park führt, achtet er gewöhnlich nicht auf Jagiellos Standbild, weil er mit seinen Besuchern in eine ganz andere Zeit eingetaucht ist, ins 17. Jahrhundert. Sanderson – Brille unter breitkrempigem Filzhut, ergrauender, gestutzter Kinnbart und Laptop im Rucksack – ist Landschaftsökologe bei der Wildlife Conservation Society, einem weltweit tätigen Heer von Forschern, die versuchen, eine gefährdete Welt vor sich selbst zu retten. Vom Verwaltungsgebäude des Zoos in der Bronx aus leitet Sanderson das Mannahatta Project, einen virtuellen Versuch, die Insel Manhattan so zu rekonstruieren, wie sie sich 1609 Henry Hudson bei der ersten Expedition in die Bucht von New York darstellte: eine präurbane Vision, die zu Spekulationen über das Erscheinungsbild einer post-humanen Zukunft anregt.

Sandersons Forschungsgruppe hat holländische Originaldokumente, Militärkarten aus britischer Kolonialzeit, Unterlagen über Landvermessungen und jahrhundertealte Aktenstücke in verschiedenen Stadtarchiven durchforstet. Es wurden Sedimentproben genommen, fossile Pollen analysiert und Tausende von biologischen Daten in bildgebende Programme eingespeist, um dreidimensionale Panoramen jener dicht bewaldeten Wildnis zu erzeugen, die sich einst an der Stelle ausbreitete, wo sich heute ein Teil New Yorks befindet. Mit jeder neuen Gras- oder Baumart, die historisch in irgendeinem Teil der Stadt dokumentiert ist, werden die Bilder detaillierter, verblüffender und überzeugender. Ziel des Projekts ist ein Plan, der Häuserblock für Häuserblock jenen Geisterwald entstehen lässt, der Eric Sanderson unheimlicherweise sogar dann vor Augen steht, wenn er den Bussen in der Fifth Avenue ausweicht.

Wenn Sanderson durch den Central Park wandert, ist er in der Lage, durch die fast 400 000 Kubikmeter Erde hindurchzusehen, die von Frederick Law Olmstead und Calvert Vaux, den Planern des Parks, herbeigeschafft wurden, um damit das überwiegend sumpfige und von verschiedenen Sumach-Arten bewachsene Feuchtgebiet aufzufüllen. Er kann die Uferlinie des langen, schmalen Sees nachzeichnen, der sich entlang der heutigen 59. Straße nördlich des Plaza Hotels erstreckte und mit seinem mäandernden Abfluss die Salzsümpfe zum East River durchzog. Von Westen aus sieht Sanderson zwei Bäche in den See münden, welche die Hänge eines höheren Hügelkamms entwässerten, eines Wildwechsels für Hirsche und Pumas, der heute Broadway heißt.

Überall in der Stadt sieht Sanderson Wasser fließen, das großenteils aus dem Untergrund hervorsprudelt: »So ist die Spring Street zu ihrem Namen gekommen.« Er hat mehr als vierzig Bäche und Flüsschen ausfindig gemacht, die einst diese hügelige Felseninsel durchflossen: In der Algonquin-Sprache der ersten menschlichen Bewohner, der Lenni Lenape, bezeichnete der Name *Mannahatta* diese heute nicht mehr vorhandenen Hügel. Als New Yorks Stadtplaner im 19. Jahrhundert allem, was nördlich von Greenwich Village lag, ein Gitternetz aufdrückten – der Straßenwirrwarr im Süden ließ sich dieser Ordnung beim besten Willen nicht mehr unterwerfen –, setzten sie sich über alle topografischen Gegebenheiten hinweg. Von einigen massiven Schieferklippen im Central Park und an der Nordspitze der Insel abgesehen, wurde Manhattans vielfältig gegliedertes Terrain in Bachbetten geschoben, dann eingeebnet und nivelliert, um genügend Platz für die expandierende Stadt zu schaffen.

Später entstanden neue Umrisse, diesmal von geraden Linien und scharfen Winkeln geprägt, wie denn auch das Wasser, das der Landschaft einst ihre Gestalt verlieh, in ein unterirdisches Rohrnetz gezwängt wurde. Eric Sandersons Mannahatta Project zeigt, wie genau die moderne Kanalisation den Wegen der alten Wasserläufe folgt, wenngleich das von Menschenhand geschaffene System die Abwässer nicht so effizient wie die Natur abzuleiten vermag. Auch in einer Stadt, die ihre Flüsse vergraben habe, sagt er, »gibt es weiterhin Regen, und der muss irgendwohin«.

Genau das wird sich als der entscheidende Ansatzpunkt erweisen, wenn sich die Natur eines Tages anschickt, Manhattans harte Schale aufzubrechen. Anfangs ginge alles sehr rasch, wobei der erste Schlag gegen die empfindlichste Stelle der Stadt geführt würde: ihren Unterleib.

Paul Schuber von den New Yorker Verkehrsbetrieben und Peter Briffa, in der Stadtverwaltung zuständig für Verhinderung und Beseitigung von Wasserschäden, können sich ziemlich genau vorstellen, wie das geschehen würde. Jeden Tag müssen sie 50 Millionen Liter Wasser daran hindern, die New Yorker U-Bahn-Tunnel zu fluten.

»Das ist nur das Wasser, das sich bereits unter der Erde befindet«, sagt Schuber.

»Wenn es regnet, ist die Menge ...«, Briffa hebt resignierend die Hände, »nicht mehr zu kalkulieren.«

Vielleicht nicht wirklich unkalkulierbar, doch es regnet heute nicht weniger als vor dem Bau der Stadt. Einst umfasste Manhattan siebzig Quadratkilometer durchlässigen Bodens, durchzogen von lebendigem Wurzelwerk. Bäume und Wiesengräser absorbierten jährlich 120 Zentimeter Niederschlag, stillten damit ihren Durst und verdunsteten den Rest in die Atmosphäre. Was die Wurzeln nicht aufnahmen, sickerte ins Grundwasser. Hier und da trat das Regenwasser in Form von Seen und Sümpfen an die Oberfläche, wo überschüssige Mengen über die vierzig Flüsschen und Bäche ins Meer befördert wurden – jene Wasserläufe, die jetzt unter Beton und Asphalt begraben sind.

Da es heute kaum noch unversiegelte Böden oder Vegetation gibt, um die Niederschläge aufzunehmen beziehungsweise auszuschwitzen, und da die Hochhäuser das Sonnenlicht abfangen, weshalb das Wasser nicht verdunsten kann, sammelt sich der Regen in Pfützen, folgt der Schwerkraft in die Kanalisation – oder fließt in die Belüftungsschächte der U-Bahn, womit er zusätzlich zum Wasseraufkommen beiträgt, das dort bereits vorhanden ist. Unter der 131. Straße und Lenox Avenue untergräbt beispielsweise ein anschwellender unterirdischer Fluss das Fundament der U-Bahn-Linien A, B, C und D. Ständig klettern Männer in Warnwesten und derber Arbeitskleidung unter der Stadt herum, um den steigenden Grundwasserspiegel in den Katakomben von New York in den Griff zu bekommen.

Nach heftigen Regenfällen sind die Gullys von Schwemmgut verstopft – die Zahl der Plastikmülltüten, die in den Großstädten der Welt die Rinnsteine hinabtreiben, dürfte jede Vorstellung übersteigen –, worauf das Wasser, das ja irgendwohin ausweichen muss, die nächstgelegene U-Bahn-Treppe hinunterplätschert. Wenn dann noch ein kräftiger Nordostwind hinzukommt, drückt das Hochwasser des Atlantiks gegen den New Yorker Grundwasserspiegel, bis er an Stellen wie der Water Street in Lower Manhattan oder dem Yankee-Stadion in der Bronx direkt in die Tunnel schwappt und alles zum Erliegen bringt, bevor er wieder sinkt. Sollte sich der Ozean weiterhin erwärmen und schneller steigen als um die gegenwärtig zweieinhalb Zentimeter pro Jahrzehnt, wird sich der Atlantik irgendwann nicht mehr aus den Tunneln zurückziehen. Schuber und Briffa haben allerdings keine Ahnung, was dann geschieht.

Nimmt man zu alledem noch die überalterten Hauptwasserrohre aus den dreißiger Jahren hinzu, die häufig brechen, so wird New York schon jetzt nur noch durch die unablässige Wachsamkeit der U-Bahn-Mitarbeiter und die Arbeit von 753 Pumpen vor einer Überflutung bewahrt. Vergegenwärtigen Sie sich diese Pumpen: New Yorks U-Bahn-System, 1903 ein Wunderwerk der Technik, wurde im Untergrund einer bereits existierenden, jetzt blühenden Stadt angelegt. Da die Stadt bereits eine Kanalisation besaß, musste man mit der U-Bahn noch tiefer gehen. »Daher müssen wir bergauf pumpen«, erläutert Schuber. Damit steht New York nicht allein: Städte wie London, Moskau und Washington haben ihre U-Bahnen noch weitaus tiefer angelegt, häufig auch, um sie als Bunker nutzen zu können. Damit ist potenzielles Unheil vorgezeichnet.

Schuber blickt in ein quadratisches Loch, das sich unter der U-Bahn-Station Van Siclen Avenue in Brooklyn befindet. Aus dessen felsiger Sohle schießen jede Minute 2500 Liter Grundwasser hervor. Er weist auf vier gusseiserne Tauchpumpen in der tosenden Kaskade, die abwechselnd gegen die Schwerkraft kämpfen. Diese Pumpen werden elektrisch betrieben. Bei Stromausfall kann sich die Situation sehr rasch dramatisch zuspitzen. Nach den Anschlägen auf das World Trade Center pumpte ein Pumpenzug mit einem riesigen Dieselgenerator das 27-fache Volumen eines großen Sportstadions aus der Unglücksstelle. Wäre der Hudson River tatsächlich in die Tunnel der PATH-Strecke eingebrochen, die New York mit New Jersey verbindet, wie es fast der Fall war, wäre der Pumpenzug – und ein Großteil der Stadt – einfach überfordert gewesen.

In einer verödeten Stadt gäbe es keine Paul Schubers und Peter Briffas, die von einer unter Wasser stehenden Station zur nächsten laufen, sobald mehr als fünf Zentimeter Regen fällt, wie es in letzter Zeit mit beunruhigender Häufigkeit geschieht, oder die manchmal Schläuche treppauf verlegen, um das Wasser in einen Gully oben auf der Straße zu pumpen, und die manchmal diese U-Bahn-Tunnel in Schlauchbooten befahren. Doch ohne Menschen gäbe es auch keinen Strom. Die Pumpen würden ihre Arbeit einstellen und nie wieder aufnehmen. »Wenn diese Pumpen ausfallen«, sagt Schuber, »steht das Wasser in einer halben Stunde so hoch, dass die Züge nicht mehr durchkommen.«

Briffa nimmt seine Schutzbrille ab und reibt sich müde die Augen. »Bei Überschwemmung eines Abschnitts würde das

Wasser in die benachbarten drücken. In 36 Stunden wäre hier alles abgesoffen.«

Selbst wenn es nicht regnete, würde es nach dem Stillstand der Pumpen höchstens ein paar Tage dauern, schätzen sie. Dann beginnt das Wasser, das Erdreich unter dem Pflaster fortzuwaschen. Schon bald bilden sich Krater in der Straße. Da die Gullys nicht geräumt werden, entstehen an der Oberfläche einige neue Wasserläufe. Andere treten plötzlich auf, wenn die mit Wasser vollgesogenen Decken der U-Bahn-Schächte einstürzen. In zwanzig Jahren sind die wasserumspülten Stahlpfeiler, auf denen die Straße über den Linien 4, 5 und 6 der East Side ruht, verrostet und geben nach. Wenn die Lexington Avenue einstürzt, wird sie zum Flussbett.

Doch schon lange zuvor zeigen sich im ganzen Stadtgebiet erhebliche Straßenschäden. Wie Dr. Jameel Ahmad, Leiter des Tiefbaufachbereichs am New Yorker Cooper Union College, erläutert, träten sie schon im darauffolgenden März auf. In jedem März schwanken die Temperaturen bis zu vierzig Mal um den Gefrierpunkt (der Klimawandel könnte diese Periode in den Februar vorverlegen). Jedes Mal lässt dieser wiederholte Wechsel von Gefrieren und Tauen Asphalt und Beton platzen. Wenn der Schnee taut, sickert Wasser in die frischen Risse. Sobald es friert, dehnt sich das Wasser aus und die Risse vergrößern sich.

Es ist, als wollte sich das Wasser dafür rächen, dass es unter diese riesige Stadtlandschaft verbannt wurde. Fast jede andere natürlich vorkommende Verbindung zieht sich zusammen, wenn sie gefriert, nur die H_2O-Moleküle verhalten sich umgekehrt – sie ordnen sich zu eleganten sechseckigen Kristallen an und nehmen bis zu neun Prozent mehr Raum ein als in flüssigem Zustand. Wir können uns kaum vorstellen, dass diese hübschen zerbrechlichen Kristalle die Kraft haben sollen, die Platten eines Bürgersteigs auseinanderzudrängen. Noch unwahrscheinlicher ist die Vorstellung, dass Wasserrohre aus zähem Stahl, die einem Druck von 530 Kilogramm pro Quadratzentimeter standhalten, explodieren, wenn das Wasser gefriert. Doch genau das geschieht.

Wenn das Pflaster aufbricht und die Samen von Unkräutern wie Senf, Feldklee und Klebkraut vom Central Park herüberwehen, wurzeln sie in den neuen Rissen, die sich dadurch noch verbreitern. In der heutigen Welt ist die Stadtreinigung gewöhnlich sofort zur Stelle, beseitigt das Unkraut und füllt die Risse. Doch in einer Welt ohne Menschen gäbe es auch in New York niemanden mehr, der die auftretenden Mängel beheben könnte. Dem Unkraut auf dem Fuße folgt die sich am raschesten vermehrende exotische Art der Stadt, der Chinesische Götterbaum. Trotz ihres poetischen Namens sind diese Bäume rücksichtslose Eindringlinge, die in der Lage sind, sich in winzigen Rissen der U-Bahn-Tunnel anzusiedeln, so lange unbemerkt, bis ihr Blätterdach durch die Gitter der Bürgersteige kriecht. Wenn niemand mehr ihre Sämlinge beseitigt, hebeln binnen fünf Jahren mächtige Götterbaumwurzeln die verbliebenen Bürgersteige hoch und zerstören die Abwasserkanäle – die ohnehin schon mit all den Plastiktüten und dem Zeitungsbrei zu kämpfen haben, die niemand mehr forträumt. Wenn der Boden, der lange unter dem Pflaster verborgen lag, Sonne und Regen ausgesetzt ist, gesellen sich andere Pflanzenarten hinzu und schon bald trägt altes Laub zur weiteren Verstopfung der Gullys bei.

Die ersten Pionierpflanzen müssen noch nicht einmal warten, bis das Pflaster zerbröckelt. Ausgehend von dem Schlamm, der sich in den Rinnsteinen sammelt, bildet sich eine Erdschicht auf New Yorks unfruchtbarem Boden und gibt weiteren Sämlingen Nahrung. Mit weit weniger organischem Material – lediglich verwehtem Staub und städtischem Ruß – ist genau das mit einer eisernen Hochtrasse der New Yorker Central Railroad auf Manhattans West Side passiert. Seit dort 1980 der Zugverkehr eingestellt wurde, hat sich neben dem unvermeidlichen Götterbaum eine immer dickere Schicht aus Scheinkrokussen und flaumigem Wollziest angesiedelt, hier und da durch Büschel von Goldrute unterbrochen. An einigen Stellen führen die Gleise aus dem ersten Stock von Lagerhäusern, die einst von der Bahn bedient wurden, in hochgelegene Beete mit wilden Krokussen, Schwertlilien, Nachtkerzen, Astern und Wilden Möhren. Viele New Yorker waren von dem Blick aus den Fenstern von Chelseas Kunstviertel auf diesen wild wachsenden, blühenden Grünstreifen, der so rasch und nachdrücklich auf einen toten Winkel ihrer Stadt Anspruch erhob, so begeistert, dass man ihn The High Line nannte und offiziell zum Park erklärte.

In den ersten Jahren ohne Heizung platzen überall in der Stadt die Rohre, der Frost-Tauwetter-Zyklus dringt in die Gebäude ein. Die Situation verschlechtert sich nun rapide. Gebäude ächzen, während sich ihre Kerne ausdehnen und zusammenziehen; die Verbindungen zwischen Wänden und Dächern lösen sich. Wo das der Fall ist, sickert Regen ein, rosten Bolzen und fällt der Verputz von der Wand, sodass die Isolierungen freiliegen. Falls die Stadt bisher noch nicht brannte, wird sie jetzt Feuer fangen. Insgesamt ist New Yorks Architektur nicht so feueranfällig wie etwa San Franciscos Häuserzeilen mit den viktorianischen Holzfassaden, die wie Zunder brennen. Doch ohne Feuerwehr, die auf einen Alarm reagiert, kann ein einziger Blitzschlag das in Jahrzehnten angehäufte tote Geäst und Laub im Central Park entzünden und einen Brand entfachen, der die Glut rasch in die Straßen trägt. Binnen zweier Jahrzehnte sind die Blitzableiter verrostet und gerissen, die Flammen brennender Dächer greifen von Gebäude zu Gebäude über und dringen in holzgetäfelte Büros ein, wo sie reichlich Nahrung vorfinden. Gasleitungen entzünden sich explosionsartig und lassen die Fensterscheiben zerspringen. Regen und Schnee wehen herein und schon bald beginnen die Estrichböden zu gefrieren, zu tauen und sich zu verwerfen. Verbrannte Isolierungen und verkohltes Holz tragen Nährstoffe in Manhattans wachsende Erdschicht ein. Einheimische Gewächse wie Wilder Wein und Giftefeu ranken sich an Mauern empor, wo sich nach dem Ende der Luftverschmutzung rasch Flechten ausbreiten. In den Wolkenkratzern, von denen fast nur noch die Skelette stehen, nisten Rotschwanzbussarde und Wanderfalken.

Nach zweihundert Jahren, so schätzt Steven Clemants, stellvertretender Direktor des Brooklyn Botanical Garden, werden Baumgruppen die Pionierpflanzen weitgehend verdrängt haben. Rinnsteine, die unter Tonnen von altem Laub begraben liegen, bieten einheimischen Eichen und Ahornbäumen aus den Stadtparks fruchtbaren Boden. Neu hinzukommende Robinien und Schirm-Ölweiden binden Stickstoff und bereiten damit den Weg für Sonnenblumen, Bartgras und Wasserdost sowie für Apfelbäume, deren Samen von der rasch wachsenden Vogelpopulation verbreitet werden.

Die Artenvielfalt werde noch zunehmen, prophezeit der schon erwähnte Jameel Ahmad vom Cooper Union College, wenn die Gebäude endgültig ihre Stabilität verlieren, ineinanderstürzen und der Kalk aus zermalmtem Beton den pH-Wert des Bodens erhöht, was günstige Voraussetzungen für Bäume wie Kreuzdorn und Birke schafft. Ahmad, ein lebhafter, weißhaariger Mann, dessen Hände seine Worte ausdrucksvoll unterstreichen, ist der Meinung, dass dieser Prozess rascher einsetzen wird, als wir annehmen. Ahmad lehrt, wie sich Gebäude so erbauen oder umrüsten lassen, dass sie Terroranschlägen standhalten, eine Tätigkeit, der er eingehende Kenntnisse über die Schwachstellen unserer Bauwerke verdankt.

»Sogar Gebäude, die tief im harten Schiefer Manhattans verankert sind, wie die meisten New Yorker Wolkenkratzer«, erläutert er, »sind nicht dafür ausgelegt, mit ihren Stahlfundamenten im Wasser zu stehen.« Verstopften Gullys, überschwemmten Tunneln und Straßen, die sich in Flüsse verwandelten, werde es in gemeinsamer Anstrengung gelingen, so Ahmad, die tiefer liegenden Kellergeschosse zu unterhöhlen und ihre Riesenlast ins Wanken zu bringen. In einer Zukunft, die stärkere und häufigere Hurrikane an Nordamerikas Atlantikküste erwarten lässt, werden wütende Böen an den hohen, schwankenden Konstruktionen zerren. Einige werden umstürzen und andere mitreißen. Wie im Wald, wenn der Sturz eines riesigen Baums eine Lücke reißt, siedelt sich dort rasch neues Grün an. Allmählich wird der Asphaltdschungel dem echten Dschungel weichen.

Der Botanische Garten New Yorks erstreckt sich gegenüber dem Zoo in der Bronx über 100 Hektar und besitzt das größte Herbarium außerhalb Europas. Zu seinen Schätzen gehören die Wiesenblumen, die Captain Cook 1769 bei seinen Pazifikausflügen gesammelt hat, und ein Stückchen Moos aus Feuerland nebst einigen Notizen in wässriger schwarzer Tinte, vom Sammler persönlich unterschrieben: C. Darwin. Am bemerkenswertesten sind indessen die sechzehn Hektar des Botanischen Gartens, auf denen man die urwüchsigen Baumbestände des unberührten New Yorker Urwalds erhalten hat, ohne dort jemals Holz zu schlagen.

Nie forstwirtschaftlich traktiert, aber von Grund auf verwandelt. Bis vor Kurzem hieß er noch Hemlock-Wald, weil er von den schattigen Wipfeln dieser schönen Tannenart geprägt war, doch heute ist fast jede Hemlock-Tanne tot, Opfer eines Mitte der achtziger Jahre nach New York gelangten japanischen Insekts, das kleiner ist als der Punkt am Ende dieses Satzes. Auch die ältesten und stärksten Eichen, die noch aus der Zeit der ersten europäischen Besiedelung stammen, fallen jetzt, geschwächt vom sauren Regen und den in den Boden eingesickerten Schwermetallen, etwa dem Blei aus den Abgasen von Autos und Fabriken. Es ist wenig wahrscheinlich, dass sie wieder heimisch werden, weil sich die meisten Laubbäume hier schon lange nicht mehr fortpflanzen. Jede einheimische Art beherbergt jetzt ihren eigenen Schädling: einen Pilz, ein Insekt oder eine Krankheit, die leichtes Spiel mit den umweltgeschwächten Bäumen haben. Als wäre das noch nicht genug, wurde der Wald als grüne Insel inmitten Hunderter Quadratkilometer grauer Stadtlandschaft auch noch eine Lieblingszuflucht für die Eichhörnchen der Bronx. Da die Tiere keine natürlichen Feinde mehr haben und dort nicht gejagt werden dürfen, kann sie nichts und niemand daran hindern, lange vor dem Keimen schon jede Eichel und jede Hickorynuss aufzufressen. Was sie auch tun.

Heute klafft eine achtzigjährige Lücke im Unterholz dieses Waldes. Statt neuer Generationen von einheimischen Eichen, Ahornbäumen, Eschen, Birken, Platanen und Tulpenbäumen wachsen hier hauptsächlich importierte Zierpflanzen, deren Samen aus anderen Teilen der Bronx herbeigeweht wurden. Bodenproben lassen darauf schließen, dass hier rund 20 Millionen Samenkörner von Chinesischen Götterbäumen keimen. Laut Chuck Peters, dem Kurator des Institute of Economic Botany des Botanischen Gartens, stellen heute exotische Gewächse wie Götterbaum und Korkbaum (Phellodendron), beide aus China, mehr als ein Viertel dieses Waldes.

»Es gibt Leute, die möchten den Wald wieder in den Zustand versetzen, in dem er sich vor 200 Jahren befand«, erklärt er. »Ich sage ihnen immer, dann müssten sie auch die Bronx wieder in den Zustand versetzen, in dem sie sich vor 200 Jahren befand.«

Als die Menschen sich über den Erdball ausbreiteten, nahmen sie Lebewesen mit und brachten andere zurück. Pflanzen aus Amerika veränderten nicht nur die Ökosysteme europäischer Länder, sondern auch deren Identität: Denken

Sie an Irland vor Einführung der Kartoffel, an Italien vor Einführung der Tomate. In umgekehrter Richtung verbreiteten sie auch die Samen von dort bislang unbekannten Pflanzen, allen voran Gerste und Roggen. Nach einer Formulierung des amerikanischen Geografen Alfred Crosby drückte dieser ökologische Imperialismus der europäischen Eroberer den neuen Kolonien dauerhaft ihren Stempel auf.

Einige Ergebnisse waren lächerlich, etwa die englischen Gärten mit Hyazinthen und Osterglocken, die im kolonialen Indien nie wirklich heimisch wurden. Der europäische Star – heute eine allgegenwärtige Vogelplage von Alaska bis Mexiko – wurde 1890 im Central Park ausgesetzt, weil man alle Vögel der Shakespeare'schen Dramenwelt auch in Amerika um sich haben wollte. So kam es zu einem Garten im Central Park mit jeder Pflanze, die der englische Dichter besang: Stockrosen, Wermut, Kapuzinerkresse, Weinrose und Schlüsselblume – einfach alle, ausgenommen Macbeths Wald von Birnam.

In welchem Umfang das virtuelle Mannahatta Project dem künftigen Wald von Manhattan ähnelt, hängt vom Ausgang eines Kampfes um den nordamerikanischen Boden ab, eines Kampfes, der den Menschen lange überdauern wird, obwohl dieser ihn doch angezettelt hat. Das Herbarium des Botanischen Gartens enthält auch eines der ersten amerikanischen Exemplare eines unscheinbar wirkenden Lavendelstrauchs. Die Samen des Blutweiderichs, der in den Flussmündungen der Nordsee von Großbritannien bis Finnland heimisch ist, kamen wahrscheinlich in dem feuchten Sand aus europäischen Wattflächen nach Amerika, den Handelsschiffe als Ballast für die Atlantiküberquerung verwendeten. Als sich der Handel mit den Kolonien verstärkte, siedelte sich so – wenn die Schiffe ihren Ballast abwarfen, um für ihre Ladungen Platz zu schaffen – immer mehr Blutweiderich an den Küsten Amerikas an. Einmal heimisch geworden, wanderte er die Bäche und Flüsse stromauf, wann immer seine Samen sich in schlammigen Federn oder Pelzen festsetzten. In den Feuchtgebieten des Hudson River verwandelten sich die Bestände von Rohrkolben, Weiden und Glanzgras, die Wasservögeln und Bisamratten Nahrung und Schutz gewährten, in dichte purpurne Weiderichwände, die für die dort lebenden Tiere undurchdringlich waren. Zu Beginn des 21. Jahrhunderts breitet sich in Alaska der Blutweiderich so rapide aus, dass Ökologen befürchten, er werde ganze Sümpfe in Besitz nehmen und Enten, Gänse, Seeschwalben und Schwäne vertreiben.

Noch bevor Shakespeare Garden angelegt wurde, pflanzten Olmstead und Vaux, die Architekten des Central Park, auf die halbe Million Tonnen Erde, mit der sie das Gelände aufgefüllt hatten, 500 000 Bäume, um ihre Vorstellung von einer veredelten Natur zu verwirklichen: exotische Gewächse wie Eisenholz aus Persien, Katsura-Bäume aus Asien, Libanonzedern, Blauglocken- und Ginkgobäume aus China. Sobald die Menschen das Feld geräumt haben, dürften die heimischen Pflanzen, die heute mit einem gewaltigen Kontingent an fremden Arten konkurrieren müssen, eine ganze Reihe von Heimvorteilen genießen.

Viele ausländische Zierpflanzen – gefüllte Rosen zum Beispiel – werden mit der Zivilisation, die sie importierte, vergehen, weil sie sterile Hybride sind, die durch Okulieren vermehrt werden müssen. Wenn die Gärtner, die sie klonen, verschwunden sind, ist auch ihre Zeit zu Ende. Bleibt eine verhätschelte Kolonialpflanze wie der Efeu sich selbst überlassen, muss er seinen robusten amerikanischen Vettern, dem Wilden Wein und dem Giftefeu, weichen.

Wieder andere sind echte Mutationen, die durch extreme Zuchtwahl entstanden sind. Wenn sie überhaupt überleben, dann nicht in ihrer jetzigen Form. Ohne gärtnerische Pflege werden Obstsorten wie Äpfel – ein Import aus Russland und Kasachstan – einer natürlichen Selektion nach Widerstandskraft, nicht nach Erscheinungsbild oder Geschmack unterzogen, sodass sie holzig werden. Von einigen wenigen Überlebenden abgesehen, werden ungespritzte Apfelplantagen wieder von den einheimischen Laubbäumen in Besitz genommen, wenn sie ihren heimischen Schädlingen, den Larven der Apfelfruchtfliege und Miniermotten, erst einmal schutzlos ausgeliefert sind. Eingeführtes Gartengemüse kehrt wieder zu seinen bescheidenen Anfängen zurück. Die Gartenmöhre, die eigentlich asiatischen Ursprungs ist, wird sich rasch wieder zur ungenießbaren Wilden Möhre zurückentwickeln, sobald Tiere die letzten der von uns gepflanzten orangeroten Wurzelknollen verspeist haben, erklärt Dennis Stevenson vom Botanischen Garten. Brokkoli, Weißkohl, Rosenkohl und Blumenkohl nehmen wieder die ungenießbare Gestalt ihres gemeinsamen Vorfahren an. Nach einiger Zeit sind auch die Nachkommen jenes Mais, den einst Dominikanermönche auf den Washington Heights aussäten, zu ihren genetischen Ursprüngen zurückgekehrt und gleichen dem mexikanischen *teosinte*, dessen Kolben kaum größer als Weizenähren sind.

Die andere Invasion, die unsere einheimischen Pflanzen in Bedrängnis gebracht hat, die von Schwermetallen wie Blei, Quecksilber und Kadmium, wird sich nicht so leicht aus dem Boden waschen lassen, weil es sich im wahrsten Sinne des Wortes um schwere Moleküle handelt. Wenn die Autos für immer zum Stehen gekommen, wenn die Lichter in den Fabriken ein für allemal ausgegangen sind, werden keine Schadstoffe mehr in den Boden gelangen. Allerdings wird die Korrosion noch ungefähr hundert Jahre lang immer wieder die Zeitbomben zünden, die wir in Öltanks, Raffinerien, Kraftwerken und chemischen Fabriken hinterlassen haben. Nach und nach bauen Bakterien, die sich von Öl, Lösungsmitteln und Schmiermitteln ernähren, diese Stoffe zu unschädlicheren Kohlenwasserstoffen ab – obwohl ein großes

Spektrum von künstlichen Stoffen, von bestimmten Pestiziden über Weichmacher bis hin zu Isoliermaterial, noch Jahrtausende erhalten bleibt, bis die Evolution Mikroorganismen hervorgebracht hat, die sie verarbeiten können.

Doch mit jedem weiteren säurefreien Regenguss sind die Bäume, die bis dahin durchgehalten haben, weniger Schadstoffen ausgesetzt, denn die chemischen Bestandteile werden allmählich aus dem System gespült. Im Laufe der Jahrhunderte nehmen die Pflanzen immer weniger Schwermetalle auf, sodass sie sie recyceln, ausscheiden und verdünnen können. Wenn sie absterben, verfaulen und neue Erdschichten bilden, werden die industriellen Giftstoffe noch tiefer begraben, und jede nachfolgende Generation von einheimischen Sämlingen setzt dieses Werk fort.

Unser Ökosystem ist ein menschliches Artefakt, das auch in unserer Abwesenheit fortbestehen wird, eine kosmopolitische botanische Mischung, die ohne uns nie zustande gekommen wäre. Eigentlich war das immer so, seit *Homo sapiens* in Erscheinung trat. Eric Sandersons Mannahatta Project rekonstruiert die Insel, wie die Holländer sie vorfanden – keinen Manhattan-Urwald in dem Zustand, bevor ihn ein menschlicher Fuß betrat, weil es keinen Urwald gab. »Denn bevor die Lenni Lenape eintrafen«, erläutert Sanderson, »gab es hier nichts als eine anderthalb Kilometer dicke Eisschicht.«

Vor rund 11 000 Jahren, als sich die letzte Eiszeit von Manhattan aus nach Norden zurückzog, nahm sie die Fichten- und Lärchentaiga mit, die wir heute unmittelbar südlich der kanadischen Tundra finden. Sie wurde durch den typischen Wald des gemäßigten nordamerikanischen Ostens ersetzt: Eiche, Hickory, Kastanie, Walnuss, Hemlock-Tanne, Ulme, Buche, Zuckerahorn, Amberbaum, Amerikanischer Fieberbaum und Haselbaum. Auf den Lichtungen wuchsen Büsche – Virginische Traubenkirsche, Gewürzsumach, Rhododendron, Buschgeißblatt – und eine Reihe von Farnen und

Blütenpflanzen. Schlickgras und Eibisch erschienen in den Salzsümpfen. Als diese Blattpflanzen die wärmer werdenden Nischen besetzten, folgten ihnen warmblütige Tiere und Menschen.

Der Mangel an archäologischen Funden lässt darauf schließen, dass die ersten New Yorker wahrscheinlich nicht sesshaft waren, sondern nur im Sommer ihr Lager hier aufschlugen, um Beeren, Kastanien und wilde Weintrauben zu sammeln. Sie jagten Truthähne, Präriehühner, Enten und Weißwedelhirsche, vor allem aber fischten sie. In den Gewässern wimmelte es von Stinten, Alsen und Heringen. Bachforellen standen in Manhattans Bächen. Es herrschte ein solcher Überfluss an Austern, Muscheln, Venusmuscheln, Krebsen und Hummern, dass sie mühelos zu fangen waren, wie große Abfallhaufen aus den Schalen von Weichtieren entlang der Ufer bezeugen. Als Henry Hudson die Insel zum ersten Mal erblickte, waren Upper Harlem und Greenwich Village Grassavannen, die von den Lenni Lenape für ihre Anpflanzungen wiederholt abgebrannt wurden. Als die Forscher des Mannahatta Projects die alten Kochfeuergruben in Harlem untersuchten, stellten sie fest, dass die Indianer Mais, Bohnen, Kürbis und Sonnenblumen anbauten. Ein Großteil der Insel war noch immer so grün und dicht bewachsen wie der Bialoweza-Urwald. Doch schon lange bevor den Indianern das Land für sechzig holländische Gulden abgekauft wurde, hatte *Homo sapiens* dort bereits seine Spuren hinterlassen.

2000, im letzten Jahr des alten Jahrtausends, gelang es einem Kojoten, in den Central Park vorzudringen. Er war vielleicht der Vorbote einer Zukunft, die eine Neuauflage der Vergangenheit sein könnte. Später kamen noch zwei weitere und ein wilder Truthahn hinzu. Möglicherweise wird die Rückverwandlung von New York City in eine Wildnis nicht erst beginnen, wenn die Menschen es verlassen.

Diese Tiere kamen über die George Washington Bridge, die Jerry Del Tufo mit anderen Brücken für die Hafenbehörde von New York und New Jersey betreut. Er ist Bauingenieur, Anfang vierzig und hält Brücken für die beste Idee, die der Mensch jemals hatte: elegante Gebilde, die Klüfte überspannen, um Menschen zusammenzuführen.

Del Tufos Gesichtszüge verraten die sizilianische Herkunft, seine Sprechweise lässt erkennen, dass er in der Gegend von New Jersey aufgewachsen ist. Obwohl er sich ganz dem Beton und Stahl verschrieben hat, bestaunt er doch alljährlich die Wunder der Natur: die Wanderfalkenküken, die hoch oben auf den Türmen der George Washington Bridge schlüpfen, und die Kühnheit, mit der Gräser, Kräuter und Götterbäume weit entfernt von allem Mutterboden in kleinen Metallnischen hoch über dem Wasser gedeihen. Die Natur führt einen fortwährenden Kleinkrieg gegen seine Brücken. Die Waffen und Truppen dieses Gegners nehmen sich lächerlich winzig neben dem stahlbewehrten Giganten aus, doch es wäre ein fataler Fehler, den unablässig herabregnenden Vogelkot gering zu schätzen, der Pflanzensamen enthält und gleichzeitig den Farbanstrich auflöst. Del Tufo kämpft gegen einen primitiven, aber unermüdlichen Feind, dessen Stärke vor allem in seiner Fähigkeit liegt, seinen Gegner zu überdauern. Daher hat Del Tufo sich längst mit der Tatsache abgefunden, dass die Natur am Ende gewinnen muss.

Allerdings nicht in seiner Amtszeit, wenn er es denn irgendwie verhindern kann. Zunächst und vor allem geht es ihm um das Vermächtnis, das er und seine Mannschaft übernommen haben: Ihre Brücken wurden von einer Generation von Ingenieuren erbaut, die beim besten Willen nicht ahnen konnten, dass sie eines Tages von mehr als 300 000 Automobilen befahren würden – trotzdem sind diese Bauwerke noch achtzig Jahre später im Dienst. »Unsere Aufgabe«, erläutert er, »besteht darin, diese Schätze an die nächste Generation in besserem Zustand weiterzugeben, als wir sie übernommen haben.«

Die Bayonne Bridge, eröffnet 1931, ist eine der größten Stahlbogenbrücken der Welt und verbindet über den Kill van Kull hinweg Staten Island mit New Jersey. Die Unterseite der Rampe auf der Seite von Staten Island ist ein mächtiges Stahlgerüst, das in einem riesigen, im Grundgestein verankerten Betonblock zusammenläuft, einem Widerlager, auf dem das halbe Gewicht vom Hauptbogen der Bayonne Bridge lastet. Blickt man direkt in das Labyrinth der Doppel-T-Träger und Verstrebungen empor, die mit über einen Zentimeter starken Stahlplatten, Flanschen und mehreren Millionen fingerdicken Nieten und Bolzen verbunden sind, ist man nicht wenig beeindruckt: Etwas so Gewaltiges muss für die Ewigkeit bestimmt sein. Doch Jerry Del Tufo weiß sehr genau, dass diese Brücken unweigerlich einstürzen würden, wenn es keine Menschen mehr gäbe, die sich um sie kümmerten.

Es würde nicht sofort passieren, weil die unmittelbare Gefahr mit uns verschwände. Es sei nicht der unablässig rollende Verkehr, sagt Del Tufo.

»Diese Brücken sind so auf Sicherheit gebaut, dass der Verkehr einer Ameisenstraße auf einem Elefantenrücken entspricht.« In den dreißiger Jahren, als es noch keine Computer gab, mit denen sich die Belastbarkeit von Baustoffen exakt ausrechnen ließ, setzten die Ingenieure vorsichtshalber auf zusätzliche Masse. »Wir leben von der Überkapazität unserer Vorväter. Die George Washington Bridge allein hat genug galvanisierten Stahldraht in ihren acht Zentimeter dicken Tragseilen, um die Erde viermal zu umwickeln. Selbst wenn alles andere bräche, hielte dieses Kabel noch.«

Der schlimmste Feind ist das Salz, das jeden Winter auf die Fahrbahn gestreut wird, ein gefräßiger Stoff, der den Stahl angreift, nachdem er das Eis geschafft hat. Öl, Frostschutzmittel und Schneematsch, die von den Autos tropfen, schwemmen das Salz in Auffangbecken und Risse, wo das Wartungspersonal es ausfindig machen und beseitigen muss. Ohne Menschen gelangte kein Salz mehr auf die Brücken. Allerdings würden sie rosten, und das nicht zu knapp, wenn niemand mehr die Brücken streicht.

Zunächst bildet sich eine Oxidationsschicht auf den Stahlplatten, die mindestens zweimal so dick ist wie das Metall selbst und das Tempo der chemischen Zersetzung abbremst. Es könnte Jahrhunderte dauern, bis die Stahlteile vollständig durchgerostet sind und auseinanderfallen, doch New Yorks Brücken werden wohl teilweise schon vorher einstürzen. Der Grund dafür ist eine andere Spielart des Frost-Tauwetter-Dramas. Statt zu reißen wie Beton, dehnt Stahl sich bei Erwärmung aus und zieht sich bei Abkühlung zusammen. Damit sich Stahlbrücken im Sommer strecken können, brauchen sie Dehnungsfugen.

Im Winter, wenn sie schrumpfen, vergrößern sich diese Dehnungsfugen, woraufhin alles mögliche Material hineingeweht wird. Wo das geschieht, hat die Brücke weniger Platz, sich auszudehnen, wenn es wieder wärmer wird. Sobald die Brücken nicht mehr gestrichen werden, füllen sich die Fugen nicht nur mit Schutt, sondern auch mit Rost, der weit mehr Platz beansprucht als das ursprüngliche Metall.

»Im Sommer wird die Brücke größer, ob es uns nun gefällt oder nicht«, sagt Del Tufo. »Wenn die Dehnungsfuge verstopft ist, sucht sich die Ausdehnung das schwächste Glied – etwa eine Stelle, wo zwei verschiedene Materialien miteinander verbunden sind.« Er deutet auf einen Punkt, wo vier Stahlträger im Widerlager aus Beton enden. »Dort zum Beispiel. Der Beton könnte reißen, wo der Träger mit der Auflage verschraubt ist. Oder nach einigen Jahren gibt der Bolzen unter den Scherkräften nach. Schließlich könnte der Träger sich selbstständig machen und abrutschen.«

Jede Verbindung ist anfällig. Rost, der sich zwischen zwei

verschraubten Stahlplatten bildet, übt derart starke Kräfte aus, dass sich entweder die Platten verbiegen oder die Bolzen reißen. Bogenbrücken wie die Bayonne-Bridge oder die Eisenbahnbrücke Hell's Gate Bridge in Manhattan haben den höchsten Sicherheitsfaktor überhaupt. Sie könnten die nächsten tausend Jahre halten, obwohl Erdbeben entlang einer von mehreren Verwerfungen der Küstenebene diesen Zeitraum unter Umständen verkürzen. Wahrscheinlich hätten sie sogar länger Bestand als die vierzehn Stahlbetontunnel unter dem East River. Würde irgendwo die Verbindung zwischen zweien ihrer Segmente reißen, strömte der Atlantik hinein. Die Hänge- und Gitterbrücken für den Straßenverkehr halten nur zwei bis drei Jahrhunderte, bis ihre Nieten und Schrauben brechen und ganze Teile ins Wasser fallen.

Bis dahin werden weitere Kojoten den Spuren ihrer kühnen Vorgänger gefolgt sein, die es in den Central Park geschafft haben. Hirsche, Bären und schließlich Wölfe, die heute bereits von Kanada nach Neuengland zurückgekehrt sind, ebenfalls. Zu dem Zeitpunkt, da die meisten Brücken eingestürzt sind, haben auch die neueren Gebäude Manhattans schwere Schäden erlitten, denn überall dort, wo ein Riss bis zu den Stahlträgern führt, rosten diese, dehnen sich aus und sprengen die sie umgebende Betonschicht. Ältere Steingebäude wie die Grand Central Station werden – vor allem wenn kein saurer Regen mehr an den Marmorverkleidungen frisst – jeden modernen Glaskasten überdauern.

Von den Ruinen der Wolkenkratzer wird das Echo der Balzgesänge zurückgeworfen, die die Frösche in Manhattans Flüssen singen. Dort haben sich inzwischen auch nordamerikanische Flussheringe und Muscheln angesiedelt, die Seemöwen im Flug verloren haben. Heringe und Alsen sind in den Hudson zurückgekehrt, haben allerdings einige Generationen gebraucht, um sich an die Radioaktivität zu gewöhnen, die aus dem 55 Kilometer nördlich vom Times Square gelegenen Kernkraftwerk Indian Point entweicht, nachdem die Betonschale zerfallen ist. Es fehlt jedoch fast die gesamte Fauna, die sich menschlichen Lebensverhältnissen angepasst hat. Die angeblich unverwüstliche Kakerlake, ein Import aus den Tropen, ist schon lange in den ungeheizten Wohnblocks erfroren. Ohne Abfall verhungern die Ratten oder fallen den Raubvögeln zum Opfer, die in den ausgebrannten Wolkenkratzern nisten.

Steigende Wasserstände, Gezeiten und Salzkorrosion haben die befestigte Uferlinie, die New Yorks fünf Stadtbezirke umgibt, durch kleine Buchten und Strände ersetzt. Ohne Bagger sind die Teiche und das Wasserreservoir des Central Park wieder versumpft. Da es keine grasenden Tiere gibt – es sei denn, den Pferden der Parkkutschen und der berittenen Polizei ist es gelungen, in der Wildnis zu überleben und sich fortzupflanzen –, ist das Gras im Central Park eingegangen. An seiner Stelle ist ein kräftiger Wald entstanden, der sich in ehemalige Straßen und brachliegende Grundstücke ausbreitet. Kojoten, Wölfe, Rotfüchse und Rotluchse sorgen für ein ökologisches Gleichgewicht zwischen Eichhörnchen und jenen Bäumen, die zäh genug sind, um das von uns in die Böden eingebrachte Blei zu überleben. Nach fünfhundert Jahren herrschen auch bei einem wärmer werdenden Klima die Eichen und Buchen vor.

Schon lange vorher haben die wild lebenden Raubtiere den letzten Nachkommen der Haushunde den Garaus gemacht, allerdings hat eine gerissene Population von verwilderten Hauskatzen überlebt, die sich von Vögeln ernährt. Elche und Bären schwimmen durch den breiter gewordenen Harlem River, um sich über jene Beerenarten herzumachen, die einst von den Lenape gepflückt worden sind.

Mitten in dem Schutt von Manhattans Finanzinstituten, die in der ursprünglichen Bedeutung des Wortes ein für allemal zusammengebrochen sind, stehen noch einige Tresorgewölbe; das Geld darin ist zwar verschimmelt, aber noch vorhanden, wenn auch völlig wertlos. Anders verhält es sich mit den Kunstwerken in Museen, wo die Regulierung von Luftfeuchtigkeit und Temperatur eine größere Rolle spielt als die Sicherheit. Ohne Elektrizität fallen diese Instrumente aus; irgendwann werden die Museumsdächer durchlässig, meist beginnt es mit den Oberlichtern, und in den Kellern sammelt sich das Wasser. Da Luftfeuchtigkeit und Temperatur nun großen Schwankungen unterliegen, sind alle Objekte in den Magazinen Schimmelpilzen, Bakterien und einer gefürchteten Museumsplage ausgesetzt, dem Dunklen Pelzkäfer. Auf diese Weise entfärben und zersetzen sie schließlich auch alle Gemälde im Metropolitan Museum of Art.

Korrosion hat die Patina auf Bronzestatuen dicker werden lassen, aber nicht ihre Form beeinträchtigt. »Diesem Umstand verdanken wir unsere Kenntnisse über die Bronzezeit«, meint Barbara Appelbaum, Kunstkonservatorin in Manhattan.

Selbst wenn die Freiheitsstatue auf dem Grund des Hafens liege, so Appelbaum, werde ihre Form unbegrenzt erhalten bleiben, wenn auch chemisch etwas verändert und unter einer dicken Muschelkruste. Ein sicherer Platz, verglichen damit, dass irgendwann in einigen tausend Jahren alle Steinmauern, die noch stehen – vielleicht Teile der St. Paul's Chapel in der Wall Street, die 1766 auf Manhattans Schieferboden erbaut wurde –, einstürzen müssen. Während der letzten hunderttausend Jahre wurde das Areal von New York dreimal von Gletschern vollkommen sauber geschabt. Wenn der faustische Pakt der Menschheit zur Nutzung der fossilen Brennstoffe nicht damit endet, dass er die Erdatmosphäre unwiderruflich zum Kippen bringt und die unaufhaltsame globale Erwärmung die Erde in eine zweite Venus verwandelt, werden die Gletscher zu einem noch unbestimmten Zeitpunkt wiederkehren. Der Hochwald wird niedergemäht. Die vier riesigen Hügel auf Staten Island, mit

Erdreich kaschierte Müllhaufen der Deponie Fresh Kills, werden platt gewalzt und ihre ungeheure Ansammlung von unverwüstlichem PVC-Kunststoff und Glas, eine der dauerhaftesten Schöpfungen des Menschen überhaupt, wird zu Staub zermahlen.

Wenn sich das Eis wieder zurückgezogen hat, wird sich in den Endmoränen und möglicherweise auch in den geologischen Schichten darunter eine unnatürliche Konzentration eines rötlichen Metalls finden, das kurzzeitig die Form elektrischer Kabel und Rohrleitungen angenommen hatte, bevor es der Erde zurückgegeben wurde. Der nächste Werkzeugmacher, der auf diesem Planeten auftauchen wird, könnte vielleicht etwas damit anfangen, doch zu diesem Zeitpunkt wird nichts mehr darauf hindeuten, dass wir es waren, die es schon einmal benutzt haben.

4 Die Welt unmittelbar vor uns

Ein zwischeneiszeitliches Intermezzo

Seit mehr als einer Milliarde Jahre schieben sich große Eiskappen von den Polen aus vor, manchmal so weit, dass sie sich am Äquator treffen, und ziehen sich wieder zurück. Das liegt unter anderem an der Kontinentaldrift, der leicht exzentrischen Bahn der Erde, ihrer schlingernden Achse und an den Schwankungen der Kohlendioxidkonzentration in der Atmosphäre. Während der letzten Millionen Jahre, in denen die Kontinente schon weitgehend ihre heutigen Positionen eingenommen hatten, traten die Eiszeiten ziemlich regelmäßig auf und dauerten 100 000 Jahre und mehr, während die wärmeren Zwischeneiszeiten im Durchschnitt 12 000 bis 28 000 Jahre anhielten.

Der letzte Gletscher zog sich vor 11 000 Jahren aus dem Gebiet von New York zurück. Unter normalen Bedingungen wäre der nächste, der Manhattan einebnen würde, jeden Tag zu erwarten, obwohl die Zweifel daran wachsen, dass er planmäßig eintrifft. Viele Wissenschaftler vermuten, dass die gegenwärtige Zwischeneiszeit erheblich länger andauern wird, bevor der nächste große Kälteeinbruch eintritt, weil es uns gelungen ist, das unvermeidliche Ereignis dadurch hinauszuschieben, dass wir den Schutzschild unserer Atmosphäre mit zusätzlichem Isolationsmaterial aufgefüllt haben. Vergleiche mit alten Blasen in antarktischen Eisbohrkernen zeigen, dass die Luft gegenwärtig mehr CO_2 enthält als während der vergangenen 650 000 Jahre. Auch wenn es die Menschen morgen nicht mehr gäbe und wir nie wieder ein Molekül einer Kohlenstoffverbindung in den Himmel bliesen, müsste trotzdem erst einmal ablaufen, was wir bereits in Gang gesetzt haben.

Zu den Dingen, die uns noch lange überdauern werden, gehört auch die von uns veränderte Atmosphäre. Tyler Volk lehrt als Architekt am biologischen Fachbereich der New York University atmosphärische Physik und Meereschemie. Seiner Ansicht nach benötigt er alle diese Disziplinen, um zu beschreiben, wie die Menschen die Atmosphäre, die Biosphäre und die Ozeane zu etwas gemacht haben, was zuvor nur Vulkane und kollidierende Kontinentalplatten zustande gebracht hatten.

Volk ist ein schlaksiger Mann mit gelocktem Haar und Augen, die sich zu schmalen Schlitzen zusammenziehen, wenn er überlegt. An der Wand seines Büros hängt ein überdimensionales Poster, auf dem Atmosphäre und Weltmeere als ein einziges Fluid mit Schichten wachsender Dichte dargestellt sind. Noch vor 200 Jahren löste sich das Kohlendioxid aus dem oberen gasförmigen Teil dieses Fluids in dem flüssigen Teil darunter mit gleichbleibender Rate auf, was die Welt im Gleichgewicht hielt. Jetzt, angesichts der extrem hohen CO_2-Konzentrationen, muss sich das Meer anpassen. Doch da es so riesig ist, braucht das seine Zeit.

»Nehmen wir an, es gibt keine Menschen mehr, die noch weiter Brennstoff verfeuern«, sagt Volk. »Zunächst wird die Meeresoberfläche das CO_2 rasch absorbieren. Sobald sie gesättigt ist, verlangsamt sich dieser Prozess. Einen Teil des CO_2 gibt das Meer an photosynthetisierende Organismen ab. Im Zuge der Umwälzung der Wassermassen sinkt das CO_2 ab, während alte, ungesättigte Wasserschichten aus den Tiefen emporsteigen und die gesättigten ersetzen.«

Eine solche Umwälzung, Turnover genannt, dauert tausend Jahre, stellt aber die vorindustrielle Reinheit der Erde noch nicht wieder her. Meer und Atmosphäre befinden sich zwar in größerem Gleichgewicht, sind aber beide noch mit CO_2 überladen. Gleiches gilt für das Festland, wo überschüssiger Kohlenstoff von Boden, Tieren und Pflanzen zwar absorbiert, schließlich aber wieder freigesetzt wird. Wo kann er also hin? »Normalerweise«, sagt Volk, »ist die Biosphäre wie ein umgedrehtes Marmeladenglas: Oben ist es, von ein paar Meteoriten abgesehen, gegen alle zusätzliche Materie praktisch abgeschlossen. Unten ist der Deckel ein wenig offen – für Vulkane.«

Das Problem liegt darin, dass wir, indem wir die Kohlenvorräte, die das CO_2 binden, abbauen und in den Himmel schleudern, einen Vulkan geschaffen haben, der sich seit dem 18. Jahrhundert in einem Zustand der Dauereruption befindet.

Als Nächstes tut die Erde, was sie immer tut, wenn Vulkane zusätzlichen Kohlenstoff in das System einspeisen. »Der Kreislauf der Gesteine kommt ins Spiel. Aber der braucht viel mehr Zeit.« Silikate wie Feldspat und Quarz, die den größten Teil der Erdkruste stellen, verwittern allmählich durch Kohlensäure, die sich aus Regen und Kohlendioxid bildet, und verwandeln sich in Karbonate. Die Kohlensäure löst auch den Boden und die Mineralien auf, die Kalzium ins Grundwasser freisetzen. Flüsse tragen das Kalzium ins Meer, wo es in Form von Muschelschalen ausgefällt wird. Das ist ein langsamer Prozess, der allenfalls durch die stärker schwankenden Klimaverhältnisse in der belasteten Atmosphäre etwas beschleunigt wird.

»Schließlich«, so Volk, »wird der geologische Kreislauf das CO_2 wieder auf das Niveau vor der Existenz des Menschen reduzieren. Das wird etwa 100 000 Jahre dauern.«

Vielleicht nimmt es auch noch mehr Zeit in Anspruch: Zum einen befürchtet man, dass die Meere, wenn sie sich stärker erwärmen, mehr CO_2 ausscheiden, als sie absorbieren können. Zum anderen, dass die Panzer der kleinen Meerestiere, in denen das CO_2 eingeschlossen wurde, von der erhöhten CO_2-Konzentration in den oberen Wasserschichten wieder aufgelöst werden könnten. Es gibt aber auch eine gute Nachricht: Bis zu 90 Prozent des zusätzlichen Kohlendioxids sollten während der ersten tausendjährigen Turnover-Phase des Meeres absorbiert werden, was hieße, dass sich nur noch 10 bis 20 ppm (millionstel Teile) zusätzlich zu den 280 ppm des vorindustriellen Niveaus in der Atmosphäre befänden.

Der Unterschied zwischen dieser Konzentration und den heutigen 380 ppm bedeutet laut Forschern, die dem arktischen Eis zehn Jahre lang Bohrproben entnommen haben, dass zumindest während der nächsten 15 000 Jahre kein Vormarsch der Gletscher zu erwarten ist. In dem Zeitraum jedoch, in dem der zusätzliche Kohlenstoff langsam absorbiert wird, werden Zwergpalmen und Magnolien New York City möglicherweise rascher in Besitz nehmen als Eichen und Buchen. Dann müssten Elche ihre Stachel- und Holunderbeeren wohl in Labrador suchen, während Manhattan stattdessen Gäste aus dem Süden bekäme, Gürteltiere etwa und Pekaris, Nabelschweine aus Mittelamerika …

… wenn nicht, wie andere Forscher dagegenhalten, die die Arktis beobachten, frisches Schmelzwasser von Grönlands Eiskappe den Golfstrom so abkühlt, dass er zum Erliegen kommt: das Ende des großen ozeanischen Transportbands, das warmes Wasser um den ganzen Globus befördert. Das würde eine erneute Eiszeit für Europa und die Ostküste Nordamerikas bedeuten. Vielleicht nicht so schwerwiegend, dass große Eisschilde entstünden, aber doch ausreichend, um den Wald der gemäßigten Breiten durch baumlose Tundra und Permafrost zu ersetzen. Beerentragende Büsche würden zu verkrüppelten, farbigen Flecken zwischen der Rentierflechte verkümmern und die Karibus nach Süden locken.

Nach einem dritten, eher vom Wunschdenken bestimmten Szenario könnten die beiden Extreme einander aufheben, sodass die Temperaturen in einer Mittellage zwischen beiden blieben. Egal, wie es kommt, heiß oder kalt oder irgendetwas dazwischen, in einer Welt, in der die Menschheit die Kohlenstoffkonzentration in der Atmosphäre auf 500 oder 600 ppm hochtriebe – oder gar auf die für 2100 prognostizierten 900 ppm, falls sie ihre Gewohnheiten beibehält –, würde ein Großteil dessen, was einst die Eiskappe Grönlands bildete, den Meeresspiegel des Atlantiks weiter ansteigen lassen. Unter Umständen wäre von Manhattan dann nicht mehr übrig als zwei kleine Felseninseln, die eine dort, wo sich einst der Great Hill über den Central Park erhob, die andere eine Schieferklippe in Washington Heights. Eine Weile noch würden etwas südwärts einige Gebäude wie Periskope aus dem Wasser ragen, bis die anbrandenden Wellen sie zu Fall brächten.

Eisige Paradiese

Wie wäre es unserem Planeten ergangen, wenn sich die Menschheit nie entwickelt hätte? Oder war diese Entwicklung unvermeidlich?

Und wenn wir verschwänden, würden – oder könnten – wir oder ähnlich komplexe Geschöpfe erneut entstehen?

Von beiden Polen weit entfernt liegt der Tanganjikasee in einer Bruchfalte, die vor fünfzehn Millionen Jahren Afrika in zwei Teile teilte. Der Große Afrikanische Grabenbruch – *Great Rift Valley* – ist die Fortsetzung einer tektonischen Teilung, die noch früher im heutigen Bekaatal im Libanon einsetzte, dann nach Süden verlief und dabei den Verlauf des Jordans und des Toten Meeres bestimmte. Anschließend weitete sie sich zum Roten Meer und verzweigt sich heute zu zwei parallelen Rissen in der Erdkruste Afrikas. Der Tanganjikasee füllt die westliche Verzweigung des Rift über eine Strecke von 670 Kilometern, was ihn zum längsten Binnensee der Welt macht.

Mit nahezu 1600 Metern Tiefe und einem Alter von rund zehn Millionen Jahren ist er überdies der zweittiefste und zweitälteste See nach dem sibirischen Baikalsee. Das macht ihn außerordentlich interessant für die Forscher, die aus den Sedimenten an seinem Grunde Bohrproben entnehmen. Wie jährliche Schneefälle längst vergangener Jahrtausende die Klimageschichte in Gletschern konservieren, lagern sich Pollenkörner der ufernahen Laubbäume in den Tiefen von Binnengewässern ab, durch die dunklen Bänder der Regenzeitabflüsse und die hellen Algensporenstreifen der Trockenzeit deutlich abgegrenzt. In einem so alten Gewässer wie dem Tanganjikasee offenbaren die Bohrkerne mehr als nur, welche Pflanzen dort einst wuchsen. Sie zeigen auch, wie sich der Dschungel allmählich zu jener feuertoleranten, breitkronigen Gehölzformation wandelte, die man als Miombowald bezeichnet und die große Landstriche des heutigen Afrikas bedeckt. Dieser Miombowald bildete sich, als die Menschen der Altsteinzeit entdeckten, dass sie durch das Verbrennen von Bäumen Grasland und offene Waldgebiete schaffen konnten, die Antilopen anlockten.

Die in immer stärker werdende Holzkohleschichten eingebetteten Pollen belegen die fortschreitende Entwaldung, die den Beginn der Eisenzeit begleitete, als die Menschen lernten, Eisenerz zu schmelzen und Hacken zum Pflügen zu fertigen. Dort pflanzten sie Feldfrüchte wie Fingerhirse, deren Spuren in den Sedimenten nachzuweisen sind. Spätere Saatpflanzen wie Bohnen und Mais haben entweder zu wenig Pollen oder besitzen Körner, die zu schwer sind, als dass sie weit treiben könnten. Trotzdem lässt sich die Ausbreitung des Ackerbaus am häufigeren Auftreten der Sporen von Farnen nachweisen, die ausgelaugtes Land in Beschlag nehmen.

All das und vieles mehr lässt sich aus dem Schlamm erfahren, indem man ein zehn Meter langes Stahlrohr an einem Seil zum Seeboden hinablässt, wo es unter dem eigenen Gewicht und mit Hilfe eines Rüttlermotors in hunderttausendjährige Pollenschichten eindringt. Der nächste Schritt, so der Paläolimnologe Andy Cohen von der University of Arizona, der ein Forschungsprojekt im tansanischen Kigoma am Ostufer des Sees leitet, wäre dann ein Bohrgeschirr, mit dem man fünf oder sogar zehn Millionen Jahre alte Bohrkerne zutage fördern könnte.

Eine solche Anlage ist sehr kostspielig und läge etwa in der Größenordnung eines kleinen Ölbohrschiffs. Der See ist so tief, dass die Plattform nicht verankert werden könnte, sodass man GPS-gesteuerte Triebwerke bräuchte, die für eine ortsfeste Position über dem Bohrloch sorgen würden. Nach Cohens Ansicht würde sich der Aufwand allerdings lohnen, weil es sich hier um das älteste und reichhaltigste Klimaarchiv der Erde handle.

»Man hat lange angenommen, das Klima werde durch das Vorrücken und Zurückweichen der polaren Eisschilde bestimmt. Doch es gibt gute Gründe für die Annahme, dass auch die atmosphärische Zirkulation in den Tropen daran beteiligt ist. Wir wissen eine Menge über die Klimaveränderung an den Polen, aber wenig über die in den warmen Zonen, wo Menschen leben.« Hier entnommene Bohrkerne würden, so Cohen, »zehnmal so viel Klimageschichte offenbaren wie die Gletscherproben, und das weit genauer. Es gäbe hundert verschiedene Dinge, die wir analysieren könnten.«

Dazu zählt auch die Geschichte der menschlichen Evolution, weil die Aufzeichnungen der Bohrkerne auch die Jahre umfassen würden, in denen die Primaten ihre ersten Schritte als Zweibeiner machten, sowie die weiteren Entwicklungsstufen, welche die Hominiden vom *Australopithecus* über den *Homos habilis* und *erectus* schließlich zum *Homo sa-*

piens führten. Die Pollen wären die gleichen, die unsere Vorfahren einst einatmeten, möglicherweise stammten sie sogar von eben jenen Pflanzen, die diese Hominiden berührten und aßen, als sie in diesem Rift lebten.

Östlich des Tanganjikasees, in einem parallel verlaufenden Zweig des afrikanischen Rift, befand sich einst ein anderer See, flacher und salzig, der im Laufe der letzten zwei Millionen Jahre immer wieder verdunstete und neu entstand. Heute ist dort Grasland, kurz gehalten von den Kühen und Ziegen der Massai-Hirten, und darunter Sandstein, Lehm, Tuff und Asche, das Ganze auf einer Grundschicht von vulkanischem Basalt aufbauend. Ein Wasserlauf, der das vulkanische Hochland Tansanias nach Osten entwässert, grub eine hundert Meter tiefe Schlucht durch diese Schichten, wo im 20. Jahrhundert die Archäologen Louis und Mary Leakey versteinerte 1,75 Millionen Jahre alte Hominidenschädel fanden. Im grauen Schutt der Olduvai-Schlucht, heute eine Halbwüste voller Sisalagaven, fand man schließlich Hunderte von Steinsplittern und -werkzeugen, die aus der untersten Schicht, dem Basalt, gefertigt waren. Einigen von ihnen gibt man ein Alter von zwei Millionen Jahren.

1978 fand Mary Leakeys Forschungsgruppe vierzig Kilometer südwestlich der Olduvai-Schlucht Fußspuren, die in feuchter Vulkanasche erstarrt waren. Sie stammten von einem Trio *Australopithecinen*, möglicherweise Eltern mit Kind, die vor dem Ausbruch des nahen Vulkans Sadiman flohen. Ihre Entdeckung verlegt das erste Auftreten zweibeiniger Hominiden auf mehr als 3,5 Millionen Jahre vor unserer Zeit. Aus den Funden hier und an ähnlichen Grabungsstätten in Kenia und Äthiopien ergibt sich ein Grundmuster der menschlichen Entwicklungsgeschichte. Heute weiß man, dass wir erst einige hunderttausend Jahre lang auf zwei Beinen gingen, bevor wir auf den Gedanken kamen, zwei Steine gegeneinanderzuschlagen, um ein scharfkantiges Werkzeug zu erhalten. Die Überreste von Hominidenzähnen und andere fossile Funde zeigen, dass wir Allesfresser waren, mit Backenzähnen zum Nüsseknacken ausgerüstet – aber auch, wie die Entdeckung axtförmiger Steine beweist, mit der Fähigkeit ausgestattet, Waffen herzustellen und sie zum Töten von Tieren einzusetzen.

Die Olduvai-Schlucht und andere Fundstellen fossiler Hominidenreste, zusammengenommen ein sichelförmiges Gebiet, das sich von Äthiopien aus südwärts erstreckt und parallel zur Ostküste des Kontinents verläuft, haben zweifelsfrei bewiesen, dass wir alle Afrikaner sind. Der vom Westwind herangewehte Staub, der auf den Sisalagaven und Akazien der Schlucht eine graue Puderschicht hinterlässt, enthält verkalkte Stücke jener DNS, die wir alle in uns tragen. Von diesem Ort aus schwärmten die Menschen über alle Kontinente aus.

An diesen Fundstellen entdeckte man auch Tierknochen, die von unseren Vorfahren teilweise zu spitzen Werkzeugen und Waffen geschliffen worden waren – unter anderem von Flusspferd-, Nashorn-, Pferde- und Elefantenarten, die ausstarben, als die Menschen sich ausbreiteten. Sie vermitteln uns eine Vorstellung vom Zustand der Welt, bevor wir vom Affen zum Menschen wurden. Was sie uns allerdings nicht zeigen, ist der Grund, der uns dazu veranlasst haben könnte. Doch am Tanganjikasee finden sich einige Hinweise. Sie bringen uns zum Eis zurück.

Dieser See wird von vielen Bächen gespeist, die den 1500 Meter hohen Steilabbruch des Rift herabstürzen. Zeitweise säumte hier Regenwald die Ufer. Dann kam der Miombowald. Heute ist der Steilabbruch fast baumlos. Seine Hänge sind gerodet, um Anbauflächen für Maniok zu schaffen, wobei die Hänge so steil sind, dass manchmal Bauern abstürzen.

Eine Ausnahme ist das Gombe-Stream-Reservat am tansanischen Ostufer des Tanganjikasees, wo die Primatologin Jane Goodall, einst Leakeys Assistentin in der Olduvai-Schlucht, seit 1960 Schimpansen beobachtet. Ihre Feldstudie, die längste, die jemals irgendwo an einer wild lebenden Art vorgenommen wurde, wird von einem Camp aus durchgeführt, das nur mit dem Boot zu erreichen ist. Der Nationalpark, in dem das Camp liegt, ist mit knapp 140 Quadratkilometern der kleinste in Tansania. Als Goodall dort ihre Studien begann, waren die Hügel rundum von Dschungel bedeckt. Wo er sich zu lichten Waldgebieten und Savannen öffnete, lebten Löwen und Kaffernbüffel. Heute ist der Park auf drei Seiten umgeben von Maniokfeldern, Ölpalmenplantagen, Hügelsiedlungen und mehreren Dörfern von mehr als fünftausend Einwohnern, die sich am Seeufer verteilen. Die weltberühmte Schimpansenpopulation ist auf bedenkliche neunzig Individuen geschrumpft.

Zwar sind die Schimpansen im Gombe-Reservat am intensivsten untersucht worden, doch der Regenwald dort beherbergt auch Anubispaviane und einige andere Arten: Grünmeerkatzen, Rote Stummelaffen, Rotschwanz- und Diadem-Meerkatzen. Im Jahr 2005 untersuchte Kate Detwiler, Doktorandin am Center for the Study of Human Origins der New York University, dort mehrere Monate lang die beiden letztgenannten Arten.

Rotschwanz-Meerkatzen haben kleine schwarze Gesichter, weißgefleckte Nasen, weiße Wangen und lebhafte kastanienfarbene Schwänze, während Diadem-Meerkatzen ein bläuliches Fell und dreieckige, fast nackte Gesichter mit eindrucksvoll vorspringenden Augenbrauen besitzen. Angesichts der unterschiedlichen Färbung, Körpergröße und Vokalisation kann niemand die Diadem- und die Rotschwanz-Meerkatzen im Feld verwechseln. Doch genau das scheint in Gombe den Mitgliedern der beiden Arten selbst zu passieren, denn seit einiger Zeit kreuzen sie sich. Bislang hat Detwiler festgestellt, dass die beiden Arten zwar unterschiedliche Chromosomenzahlen aufweisen, dass aber zumindest einige Nachkommen aus solchen Verbindungen – entweder zwischen Diadem-Männchen und Rotschwanz-Weibchen oder umgekehrt – fortpflanzungsfähig sind. Anhand von Partikeln der Darmschleimhäute, die sie aus Kotproben entnimmt, kann sie nachweisen, dass sich die DNS beider Arten gemischt hat und es sich folglich um Hybridindividuen handelt. Und sie zieht aus dieser Beobachtung noch weitergehende Schlüsse.

Genetische Untersuchungen legen die Vermutung nahe, dass vor etwa fünf Millionen Jahren zwei Populationen einer Art getrennt wurden, die der gemeinsame Vorfahr dieser beiden Affen war. Durch die Anpassung an verschiedene Umwelten entwickelten sie sich auseinander. Aus einer ähnlichen Situation bei Finkenpopulationen, die isoliert auf verschiedenen Galapagosinseln lebten, zog Charles Darwin erste Schlüsse über den Mechanismus der Evolution. Er fand dreizehn verschiedene Finkenarten, deren Schnäbel der jeweils gegebenen Nahrungssituation angepasst waren: um Samenkapseln zu knacken, Insekten unter Baumrinden herauszupicken oder an Kaktusfleisch zu gelangen.

In Gombe hat sich offenbar der umgekehrte Vorgang vollzogen. Als irgendwann neuer Wald die Barriere füllte, welche die beiden Arten einst trennte, teilten sie sich unversehens dieselbe Nische. Anschließend wurden sie gemeinsam isoliert, weil der Wald in der Umgebung des Gombe-Nationalparks durch Anbaugebiete für Maniok ersetzt wurde. »Als die Zahl verfügbarer Paarungspartner der eigenen Art zurückging«, so Detwilers Vermutung, »griffen diese Tiere zu verzweifelten – oder kreativen – Überlebensmaßnahmen.«

Ihre These lautet, dass die Hybridisierung zweier Arten eine Kraft für evolutionäre Neuerungen sein kann, ähnlich der natürlichen Selektion innerhalb einer Art. »Vielleicht ist der gekreuzte Nachwuchs noch nicht so tauglich wie einer der Elternteile«, sagt sie. »Aber egal, was der Grund ist – beengtes Habitat oder geringe Zahl –, das Experiment wird ständig wiederholt, bis schließlich ein Hybride zustande kommt, der so lebensfähig ist wie seine Eltern – oder den Eltern vielleicht sogar überlegen ist, weil der Lebensraum sich verändert hat.«

Das hieße, dass sich diese Affen unter der Einwirkung von Menschen entwickelt haben: Die Eltern wurden zur Fortpflanzung über Artgrenzen hinweg förmlich gezwungen, als der Ackerbau treibende *Homo sapiens* Ostafrika zerstückelte; das traf neben den Affen auch Vogelarten wie Würger und Fliegenschnäpper, denen nicht viele Optionen blieben: Sie konnten sich untereinander vermehren, sich mit einer anderen Art kreuzen, untergehen oder aber eine kreative Lösung wählen: etwa eine neue evolutionäre Stufe erklimmen.

Etwas Ähnliches könnte hier schon einmal geschehen sein. Als der Große Graben sich zu bilden begann, zog sich ein Gürtel tropischen Regenwalds vom Indischen Ozean bis zum Atlantik quer durch Afrika. Es gab bereits Menschenaffen, darunter auch solche, die den Schimpansen in mancherlei Hinsicht ähnelten. Von ihnen hat man bislang keine fossilen Spuren gefunden, und zwar aus dem gleichen Grund, aus dem Überreste von Schimpansen so selten sind: In den Tropenwäldern spülen heftige Regenfälle alle Mineralien fort, bevor irgendetwas versteinern kann. Auch Knochen zersetzen sich rasch. Doch man weiß, dass es diese Art gab, weil die Genetik zeigt, dass wir und die Schimpansen direkt vom gleichen Vorfahren abstammen. Der Anthropologe Richard Wrangham hat diesem noch unentdeckten Affen einen Namen gegeben: *Pan prior.*

Prior, das heißt, die Art, die dem *Pan troglodyte*, dem heutigen Schimpansen, vorausging, aber auch der großen Trockenperiode, die Afrika vor rund sieben Millionen Jahren heimsuchte. Feuchtgebiete zogen sich zurück, Böden trockneten aus, Seen verschwanden und Wälder schrumpften, bis nur noch kleine durch Savannen voneinander getrennte Refugien blieben. Ursache war eine Eiszeit, die von den Polen aus vordrang. Da ein Großteil der auf der Erde vorhandenen Feuchtigkeit in den Gletschern eingeschlossen war, die Grönland, Skandinavien, große Teile Nordamerikas und Russlands unter sich begruben, verdorrte Afrika. Die Gletscher schafften es nicht bis zum schwarzen Kontinent, obwohl sich auf Vulkanen wie dem Kilimandscharo und dem Mount Kenia Eiskappen bildeten. Dennoch lösten die zerstörerischen Kräfte, die in der Ferne wirkten, auch in Afrika einen Klimawandel aus und zerstückelten ein Waldgebiet, das zuvor doppelt so groß wie das heutige Amazonasbecken gewesen war.

Der ferne Eisschild isolierte Populationen afrikanischer Säugetiere und Vögel in Waldstücken, in denen sie einige Millionen Jahre hindurch ihre Evolution separat fortsetzten. Wenigstens eines dieser Tiere sah sich, wie wir wissen, zu einem wagemutigen Abenteuer veranlasst: einem Ausflug in die Savanne.

Wenn der Mensch verschwände und schließlich durch ein anderes Geschöpf ersetzt würde, durchliefe es dann die gleiche Entwicklung wie wir? Im Südwesten Ugandas gibt es einen Ort, wo wir die Wiederholung unserer Geschichte in einem Mikrokosmos beobachten können. Der Chambura Gorge ist eine enge, fünfzehn Kilometer lange Schlucht, die sich tief in eine Ablagerung brauner Vulkanasche am Grund des Großen Grabens schneidet. In verblüffendem Gegensatz zu den gelben Ebenen in der Umgebung durchzieht diesen Canyon des Flusses Chambura ein grünes Band aus Laubbäumen und anderen tropischen Bäumen. Für Schimpansen ist diese Oase Zuflucht und Schmelztiegel zugleich. Die Schlucht weist zwar eine üppige Vegetation auf, ist aber kaum 500 Meter breit und bietet damit nicht genügend

Früchte, um die Nahrungsbedürfnisse aller Affen zu befriedigen. Von Zeit zu Zeit klettern besonders tapfere Schimpansen hoch in die Baumwipfel und springen von dort aus zum Rand der Schlucht, um sich mutig auf den Erdboden zu wagen.

Da sie sich hier nicht auf Äste schwingen können, um über das Hafer- und Zitronellgras hinwegzusehen, müssen sie sich auf zwei Beine aufrichten. Während sie einen Augenblick in dieser Stellung verharren, halten sie im Schatten der über die Savanne verstreuten Feigenbäume nach Löwen und Hyänen Ausschau. Wenn sie sich überlegt haben, ob sie den nächsten Baum erreichen können, ohne selbst zur Nahrung zu werden, tun sie, was wir selbst einst taten: Sie laufen los.

Rund drei Millionen Jahre, nachdem ferne Gletscher einige mutige und hungrige Individuen von *Pan prior* zwangen, die Wälder zu verlassen, die sie nicht mehr ernähren konnten – und einige sich als einfallsreich genug erwiesen, um zu überleben –, erwärmte sich der Planet wieder. Das Eis zog sich zurück. Die Bäume eroberten ihre alten Gebiete zurück, sogar in Island wurden sie heimisch. Afrikas Wälder schlossen sich wieder und reichten erneut von der Atlantikküste bis zum Indischen Ozean, doch zu diesem Zeitpunkt hatte *Pan prior* bereits die nächste Evolutionsstufe erklommen: Er war der erste Affe, der sich lieber in den grasbestandenen lichten Waldgebieten am Rande des Regenwalds aufhielt. Nachdem er sich mehr als eine Million Jahre auf zwei Beinen fortbewegt hatte, waren seine Beine länger und seine Zehen kürzer geworden. Er konnte nun nicht mehr auf Bäume klettern, doch dank seiner Fähigkeit, nun die Hände zu gebrauchen, erschloss er sich eine Fülle neuer Fertigkeiten auf dem Boden.

Jetzt waren wir Hominiden. Irgendwo auf dem Weg vom *Australopithecus* zur Gattung *Homo* lernten wir nicht nur, den Feuern zu folgen, welche unseren neuen Lebensraum, die Savannen, erweiterten, sondern auch sie selber zu legen.

Etwa weitere drei Millionen Jahre oder länger waren wir nicht zahlreich genug, um mehr als hier und da Flickenteppiche von Grasland und Wald zustande zu bringen, wenn uns nicht ferne Eiszeiten diese Mühe abnahmen. Doch irgendwann in diesem Zeitraum, lange bevor *Pan prior*s jüngster Nachkomme, der mit dem Beinamen *sapiens*, auf der Bildfläche erschien, muss unsere Zahl so angewachsen sein, dass wir uns erneut als Pioniere versuchen konnten.

Waren auch die Hominiden, die Afrika verließen, kühne Abenteurer, die hinter dem Horizont der Savanne auf noch mehr Überfluss hofften? Oder mussten sie ihren Lebensraum verlassen, weil die Überlegenheit anderer Primaten sie dazu zwang?

Oder nahmen sie, da sie sich unablässig vermehrten, einfach immer neues Land in Besitz, wie jedes Tier, dem sich reichlich Ressourcen bieten, etwa Grasgebiete, die sich bis Asien ausbreiteten? Wie Darwin erkannte, spielte das keine Rolle: Wenn isolierte Gruppen derselben Art unterschiedliche evolutionäre Richtungen einschlagen, lernen die erfolgreichsten unter ihnen, auch in neuen Umgebungen gut zurechtzukommen.

Ob Vertriebene oder Abenteurer – die Überlebenden breiteten sich erst in Kleinasien und dann in Indien aus. In Europa entwickelten sie eine Fertigkeit, die bei Geschöpfen wie Eichhörnchen längst genetisch programmiert, bei Primaten aber völlig neu war: das *Planen*, wozu man Gedächtnis und Voraussicht braucht. Man speichert Nahrung in Jahreszeiten des Überflusses, um die kalten Jahreszeiten besser überstehen zu können. Dank einer Landbrücke konnten die Menschen große Teile Indonesiens besiedeln, aber um Neuguinea und, vor rund 50 000 Jahren, Australien zu erreichen, mussten sie lernen, mit Booten umzugehen. Vor rund 11 000 Jahren entdeckte der aufmerksame *Homo sapiens* im Nahen Osten etwas, das sich bis dahin nur einige wenige Insektenarten zunutze gemacht hatten: Wie man Nahrungsvorräte anlegt, nicht indem man Pflanzen zerstört, sondern indem man sie anbaut und fördert.

Wir wissen, dass Weizen und Gerste, die sich später rasch entlang des Nils nach Süden ausbreiteten, zunächst im Nahen Osten angebaut wurden, und können daher vermuten, dass jemand mit Samen und Ackerbaukenntnissen von dort in die afrikanische Heimat zurückgekehrt ist. Es war ein günstiger Zeitpunkt dafür, denn abermals hatte eine Eiszeit – die letzte – den Regionen, welche die Gletscher nicht erreichten, die Feuchtigkeit entzogen und dort die Nahrungsmittel knapp werden lassen. In den Gletschern war so viel Waser gefroren, dass der Meeresspiegel gut 90 Meter tiefer lag als heute.

Damals gelangten andere Menschen, die sich über Asien ausgebreitet hatten, bis an die äußerste Spitze Sibiriens. Da die Beringsee fast trockengefallen war, verband eine Landbrücke von gut 1500 Kilometern Breite Asien mit Alaska. Zehntausend Jahre hatte sie unter 800 Metern Eis gelegen. Doch jetzt war dieser Gletscher weit genug zurückgewichen, um einen eisfreien Korridor zu öffnen, der an manchen Stellen 50 Kilometer breit war. Hier konnten sich die Menschen ihren Weg vorbei an Schmelzwasserseen suchen und so die Landbrücke überqueren.

Chambura Gorge und Gombe Stream sind alles, was von dem Wald geblieben ist, dem wir unsere Entstehung verdanken. In diesem Fall ist die Zerstückelung des afrikanischen Ökosystems nicht irgendwelchen fernen Gletschern zuzuschreiben, sondern unser eigenes Werk, dank unserem letzten evolutionären Sprung, der uns selbst zu einer Naturkraft macht, so machtvoll wie Vulkane und Eisschilde. In diesen Waldinseln inmitten eines Meeres aus Feldern und Ansiedlungen kämpfen die letzten Nachkommen jenes anderen Sprosses von *Pan prior* um ihr Leben – wie einst wir, als wir die Bäume verließen, um zunächst auf dem Waldboden, später in der Savanne und zuletzt in Städten zu leben. Nördlich des Kongo-Flusses leben Gorillas und Schimpansen, südlich davon Bonobos. Die größte genetische Ähnlichkeit weisen wir mit den beiden letztgenannten Arten auf; Louis Leakey schickte Jane Goodall zur Forschung ins Gombe-Reservat, weil die Knochen und Schädel, die er und seine Frau gefunden hatten, darauf schließen ließen, dass unser gemeinsamer Vorfahr in Aussehen und Verhalten große Ähnlichkeit mit dem Schimpansen gehabt hat.

Gleichgültig weshalb unsere Ahnen Afrika verlassen haben, diese Tatsache löste eine beispiellose evolutionäre Ereigniskette aus, die unterschiedlich bewertet wird – mal als die erfolgreichste, mal als die zerstörerischste, die unser Planet je erlebt hat. Doch angenommen, wir wären geblieben – oder die Vorfahren der heutigen Löwen und Hyänen hätten, als wir uns in die ungeschützte Savanne hinauswagten, kurzen Prozess mit uns gemacht. Wodurch, wenn überhaupt, hätte uns die Evolution ersetzt?

Wenn man einem wild lebenden Schimpansen in die Augen blickt, bekommt man eine Ahnung davon, wie wir die Welt sähen, wären wir im Wald geblieben. Ihre Gedanken mögen uns verschlossen sein, aber an ihrer Intelligenz gibt es keinen Zweifel. Ein Schimpanse in seinem natürlichen Lebensraum, der uns gelassen von seinem Ast in einem Mobola-Pflaumenbaum betrachtet, lässt auch nicht den Anflug eines Unterlegenheitsgefühls in Gegenwart des stärkeren Primaten erkennen. Hollywoodfilme vermitteln einen falschen Eindruck, weil die dressierten Schimpansen darin alle jugendlich und dementsprechend niedlich sind. Doch sie wachsen noch ein gutes Stück weiter und werden bis zu 55 Kilogramm schwer. Bei einem Menschen gleichen Gewichts wären davon fast 20 Kilo Fett. Ein wild lebender Schimpanse, dessen Dasein aus fortwährender körperlicher Ertüchtigung besteht, hat vielleicht anderthalb bis zwei Kilo Fett. Alles Übrige ist Muskulatur.

Dr. Michael Wilson, Direktor der Feldforschungsabteilung im Gombe-Stream-Reservat, verbürgt sich für ihre Kraft. Er hat beobachtet, wie sie Rote Stummelaffen zerrissen und verspeisten. Schimpansen sind hervorragende Jäger, die in rund 80 Prozent der Fälle Erfolg haben. »Bei Löwen liegt die Quote nur bei zehn bis fünf Prozent. Schimpansen sind ziemlich clever.«

Aber nicht nur das. Wilson berichtet auch, dass sie sich auf das Territorium benachbarter Schimpansengruppen schlichen, ahnungslose Männchen überfielen, die sich von der Gruppe entfernt hatten, und sie zu Tode prügelten. Nach und nach nahmen sie sich so Männchen für Männchen vor, bis das Territorium und die Weibchen ihnen gehörten. Sogar offene Feldschlachten zwischen Schimpansen und blutige Auseinandersetzungen innerhalb einer Gruppe um die Position des Alpha-Männchens konnte Wilson beobachten. Die unvermeidlichen Vergleiche mit menschlichen Aggressionen und Machtkämpfen wurden zu seinem Spezialgebiet.

Zu den Rätseln dieses Forschungsfeldes gehört die Frage, warum die Bonobos, kleiner und schlanker als Schimpansen, aber im gleichen Verwandtschaftsgrad zu uns, überhaupt nicht aggressiv zu sein scheinen. Zwar verteidigen sie ihr Territorium, tragen aber offenbar keine blutigen Gruppenkriege aus. Ihr friedliches Naturell, ihre Vorliebe für spielerischen Sex mit wechselnden Partnern und ihre allem Anschein nach matriarchalische Sozialordnung und die überaus fürsorglichen Beziehungen untereinander sind zum Mythos geworden für diejenigen, die fest an die Möglichkeit eines friedlichen Miteinanders der Menschen glauben.

Doch in einer Welt ohne Menschen wären die Bonobos, wenn sie sich gegen die Schimpansen behaupten müssten, deutlich in der Unterzahl: Es gibt nur noch höchstens 10 000 Bonobos, denen 150 000 Schimpansen gegenüberstehen. Da die Gesamtpopulation beider Arten vor hundert Jahren ungefähr zwanzig Mal größer war, schwinden mit jedem weiteren Jahr ihre Aussichten, lange genug zu existieren, um unsere Nachfolge antreten zu können.

Wenn Michael Wilson durch den Regenwald wandert, hört er gelegentlich ein Trommeln. Es stammt von Schimpansen, die auf Brettwurzeln schlagen und sich so Signale übermitteln. Er folgt ihnen, manchmal durch alle dreizehn Bachbetten des Gombe-Reservats, vorbei an rankenden Winden und Lianen, die sich quer über die Pavianwechsel spannen, bis er sie zwei Stunden später oft oben auf dem Grabenbruch entdeckt. Manche sitzen auf einem Baum am Rande des offenen Waldes und fressen eine ihrer Lieblingsfrüchte, die Mango, die mit dem Weizen aus Arabien nach Afrika kam.

1500 Meter tiefer glänzt der Tanganjikasee in der Nachmittagssonne. Dieses riesige Binnenmeer fasst 20 Prozent des weltweiten Süßwasservorkommens und so viele ortstypische Fischarten, dass man in der aquatischen Biologie von dem Galapagos der Binnenseen spricht. Dahinter erheben sich im Westen die dunstigen Hügel des Kongo, wo Schimpansen immer noch als Bushmeat, zum Verzehr bestimmtes Affenfleisch, dienen. In entgegengesetzter Richtung, jenseits der Grenzen des Gombe-Reservats, leben Bauern, die sich ebenfalls mit Schusswaffen gegen Schimpansen wehren, die ihnen ihre Palmfrüchte stehlen.

Abgesehen von den Menschen und ihren Artgenossen haben Schimpansen hier keine echten Fressfeinde. Die bloße Tatsache, dass Schimpansen auf einem Baum sitzen, der ringsum von Gras umgeben ist, bezeugt, dass sie in weit höherem Maße als Gorillas, die sich ganz und gar auf eine Regenwalddiät spezialisiert haben, in der Lage sind, von höchst unterschiedlichen Nahrungsmitteln und Umweltbedingungen zu leben. Doch möglicherweise bräuchten sie das gar nicht mehr, wenn die Menschen von der Erde verschwunden wären. Denn dann, so Wilson, käme der Wald zurück. Und zwar schnell.

»Der Miombowald würde wieder überall in der Region Fuß fassen und die Maniokfelder ersetzen. Vermutlich würden die Paviane als Erste davon profitieren. Sie würden weit ausschwärmen und durch die Samen in ihrem Kot zur Verbreitung vieler Pflanzen beitragen. Schon bald würden überall, wo es der Boden zuließe, Bäume sprießen. Schließlich würden die Schimpansen folgen.«

Mit der Rückkehr so vieler Beutetiere fänden sich wohl auch die Löwen wieder ein, dann die großen Tiere: Kaffernbüffel und Elefanten, die aus den Reservaten Tansanias und Ugandas kämen. »Schließlich«, hofft Wilson, »gibt es vielleicht wieder eine zusammenhängende Schimpansenpopulation, die sich im Süden bis Malawi und nach Norden bis Burundi und in den Kongo erstrecken würde.«

Dann wäre der Regenwald wieder flächendeckend, gefüllt mit den Lieblingsfrüchten der Schimpansen und einer wachsenden Population von Roten Stummelaffen zur Deckung des Fleischbedarfs. Im winzigen Gombe-Reservat, einem behüteten Fleckchen afrikanischer Vergangenheit, das zugleich einen Vorgeschmack auf die Zukunft nach dem Menschen liefert, ist eigentlich nicht zu erkennen, weshalb irgendeine Primatenart all diesen Überfluss verlassen und unserem Beispiel folgen sollte.

Es sei denn natürlich, das Eis käme zurück.

5 Die untergegangene Arche

Stellen Sie sich vor, Sie fänden sich statt in Ihrer vertrauten Umgebung plötzlich in einer Landschaft wieder, die von phantastischen Geschöpfen bevölkert wird. Je nachdem, wo Sie leben, könnten es Hirsche sein mit Geweihen so dick wie drei Männerarme oder ein Ungetüm, das wie ein lebendiger Panzer aussieht. Dort gibt es eine Herde von Tieren, die Kamelen gleichen – nur dass sie Rüssel tragen. Pelzige Nashörner, große haarige Elefanten und noch größere Faultiere – Faultiere? Wildpferde von unterschiedlichster Art und Größe. Panther mit fast zwanzig Zentimeter langen Fangzähnen und beunruhigend große Geparden. Wölfe, Bären und Löwen, so riesig, dass es sich um einen Albtraum handeln muss.

Ein Traum oder das Produkt unseres kollektiven Gedächtnisses? Denn genau so sah die Welt aus, in die *Homo sapiens* hereinplatzte, als er über Afrikas Grenzen hinaus bis nach Amerika gelangte. Existierten diese ausgestorbenen Säugetiere noch, wenn es uns nie gegeben hätte? Werden sie wiederkehren, wenn wir verschwinden?

Unter den vielen Bezeichnungen, mit denen amtierende US-Präsidenten im Laufe der Geschichte bedacht wurden, fällt der Beiname, der Thomas Jefferson von seinen Gegnern verpasst wurde, deutlich aus dem Rahmen: »Mr. Mammoth«. Ein Außenhandelsembargo, das den Export amerikanischer

Güter nach Europa unterbinden sollte, war auf seinen Urheber zurückgefallen. Die USA litten unter den beschränkten Handelsmöglichkeiten: Während die amerikanische Wirtschaft zusammenbreche, so höhnten seine Gegner, sitze Präsident Jefferson im East Room des Weißen Hauses und spiele mit seiner Fossiliensammlung.

Daran war durchaus etwas Wahres. Jefferson, ein passionierter Naturforscher, war schon seit Jahren von Berichten über riesige Knochen fasziniert, die man rund um eine Salzlecke in der Wildnis Kentuckys gefunden hatte. Beschreibungen ließen darauf schließen, dass sie den Überresten einer riesigen, nach Meinung der Forscher ausgestorbenen Elefantenart ähnelten, die man in Sibirien gefunden hatte. Afrikanische Sklaven hatten große Backenzähne, die man in Carolina fand, für Elefantenzähne gehalten und Jefferson war sich sicher, dass es sich hier um Überreste derselben Art handelte. 1796 erhielt er eine Ladung vermeintlicher Mammutknochen aus Greenbriar County in Virginia, doch eine riesige Klaue machte ihm sogleich klar, dass er es hier mit etwas anderem zu tun hatte, möglicherweise einer riesigen Löwenrasse. Nach Gesprächen mit Anatomen erkannte er schließlich, worum es sich handelte, und so konnte er das Verdienst für sich in Anspruch nehmen, die erste Beschreibung eines Jefferson'schen Riesenfaultiers geliefert zu haben, heute unter dem Namen *Megalonyx jeffersoni* bekannt.

In besondere Aufregung versetzten ihn jedoch Aussagen von Indianern aus der Nachbarschaft der Salzlecke in Kentucky, die besagten, dass die stoßzahnbewehrten Kolosse im Norden noch lebten. Diese Berichte wurden von Indianerstämmen weiter westlich bestätigt. Nachdem Jefferson Präsident geworden war, beauftragte er 1804 seinen ehemaligen Privatsekretär Meriwether Lewis und den Offizier William Clark, nicht nur das gerade erworbene Territorium Louisiana zu durchqueren und einen nordwestwärts verlaufenden Wasserweg zum Pazifik zu finden, sondern auch nach lebenden Mammuts, Mastodonten oder ähnlich großen und ungewöhnlichen Tieren zu suchen.

Dieser Teil der ansonsten höchst erfolgreichen Expedition von Lewis und Clark erwies sich als Fehlschlag; die eindrucksvollsten Großsäuger, von denen sie zu berichten wussten, waren die Dickhornschafe. Später begnügte sich Jefferson damit, Clark nach Kentucky zurückzuschicken, um die Mammutknochen zu holen und im Weißen Haus auszustellen. Heute gehören sie Museumssammlungen in den Vereinigten Staaten und Frankreich. Häufig wird Jefferson als Begründer der wissenschaftlichen Paläontologie gerühmt, obwohl er lediglich die Auffassung eines namhaften französischen Wissenschaftlers widerlegen wollte, derzufolge alles in der Neuen Welt dem Vergleich mit der Alten nicht standhalte, einschließlich der Fauna und Flora.

Jefferson befand sich auch in einem grundlegenden Irrtum über die Bedeutung der fossilen Knochen. Er war überzeugt, dass sie zu einer lebenden Art gehörten, weil er nicht glauben mochte, dass Tiere einfach aussterben können. Obwohl Jefferson vielfach als wichtigster Intellektueller der amerikanischen Aufklärung gilt, entsprechen seine Überzeugungen nicht selten den Auffassungen vieler Deisten und Christen unserer Tage, dass nämlich in einer vollkommenen Schöpfung nichts, was einmal geschaffen wurde, wieder verschwinden könnte.

Sein Credo formulierte er jedoch als Naturforscher: »So haushälterisch ist die Natur, dass sich kein Fall finden lässt, in dem sie einer einzigen Rasse ihrer Tiere gestattet hätte auszusterben.« Dieser Wunsch durchzog viele seiner Schriften: Er wollte, dass diese Tiere lebten, dass er sie irgendwann zu Gesicht bekam. Dieser Wissensdrang veranlasste ihn zur Gründung der University of Virginia und im Laufe der nächsten zweihundert Jahre sollten Paläontologen dort und anderswo beweisen, dass viele Arten tatsächlich ausgestorben waren. Charles Darwin fand dann heraus, dass dieser Prozess des Aussterbens ein wichtiger Teil des Naturgeschehens ist – eine Spielart geht in die nächste über, um veränderten Bedingungen gerecht zu werden, eine andere verliert ihre Nische an einen überlegenen Konkurrenten.

Eine Sache allerdings beschäftigte Thomas Jefferson und andere nach ihm: Die Überreste dieser Großsäuger schienen gar nicht so alt zu sein. Es handelte sich nicht um stark mineralisierte Fossilien, die in massive Gesteinsschichten eingebettet waren. Stoßzähne, andere Zähne und Kieferknochen an Orten wie Big Bone Lick in Kentucky (jener Salz-Schwefel-Quelle, wo die vielen Knochen von Großsäugern gefunden wurden) lagen verstreut auf dem Boden, ragten aus flachen Schlammlöchern hervor oder fanden sich auf dem Grund von Höhlen. Die Großsäuger, zu denen sie gehörten, konnten noch nicht lange ausgestorben sein. Was war mit ihnen geschehen?

Das Desert Laboratory der University of Arizona wurde vor mehr als hundert Jahren auf dem Tumamoc Hill erbaut, einer Anhöhe in Südarizona, von der man auf den damals schönsten Kakteenbestand Nordamerikas und, dahinter, auf Tucson blickte. Seit über 40 Jahren arbeitet dort der Paläoökologe Paul Martin. In diesem Zeitraum verschwand die Wüste am Fuße von Tumamocs kakteenbedeckten Hängen unter einem unruhigen Muster von Wohngebäuden und Gewerbebetrieben. Heute liegen die schönen alten Steingebäude auf einem Gelände, das bei Immobilienmaklern als das Bauland mit der großartigsten Aussicht gilt. Doch wenn Paul Martin durch das Moskitogitter in der Türleibung seines Labors hinausblickt, denkt er weniger daran, was sich in den letzten hundert Jahren hier verändert hat, als an die letzten 13 000 Jahre – seit sich die ersten Menschen hier ansiedelten.

1956, ein Jahr vor seinem Eintreffen im Wüstenlabor, hatte Paul Martin im Rahmen eines Postdoc-Stipendiums der University of Montreal den Winter in einem Farmhaus in Québec verbracht. Eine Polioerkrankung, die er sich zuzog, als er in Mexiko Vögel für sein Zoologiestudium sammelte, hatte seine Forschung aus dem Feld ins Labor verlagert. In Kanada untersuchte er im Mikroskop Bohrproben aus Sedimenten neuenglischer Seen, die bis zum Ende der letzten Eiszeit zurückreichten. Die Proben zeigten, wie sich die Ufervegetation, als das Klima milder wurde, von der baumlosen Tundra über den Nadel- zum Laubwald der gemäßigten Breiten wandelte – eine Entwicklung, die einige Forscher für das Aussterben des Mastodons verantwortlich machten.

An einem verschneiten Wochenende, als Martin es müde war, die winzigen Pollenkörner zu zählen, griff er zu einem Taxonomiebuch und begann die Zahl der Säugetiere zu ermitteln, die im Laufe der letzten 65 Millionen Jahre in Nordamerika verschwunden waren. Als er zu den letzten drei Jahrtausenden des Pleistozäns kam, das von 1,8 Millionen bis 10 000 Jahre vor unserer Zeit dauerte, fiel ihm etwas Merkwürdiges auf.

In dem Zeitrahmen, der seinen Sedimentproben entsprach und vor etwa 13 000 Jahren begann, hatte ein plötzliches Massensterben in der Tierwelt begonnen. Zu Beginn der nächsten geologischen Epoche – des bis heute andauernden Holozäns – waren fast 40 Arten ausgestorben, durchweg große Landsäugetiere. Mäuse, Ratten, Spitzmäuse und andere kleine Pelztiere kamen unbeschadet davon, genauso die Meeressäuger. Die irdische Megafauna hatte jedoch fürchterliche Verluste erlitten.

Unter den ausgestorbenen Arten befand sich eine Vielzahl von überdimensionierten Säugetieren: die Riesengürteltiere und die noch größeren Glyptodonten, die aussahen wie gepanzerte Volkswagen, mit Schwänzen, die in stachelbewehrten Keulen endeten. Dann war da der gewaltige Kurznasenbär, fast doppelt so groß wie ein Grizzly und dank seiner besonders langen Extremitäten viel schneller – es gibt eine Theorie, derzufolge diese riesigen Kurznasenbären der Grund waren, warum die in Sibirien lebenden Menschen die Beringstraße nicht schon viel früher überquert haben. Ungeheure Biber, so groß wie die heutigen Schwarzbären. Riesenpekaris, möglicherweise eine Beute für den *Panthera leo atrox,* den Amerikanischen Löwen, der erheblich größer und schneller war als die heute in Afrika lebenden Arten, genau wie der *Canis dirus*, der »schreckliche Wolf«, die größte Art der Hundefamilie, mit einem Paar furchterregender Fangzähne.

Der bekannteste dieser ausgestorbenen Kolosse, das Wollmammut der nördlichen Breiten, ist nur einer von vielen Elefantenartigen, andere sind das Amerikanische Mammut (*Mammuthus imperator*), mit einem Gewicht von zehn Tonnen das größte von allen, das haarlose Präriemammut, das in wärmeren Breiten lebte, und auf den kalifornischen Kanalinseln ein Zwergmammut, das nicht größer als ein Mensch war – nur die hundegroßen Elefanten auf einigen Mittelmeerinseln waren kleiner. Mammute waren Grasfresser, ihre Evolution hatte in Steppe, Grasland und Tundra stattgefunden, im Gegensatz zu ihren viel älteren Verwandten, den Mastodonten, die in Wäldern ästen. Mastodonten gab es dreißig Millionen Jahre lang in einer Region zwischen Mexiko, Alaska und Florida – doch plötzlich waren auch sie ausgestorben. Drei Gattungen amerikanischer Pferde: ausgestorben. Verschiedene Spielarten nordamerikanischer Kamele, Tapire, zahlreicher Geweihtiere, vom zierlichen Gabelbock bis zum Hirschelch, der wie eine Kreuzung zwischen Elch und Wapiti aussah, aber größer als beide – alle ausgestorben, zusammen mit dem Säbelzahntiger und dem Amerikanischen Geparden (*Miracinonyx*). Alle ausgestorben. Und alle fast gleichzeitig. Was, so fragte sich Paul Martin, mochte das verursacht haben?

Im Jahr darauf arbeitete er auf Tumamoc Hill, wieder über ein Mikroskop gebeugt. Dieses Mal handelte es sich bei den vergrößerten Objekten, die er betrachtete, jedoch nicht um Pollenkörner, die von einer luftdichten Schlammschicht an einem Seegrund vor dem Vermodern bewahrt worden waren, sondern um Fragmente, die ihre Konservierung der Trockenheit in einer Höhle des Grand Canyon verdankten. Bald nach seiner Ankunft in Tucson hatte ihm sein neuer Chef im Desert Laboratory einen grauen Erdklumpen von der ungefähren Größe und Form eines Tennisballs ausgehändigt. Er war mindestens zehntausend Jahre alt, aber ganz eindeutig ein Kotballen. Mumifiziert, aber nicht versteinert, ließ er Fasern von Gräsern und blühenden Kugelmalven erkennen. Die vielen Wacholderpollen, die Martin entdeckte, bestätigten das hohe Alter seines Untersuchungsgegenstandes: Die Temperaturen am Boden des Grand Canyon waren schon seit acht Jahrtausenden nicht mehr kühl genug für Wacholder.

Das Tier, das diesen Kot ausgeschieden hatte, war das ausgestorbene Bodenfaultier *Nothrotheriops shastensis.* Heute gibt es nur noch zwei baumbewohnende Faultierarten in den tropischen Gebieten Zentral- und Südamerikas, klein und leicht genug, um hoch über dem Boden in den Wipfeln des Regenwaldes leben zu können, außer Reichweite ihrer Fressfeinde. Dieses Faultier war jedoch groß wie eine Kuh gewesen. Es ging auf den Knöcheln wie ein anderer heute noch existierender Verwandter, der südamerikanische Große Ameisenbär, um seine Klauen zu schützen, die es brauchte, um sich Nahrung zu beschaffen und sich zu verteidigen. Es wog eine halbe Tonne, war aber trotzdem die kleinste der fünf Faultierarten, die in Nordamerika zwischen dem Yukon und Florida lebten. Die in Florida anzutreffende Spielart war so groß wie ein Elefant und wog mehr als drei Tonnen. Damit war es nur halb so schwer wie ein Bodenfaultier in Argentinien und Uruguay, das sechs Tonnen auf die Waage brachte und das größte Mammut überragte.

Zehn Jahre gingen ins Land, bevor Paul Martin dazu kam, die Öffnung in der roten Sandsteinwand des Grand Canyon über dem Colorado River in Augenschein zu nehmen, wo die erste Dungkugel gefunden worden war. Zu diesem Zeitpunkt war das ausgestorbene Amerikanische Bodenfaultier für ihn weit mehr als nur eines von vielen überdimensionalen Säugetieren, die im rätselhaften Dunkel der Vergangenheit verschwunden waren. Das Schicksal der Faultiere lieferte Martin den seiner Meinung nach schlüssigen Beweis für eine neue Theorie, während sich die Untersuchungsdaten wie Sedimentschichten ansammelten. In der Rampart-Höhle lag ein riesiger Dunghaufen, der dort, wie seine Kollegen und er meinten, von unzähligen Generationen weiblicher Faultiere stammen musste, als sie in der Höhle Schutz suchten, um ihre Jungen zur Welt zu bringen. Der Misthaufen war anderthalb Meter hoch, drei Meter breit und mehr als 30 Meter lang.

Als ihn einige Vandalen zehn Jahre später in Brand setzten, brannte dieser uralte Dunghaufen monatelang, so groß war er. Doch Martin hatte zu diesem Zeitpunkt bereits selbst Feuer in der paläontologischen Welt gelegt, als er eine Theorie vorschlug, die das plötzliche Verschwinden von Millionen von Bodenfaultieren, Wildschweinen, Kamelen, Elefantenartigen und zwanzig Pferdearten erklärte – insgesamt sechzig Gattungen von Großsäugern in der gesamten Neuen Welt, alle in dem winzigen geologischen Zeitraum von tausend Jahren:

»Es ist ganz einfach. Als Menschen aus Afrika und Asien in andere Erdteile vorzudringen begannen, war dort der Teufel los.«

Nach Martins Theorie, die schon bald bei Anhängern wie Gegnern »Blitzkrieg« hieß, begegneten die Menschen auf jedem neuen Kontinent, zunächst vor rund 48 000 Jahren in Australien, riesigen Tieren, die keinen Grund zu der Annahme sahen, diese lächerlichen zweibeinigen Zwerge könnten ihnen in irgendeiner Weise gefährlich werden. Zu spät erkannten sie, dass sie sich geirrt hatten. Selbst als die Hominiden noch *Homines erecti* waren, stellten sie bereits Äxte und Beile in Massenproduktion her, etwa in der Gegend von Olorgesailie in Kenia, die Mary Leakey Jahrmillionen später bei Grabungen entdeckte. Als eine Gruppe von ihnen vor 13 000 Jahren auf dem amerikanischen Kontinent eintraf, gehörte sie schon seit mindestens 50 000 Jahren der Spezies *Homo sapiens* an. Dank ihrem vergrößerten Gehirn hatten die Menschen zu diesem Zeitpunkt schon raffinierte Waffentechniken entwickelt: Sie befestigten gerillte Steinspitzen an Holzschäften und fertigten Speerschleudern, mit deren Hebelwirkung sie Speere so schnell und treffsicher beschleunigten, dass sie gefährliche große Tiere aus relativ sicherer Entfernung erlegen konnten.

Die ersten Amerikaner waren nach Martins Auffassung die Menschen, die es so geschickt verstanden, jene blattförmigen Speerspitzen aus Feuerstein herzustellen, die man in ganz Nordamerika findet. Diese Menschen und ihre Steinspitzen werden der Clovis-Kultur zugerechnet, benannt nach der ersten Fundstelle in New Mexico. Radiokarbondatierungen organischer Materie, die man dort und an anderen Fundstellen fand, haben frühere Schätzungen präzisiert; heute sind sich die Archäologen einig, dass bereits vor 13 500 Jahren Clovis-Menschen in Amerika lebten. Heftig umstritten ist allerdings noch die Frage, was ihre Anwesenheit tatsächlich bedeutete, angefangen mit Paul Martins These, Menschen seien für das Massensterben verantwortlich, das am Ende des Pleistozäns drei Viertel der amerikanischen Megafauna vernichtet hat, die eine weit größere Artenvielfalt bot als das heutige Afrika.

Das wichtigste Argument für Martins Blitzkriegtheorie ist der Umstand, dass an mindestens vierzehn dieser Fundstellen zusammen mit den Skeletten von Mammuten und Mastodonten Clovis-Steinspitzen gefunden wurden, von denen einige sogar noch zwischen den Rippen der Tiere steckten. »Wenn sich *Homo sapiens* nie entwickelt hätte«, so Martin, »gäbe es in Nordamerika dreimal so viele Halbtonner unter den Tieren wie im heutigen Afrika.« Er zählt die fünf heutigen afrikanischen Arten auf: »Flusspferde, Elefanten, Giraffen, zwei Nashornarten. Wir hatten fünfzehn. Sogar noch mehr, wenn wir Südamerika hinzuzählen. Dort unten gab es erstaunliche Säugetiere. Litopterna, die aussehen wie ein Kamel mit Nüstern auf dem Nasenrücken statt an der Spitze. Oder Toxodonten, Ein-Tonnen-Monster, äußerlich eine Kreuzung zwischen Nashorn und Flusspferd, anatomisch jedoch keines von beiden.«

Sie alle gab es, sie alle sind ausgestorben, das steht zweifelsfrei fest, wie die fossilen Funde zeigen, allerdings ist sich die Wissenschaft nicht einig, wie es dazu kam. Ein Einwand gegen Paul Martins Theorie erwächst aus Zweifeln daran, dass die Angehörigen der Clovis-Kultur tatsächlich die ersten Menschen waren, die in die Neue Welt gelangten. Neben den Indianern, die die Vorstellung einer Einwanderung über die Landbrücke in der Beringsee als Angriff auf ihre Religion werten, bezweifeln auch einige Archäologen, dass es auf dieser Landverbindung tatsächlich einen eisfreien Korridor gegeben habe, und nehmen daher an, die ersten Amerikaner müssten auf dem Wasserweg eingetroffen sein; sie hätten den Eisschild umfahren und seien an der Pazifikküste südwärts gesegelt. Wenn schon fast vierzigtausend Jahre zuvor Boote von Asien nach Australien gelangt seien, warum dann nicht so viel später auch Boote von Asien nach Amerika?

Wieder andere verweisen auf einige archäologische Fundstellen, von denen behauptet wird, sie seien älter als die Clovis-Kultur. Die Archäologen, die im südchilenischen Monte Verde gruben, vertreten die Auffassung, dort hätten zweimal Menschen gesiedelt: einmal tausend Jahre vor Clovis, das andere Mal vor 30 000 Jahren. In diesem Fall wäre davon auszugehen, dass es zu dieser Zeit keine Landverbindung über die Beringstraße gegeben hat, dass die Menschen also irgendwie über das Meer nach Amerika gelangt sein müssten. Sogar der Atlantik wurde ins Gespräch gebracht, und zwar von Archäologen, die der Meinung sind, die Clovis-Technik zur Bearbeitung von Hornstein ähnele altsteinzeitlichen Verfahren, die 10 000 Jahre früher in Frankreich und Spanien entwickelt wurden.

Einwände gegen die Gültigkeit der Radiokarbondatierungen von Monte Verde ließen schon bald Zweifel an der ursprünglichen These aufkommen, die Funde dort seien ein Beweis für eine weit frühere Anwesenheit von Menschen in Amerika. Zusätzlich erschwert wurde die Lösung des Problems dadurch, dass das Torfmoor, das die Pfosten, Pfähle, Speerspitzen und verflochtenen Gräser von Monte Verde konserviert hatte, von Bulldozern eingeebnet wurde, bevor andere Archäologen die Grabungsstelle untersuchen konnten.

Selbst wenn es frühen Menschen irgendwie gelungen wäre, vor der Clovis-Kultur nach Chile zu gelangen, wäre ihr Einfluss, so hält Paul Martin dagegen, kurz, örtlich begrenzt und ökologisch vernachlässigbar geblieben, ähnlich dem der Wikinger, die lange vor Kolumbus vorübergehend Neufundland besiedelt hätten. »Wo sind die ganzen Werkzeuge, andere Gegenstände und Höhlenmalereien, die ihre Zeitgenossen überall in Europa hinterlassen haben? Prä-Clovis-Amerikaner wären im Gegensatz zu den Wikingern auf keine konkurrierenden menschlichen Kulturen gestoßen. Nur auf Tiere. Warum also haben sie sich nicht verbreitet?«

Der zweite, stichhaltigere Einwand gegen Martins Blitzkriegtheorie, die jahrelang als die plausibelste Erklärung für das Schicksal der Großsäuger in der Neuen Welt galt, geht von der Frage aus, wie es einige nomadische Horden von Jägern und Sammlern fertiggebracht haben sollen, zehn Millionen große Säugetiere zu vernichten. Vierzehn Fundstätten mit den Knochen erlegter Großsäuger auf einem ganzen

Kontinent lassen sich kaum zu einer solchen Massenausrottung hochrechnen.

Fast fünfzig Jahre später ist die Debatte, die Paul Martin auslöste, noch immer eine der hitzigsten Kontroversen der gelehrten Welt. Ganze wissenschaftliche Karrieren gründeten sich auf die Beweise und Widerlegungen seiner Schlussfolgerungen, die einem langen Streit zwischen Archäologen, Geologen, Paläontologen, Dendro- und Radiochronologen, Paläoökologen und Biologen immer wieder neue Nahrung gaben.

Die wichtigsten Alternativen zu Martins »Over-Kill-Theorie« machen entweder Klimaveränderungen oder Krankheiten für das Massensterben verantwortlich und wurden daher naheliegenderweise als »Over-Chill«- beziehungsweise »Over-Ill-Theorie« bezeichnet. Over-Chill (Über-Kälte), die Theorie mit den meisten Anhängern, ist eine teilweise irreführende Bezeichnung, weil nicht nur zu große Kälte, sondern auch zu große Wärme als Auslöser herangezogen wurde. So besagt eine Theorie, ein plötzlicher Temperatursturz am Ende des Pleistozäns, als die Gletscher bereits schmolzen, habe die Erde kurzzeitig in die Eiszeit zurückgeworfen und Millionen schutzloser Tiere im wahrsten Sinne des Wortes »kalt erwischt«. Andere Forscher vertreten die umgekehrte Variante: Die steigenden Temperaturen des Holozäns hätten die Pelztiere, die sich in Tausenden von Jahren den frostigen Verhältnissen angepasst hatten, zum Untergang verurteilt.

Die Over-Ill-Theorie behauptet, die nach Amerika gelangten Menschen – oder die Tiere, die sie begleiteten – hätten Krankheitserreger mitgebracht, mit denen kein in Nord- oder Südamerika lebendes Geschöpf je zu tun bekommen hätte. Diese Theorie wird man eines Tages vielleicht beweisen können, wenn man das Gewebe jener Mammute untersuchen kann, auf die man beim weiteren Abschmelzen der Gletscher vermutlich stoßen wird. Die Over-Ill-Theorie kann sich auf einen grausigen Präzedenzfall berufen: Die meisten Nachkommen der ersten Amerikaner – wo immer sie auch herstammten – erlitten in den ersten hundert Jahren nach dem ersten Kontakt mit Europäern einen elenden Tod. Nur ein winziger Bruchteil derer, die ihr Leben verloren, büßte es durch spanische Waffen ein, die große Mehrheit erlag den Krankheitserregern der alten Welt, gegen die sie keine Antikörper besaßen: Pocken, Masern, Typhus und Keuchhusten. Allein in Mexiko, wo geschätzte 25 Millionen Mittelamerikaner lebten, als die ersten Spanier kamen, gab es hundert Jahre später nur noch eine Million.

Doch selbst wenn mutierte Krankheitserreger vom Menschen auf Mammute und andere Riesengeschöpfe des Pleistozäns übergriffen – oder wenn sie von den Hunden oder Nutztieren dieser Menschen direkt übertragen wurden –, bliebe *Homo sapiens* der eigentliche Verursacher. Was den Over-Chill angeht, so erwidert Paul Martin: »Es geht nicht darum, dass sich das Klima verändert, sondern dass es sich so häufig verändert.«

Prähistorische europäische Fundstellen zeigen, dass *Homo sapiens* und *Homo neanderthalensis* mit den vorrückenden und zurückweichenden Eisschilden jeweils nord- und südwärts zogen. Die Megafauna, so Martin, dürfte sich genauso verhalten haben. Massige Tiere sind durch ihre Größe besser gegen die Kälte geschützt. Außerdem können sie weite Entfernungen zurücklegen – vielleicht nicht so weite wie Vögel, aber im Vergleich zu Mäusen doch ein hübsches Stück. »Da Mäuse, Buschratten und andere kleine Warmblüter das Massensterben des Pleistozäns überlebten«, fügt er hinzu, »ist kaum glaubhaft, dass ein plötzlicher Klimawandel das Leben für Großsäuger unerträglich gemacht haben soll.«

Pflanzen, die naturgemäß weniger mobil und meist klimaanfälliger sind, scheinen ebenfalls überlebt zu haben. Zwischen dem Faultierdung in Rampart und anderen Höhlen des Grand Canyon stießen Martin und seine Kollegen auf den Kot von urzeitlichen Buschschwanzratten, in dem sich Schichten jahrtausendealter Pflanzenreste befanden. Mit Ausnahme vielleicht einer einzigen Fichtenart war keine Pflanzenart, die den Buschschwanzratten oder Faultieren in diesen Höhlen als Nahrung diente, Temperaturen ausgesetzt, die ihren Fortbestand gefährdet hätten.

Für Martin aber liefern die Faultiere den schlagenden Beweis. Binnen tausend Jahren nach dem Auftreten der Clovis-Menschen waren alle diese gemächlich daherstapfenden, leicht zu erlegenden Bodenfaultiere in Nord- und Südamerika ausgestorben. Die Radiokarbondaten von Knochenfunden auf Kuba, in Haiti und Puerto Rico beweisen, dass Bodenfaultiere dort noch fünftausend Jahre später lebten. Ihr Aussterben auf den Großen Antillen fällt zeitlich mit der Ankunft von Menschen vor 8000 Jahren zusammen. Auf den Kleinen Antillen, etwa Grenada, wo die Menschen später in Erscheinung traten, sind die Überreste der Faultiere noch jünger.

»Wenn ein Klimawandel in der Lage war, die Bodenfaultiere von Alaska bis Patagonien auszurotten, sollte man meinen, dass er sie auch auf den Karibischen Inseln zugrunde gerichtet hätte. Doch das war nicht der Fall.« Diese Funde lassen auch darauf schließen, dass die ersten Amerikaner zu Fuß und nicht als Seefahrer auf den Kontinent gelangten, da sie fünftausend Jahre brauchten, um die Karibik zu erreichen.

Auf einer anderen, weit entfernten Insel gibt es einen weiteren Hinweis, dass es die Megafauna des Pleistozäns heute noch geben könnte, wenn sich die Menschen nie entwickelt hätten. Während der Eiszeit war die Wrangelinsel, ein Fleckchen felsige Tundra im Nordpolarmeer und seit 2004 nördlichstes UNESCO-Weltnaturerbe, mit Sibirien verbunden. Sie lag jedoch so weit im Norden, dass die Menschen, die nach Alaska kamen, sie nicht bemerkten. Als im Holozän mit zunehmender Erwärmung die Meeresspiegel wieder stiegen, wurde die Wrangelinsel abermals vom Festland getrennt; ihre Population von Wollmammuten – noch vorhanden, aber nun vom Festland abgeschnitten – war nun gezwungen, sich den begrenzten Ressourcen einer Insel anzupassen. Als die Menschen ihr Höhlendasein aufgaben und in Sumer und Peru Hochkulturen schufen, gab es noch Mammute auf der Wrangelinsel, eine Zwergart, die 7000 Jahre länger lebte als ihre Artgenossen irgendwo sonst. Vor 4000 Jahren, als die ägyptischen Pharaonen herrschten, gab es sie dort noch immer.

In noch jüngerer Zeit starb eine der erstaunlichsten Arten der Megafauna des Pleistozäns aus, der größte Vogel der Welt, der ebenfalls auf einer von den Menschen übersehenen Insel lebte: Neuseelands flugunfähiger Moa, der mit nicht ganz 300 Kilo doppelt so schwer wie und fast einen Meter größer als ein Strauß war. Die ersten Menschen besiedelten Neuseeland rund 200 Jahre, bevor Kolumbus nach Amerika segelte. Als er seinen Fuß in die Neue Welt setzte, war auch die letzte der elf Moa-Arten fast ausgestorben.

Für Paul Martin liegt der Sachverhalt auf der Hand. »Große Tiere sind am einfachsten aufzuspüren. Sie zu erlegen brachte den Menschen die meiste Nahrung und die größte Anerkennung.«

In einem Umkreis von 150 Kilometern um das Tumamoc Hill Laboratory, jenseits des bunten Häusermeers von Tucson, liegen drei der vierzehn Clovis-Fundstellen mit Knochen erlegter Großsäuger. Die ergiebigste von ihnen, Murray Springs, die mit Speerspitzen und Mammutknochen übersät ist, wurde von Vance Haynes und Peter Mehrenger entdeckt, zwei Studenten Martins. Die erodierten Sedimentschichten, so Haynes, ähnelten den »Seiten eines Buches, in dem die letzten 50 000 Jahre Erdgeschichte aufgezeichnet wurden«. Diese Seiten enthalten die Nachrufe auf mehrere ausgestorbene nordamerikanische Arten: Mammut, Pferd, Kamel,

Löwe, Riesenbison und der *canis dirus*, der »schreckliche Wolf«. Angrenzende Fundstellen fügen Tapir und zwei heute noch lebende Arten der Megafauna hinzu: Bär und Bison.

Was die Frage aufwirft, warum sie überlebt haben, während die Menschen alle anderen abgeschlachtet haben. Warum gibt es in Nordamerika immer noch Grizzlys, Büffel, Moschusochsen, Elche, Karibus und Pumas, aber keine anderen Großsäuger?

Eisbären, Karibus und Moschusochsen lebten in Regionen, in denen es stets relativ wenige Menschen gab – und in denen diese wenigen eine weit leichtere Beute in Form von Fischen und Robben fanden. Südlich der Tundra, wo die Bäume wieder anfangen, leben Bär und Puma – scheue, flinke Geschöpfe, die sich gut in Wäldern und zwischen Felsblöcken verstecken können. Andere Arten, wie auch der *Homo sapiens*, gelangten etwa zu der Zeit nach Nordamerika, als die Arten des Pleistozäns zugrunde gingen. Der heutige Bison ist genetisch enger mit Polens Wisenten verwandt als mit den ausgestorbenen Riesenbisons, die bei Murray Springs getötet wurden. Nach dem Aussterben des Riesenbisons nahm die Population des heutigen Präriebisons explosionsartig zu. Entsprechend wanderte der heutige Elch von Eurasien ein, nachdem der Amerikanische Elch ausgestorben war.

Fleischfresser wie Säbelzahntiger dürften wohl mit ihren Beutetieren untergegangen sein. Einige frühere Vertreter des Pleistozäns – Tapire, Pekaris, Jaguare und Lamas – zogen sich weiter nach Süden zurück und suchten Zuflucht in den Wäldern Mexikos, Zentral- und Südamerikas. Mit dem Untergang der Zurückgebliebenen taten sich riesige ökologische Nischen auf, die besetzt werden konnten – was denn auch von Bison, Elch und all den anderen Arten besorgt wurde.

Bei Grabungen in Murray Springs fand Vance Haynes Anhaltspunkte dafür, dass eine Dürreperiode die Säugetiere des Pleistozäns dazu gezwungen hatte, Wasser zu suchen – eine Häufung von Fußspuren um ein Schlammloch lässt offenkundig darauf schließen, dass hier Mammute versucht haben, einen Brunnen zu graben. Dort könnten sie leichte Beute für Jäger gewesen sein. In der Schicht unmittelbar darüber befindet sich eine Lage schwarzer versteinerter Schwarzalgen, abgestorben in einer Kältewelle, die von vielen Vertretern der Over-Chill-Theorie angeführt wird – nur dass sich die Mammutknochen ausnahmslos unter dieser Schicht und nicht in ihr finden, was nach paläontologischen Maßstäben ein untrüglicher Gegenbeweis ist.

Es gibt noch einen weiteren Hinweis dafür, dass, hätte es die Menschen nie gegeben, die Nachkommen dieser abgeschlachteten Mammute wahrscheinlich heute noch leben würden: Als ihre großen Beutetiere ausstarben, verschwanden auch die Clovis-Menschen und ihre viel bewunderten Steinwerkzeuge. Da kein Wild mehr vorhanden war und das Klima kalt wurde, haben sie sich möglicherweise nach Süden gewandt. Doch in wenigen Jahren erwärmte sich das Holozän, woraufhin die Nachfolger der Clovis-Kultur auftraten, deren kleinere Speerspitzen für die kleineren Präriebisons bemessen waren. Zwischen diesen »Folsom-Menschen« und den verbleibenden Tieren pendelte sich eine Art Gleichgewicht ein.

Hatten diese Amerikaner der nachfolgenden Generationen aus der Unersättlichkeit ihrer Vorfahren gelernt, welche die Pflanzenfresser des Pleistozäns getötet hatten, als wäre der Vorrat grenzenlos – bis er plötzlich erschöpft war? Vielleicht, obwohl weite Teile der Great Plains selbst ihre Existenz den Feuern verdanken, die diese Nachfahren, die amerikanischen Indianer, gelegt haben – einerseits, um etwa Rotwild in Waldinseln zusammenzudrängen, und andererseits, um Grasflächen für Weidetiere wie die Bisons zu schaffen.

Später, als sich die aus Europa eingeschleppten Krankheiten mit rasender Geschwindigkeit über den Kontinent ausbreiteten und die Indianer fast ausrotteten, nahm die Bisonpopulation zu und eroberte neue Gebiete. Fast hatte sie schon Florida erreicht, als die westwärts drängenden Siedler auf sie stießen. Nachdem nahezu alle Bisons ausgerottet waren – bis auf die wenigen, die man als Schauobjekte verschonte –, nahmen die weißen Siedler jene Ebenen in Besitz, welche die Vorfahren der Indianer geschaffen hatten, und füllten sie mit ihrem Vieh.

Von seinem Labor auf der Hügelkuppe blickt Paul Martin auf eine Wüstenstadt hinab, die an einem Fluss entstand, dem Santa Cruz, der von Mexiko aus nach Norden floss. Einst weideten Kamele, Tapire, einheimische Pferde und kolumbianische Mammute in den grünen Flussniederungen. Als die Nachkommen jener Menschen, die diese Tiere ausgerottet hatten, hier siedelten, bauten sie Hütten aus Lehm und den Zweigen der am Flussufer wachsenden Pappeln und Weiden: Baumaterialien, die rasch wieder vom Boden und dem Fluss aufgenommen wurden, wenn sie nicht mehr gebraucht wurden.

Als das Wild knapp wurde, lernten die Menschen, wie man die Pflanzen anbaut, die sie bisher nur gesammelt hatten, und sie nannten das Dorf, das daraufhin entstand, Chuk Shon, »Fließendes Wasser«. Sie mischten die Spreu ihres Getreides mit Flussschlamm und formten aus diesem Stoff Ziegel, die sie zum Hausbau verwendeten, bis diese luftgetrockneten Lehmziegel nach dem Zweiten Weltkrieg durch Beton ersetzt wurden. Bald darauf lockte die Erfindung der Klimaanlage so viele Menschen in diese Gegend, dass der Fluss leergepumpt wurde. Also gruben die Bewohner Brunnen. Als diese austrockneten, gruben sie noch tiefer.

Am ausgetrockneten Flussbett des Santa Cruz zieht sich heute Tucsons Verwaltungszentrum hin, unter anderem eine

Kongresshalle, deren überdimensioniertes Fundament aus Beton und Stahlträgern den Eindruck erweckt, es sei für die Ewigkeit erbaut worden. Doch die Touristen einer fernen Zukunft werden möglicherweise kaum erkennen können, wo es einst gestanden hat, weil der Santa Cruz River wieder anschwellen wird, wenn die letzten durstigen Menschen Tucson und die rasant gewachsene, hundert Kilometer südlich gelegene Stadt Nogales in der mexikanischen Grenzprovinz Sonora verlassen haben. Das Wetter wird tun, was es immer tut, und von Zeit zu Zeit wird der ausgetrocknete Fluss, an dessen Ufern einst Tuscon und Nogales lagen, wieder an seinem Schwemmgebiet arbeiten. Schlamm wird in die mittlerweile dachlose Kongresshalle von Tucson eindringen, bis sie gänzlich begraben ist.

Was für Tiere dann leben werden, ist ungewiss. Das Bison ist lange ausgestorben; in einer Welt ohne Menschen werden Rinder ohne die Cowboys, die Kojoten und Pumas verjagen, nicht lange überleben. Der Gabelbock – dieses kleine, flinke Pleistozänrelikt, die letzte amerikanische Antilope – kämpft in den Wüstenreservaten Sonoras, nicht weit von hier, ums Überleben. Ob genügend Exemplare übrig bleiben, um die Population aufzufüllen, bevor die Kojoten ihr den Garaus machen, ist fraglich, aber möglich.

6 Das afrikanische Paradox

Quellen

Zum Glück sind in einer Welt nach dem Menschen nicht alle Großsäuger ausgestorben. Ein Museum von der Größe eines Kontinents hat noch eine prachtvolle Sammlung vorzuweisen: Afrika. Würden diese Tiere sich über den Planeten ausbreiten, nachdem wir ausgestorben sind? Könnten sie ersetzen, was wir andernorts vernichtet haben, oder könnten sie sich sogar zu Geschöpfen entwickeln, die den ausgestorbenen glichen?

Zunächst aber stellt sich die Frage, warum es dort noch Elefanten, Giraffen, Nashörner und Flusspferde gibt, da doch die Menschen ursprünglich aus Afrika kamen. Warum wurden sie nicht abgeschlachtet, wie 94 Prozent der großen australischen Tierarten, die meisten von ihnen Riesenbeuteltiere, oder all die Arten, welche die amerikanischen Paläontologen betrauern?

Olorgesailie, Ort jener altsteinzeitlichen Werkzeugfabrik, die Louis und Mary Leakey 1944 entdeckten, ist eine trockene gelbe Senke 70 Kilometer südwestlich von Nairobi im Ostafrikanischen Graben. Großenteils liegt sie unter dem weißen Kalkstaub von Kieselmehlablagerungen begraben, dem Stoff, aus dem Swimmingpool-Filter und Katzenstreu sind, den winzigen versteinerten Außenskeletten von Süßwasserplankton.

Die Leakeys erkannten, dass sich viele Male in der Vorgeschichte ein See in der Olorgesailie-Senke gebildet hatte, der in wasserreichen Zeiten auftrat und in Trockenperioden verschwand. Hier kamen die Tiere genauso ans Wasser wie die Hominiden, die sie mit selbstverfertigten Werkzeugen erlegten. Bis heute fortdauernde Grabungen belegen, dass das Seeufer in dem Zeitraum zwischen 992 000 und 493 000 vor unserer Zeit von frühen Menschen bewohnt wurde. Allerdings wurden keine unmittelbaren Hominidenüberreste gefunden, bis Archäologen vom Smithsonian Institute und den National Museums of Kenya im Jahr 2003 einen einzelnen kleinen Schädel entdeckten, wahrscheinlich von *Homo erectus*, einem direkten Vorfahren unserer eigenen Art.

Gefunden hat man indessen Tausende von Faustkeilen und Steinmessern, die jüngsten zum Werfen bestimmt – an dem einen Ende abgerundet und am anderen mit einer Spitze oder Doppelschneide versehen. Während Vormenschen wie der *Australopithecus* in der Olduvai-Schlucht einfach Steine aneinandergeschlagen hatten, bis einer splitterte, sind diese hier mit einer Technik behauen, die Stein für Stein wiederholt werden konnte. Hier sind sie in jeder Schicht anzutreffen, die Spuren menschlicher Besiedlung zeigt, woraus folgt, dass Menschen in der Region von Olorgesailie mindestens seit einer halben Million Jahren Wild jagten und erlegten.

Die überlieferte Geschichte von den zivilisatorischen Anfängen im Fruchtbaren Halbmond bis zum heutigen Tag umfasst kaum mehr als ein Hundertstel jener Zeit, die unsere Ahnen an diesem Fleck damit verbrachten, Pflanzen auszugraben und angeschärfte Steine auf Tiere zu schleudern. Es muss reichlich Beute gegeben haben für diese wachsende Population von Raubtieren mit erwachenden technischen Fähigkeiten. Olorgesailie ist übersät mit Oberschenkelknochen und Schienbeinen, die vielfach zertrümmert wurden, um an das Mark zu gelangen. Die Mengen an Steinwerkzeugen, von denen die eindrucksvollen Überreste eines Elefanten, Flusspferds oder einer ganzen Pavianhorde umgeben sind, lassen darauf schließen, dass sich die ganze Hominidensippe zusammenfand, um ihre Beute zu töten, zu zerlegen und zu verschlingen.

Dennoch: wie ist es möglich, dass der Mensch in weniger als tausend Jahren Amerikas vermutlich noch reichhaltigere Pleistozän-Megafauna vernichtete? In Afrika gab es doch mit Sicherheit mehr Menschen, und das über eine weit längere Zeit. Warum besitzt Afrika dann noch heute seine prachtvolle Großwildmenagerie? Die behauenen Basalt-, Obsidian- und Quarzitklingen zeigen, dass Hominiden seit einer Million Jahren sogar die dicke Haut eines Elefanten oder Nashorns durchschneiden können. Warum also sind Afrikas Großsäuger nicht ebenfalls ausgestorben?

Weil sich hier die Evolution von Menschen und Megafauna gemeinsam vollzog. Im Gegensatz zu den nichts Böses ahnenden amerikanischen, australischen, polynesischen und karibischen Pflanzenfressern, die keine Vorstellung davon hatten, wie gefährlich wir waren, als wir unerwartet eintrafen, hatten die afrikanischen Tiere die Möglichkeit, sich anzupassen, als sich unsere Zahl vergrößerte. Tiere, die sich mit ihren Fressfeinden entwickeln, lernen, sich vor ihnen in Acht zu nehmen, und bilden evolutionäre Strategien aus, ihnen zu entkommen. Angesichts so vieler hungriger Nachbarn lernte die afrikanische Fauna, dass der Zusammenschluss zu großen Herden es Fressfeinden erschwert, einzelne Tiere zu isolieren und zu reißen, und diese Herden die Gewähr bieten, dass immer einige Tiere nach Gefahren Ausschau halten können, während die anderen fressen. Das Zebra verwirrt mit Hilfe seiner Streifen Löwen, deren Blick sich in einer Fülle optischer Täuschungen verliert. Zebras, Weißschwanzgnus und Strauße haben auf offenen Savannen ein Dreierbündnis geschlossen, das die ausgezeichneten Ohren der ersten mit dem ausgeprägten Geruchssinn der zweiten und den scharfen Augen der dritten Art verbindet.

Würden diese Schutzmechanismen allerdings immer wirken, stürben die Fressfeinde natürlich aus. Stattdessen bildet sich ein Gleichgewicht heraus: In einem kurzen Sprint erwischt der Gepard die Gazelle, in einem längeren Wettlauf erweist sich die Gazelle als überlegen. Das ganze Kunststück besteht darin, so lange zu vermeiden, die Mahlzeit eines anderen Tieres zu werden, bis Nachwuchs aufgezogen ist, oder so viele Junge zu haben, dass stets einige zur Arterhaltung überleben werden. Infolgedessen reißen Fleischfresser wie Löwen oft die Kränkesten, Ältesten und Schwächsten. Das taten auch die frühen Menschen – oder machten sich, wie die Hyänen, die Sache noch einfacher: Sie begnügten sich mit dem Aas, das geschicktere Jäger zurückgelassen hatten.

Das Gleichgewicht geht allerdings verloren, wenn sich etwas verändert. Die rasante Entwicklung des Hominidengehirns brachte Erfindungen hervor, welche die Verteidigungsstrategien der Pflanzenfresser unterliefen: Dicht gedrängte Herden beispielsweise erhöhen die Chance, dass ein geschleuderter Faustkeil sein Ziel findet. Viele Arten, die in den Sedimenten von Olorgesailie gefunden wurden, sind heute ausgestorben, beispielsweise Rindergiraffen, Riesenpaviane, ein Elefant mit abwärts gebogenen Stoßzähnen und ein Flusspferd, das noch massiger ist als die heutige Art. Allerdings ist nicht klar, ob die Menschen deren Vernichtung bewirkt haben.

Immerhin geschah das mitten im Pleistozän, als siebzehn Eiszeiten und ihre Zwischeneiszeiten für ein ständiges Auf und Ab der Temperaturen sorgten und alles Land, das nicht dem Dauerfrost ausgesetzt war, abwechselnd durchnässten und austrockneten. Unter der wechselnden Last des Eises wurde die Erdkruste mal zusammengepresst und mal entlastet. Der Ostafrikanische Graben weitete sich und Vulkane waren aktiv, unter anderem einer, der in Abständen Asche auf Olorgesailie spie. Nachdem der Archäologe Rick Potts vom Smithsonian Institute zwanzig Jahre lang die Sedimente von Olorgesailie untersucht hatte, begann ihm zu dämmern, dass einige besonders widerstandsfähige Pflanzen- und Tierarten in der Regel die Zeiten klimatischer und geologischer Umbrüche überlebten.

Eine dieser Arten waren wir. Am Turkanasee, einem zu Kenia und Äthiopien gehörigen Riftsee, untersuchte Potts eine reiche Fundstätte mit Hinterlassenschaften unserer Vorfahren und erkannte, dass die ersten Arten von *Homo* jedes Mal, wenn Klima und Umweltverhältnisse verrückt spielten, die noch früheren Hominiden zahlenmäßig übertrafen und schließlich verdrängten. Anpassungsfähigkeit ist der Schlüssel zu evolutionärem Erfolg, das Aussterben der einen Art gibt den Weg frei für die andere. In Afrika entwickelte die Megafauna glücklicherweise im Zusammenleben mit uns ganz eigene, anpassungsfähige Formen.

Das ist auch für uns ein Glücksfall, denn wenn wir uns ein Bild davon machen wollen, wie die Welt vor uns war – um eine Vorstellung davon zu bekommen, wie sich die Welt nach uns entwickeln könnte –, so haben wir in Afrika die vollständigste lebende Genbank, bestückt mit ganzen Familien und Ordnungen von Tieren, die auf anderen Erdteilen zugrunde gingen. Einige stammen sogar von anderen Erdteilen: Wenn Touristen im offenen Schiebedach eines Safarijeeps stehen und auf der Fahrt durch die Serengeti die Ausmaße einer Zebraherde bestaunen, betrachten sie die Nachkommen einer amerikanischen Art, die sich über Landbrücken zwischen Asien, Grönland und Europa ausbreitete, auf ihrem Ursprungskontinent heute aber nicht mehr anzutreffen ist. (Das heißt, bis zu dem Zeitpunkt, da Kolumbus dort nach einer Pause von 12 500 Jahren das Pferd wieder einführte; zuvor waren einige Pferdearten, die in Amerika lebten, wahrscheinlich ebenfalls gestreift gewesen.)

Wenn also die Tiere Afrikas im Zuge der Evolution gelernt haben, ihrem menschlichen Fressfeind zu entkommen, wie wird sich dann dieses Gleichgewicht nach dem Aussterben der Menschheit verändern? Sind einige Arten der afrikanischen Megafauna so an uns angepasst, dass eine unmerkliche Abhängigkeit oder sogar Symbiose mit unserem Untergang – in einer Welt ohne uns – verloren ginge?

Die kalten Hochmoore in den zentralkenianischen Aberdare-Bergen haben die Menschen zwar von einer Besiedlung abgeschreckt, nicht aber davon, in dieses Quellgebiet zu pilgern, aus dem vier Flüsse entspringen. Sie fließen in vier verschiedene Richtungen und bewässern das Land zu Füßen des Gebirges, wobei sie von Basaltüberhängen in tiefe Schluchten stürzen. Einer dieser Wasserfälle, der Gura, fällt in einem weiten Bogen 300 Meter durch die klare Bergluft, bevor er von Dunst und baumhohen Farnen verschlungen wird.

Im Land der Megafauna ist dieses Gebirgsmoor ein Reich der Mega*flora*. Von einigen Rosenholzwaldungen abgesehen, liegt das Gebiet über der Baumgrenze und erstreckt sich über einen langen Bergsattel zwischen zwei Viertausendern, die knapp unterhalb des Äquators teilweise die Ostwand des Grabens bilden. Es ist baumlos, aber mit Beständen zwanzig Meter hoher Riesenheide, von der dichte Flechtenvorhänge herabhängen. Bodendeckende Lobelie türmt sich zu einer Höhe von zwei Meter fünfzig auf und sogar das Kreuzkraut, das wir eigentlich nur als Unkraut kennen, mutiert hier zu neun Meter hohen Stämmen mit kohlkopfartigen Wipfeln, umgeben von riesigen Grasbüscheln.

Kein Wunder, dass die Nachkommen des frühen *Homo,* die hier aus dem Graben hinaufkletterten und heute den kenianischen Hochlandstamm der Kikuyu bilden, der Meinung waren, hier habe Ngai – Gott – sein Reich. Vom Wind im Riedgras und den Stimmen der Bachstelzen abgesehen, herrscht andächtige Stille. Rinnsale, von gelben Astern gesäumt, fließen lautlos durch die feuchten, hügeligen Wiesen, die vom Regen so durchweicht sind, dass die Bäche über die

Ufer zu treten scheinen. Die stark im Rückgang begriffene Elenantilope – Afrikas größte Antilopenart, gut zwei Meter hoch und fast 700 Kilo schwer, mit spindelförmigen Hörnern von knapp einem Meter Länge – sucht in diesen eisigen Höhen Zuflucht. Für das meiste Wild liegt das Moor zu hoch, ausgenommen für die Wasserböcke – und die Löwen, die ihnen an den Wasserstellen auflauern, im Farn verborgen.

Von Zeit zu Zeit erscheinen Elefanten, eine große Elefantenkuh mit ihren Kleinen, die auf der Suche nach ihren täglichen 200 Kilo Pflanzennahrung durch den Rotklee stapft und das riesige Johanniskrautdickicht zertritt. Achtzig Kilometer östlich des Aberdare-Gebirges, jenseits eines flachen Tals, hat man Elefanten nahe der Schneegrenze des über 5000 Meter hohen Mount Kenya beobachtet. Die Losung einzelner Afrikanischer Elefanten, die weit anpassungsfähiger sind als ihre ausgestorbenen Vettern, die Wollmammute, kann man von den Höhen des Mount Kenya oder dem kalten Aberdare-Gebirge bis hinab in Kenias Samburo-Wüste verfolgen, ein Höhenunterschied von mehr als 3000 Metern. Heute zerteilt der Lärm der Menschheit die Korridore, die diese drei Lebensräume verbinden. Die Elefantenpopulationen der Aberdare-Kette, des Mount Kenya und der Samburo sind sich schon seit Jahrzehnten nicht mehr begegnet.

Unterhalb des Moors umgibt ein 300 Meter breiter Streifen mit Bambusstauden die Aberdare-Berge, ein Refugium für den fast ausgestorbenen Bongo, einen weiteren gestreiften afrikanischen Tarnkünstler: die größte afrikanische Waldantilope. In einem Bambusgehölz, so dicht, dass es für Hyänen und sogar Pythons unzugänglich ist, ist der einzige Fressfeind des spindelhörnigen Bongos ein Tier, das eine Seltenheit in den Aberdare-Bergen darstellt: der Schwarze Panther. Der feuchtheiße Regenwald des Aberdare-Gebirges beherbergt ferner Schwarze Servals und eine schwarze Rasse der Afrikanischen Goldkatze.

Es ist einer der unberührtesten Flecken Kenias, mit Kampferbäumen, Zedern und Crotonbäumen, die so dicht mit Lianen und Orchideen bewachsen sind, dass sich dort sechs Tonnen schwere Elefanten mühelos verbergen können. Was auch die gefährdetste aller afrikanischen Arten tut: das Schwarze Nashorn. Heute gibt es in Kenia noch 400 von den 20 000, die dort 1970 lebten, der Rest wurde seiner Hörner wegen erlegt, die Preise von 25 000 Dollar pro Stück erzielen – im Orient wegen ihrer angeblichen medizinischen Eigenschaften und im Jemen, weil sie begehrte Griffe für Prunkdolche sind. Die geschätzten siebzig schwarzen Nashörner in den Aberdare-Bergen sind die letzten, die sich noch in ihrem ursprünglichen natürlichen Lebensraum befinden.

Einst verbargen sich dort auch Menschen. Zur Kolonialzeit gehörten die gut bewässerten, vulkanischen Aberdare-Hänge den britischen Tee- und Kaffeepflanzern, deren Plantagen sich mit Schaf- und Rinderfarmen abwechselten. Die Ackerbau treibenden Kikuyu mussten sich mit *shambas* zufriedengeben, kleinen Halbpachtflächen, die alles waren, was ihnen von ihrem Land geblieben war. 1953 organisierten sie sich im Schutz des Aberdare-Walds. Die Kikuyu-Guerilleros lebten von wilden Feigen und den Bachforellen, welche die Briten in den Aberdare-Bächen ausgesetzt hatten. Von dort aus terrorisierten sie die weißen Großgrundbesitzer, ein Aufstand, der unter dem Namen Mau-Mau-Revolte bekannt wurde. Die Krone schickte Truppen und bombardierte die Aberdare-Berge und den Mount Kenya. Tausende von Kenianern fielen im Kampf oder wurden gehängt, knapp hundert Briten verloren ihr Leben, doch 1963 wurde ein Waffenstillstand geschlossen, der unaufhaltsam zur Herrschaft der Bevölkerungsmehrheit führte – in Kenia *uhuru* genannt, Unabhängigkeit.

Heute sind die Aberdare-Berge ein Beispiel für jenen zerbrechlichen Vertrag, den die Menschheit mit dem Rest der

Natur geschlossen hat und der unter der Bezeichnung Nationalpark geführt wird. Er ist eine Zuflucht für die seltenen Riesenwaldschweine und die kleinste Antilope – das hasengroße Moschusböckchen –, für Goldschwingen-Nektarvögel, Silberwangen-Hornvögel und Seidenturakos – scharlachfarben und unwirklich blau. Auch der schwarzweiße Mantelaffe lebt in diesem Urwald, der sich nach allen Richtungen hin die Hänge der Aberdare-Berge hinabzieht …

… bis er an einem elektrischen Zaun Halt macht. Zweihundert Kilometer verzinkter Draht, unter 6000 Volt Wechselspannung, umgeben heute Kenias größtes Wasserreservoir. Der elektrische Maschendrahtzaun, der Paviane, Grünmeerkatzen und Zibetkatzen fernhalten soll, ist nicht nur gut zwei Meter hoch, sondern auch noch etwa einen Meter tief in den Erdboden eingelassen. Wo er eine Straße überquert, lassen elektrisch geladene Torbögen Fahrzeuge durch, verhindern aber durch herabhängende stromführende Drähte, dass LKW-große Elefanten ihrem Beispiel folgen.

Der Zaun hat die Aufgabe, Tiere und Menschen voreinander zu schützen. Zu beiden Seiten finden wir Böden, die zu den besten Afrikas gehören – oberhalb des Zauns tragen sie den Regenwald, unterhalb Mais, Bohnen, Lauch, Kohl, Tabak und Tee. Jahrelang fanden die Übergriffe in beide Richtungen statt. Elefanten, Nashörner und Affen kamen bei Nacht und verwüsteten die Felder, während sich die wachsende Kikuyu-Bevölkerung höher in die Berge schlich und bei ihrem Vordringen dreihundert Jahre alte Zedern und Steineiben fällte. 2000 war fast ein Drittel des Aberdare-Gebirges abgeholzt. Irgendetwas musste geschehen, um die Bäume zu retten, damit genügend Wasser von den Wurzeln aufgenommen wurde, von den Blättern verdunstete und als Regen in die Flüsse der Aberdare-Berge zurückkehrte – jene Flüsse, die durstige Städte wie Nairobi versorgen –, damit die Turbinen der Wasserkraftwerke sich weiterhin drehten und die Riftseen nicht austrockneten.

Deshalb zog man den längsten Elektrozaun der Welt. Inzwischen aber hatte die Aberdare-Region längst andere Wasserprobleme. In den 1990er Jahren waren in ihren Randgebieten große Wassermengen entnommen worden, die arglos für Rosen und Nelken verbraucht wurden, mit dem Erfolg, dass Kenia Israel als Europas bedeutendsten Lieferanten von Schnittblumen ablöste. Heute stehen die Blumen noch vor dem Kaffee an erster Stelle der Exportgüter. Dieser blühende Wirtschaftszweig wird die Region allerdings möglicherweise auch dann noch belasten, wenn längst keine Blumenfreunde mehr existieren.

Eine Blume besteht wie der Mensch zu zwei Dritteln aus Wasser. Die Wassermenge, die ein durchschnittlicher Blumenexporteur jährlich nach Europa liefert, entspricht daher dem Jahresbedarf einer Stadt von 20 000 Einwohnern. Während der Trockenzeit legen die Blumenfarmen mit festen Produktionsquoten Saugheber in den Naivashasee, ein papyrusbestandenes Schutzgebiet für Süßwasservögel und Flusspferde am Fuße des Aberdare-Gebirge. Mit dem Wasser saugen die Pumpen ganze Generationen von Fischeiern ab. Die Abwässer, die sie in den See zurückleiten, riechen nach den chemischen Restbeständen der Substanzen, die dafür sorgen, dass die Rosen auf ihrem langen Weg nach Paris makellos bleiben.

Der Naivashasee sieht allerdings nicht ganz so einladend aus. Phosphate und Nitrate, die von Blumentreibhäusern eingeleitet werden, haben dazu geführt, dass dichte Teppiche von Wasserhyazinthen auf der ganzen Oberfläche die Sauerstoffzufuhr unterbinden. Wenn der Wasserspiegel sinkt, kriecht die Wasserhyazinthe – ein mehrjähriges Gewächs aus Südamerika, das Afrika als Topfpflanze eroberte – an Land und drängt den Papyrus zurück. Die faulenden Kadaver der Flusspferde lüften das Geheimnis, das den prachtvollen Blumensträußen zugrunde liegt: DDT und, noch fünfmal giftiger, Dieldrin. Das sind Pestizide, die in den Ländern, die

Kenia als weltgrößter Rosenexporteur beliefert, längst verboten sind. Wenn es Menschen, Tiere und Rosen schon lange nicht mehr gibt, wird das Dieldrin, eine extrem robuste synthetische Substanz, noch immer vorhanden sein.

Kein Zaun, noch nicht einmal einer, der mit 6000 Volt geladen ist, wird die Tiere der Aberdare-Berge auf Dauer zurückhalten können. Entweder werden ihre Populationen anwachsen und die Barriere beiseitefegen oder sie werden angesichts eines schrumpfenden Genpools schwinden, bis ein einzelnes Virus eine ganze Art auslöscht. Wenn die Menschen jedoch zuerst dran glauben müssen, wird der Zaun keine Elektroschocks mehr austeilen. Paviane und Elefanten werden sich am helllichten Tag auf den umliegenden Kikuyu-Feldern die Bäuche mit Getreide und Gemüse vollschlagen. Nur die Kaffeefelder haben eine Chance zu überleben; wild lebende Tiere haben keine besondere Vorliebe für Koffein und die Gattung Arabica, die vor langer Zeit aus Äthiopien eingeführt wurde, hat so viel Gefallen an Kenias Vulkanböden gefunden, dass sie zu einer einheimischen Pflanze geworden ist.

Der Wind wird die Polyäthylenbespannungen der Treibhäuser zerfetzen, nachdem ihre Polymere unter der äquatorialen UV-Strahlung hinreichend gelitten haben, eine Wirkung, die noch verstärkt wird durch das bevorzugte Begasungsmittel der Blumenindustrie – Methylbromid, den schlimmsten Ozonkiller überhaupt. Die chemieabhängigen Rosen und Nelken werden eingehen, während die Wasserhyazinthe alle anderen Blumen überleben dürfte. Durch den defekten Zaun drängt sich der Aberdare-Wald, überwuchert die Felder und nimmt ein altes Relikt der Kolonialzeit in Besitz, den Aberdare Country Club, dessen Rasen auf dem Golfplatz gegenwärtig von Warzenschweinen kurz gehalten wird. Nur eines wird den Wald daran hindern, die Wildwechsel zwischen dem Mont Kenya und der Samburo-

Wüste wiederherzustellen: ein Erbe des Britischen Empire in Gestalt von Eukalyptusgehölzen.

Unter den unzähligen Arten, die vom Menschen auf fremde Lebensbereiche losgelassen wurden und sich dort unkontrolliert entfalteten, zählt Eukalyptus neben dem Chinesischen Götterbaum und Kudzu zu den schlimmsten Eindringlingen, die für das Land noch lange nach unserem Untergang eine Heimsuchung sein werden. Für die Befeuerung von Dampflokomotiven ersetzten die Briten häufig die langsam wachsenden tropischen Laubhölzer durch schnell wachsende Eukalyptusbäume aus ihren australischen Kronkolonien. Die angenehm duftenden Eukalyptusöle, die wir für Hustenmittel verwenden, aber auch als Desinfektionsmittel nutzen, weil sie in höheren Dosen giftig sind, dienen der Pflanze eigentlich dazu, Konkurrenten zu verdrängen. In der Nähe von Eukalyptusbäumen gibt es kaum Insekten, daher werden mangels Nahrung auch nur wenige Vögel in ihnen nisten.

Da der Eukalyptusbaum sehr durstig ist, finden wir ihn überall dort, wo Wasser ist, etwa an den Bewässerungsgräben der Felder, wo er hohe Hecken bildet. Ohne Menschen wird er brachliegende Felder in Besitz nehmen, weil er einen Vorsprung gegenüber den einheimischen Samen hat, die von den Bergen herabgeweht werden. Am Ende wird es des großen natürlichen Holzfällers Afrikas bedürfen, des Elefanten, um einen Pfad zurück zum Mount Kenya zu bahnen und die letzten britischen Gespenster endgültig aus dem Land zu vertreiben.

Afrika nach uns

In einem Afrika ohne Menschen könnten die Elefanten, wenn sie durch die Samburo über den Äquator und dann durch den Sahel vordringen, auf eine schrumpfende Saharawüste stoßen, da die Vorhut der Wüstenbildung, die Ziegen, zur Mahlzeit für Löwen mutiert ist. Sie könnten allerdings auch einer Sahara auf dem Vormarsch begegnen, weil die steigenden Temperaturen, Konsequenz der Kohlenwasserstoffe, welche die Menschheit in der Atmosphäre hinterlassen hat, das Vordringen der Wüsten beschleunigen. Dass die Sahara in jüngerer Zeit so rasch und beängstigend vordringt – manchenorts drei bis vier Kilometer pro Jahr – liegt an einem unglücklichen zeitlichen Zusammentreffen.

Noch vor sechstausend Jahren war diese Region, die heute die größte nichtpolare Wüste der Welt ist, eine grüne Savanne. Krokodile und Flusspferde aalten sich in wasserreichen Saharaflüssen. Dann kam es zu einer der periodischen Erdbahnschwankungen. Obwohl die schräge Erdachse sich noch nicht einmal um einen halben Grad aufrichtete, reichte dieser Vorgang aus, um die Bahn der Regenwolken zu verändern. Das allein genügte allerdings noch nicht, um Grasland in Sanddünen zu verwandeln. Doch das gleichzeitige Vordringen der Menschheit führte dazu, dass das trockene Buschland, das sich gebildet hatte, über eine Klimagrenze gedrängt wurde. In den beiden zurückliegenden Jahrtausenden hatte Nordafrikas *Homo sapiens* die Jagd mit dem Speer durch den Anbau nahöstlicher Getreidesorten und Viehzucht ersetzt. Die Menschen dieser Region luden ihr Hab und Gut und sich selbst auf einen unlängst gezähmten Nachkommen eines amerikanischen Huftiers, dem die Flucht gelungen war, bevor seine in der Heimat verbliebenen Vettern dem großen Massaker zum Opfer fielen – dem Kamel.

Kamele fressen Gras; Gras braucht Wasser. Genauso wie die Feldfrüchte, deren Fülle eine Bevölkerungsexplosion auslöste. Mehr Menschen brauchten mehr Herden, Weideland, Äcker und Wasser – all das genau zum falschen Zeitpunkt. Niemand konnte wissen, dass sich die Häufigkeit und Menge der Niederschläge verändert hatte. So breiteten sich die Menschen und ihre Herden weiter aus und die Beweidung intensivierte sich, weil alle annahmen, über kurz oder lang würde es wieder mehr Regen geben und alles wieder wie früher wachsen.

Doch es kam anders. Je mehr Wasser verbraucht wurde, desto weniger Feuchtigkeit verdunstete himmelwärts und desto weniger regnete es. Das Ergebnis war die heiße Sahara, die wir heute kennen. Nur dass sie damals kleiner war: Im Laufe des letzten Jahrhunderts ist die Zahl der Menschen und ihrer Weidetiere gestiegen, und jetzt steigen auch die Temperaturen. Das bringt die Sahelländer im gefährdeten Subsahara-Streifen an den Rand des Versandens.

Weiter südlich, am Äquator, hüteten die Afrikaner ihre Tiere schon seit einigen Jahrtausenden in Herden und jagten sie noch weit länger, doch zwischen den wild lebenden Tieren und den Menschen hatte sich eine Beziehung entwickelt, die beiden nützte: Wenn ein Hirtenvolk wie die Massai in Kenia seine Rinder zwischen Weiden und Wasserlöchern hütete, jederzeit bereit, Löwen mit ihren Speeren zu vertreiben, stellten sich Gnus ein, um von dem Schutz vor Raubtieren zu profitieren. Ihnen folgten ihre ständigen Begleiter, die Zebras. Die Nomaden schränkten den Fleischverzehr aus Sparsamkeitsgründen ein und lernten stattdessen von der Milch und dem Blut ihrer Herdentiere zu leben; das Blut gewannen sie, indem sie vorsichtig die Halsschlagader ihrer Rinder öffneten und wieder verschlossen. Nur wenn die Trockenheit das Futter für ihre Herden knapp werden ließ, begannen sie wieder zu jagen oder trieben Tauschhandel mit den Stämmen der Buschleute, die noch immer von der Jagd lebten.

Dieses Gleichgewicht zwischen Menschen, Flora und Fauna begann sich erstmals zu verändern, als Menschen selbst zur Beute wurden oder – besser – zur Ware. Wie unsere Verwandten, die Schimpansen, haben wir uns seit ältesten Zeiten wegen Territorien und Paarungspartnern gegenseitig umgebracht. Doch mit der Entwicklung der Sklaverei bekam der Mensch einen neuen Status: den eines Exportartikels.

Die Spuren, welche die Sklaverei in Afrika hinterlassen hat, sind hoch heute im Südosten Kenias zu sehen, in der rauen und struppigen Landschaft von Tsavo, einer unheimlichen Region, die geprägt ist von Lavaflüssen, flachkronigen Schirmakazien, Myrrhesträuchern und Affenbrotbäumen. Da Tsavos Tsetsefliegen die Hirtenvölker abschreckten, blieb es ein Jagdrevier der Buschleute vom Stamm der Wata. Ihr Wild waren Elefanten, Giraffen, Kaffernbüffel, verschiedene Gazellen, Klippspringer und eine weitere gestreifte Antilope: der Kudu, dessen korkenzieherförmige Hörner die erstaunliche Länge von einem Meter achtzig erreichen.

Bestimmungsland der schwarzen Sklaven Ostafrikas war nicht Amerika, sondern Arabien. Bis zur Mitte des 19. Jahrhunderts war Mombasa an der kenianischen Küste der Umschlaghafen für Menschenmaterial, das Ende eines langen Handelswegs arabischer Sklavenhändler, die sich ihre Ware mit Waffengewalt in zentralfrikanischen Dörfern beschafften. Die zukünftigen Sklaven marschierten barfuß in Karawanen vom Rift herunter, angetrieben von ihren bewaffneten Entführern, die auf Eseln nebenherritten. Während des Abstiegs nach Tsavo wuchs die Hitze und verdichteten sich die Schwärme der Tsetsefliegen. Die Sklavenhändler, ihre bewaffneten Treiber und die Gefangenen, die überlebt hatten, gelangten in die von Feigenbäumen beschattete Oase Mzima Springs. Ihre Wasserbecken voller Dosenschildkröten und Flusspferde wurden täglich durch fast 200 Millionen Liter Grundwasser gespeist, die 50 Kilometer entfernt aus porösen vulkanischen Hügeln sprudelten. Tagelang machten die Sklavenkarawanen hier Rast und ließen sich von den Wata-Jägern gegen Bezahlung ihre Fleischvorräte auffüllen. Die Sklavenstraße war zugleich die Elfenbeinstraße und jeder Elefant, der ihnen begegnete, wurde seiner Stoßzähne wegen erlegt. Mit wachsender Nachfrage übertraf der Preis für Elfenbein schließlich den für Sklaven, woraufhin diese fast nur noch als Elfenbeinträger eingesetzt wurden.

In der Nähe von Mzima Springs trat das Wasser erneut an die Oberfläche und bildete den Tsavo River, der schließlich ins Meer mündete. Mit ihren schattigen Eukalyptus- und Palmenhainen war diese Route unwiderstehlich, doch der Preis für ihre Nutzung war häufig Malaria. Schakale und Hyänen folgten den Karawanen und Tsavos Löwen erwarben sich einen Ruf als Menschenfresser, indem sie sich über die sterbend zurückgelassenen Sklaven hermachten.

Bis weit ins 19. Jahrhundert, als die Briten dem Sklavenhandel ein Ende machten, ließen Tausende von Elefanten und Menschen entlang der Elfenbein-Sklaven-Straße zwischen den Ebenen Zentralafrikas und Mombasas Sklavenmärkten ihr Leben. Als die Sklavenstraße nicht mehr genutzt wurde, begann man mit dem Bau einer Eisenbahn zwischen Mombasa und dem Viktoriasee, in dem einer der Quellflüsse des Nils entspringt, einem Projekt von entscheidender Bedeutung für die britische Kolonialherrschaft. Tsavos hungrige Löwen gewannen sogar internationale Beachtung, als sie nun Jagd auf Eisenbahnarbeiter machten und manchmal sogar auf Züge sprangen, um ihrer Beute habhaft zu werden. Ihr Appetit wurde Gegenstand von Legenden und Filmen, die in der Regel unterschlugen, dass dieser Hunger auf den Mangel an anderem Wild zurückzuführen war, das tausend Jahre lang abgeschlachtet worden war, um die endlosen Karawanen mit Sklavenfracht zu ernähren.

Nach Sklaverei und Eisenbahnbau war Tsavo ein verlassenes, leeres Land. Ohne Menschen kehrten die wild lebenden Tiere allmählich zurück. Kurzzeitig kamen auch bewaffnete Menschen: Briten und Deutsche, die zuvor einen großen Teil Afrikas unter sich aufgeteilt hatten, trugen den Ersten Weltkrieg 1914 bis 1918 nicht nur in Europa aus. Ein Bataillon deutscher Kolonisten aus Tanganjika – dem heutigen Tansania – sprengte mehrfach die Eisenbahnlinie Mombasa-Viktoriasee. Beide Seiten bekämpften einander unter den Palmen und Fiebergummibäumen am Ufer des Tsavo River, ernährten sich von Affenfleisch und starben ebenso häufig an Malaria wie an feindlichen Kugeln, die darüber hinaus auch die üblichen verheerenden Folgen für den Wildbestand hatten.

Wieder leerte sich Tsavo. Wieder füllte es sich, menschenleer geworden, mit Tieren. Der Schleimbeerenstrauch, beladen mit seinen Früchten, bedeckte die Schlachtfelder des Ersten Weltkriegs und bot Pavianfamilien Unterschlupf. 1948 hatte die Krone keine Verwendung mehr für Tsavo und erklärte die Region, eine der meistgenutzten Handelsstraßen der Menschheitsgeschichte, zum Naturschutzgebiet. Zwanzig Jahre später besaß sie eine Elefantenpopulation von 45 000 Tieren, eine der größten Afrikas. Doch sollte das nicht von Dauer sein.

Als die weiße einmotorige Cessna abhebt, erblicke ich unterhalb ihrer Flügel eines der widersprüchlichsten Bilder, die unsere Erde zu bieten hat. Die Ebene unter mir ist der Nairobi National Park, wo Elenantilopen, Thomson-Gazellen, Kaffernbüffel, Kuhantilopen, Vogelarten wie Strauße und Senegaltrappen, Giraffen und Löwen auf engem Raum vor einer Wand von Hochhäusern leben. Hinter dieser grauen, städtischen Fassade beginnt einer der größten und ärmsten Slums der Welt. Nairobi ist nicht älter als die Eisenbahnlinie, die ein Depot zwischen Mombasa und dem Viktoriasee brauchte. Als eine der jüngsten Großstädte der Erde wird sie wahrscheinlich auch als eine der ersten verschwinden, weil hier selbst neue Bauwerke rasch zu zerfallen beginnen.

Am anderen Ende ist der Nairobi National Park nicht umzäunt. Die Cessna passiert seine unmarkierte Grenze und überquert eine graue, baumbestandene Ebene. Hier folgen die wandernden Gnus, Zebras und Nashörner des Naturparks den jahreszeitlichen Regenfällen entlang eines Korridors, der in letzter Zeit immer stärker eingeschnürt wird von Maisfeldern, Blumenfarmen, Eukalyptusplantagen und einer wachsenden Zahl von eingezäunten Privatgrundstücken mit Privatbrunnen und protzigen Villen. Gemeinsam könnten sie Kenias ältesten Nationalpark in eine weitere Schutzinsel für wild lebende Tiere verwandeln. Der Korridor ist nicht geschützt; da Immobilien außerhalb des hektischen Nairobi immer beliebter werden, wäre es nach Meinung meines Cessna-Piloten David Western am besten, wenn der Staat den Grundstückseignern Entschädigungen dafür zahlte, dass sie die Tiere über ihren Besitz wandern ließen. Allerdings stehen die Chancen dafür schlecht, denn alle fürchten, die Elefanten würden ihre Gärten zertrampeln oder Schlimmeres anrichten.

Heute will David Western eine Elefantenzählung vornehmen – wie er es seit fast dreißig Jahren kontinuierlich getan hat. Als Sohn eines britischen Großwildjägers ist er in Tansania aufgewachsen und hat als Junge seinen Vater oft tagelang begleitet, ohne einen Menschen zu sehen. Das erste Tier, das er schoss, war sein letztes; der Blick in die Augen des sterbenden Warzenschweins nahm ihm jede weitere Lust auf die Jagd. Nachdem der Vater den Stoßzähnen eines Elefanten zum Opfer gefallen war, zog die Mutter mit ihren Kindern in das vergleichsweise sichere London. David studierte dort Zoologie und kehrte dann nach Afrika zurück.

Eine Stunde südöstlich von Nairobi taucht der Kilimandscharo auf, dessen schrumpfende Gletscher wie Butter unter der Sonne schmelzen. Zu seinen Füßen heben sich grüne Sümpfe von einer braunen alkalischen Senke ab. Sie werden von Quellen gespeist, die auf den feuchten Hängen des Vulkans entspringen. Das ist der Amboseli-Nationalpark, einer der kleineren afrikanischen Nationalparks, aber extrem wildreich, ein obligatorisches Ziel für Touristen, die auf ein Foto von Elefanten vor dem Kilimandscharo hoffen. Früher wanderten die Tiere während der Trockenzeit in Amboselis Sumpfoase, um sich von Rohrkolben und Riedgras zu ernähren. Jetzt bleiben sie immer hier. »Von Natur aus sind Elefanten nicht standorttreu«, meint Western, während er über einige Dutzend Elefantenkühe und Kälber hinwegfliegt, die nicht weit von einer trägen Flusspferdherde durchs Wasser waten.

Von hoch oben betrachtet scheint die Ebene, die den Park umgibt, von Riesensporen befallen zu sein. Das sind die *bomas* des Hirtenvolks der Massai: ringförmig angeordnete Hütten aus Schlamm und Dung, einige bewohnt, andere verlassen und wieder mit dem Erdreich verschmelzend. Jede *boma* ist durch einen Schutzring aus aufgeschichteten, dornenbewehrten Akazienzweigen geschützt. Der hellgrüne Fleck in der Mitte jedes Lagers ist die Weide, auf der die nomadisch lebenden Massai ihre Rinder bei Nacht vor Raubtieren schützen, bevor sie mit ihren Tieren und Familien zum nächsten Weidegrund weiterziehen.

Wenn die Massai fortgehen, kommen die Elefanten. Seit der Zeit, als die Menschen nach der Austrocknung der Sahara erstmals Rinder aus Nordafrika hierher brachten, hat sich ein festes Zusammenspiel von Elefanten und Nutzvieh herausgebildet. Nachdem die Rinder das Savannengras abgefressen haben, breiten sich dort Sträucher und kleine Bäume aus. Schon bald sind diese hoch genug, um den Elefanten als Nahrung dienen zu können, die mit ihren Zähnen die nahrhafte Rinde abschälen, die Bäume niederbrechen, um an ihre zarten Wipfel zu kommen, und damit den Weg für die Rückkehr des Grases bereiten.

Als Student saß David Western einmal auf einem Hügel im Amboseli-Park und zählte die Kühe, die von Massai-Hirten zum Grasen geführt wurden, während aus der anderen Richtung die Elefanten kamen, um zu äsen. Die Zählung von Rindern, Elefanten und Menschen, die er damals begann, hat er unermüdlich fortgesetzt in seinen späteren

Funktionen als Direktor des Amboseli-Parks, Leiter des Kenya Wildlife Service und Begründer des gemeinnützigen African Conservation Centre, das sich zur Aufgabe gemacht hat, die Lebensräume wild lebender Tiere dadurch zu schützen, dass es die Menschen, die diese Lebensräume seit alters teilen, einbezieht und nicht ausschließt.

Er geht auf knapp hundert Meter herunter und beginnt große Kreise im Uhrzeigersinn zu fliegen, wobei die Maschine eine Schräglage von 30 Grad bekommt. Er zählt einen Ring von dungverputzten Hütten – eine Hütte pro Ehefrau: Einige wohlhabende Massai haben bis zu zehn. Überschlägig berechnet Western die Zahl der Bewohner und verzeichnet 77 Rinder auf seiner Vegetationskarte. Die Flecken, die von oben aussehen wie Blutstropfen auf einer grünen Fläche, erweisen sich als die Massai-Hirten: hochgewachsene, geschmeidige dunkelhäutige Männer in ihren traditionellen rotkarierten Umhängen – traditionell zumindest seit dem 19. Jahrhundert, als schottische Missionare Schottentücher, *shukas,* verteilten, welche die Massai-Hirten auf ihren wochenlangen Wanderungen mit den Herden als warm und leicht genug empfanden.

»Die Hirten«, schreit Western, um den Motorenlärm zu übertönen, »sind notgedrungen zu Pseudo-Nomaden geworden. Sie verhalten sich ähnlich wie die Gnus.« Die Massai lassen ihre Rinder während der Regenzeit in den kurzen Grassavannen und bringen sie zu den Wasserlöchern zurück, wenn die Trockenzeit beginnt. Im Laufe eines Jahres leben die Massai des Amboseli-Parks durchschnittlich in acht verschiedenen Siedlungen. Diese Wanderbewegung hat nach Westerns Überzeugung die Landschaft Kenias und Tansanias buchstäblich zum Vorteil der wild lebenden Tiere gestaltet.

»Sie lassen ihr Vieh weiden und zurück bleiben Waldgebiete für die Elefanten. Im Laufe der Zeit machen die wieder Grasland daraus. So entsteht ein Mosaik aus Gras-, Wald- und Buschland. Das ist der ganze Grund für die Vielfalt der

Savanne. Gäbe es reine Wald- und Grasgebiete, wiese die Tierwelt hier nur Wald- und dort nur Grasarten auf.«

1999 schilderte Western diesen Vorgang dem Paläoökologen Paul Martin, dem Vater der Over-Kill-Theorie zur Erklärung des Massensterbens im Pleistozän, während sie durch Südarizona fuhren. Sie suchten gemeinsam die Orte auf, wo vor 13 000 Jahren die einheimischen Mammute erlegt worden waren. Mit einem Blick auf das Gewirr von Mesquitebäumen, die von den ansässigen Viehzüchtern gar zu gern verbrannt würden, fragte Martin: »Glauben Sie, das hier könnte Elefanten als Lebensraum dienen?« Wie kämen Afrikanische Elefanten in dieser Wüste zurecht? Wären sie in der Lage, die schroffen Granithänge emporzuklettern, um Wasser zu finden? Oder fänden sich Indische Elefanten besser zurecht, weil sie mit den Mammuten enger verwandt sind?

»Sie wären sicherlich besser als Bulldozer und Herbizide zur Vernichtung der Mesquitebäume geeignet«, meinte Western zustimmend. »Elefanten würden es viel billiger und einfacher erledigen, außerdem würden sie den Boden für Grassämlinge düngen.«

»Genau«, sagte Martin, »so wie es die Mammute und Mastodonten getan haben.«

»Klar«, erwiderte Western. »Warum nicht eine ökologische Ersatzart verwenden, wenn die ursprüngliche nicht mehr vorhanden ist?« Seither setzt sich Paul Martin dafür ein, in Nordamerika wieder Elefanten einzuführen.

Im Gegensatz zu den Massai sind amerikanische Viehzüchter allerdings keine Nomaden, die für die Elefanten regelmäßig Nischen freimachen. Doch immer häufiger bleiben auch die Massai und ihre Rinder jetzt an Ort und Stelle. Was dabei herauskommt, zeigt der öde, überweidete Boden, der den Amboseli National Park umgibt. Angesichts der Immobilienmakler und der Zuwanderer von rivalisierenden Stämmen, die Zäune errichteten und Grenzsteine setzten, bleibt den Massai nichts anderes übrig, als Besitzrechte zu erwerben und auf ihrem Land zu bleiben. Angesichts dieser neuen Form der Landnutzung dürfte sich die Vegetation, so Western, nach dem Verschwinden der Menschen nicht so leicht erholen.

»Das ist ein echtes Dilemma. Wenn man die Elefanten in einen Nationalpark sperrt und davor Vieh weiden lässt, erhält man zwei vollkommen verschiedene Lebensräume. Drinnen gehen alle Bäume verloren, sodass Grasland entsteht. Draußen entwickelt sich dichtes Buschland.«

Während der siebziger und achtziger Jahre gerieten die Elefanten in eine globale Konfrontation zwischen der wachsenden Armut Afrikas, die in Kenia mit der höchsten Geburtenrate der Erde verbunden war, und dem Wirtschaftsboom der sogenannten Tigerstaaten in Asien. Dieser Aufschwung nährte ein unersättliches Verlangen nach Luxusgütern, unter anderem auch nach Elfenbein, schlimmer noch als zu den Zeiten des Sklavenhandels.

Als der Preis, 20 Dollar pro Kilogramm, um das Zehnfache gestiegen war, verwandelten Elfenbeinwilderer Orte wie Tsavo in eine Müllhalde für Elefantenkadaver mit herausgebrochenen Stoßzähnen. In den achtziger Jahren waren mehr als die Hälfte der 1,3 Millionen Afrikanischen Elefanten tot. Nur 19 000 blieben in Kenia übrig, eingepfercht in Schutzzonen wie Amboseli. Internationale Verbote des Elfenbeinhandels und Anweisungen, gegen Wilderer rücksichtslos mit der Waffe vorzugehen, mäßigten das Gemetzel, konnten es aber nicht beenden, vor allem nicht das Abschlachten von Elefanten außerhalb der Parks unter dem Vorwand, Felder und Menschen zu schützen.

Verschwunden sind die Akazien, die einst Amboselis Sümpfe säumten, niedergetrampelt von der viel zu dichten Dickhäuterpopulation. In dem Maße, wie die Nationalparks zu baumlosen Ebenen werden, verdrängen Wüstentiere wie Gazellen und Oryxantilopen Tiere, die von Blättern und

Zweigen leben, wie etwa Giraffen, Kudus und Buschböcke. Das ist eine vom Menschen geschaffene Wiederholung jener extremen Dürreperioden, von denen Afrika während der Eiszeiten heimgesucht wurde, als die Lebensräume schrumpften und die Tierwelt in Oasen zusammengedrängt wurde. Afrikas Megafauna überstand diese Engpässe, doch heute, da die Tiere auf Schutzinseln in einem Meer von Siedlungen, Landparzellen, verdorrten Weidegründen und Agrarfabriken gestrandet sind, fürchtet David Western um ihre Zukunft. Jahrtausendelang wurden sie von umherziehenden Menschen durch Afrika begleitet: Nomaden und ihre Herden nahmen sich, was sie brauchten, und ließen eine Natur zurück, die der afrikanischen Megafauna noch bessere Lebensbedingungen bot. Doch jetzt findet das Nomadendasein ein Ende. *Homo sedentarius,* der sesshafte Mensch, hat das Szenario von Grund auf verändert. Die Nahrung wandert jetzt zu uns, zusammen mit Luxus- und Konsumartikeln, die es in der Menschheitsgeschichte so bisher nicht gegeben hat.

Im Unterschied zu anderen Erdregionen blieb Afrika – von der Antarktis abgesehen, wo es niemals menschliche Siedlungen gab – als einziger Erdteil von einem größeren Massensterben seiner Tierwelt verschont. »Doch der intensivierte Ackerbau und die hohe Bevölkerungsdichte«, meint Western besorgt, »bedeuten, dass wir jetzt ein solches Ereignis erleben.« Das Gleichgewicht, das sich in Afrika zwischen den Menschen und den wild lebenden Tieren entwickelt hat, ist völlig außer Kontrolle geraten: zu viele Menschen, zu viele Rinder, zu viele Elefanten, die durch zu viele Wilderer auf zu engem Raum zusammengepfercht werden. Die Hoffnung, die David Western bleibt, ist das Wissen, dass ein Teil Afrikas noch immer ist, wie es war, bevor die Evolution die Menschen zu einer Schlüsselart machte, das heißt, zu einer Art, deren Vorhandensein über die Entwicklung des ganzen

Lebensraums entschied und damit so einflussreich war, dass selbst die Elefanten sich nach ihr richten mussten.

In einer Welt ohne Menschen, so glaubt er, würde Afrika, die Wiege der Menschheit, paradoxerweise wieder in seinen ursprünglichen Zustand zurückkehren. Da es in Afrika so viel grasendes und äsendes Wild gibt, ist es der einzige Kontinent, auf dem exotische Pflanzen nicht aus den Gärten der Vorstädte entweichen konnten, um die ländlichen Regionen zu erobern. Allerdings würde Afrika einigen entscheidenden Veränderungen unterworfen sein, wenn die Menschen verschwänden.

Einst waren die nordafrikanischen Rinder wild. »Doch nach Jahrtausenden des Zusammenlebens mit den Menschen«, sagt Western, »haben sie einen Magen wie ein überdimensionierter Gärbottich entwickelt, der sie befähigt, tagsüber riesige Futtermengen zu sich zu nehmen, weil sie nachts nicht grasen können. Daher sind sie nicht sehr schnell zu Fuß. Sich selbst überlassen wären sie eine bequeme und leckere Fleischration für hungrige Raubtiere.«

Und eine reichliche dazu. Rinder stellen heute mehr als die Hälfte des Lebendgewichts in den Ökosystemen der afrikanischen Savanne. Ohne den Schutz der Massai-Speere wären sie ein Festmahl für Löwen und Hyänen. Sobald die Rinder ausgestorben wären, gäbe es doppelt so viel Futter für andere Grasfresser. Western berechnet, was die neuen Zahlen bedeuten würden. »Anderthalb Millionen Gnus können genauso viel Gras fressen wie Rinder. Es käme zu einer sehr viel engeren Interaktion zwischen Gnus und Elefanten. Sie würden die Rolle der Rinder übernehmen, von denen die Massai sagen: ›Rinder lassen Bäume wachsen, Elefanten Gras.‹«

Und zum Schicksal der Elefanten ohne Menschen: »Darwin schätzte, dass es zehn Millionen Elefanten in Afrika gab. Das entspricht ziemlich genau dem Bestand, den wir hier vor dem großen Elfenbeinhandel hatten.« Er wendet sich um und betrachtet die Herde weiblicher Tiere, die im Amboseli-

Sumpf herumplanscht. »Im Augenblick haben wir eine halbe Million.«

Nach dem Verschwinden der Menschheit würden die Elefanten, zwanzigmal so zahlreich wie heute, zweifellos wieder zur unbestrittenen Schlüsselart der afrikanischen Patchwork-Landschaft werden. Im Gegensatz dazu gibt es in Nord- und Südamerika seit 13000 Jahren mit Ausnahme von Insekten keine Tiere, die sich von Baumrinde und Büschen ernähren. Nach dem Aussterben der Mammute hätten sich riesige Wälder ausgebreitet, wären nicht die Farmer gewesen, die sie schlugen, die Viehzüchter, die sie verbrannten, die Kleinbauern, die sie abholzten, um sie zu verfeuern, und die Bauunternehmer, die sie mit ihren Bulldozern niederwalzten. Ohne Menschen würden Amerikas Wälder riesige Nischen bilden, geeignet für Pflanzenfresser, die groß genug sind, um dem Holz Nährstoffe abzugewinnen.

Schleichender Untergang

Oft hatte Partois ole Santian die Geschichte gehört, als er noch ein Junge war und mit den Kühen seines Vaters im Westen von Amboseli umherzog. Respektvoll lauscht er, als Kasi Koonyi sie nun erneut erzählt – der grauhaarige alte Mann, der mit seinen drei Frauen eine *boma* in Massai Mara bewohnt, wo Santian heute arbeitet.

»Am Anfang war nur ein Wald und Ngai gab uns Buschleute, die für uns jagten. Doch dann zogen die Tiere zu weit fort, um sie noch länger zu jagen. Die Massai beteten zu Ngai, er möge uns Tiere geben, die nicht fortgingen, und er sagte, wartet sieben Tage.«

Koonyi nimmt einen Lederriemen und hält ein Ende himmelwärts, um den Weg darzustellen, der zur Erde hinabführt. »Das Rind kam vom Himmel herab und alle sagten: ›Schaut nur! Unser Gott ist so freundlich, er schickt uns ein schönes Tier. Es hat Milch, schöne Hörner und verschiedene Farben. Nicht wie Gnus oder Büffel, die nur eine Farbe haben.‹«

Der Sage nach behaupteten die Massai jedoch, alle Rinder seien für sie bestimmt, und warfen die Buschleute aus ihren *bomas*. Als die Buschleute Ngai um eigene Rinder baten, verweigerte er sie ihnen und gab ihnen stattdessen Pfeil und Bogen. »Deshalb jagen sie noch immer in den Wäldern, statt Vieh zu hüten wie wir Massai.«

Koonyi lächelt, die Nachmittagssonne lässt seine großen Augen rot aufleuchten und spiegelt sich in den hin- und herschwingenden kegelförmigen Bronzeohrringen, die seine Ohrläppchen kinnwärts ziehen. Die Massai, so erläutert er, fanden heraus, wie man Bäume verbrennt, um Savannen für ihre Herden zu schaffen und mit dem Rauch gleichzeitig die Malariamücken zu vertreiben. Santian weiß, wovon der Alte spricht: Als wir Menschen noch reine Jäger und Sammler waren, unterschieden wir uns nicht wesentlich von anderen Tieren. Doch als wir von Gott erwählt wurden, Hirten zu werden und über die besten Tiere zu herrschen, lag Segen auf unserem Tun. Der Haken ist, wie Santian nur allzu gut weiß, dass es die Massai damit nicht gut sein ließen.

Selbst nachdem die weißen Kolonisten ihnen so viel Land genommen hatten, konnten die Massai ihr Nomadenleben noch fortsetzen. Doch jeder Massai-Mann nahm mindestens drei Ehefrauen und jede Frau gebar ihm fünf oder sechs Kinder. Um diese zu ernähren, brauchte jede Frau rund hundert Kühe. Die Rechnung konnte nicht aufgehen. In seiner Jugend erlebte Santian, wie die Massai Felder mit Weizen oder Mais anlegten und bei ihren *bomas* blieben, um sie zu bestellen. Und sobald sie Ackerbau betrieben, änderte sich alles.

Partois ole Santian, der einer modernen Massai-Generation angehört, bekam die Möglichkeit, zur Schule zu gehen und zu studieren, er erhielt hervorragende Noten in den Naturwissenschaften, lernte Englisch und Französisch und wurde Zoologe. Mit 26 Jahren verlieh man ihm als einem von ganz wenigen Afrikanern die silberne Urkunde der Kenya Professional Safari Guide Association, die höchste Stufe dieser Auszeichnung. Er fand eine Anstellung in einem Hotel für Ökotourismus in der Massai Mara, dem kenianischen Ausläufer der tansanischen Serengeti, einem Nationalpark, der teils reine Tierschutzgebiete und teils gemischte Schutzzonen umfasst, in denen Massai, ihre Rinderherden und wild lebende Tiere koexistieren, wie sie es schon immer taten. Die Massai Mara mit ihrem roten Hafergras, das hier und da von vereinzelten Dattelpalmen und flachkronigen Akazien unterbrochen wird, ist noch immer ein prächtiges Grasland, das es mit jeder afrikanischen Savanne aufnehmen kann. Nur dass es jetzt größtenteils Rinder sind, die hier grasen.

Häufig zieht sich Santian Lederschuhe an und erklimmt den Kileleoni Hill, den höchsten Punkt der Mara. Hier ist die Wildnis immer noch so unberührt, dass man auf Kadaver von Schwarzfersenantilopen stößt, die sich Leoparden als Vorrat auf schützende Bäume gezerrt haben. Von der Hügelspitze aus kann Santian, hundert Kilometer südwärts, in der Ferne Tansania und das unermessliche grüne Grasmeer der Serengeti ausmachen. Dort ertönen im Juni die Rufe der Gnus, wenn sie sich zu riesigen Herden vereinen, wie eine unaufhaltsame Flutwelle über die Grenze strömen und Flüsse voller Krokodile durchqueren, die schon hungrig auf diese jährliche Wanderung nach Norden warten, während Löwen und Leoparden auf den Stämmen von Schirmakazien dösen und nur einen Sprung machen müssen, um an ihre Beute zu kommen.

Die Serengeti war lange Zeit ein schwerer Stein des Anstoßes für die Massai: eine Fläche von einer halben Million Quadratkilometern, von der sie 1951 vertrieben wurden, damit dort nach völliger Entfernung der Schlüsselart *Homo sapiens* ein Vergnügungspark entstand, der den Hollywood-Touristen die Illusion einer ursprünglichen afrikanischen Wildnis verschaffte. Doch heute sind Massai-Zoologen wie Santian dankbar dafür: Die Serengeti, die sich mit ihren vulkanischen Böden ideal für Grasland eignet, ist eine Genbank mit der reichhaltigsten Konzentration von Säugetieren auf der Erde, die Quelle, aus der die Arten schöpfen könnten, um sich auszubreiten und wieder den ganzen Planeten zu bevölkern. Doch mag die Serengeti auch noch so groß sein, die Zoologen fragen sich trotzdem, wie sie all diese zahllosen Gazellen ernähren soll, von den Elefanten ganz zu schweigen, wenn das ganze Umland eines Tages aus Farmen und Zäunen besteht.

Es gibt nicht genügend Niederschläge, um die gesamte Savanne in Ackerland zu verwandeln, was die Massai jedoch nicht daran gehindert hat, sich munter zu vermehren. Partois ole Santian hat bislang nur eine Frau geheiratet und wollte es damit eigentlich auch genug sein lassen. Doch Noonkokwa, die Freundin aus Kindheitstagen, die er heiratete, nachdem er seine traditionelle Ausbildung zum Krieger beendet hatte, war entsetzt, als sie hörte, sie solle die einzige Frau in dieser Ehe bleiben und keine Gefährtinnen bekommen.

»Ich bin Zoologe«, erklärte er ihr. »Wenn alle Lebensräume für wild lebende Tiere verschwinden sollten, müsste ich Bauer werden.« Bevor die Parzellierung des Landes begann, war für die Massai der Ackerbau unter ihrer Würde, waren sie doch von Gott erwählt worden, Rinder zu züchten. Sie brachen noch nicht einmal die Grasnarbe auf, um jemanden zu beerdigen.

Noonkokwa versteht das. Trotzdem, sie ist eine Massai-Frau. So einigten sie sich auf zwei Ehefrauen. Noch immer aber will sie sechs Kinder haben. Er hofft, sie auf vier herunterhandeln zu können; die zweite Ehefrau wird natürlich auch welche wollen.

Nur eines, zu schrecklich, um es ernsthaft in Betracht zu

ziehen, könnte diesen Fortpflanzungsprozess aufhalten, bevor alle Tiere ausgestorben sind. Koonyi, der alte Mann, spricht es selber aus: »Das Ende der Erde«, nennt er es. »Mit der Zeit wird Aids die Menschen auslöschen. Die Tiere werden sich alles zurückholen.«

Noch ist Aids für die Massai nicht der Albtraum, der es für die sesshaften Stämme geworden ist, doch nach Santians Auffassung könnte es bald so weit sein. Einst begnügten sich die Massai damit, mit ihren Rindern durch die Savanne zu ziehen, den Speer in der Hand. Heute gehen einige in die Stadt, schlafen mit Prostituierten und verbreiten nach ihrer Rückkehr Aids. Noch schlimmer sind die Lastwagenfahrer, die jetzt zweimal die Woche kommen, um Treibstoff für die Pick-ups, Motorroller und die Traktoren zu bringen, die sich die Massai-Farmer anschaffen. Sogar junge, nicht beschnittene Mädchen stecken sich an.

In Gebieten wie der Region am Viktoriasee, wohin die Tiere aus der Serengeti jährlich ziehen und wo keine Massai leben, sind die Kaffeepflanzer, die zu schwer an Aids erkrankt sind, um ihre Sträucher noch pflegen zu können, dazu übergegangen, Pflanzen wie Bananen anzubauen, die weniger Arbeit machen, oder Bäume zu fällen, um sie zu Holzkohle zu verarbeiten. Die wild wachsenden Kaffeebüsche sind jetzt viereinhalb Meter hoch und nicht mehr zu retten. Santian hat die Leute sagen hören, es sei ihnen alles egal, es gebe ja doch keine Heilung, daher verzichten sie noch nicht einmal darauf, Kinder in die Welt zu setzen. Die Waisenkinder haben keine Eltern, stattdessen das Virus, und in den Dörfern gibt es so gut wie keine Erwachsenen mehr.

Häuser, in denen niemand mehr lebt, verfallen. Häuser aus Schlamm und Zweigen mit Dungdächern sind eingesunken, sodass nur noch die halb fertigen Bauten aus Ziegeln und Zement stehen, welche die Händler mit dem Geld begonnen hatten, das sie als Lastwagenfahrer verdienten. Dann wurden sie krank und gaben ihr Geld für Kräuterheilkundige aus. Gesund wurde niemand und die Bauten wurden nicht fortgesetzt. Die Kräuterheilkundigen starben genauso wie die Händler, die Frauen und die Medizinmänner. Das Geld verschwand und alles, was bleibt, sind Häuser ohne Dächer, in denen Akazien wachsen, und infizierte Kinder, die sich verkaufen, um bis zu ihrem frühen Tod zu überleben.

Die Sonne wandert über die Serengeti und erfüllt den Himmel mit flirrendem Licht. Als sie hinter den Horizont taucht, senkt sich eine blaue Dämmerung auf die Savanne. Die letzte Wärme des Tages strömt den Hang des Kileleoni Hill hinauf und löst sich in der einbrechenden Dunkelheit auf. Der kühle Luftstrom, der folgt, trägt die Schreie der Paviane hinauf. Santian zieht sich seine rotgelbe Schotten-*shuka* enger um die Schulter.

Könnte Aids die späte Rache der Tiere sein? Wenn ja, dann wären die Schimpansen, *Pan troglodytes*, unsere zentralafrikanischen Vettern, das Vehikel dieses Plans. Das menschliche Immunschwäche-Virus, das die meisten Menschen infiziert, ist eng verwandt mit einem Virusstamm, den Schimpansen in sich tragen, ohne krank zu werden. (Das weniger häufige HIV-II ähnelt einer Form, die bei den seltenen Mangaben, pavianähnlichen Affen, in Tansania anzutreffen ist.) Vermutlich hat die Infektion durch den Verzehr von Affenfleisch auf den Menschen übergegriffen. Als es auf unsere Gene traf, mutierte es todbringend.

Hat uns der Aufbruch in die Savanne biochemisch anfälliger gemacht? Santian kann alle Säugetiere, Vögel, Reptilien, Bäume, Spinnen, die meisten Blumen, sichtbaren Insekten und Heilpflanzen in diesem Ökosystem bestimmen, doch die feinen genetischen Unterschiede entziehen sich ihm – wie allen, die nach einem Aids-Impfstoff suchen. Die Antwort könnte in unserem Gehirn zu finden sein, denn im Hinblick auf die Gehirngröße unterscheiden sich die Menschen am deutlichsten von Schimpansen und Bonobos.

Erneut dringt Paviangezeter von unten herauf. Wahrscheinlich beschimpfen sie den Leoparden, der das Antilopenfleisch auf den Baum gebracht hat. Es ist interessant, wie Pavianmännchen, die um den Alpha-Status konkurrieren, einen befristeten Waffenstillstand schließen, bis sie gemeinsam einen Leoparden verjagt haben. Paviane haben nach *Homo sapiens* die größten Gehirne aller Primaten und sind die einzige andere Primatenart, der es gelang, sich an das Leben in den Savannen anzupassen, als der Lebensraum Wald schrumpfte.

Wenn das dominante Huftier der Savanne – das Rind – verschwindet, wird die Gnu-Population anwachsen und den Platz der Rinder einnehmen. Werden die Paviane uns ersetzen, wenn wir verschwinden? Hat sich ihr Schädelvolumen während des Holozäns nicht entfalten können, weil wir ihnen beim Sprung von den Bäumen in die Savanne zuvorgekommen sind?

Santian steht auf und streckt sich. Ein noch junger Mond über dem Äquator nähert sich dem Horizont, seine Spitzen weisen aufwärts, als wollten sie für die silbrig glänzende Venus eine Schale bilden. Das Kreuz des Südens, die Milchstraße und die Magellanschen Wolken nehmen ihre Plätze ein. Die Luft riecht nach Veilchen. Hier oben hört Santian die Rufe der Waldkäuze, wie einst in seiner Kindheit, bevor sich die Wälder um die *bomas* in Weizenfelder verwandelten. Werden die Paviane, wenn die Felder und Äcker der Menschen wieder zu einem Mosaik aus Wäldern und Grasland geworden sind, die Gelegenheit nutzen und uns als Schlüsselart ablösen?

7 Was zerfällt

Im Sommer 1976 bekam Allan Cavinder einen unerwarteten Anruf. Das Hotel Constantia in Varoscha sollte unter einem neuen Namen eröffnet werden, nachdem es fast zwei Jahre lang leer gestanden hatte. Es gebe eine Menge elektrischer Arbeiten zu erledigen – ob er Zeit habe?

Das kam überraschend. Varoscha, bis zur Inselteilung 1974 das wichtigste Fremdenverkehrszentrum an der Ostküste Zyperns, war seither Sperrgebiet. Seit dem Waffenstillstand zwischen den türkischen und griechischen Zyprioten, den die Vereinten Nationen ausgehandelt hatten, zieht sich ein Streifen Niemandsland, die sogenannte Grüne Linie, von West nach Ost durch die Insel und teilt sie in einen türkischen Teil im Norden und einen griechischen im Süden. In der Hauptstadt Nikosia verläuft sie im Zickzack durch die Straßen, wo bis heute an den Häusern die Spuren der Kämpfe sichtbar sind. Kaum drei Meter breit, erweitert sie sich auf dem Land zu einem Streifen von acht Kilometern Breite. Das von Blauhelmen kontrollierte Gebiet, inzwischen mit Unkraut überwuchert, gewährt Hasen und Rebhühnern Unterschlupf.

Als 1974 der Krieg ausbrach, waren große Teile Varoschas kaum zwei Jahre alt. Entlang eines halbmondförmigen Sandstrands im Süden des Tiefwasserhafens Famagusta, einer befestigten Stadt, die etwa um 250 v. Chr. gegründet wurde, war Varoscha von griechischen Zyprioten als Zyperns Riviera angelegt worden. 1972 reihte sich am belebten Strand der Stadt fünf Kilometer weit ein Hotelhochhaus an das andere, ergänzt durch Abschnitte mit Läden, Restaurants, Kinos, Ferienbungalows und Unterkünften fürs Personal. Den Standort hatte man wegen des ruhigen, warmen Wassers an der windgeschützten Ostküste der Insel gewählt. Der einzige – oft beim Bau von hohen Strandhotels wiederholte – Fehler war die Entscheidung, möglichst nahe am Strand zu bauen. Zu spät erkannte man, dass der Strand im Schatten der Hotelphalanx lag, sobald die Sonne ihren mittäglichen Höchststand überschritten hatte.

Doch es blieb nicht viel Zeit zur Reue. Im Sommer 1974 flammte der Krieg auf und als er einen Monat später zu Ende war, sahen sich die griechischen Zyprioten Varoschas mit der Tatsache konfrontiert, dass ihre Investitionen nun auf der türkischen Seite der Grünen Linie lagen. Und nicht nur das: Sie und alle anderen Bewohner Varoschas mussten nach Süden auf die griechische Seite der Insel fliehen.

Das gebirgige Zypern liegt in einer friedlichen, aquamarinblauen See, umgeben von mehreren Ländern, deren Völker einander oftmals mit großem Hass begegnen. Ethnische Griechen gelangten vor etwa viertausend Jahren nach Zypern und lebten in der Folgezeit unter der Herrschaft einer langen Abfolge von Eroberern: Assyrern, Phöniziern, Persern, Römern, Arabern, Byzantinern und Venezianern. Das Jahr 1570 brachte einen weiteren Eroberer, das Osmanische Reich. Mit ihm kamen türkische Siedler, die im 20. Jahrhundert knapp ein Fünftel der Inselbevölkerung ausmachten.

Nachdem der Erste Weltkrieg dem Osmanischen Reich ein Ende gemacht hatte, wurde Zypern eine britische Kolonie. Die Griechen der Insel, orthodoxe Christen, die sich in regelmäßigen Abständen gegen die osmanischen Türken aufgelehnt hatten, waren über die neuen Herrscher erfreut und verlangten den Anschluss an Griechenland. Die muslimisch-türkische Minderheit Zyperns protestierte. Die Spannungen, die sich jahrzehntelang aufgebaut hatten, führten während der fünfziger Jahre mehrfach zu erbitterten Auseinandersetzungen. In einem Kompromiss wurde 1960 eine unabhängige Republik Zypern mit zwei selbstverwalteten Volksgruppen geschaffen.

Doch der ethnische Hass war inzwischen zur Gewohnheit geworden; Griechen brachten ganze türkische Familien um, und Türken rächten sich grausam. Der Putsch der Obristen in Griechenland 1967 löste einen Staatsstreich auf der Insel aus, was die Türkei im Juli 1974 veranlasste, Truppen zum Schutz der türkischen Zyprioten zu entsenden.

Allan Cavinder, ein britischer Elektroingenieur, war zwei Jahre zuvor, 1972, auf die Insel gekommen. Im Auftrag einer Londoner Firma hatte er an vielen Orten im Nahen Osten gearbeitet und als er Zypern sah, hatte er sich zum Bleiben entschlossen. Von den trocken-heißen Monaten Juli und August abgesehen, ist das Wetter auf der Insel überwiegend mild und schön. Er ließ sich an der Nordküste nieder, unterhalb des Gebirges, wo die Bewohner der gelben Kalksteindörfer vom Ertrag ihrer Oliven- und Johannisbrotbäume lebten, deren Früchte sie von der Hafenbucht Kyrenias aus exportierten, wo er lebte.

Als der Krieg ausbrach, beschloss Cavinder, ihn auszusitzen, weil er zu Recht annahm, man werde seine Fachkenntnisse irgendwann wieder brauchen. Mit einem solchen Auftrag jedoch hatte er nicht gerechnet. Nachdem die Griechen Varoscha aufgegeben hatten, gelangten die türkischen Zyprioten zu der Auffassung, das noble Seebad sei als Unterpfand bei künftigen Verhandlungen über eine endgültige Lösung zu wertvoll, als dass man es jetzt Hausbesetzern überlassen könnte. Daher umgaben sie es mit einem soliden Maschendrahtzaun, verbarrikadierten die Strände mit Stacheldraht, ließen es von türkischen Soldaten bewachen und stellten Warnschilder auf.

Nach zwei Jahren jedoch beantragte eine alte osmanische Stiftung in der Türkei, zu deren Immobilienbesitz auch das nördlichste Hotel von Veroscha gehörte, die Genehmigung zur Renovierung und Wiedereröffnung dieses Gebäudes. Nach Cavinders Einschätzung war das eine vernünftige Idee. Das vierstöckige Hotel, das in »Palm Beach« umgetauft werden sollte, stand so weit von der Bucht zurückgesetzt, dass seine Terrasse und der hoteleigene Strand auch nachmittags noch in der Sonne lagen. Der Hotelturm nebenan, auf dessen Dach sich kurzzeitig eine griechische MG-Stellung befunden hatte, war unter einem türkischen Bombenangriff zusammengestürzt, doch von dieser Ruine abgesehen, schien alles andere noch intakt zu sein, als Allan Cavinder das Sperrgebiet zum ersten Mal betrat.

Es war geradezu unheimlich: Vor allem beeindruckten ihn die Spuren eines überstürzten Aufbruchs. Das Fremdenbuch war aufgeschlagen und zeigte nach wie vor den Tag im August 1974 an, als der Geschäftsbetrieb plötzlich zum Stillstand gekommen war. Die Zimmerschlüssel lagen noch dort auf dem Empfangstresen, wo die Gäste sie hingeworfen hatten. Die Fenster zur See waren offen geblieben und der hereingewehte Sand hatte sich in der Hotelhalle zu kleinen Dünen gehäuft. In den Vasen waren die Blumen vertrocknet. Mokkatassen und Frühstücksgeschirr, von Mäusen blitzblank geleckt, standen auf weißen Tischtüchern.

Cavinder hatte den Auftrag, die Klimaanlage zu reparieren. Doch diese Routinearbeit erwies sich als schwierig. Der südliche, griechische Teil der Insel war von den Vereinten Nationen als Republik Zypern legitimiert, während ein unabhängiger türkischer Staat im Norden nur von der Türkei anerkannt wurde. Da keine Ersatzteile zu beschaffen waren, vereinbarte Cavinder mit den türkischen Soldaten, die Varoscha bewachten, dass er die anderen Hotels unter der Hand ausschlachten dürfe, um sich das Nötige zu besorgen.

Er schlenderte durch den verlassenen Ort. Rund 20 000 Menschen hatten in Varoscha gelebt oder gearbeitet. Asphalt und Straßenpflaster waren aufgebrochen; Cavinder war nicht überrascht, dass Unkraut in den menschenleeren Straßen wuchs, hatte aber nicht mit dem Anblick von Bäumen gerechnet. Rasch wachsende Akazien aus Australien, die von den Hotels zur Landschaftsgestaltung gepflanzt worden waren, wuchsen mitten auf den Straßen, einige schon fast einen Meter hoch. Die Ranken dickblättriger Ziergewächse krochen aus Hotelgärten, überquerten Fahrbahnen und kletterten an Baumstämmen empor. In den Läden lagen noch immer Souvenirs und Sonnencremes; im Schaufenster eines Autohändlers standen die Modelle von 1974 zwischen den Scherben der Schaufensterscheiben, die unter dem Luftdruck türkischer Bomben zerplatzt waren. Halb bekleideten Schaufensterpuppen hingen die Textilien in Fetzen von den Plastikleibern, während die Kleiderständer hinter ihnen noch dicht behängt, aber mit einer dicken Staubschicht bedeckt waren. Auch die Stoffbezüge von Kinderwägen waren zerfetzt – Cavinder hätte nicht gedacht, dass so viele übrig geblieben wären. Und so viele Fahrräder.

Die durchlöcherten Fassaden leerer Hotels, zehn Stockwerke zersprungener Glasschiebetüren, die auf Balkone mit Seesicht führten, Balkone, die jetzt den Elementen preisgegeben waren, hatten sich in riesige Taubenschläge verwandelt. Alles war mit Taubenkot bedeckt. Wanderratten nisteten in den Hotelzimmern, lebten von Jaffa-Orangen und Limonen aus ehemaligen Zitrushainen. Die Glockentürme griechischer Kirchen waren mit dem Kot von Fledermäusen gesprenkelt.

Sandfahnen wehten über die Straßen und bedeckten die Böden. Was Cavinder zunächst überraschte, war das Fehlen von Gerüchen, abgesehen von einem mysteriösen Gestank, der aus den Hotelpools aufstieg, von denen die meisten zwar ausgetrocknet waren, aber unerklärlicherweise einen Geruch verströmten, als wären sie mit Kadavern gefüllt. Um sie herum zeugten umgeworfene Tische, Stühle, zerrissene Sonnenschirme und zerbrochene Gläser von höchst gewaltsamen Ereignissen. Hier wieder Ordnung zu schaffen würde sehr kostspielig sein.

Sechs Monate lang, während er Klimaanlagen, Waschmaschinen, Trockner und ganze Küchen voller Backöfen, Grills, Kühlschränke und Tiefkühltruhen ausschlachtete oder reparierte, lastete eine unerträgliche Stille auf ihm, die ihm buchstäblich in den Ohren wehtat. Ein Jahr vor dem Inselkrieg hatte er auf einem britischen Marinestützpunkt südlich der Stadt gearbeitet und seine Frau häufig in einem Hotel untergebracht, wo sie den Tag am Strand verbrachte. Wenn er sie nach der Arbeit abholte, spielte eine Kapelle für die deutschen und britischen Touristen. Jetzt waren die Kapellen verstummt, nur noch das unablässige Rauschen des Meeres war zu hören, das nichts Beruhigendes mehr für ihn hatte. Der Wind, der durch die offenen Fenster strich, klang wie ein Jammern. Das anschwellende Gurren der Tauben betäubte Cavinder. Beängstigend war auch die Abwesenheit von Stimmen: kein menschlicher Laut, der von den Wänden zurückgeworfen wurde. Ständig lauschte er, ob türkische Soldaten kämen, die den Befehl hatten, auf Plünderer zu schießen. Er war sich nicht sicher, wie viele der patrouillierenden Wachen wussten, dass er hier sein durfte, oder ihm Gelegenheit geben würden, es zu beweisen.

Wie sich herausstellte, war das kein Problem. Nur selten erblickte er Posten oder Streifen. Er hatte großes Verständnis für sie. Wer begab sich schon freiwillig in eine solche Gruft?

Als Metin Münir Varoscha sah, vier Jahre nachdem Allan Cavinder seinen Renovierungsauftrag erledigt hatte, waren bereits Dächer eingestürzt, und die Bäume wuchsen direkt aus den Häusern. Münir, einer der bekanntesten türkischen Zeitungskolumnisten, ist ein türkischer Zypriot, der zum Studium nach Istanbul ging, nach Hause zurückkehrte, um zu kämpfen, als die Auseinandersetzungen begannen, und dann wieder in die Türkei ging, als die Unruhen nicht enden wollten. 1980 wurde ihm als erstem Journalisten gestattet, sich ein paar Stunden lang in Varoscha umzusehen.

Als Erstes fiel ihm die zerfetzte Wäsche auf, die noch immer auf den Leinen hing. Doch am meisten beeindruckte ihn nicht etwa der Mangel an Leben, sondern dessen pulsierende Gegenwart. Nachdem die Menschen, die Varoscha erbaut hatten, die Stadt verlassen hatten, nahm die Natur sie ohne Umschweife wieder in Besitz. Varoscha, knapp hundert Kilometer von Syrien und Libanon entfernt, hat ein zu mildes Klima für einen Frost-Tauwetter-Zyklus, trotzdem wurde sein Pflaster aufgesprengt. Zu Münirs Verwunderung gelang das nicht nur Bäumen, sondern auch Blumen. Winzige Samen wilder Alpenveilchen hatten sich in Rissen eingenistet, gekeimt und dann ganze Betonplatten beiseitegestemmt. Die Straßen waren jetzt übersät mit den weißen Blütenständen der Alpenveilchen und ihren hübschen vielfach gefleckten Blättern.

»Da begreift man«, schrieb Münir für seine Leser in der Türkei, »was die Taoisten meinen, wenn sie sagen, dass Weiches stärker als Hartes sei.«

Weitere zwanzig Jahre vergingen. Die Jahrtausendwende kam und ging vorüber. Einst hatten die türkischen Zyprioten sich darauf verlassen, dass Varoscha, zu wertvoll, um es einfach aufzugeben, die Griechen an den Verhandlungstisch zwingen würde. Keine der beiden Seiten hätte sich damals träumen lassen, dass es dreißig Jahre später die Türkische Republik Nordzypern noch geben würde, nicht nur von der Republik Zypern, sondern auch vom Rest der Welt abgeschnitten, noch immer von keinem Staat mit Ausnahme der Türkei anerkannt. Sogar die UN-Friedenstruppen befinden sich noch genau dort, wo sie 1974 waren: Sie patrouillieren lustlos entlang der Grünen Linie in Varoscha und putzen gelegentlich zwei noch immer beschlagnahmte, noch immer nagelneue Toyotas Baujahr 1974.

Nichts hat sich verändert mit Ausnahme von Varoscha, das sich nun in einem fortgeschrittenen Zustand des Verfalls befindet. Seine Umzäunung und der Stacheldraht sind gleichmäßig von Rost befallen, doch es gibt nichts mehr zu schützen als eine Geisterstadt. Gelegentlich findet man Coca-Cola-Plakate und Schilder mit Preislisten an den Türen von Nachtklubs, die seit mehr als dreißig Jahren keine Gäste gesehen haben und auch keine mehr sehen werden. Fensterflügel stehen offen, das Glas in den abblätternden Rahmen längst zersprungen. Verblendplatten aus Kalkstein sind von den Häuserfronten geplatzt und liegen kaputt am Boden. Aus den Mauern sind große Stücke herausgebrochen und geben den Blick auf leere Zimmer frei, deren Möbel sich schon vor langer Zeit scheinbar wie von Geisterhand verflüchtigt haben. Die Farbe ist stumpf geworden, der Verputz darunter hat eine dumpf-gelbliche Altersfärbung angenommen, soweit er überhaupt noch vorhanden ist, denn hier und da zeigen herausgefallene Ziegelsteine an, dass sich der Mörtel bereits aufgelöst hat.

Vom Hin und Her der Tauben abgesehen, bewegt sich nur noch der knirschende Rotor der einzigen noch funktionierenden Windkraftanlage. Die Hotels – bei einigen sind die Balkone herabgestürzt und haben im Fallen weitere schwere Schäden angerichtet – säumen noch immer die Riviera, die einst Cannes und Acapulco nacheifern wollte. Hier, darin sind sich alle einig, ist nichts mehr zu retten. Gar nichts. Um jemals wieder Touristen anlocken zu können, müsste Varoscha dem Erdboden gleichgemacht und neu aufgebaut werden.

Inzwischen setzt die Natur ihr Rekultivierungsprojekt fort. Wilde Geranien und Philodendren wachsen aus Gebäuden mit fehlenden Dächern hervor und klettern an den Außenmauern hinunter. Flaschenbäume, Paternosterbäume, dichte Hibiskus-, Oleander- und Fliederbüsche sprießen in Winkeln, wo die Grenzen zwischen innen und außen verschwimmen. Häuser verschwinden unter magentafarbenen, hügelgleichen Bougainvilleengebüschen. Eidechsen und Schlanknattern huschen durch Dickichte von Wildem Spargel, Feigenkakteen und mannshohen Gräsern. Ein dichter Teppich von Zitronengras verbreitet sein zartes Aroma. Bei Nacht gehört der stockdunkle Strand – unbehelligt von Touristen, die es bei Mondlicht ins Wasser ziehen könnte – den Karett- und Suppenschildkröten, die dort ihre Eier verscharren.

Die Insel Zypern ist wie eine Bratpfanne geformt, deren langer Griff sich in Richtung der syrischen Küste erstreckt. Die Pfanne selbst wird in ostwestlicher Richtung von zwei Bergketten durchzogen, die in der Mitte durch eine breite Talsenke geteilt ist – und durch die Grüne Linie, mit je einem Gebirgszug zu beiden Seiten. Die Berge waren einst mit Aleppo- und Schwarzkiefern, Eichen und Zedern bewachsen. Ein Zypressen- und Wacholderwald bedeckte das gesamte Tiefland zwischen den beiden Bergketten. Auf den trockenen, seewärts gelegenen Hängen wuchsen Oliven-, Mandel- und Johannisbrotbäume. Am Ende des Pleistozäns streiften Zwergelefanten, nicht größer als Kühe, und Zwergflusspferde von den Ausmaßen eines Hausschweins unter diesen Bäumen umher. Da Zypern nie über eine Landbrücke mit dem Festland verbunden war, müssen beide Arten offenkundig schwimmend dorthin gelangt sein. Vor rund zehntausend Jahren folgten ihnen die Menschen. Mindestens eine archäologische Fundstelle lässt darauf schließen, dass das letzte Zwergflusspferd von *Homo sapiens* gejagt, getötet und aufgegessen wurde.

Die Bäume auf Zypern waren bei assyrischen, phönizischen und römischen Bootsbauern sehr beliebt; während der Kreuzzüge wurden die meisten für den Bau der Kriegsschiffe von Richard Löwenherz geschlagen. Inzwischen hatte sich die Ziegenpopulation so vermehrt, dass die Ebenen baumlos blieben. Während des 20. Jahrhunderts pflanzte man Schirmkiefern, um frühere Quellen neu zu beleben. Doch nach einer langen Trockenperiode gingen 1995 fast alle von ihnen mitsamt dem Rest des ursprünglichen Waldes durch Blitzschlag in einem Flammenmeer unter.

Der Journalist Metin Münir verspürte wenig Lust, noch einmal von Istanbul aus zurückzukehren, um seine in Asche liegende Heimatinsel wiederzusehen. Doch der türkisch-zypriotische Gartenbauexperte Hikmet Uluçan überredete ihn, sich unbedingt anzusehen, was dort geschah. Münir konnte beobachten, dass die Blumen Zyperns Landschaft erneuerten: Die verbrannten Hügelhänge waren mit rotem Mohn bedeckt. Einige Mohnsamen, so erfuhr er von Uluçan, überleben tausend Jahre und mehr, um aufzugehen, sobald ein Feuer die Bäume beseitigt hat.

In dem Dorf Lapta, hoch über der Nordküste der Insel, baut Hikmet Uluçan Feigen, Alpenveilchen, Kakteen und Wein an, außerdem hält er den ältesten Hängemaulbeerbaum Zyperns in Ehren. Schnauzer, Spitzbart und die verbliebenen Haarbüschel sind weiß geworden, seit er als junger Mann gezwungen wurde, den Süden zu verlassen, wo sein Vater einen Weinberg besaß und Schafe, Mandeln, Oliven und Zitronen zog. Zwanzig Generationen von Griechen und Türken hatten sich ein Tal geteilt, bis die sinnlose Fehde zwischen den Volksgruppen Hikmets Heimatinsel zerriss.

Von seinem Garten kann er auf den Hafen von Kyrenia sehen; er wird von einer byzantinischen Burg aus dem 7. Jahrhundert gesichert, die auf den Grundmauern einer früheren römischen Befestigungsanlage erbaut wurde. Später haben Kreuzfahrer und Venezianer sie erobert; dann kamen die Osmanen, anschließend die Briten und nun waren wieder die Türken an der Reihe. Die Burg, die heute als Museum dient, beherbergt eines der weltweit seltensten Exponate: ein 1965 entdecktes, vollständig erhaltenes griechisches Handelsschiff, das anderthalb Kilometer vor der Küste von Kyrenia auf Grund lief. Als es unterging, war sein Laderaum gefüllt mit Mühlsteinen und Hunderten von Tonkrügen, die Wein, Oliven und Mandeln enthielten. Die Ladung war so schwer, dass das Schiff dort blieb, wo die Strömung es im Schlamm begrub. Die Radiokarbondatierung der zur Ladung gehörenden Mandeln, die wahrscheinlich erst wenige Tage zuvor auf Zypern gepflückt worden waren, ergab, dass das Schiff vor rund 2300 Jahren gesunken war.

Unter Sauerstoffabschluss blieben die Kiefernholzplanken und -spanten intakt, obwohl Polyäthylenharze eingespritzt werden mussten, damit das Holz nicht an der Luft zerfiel. Die Bootsbauer hatten Nägel aus Kupfer verwendet, ein Material, das nicht rostet und früher reichlich auf Zypern vorhanden war. Genauso gut erhalten sind die Bleigewichte zum Beschweren von Fischernetzen und die Tonkrüge, deren unterschiedliche Stile verraten, aus welchen ägäischen Häfen sie stammen.

Die zehn Fuß dicken Mauern und runden Türme der Burg, in der das Schiff nun ausgestellt wird, sind aus Kalkstein erbaut, der aus den Steinbrüchen in der Umgebung gewonnen wurde und winzige Fossilien aus der Zeit enthält, als Zypern noch unter der Oberfläche des Mittelmeers lag. Seit der Teilung der Insel sind die Burg und die schönen alten Lagerhäuser aus Stein am Hafen von Kyrenia fast hinter den hässlichen Fassaden der Casinohotels verschwunden – Glücksspiel und großzügige Devisenbestimmungen gehören zu den begrenzten wirtschaftspolitischen Optionen eines Landes, dem die internationale Anerkennung verweigert wird.

Hikmet Uluçan fährt an Zyperns Nordküste entlang nach Osten, vorbei an drei weiteren Kalksteinburgen, die sich aus den zerklüfteten Bergen neben der schmalen Straße erheben. Entlang der Landzungen und Vorgebirge über dem topasfarbenen Mittelmeer liegen die Überreste von Steindörfern, die teilweise sechstausend Jahre alt sind. Noch vor Kurzem waren auch ihre Terrassen, halb versunkenen Mauern und Wellenbrecher zu bewundern. Doch seit 2003 leidet das Erscheinungsbild der Insel unter einer weiteren Fremdeninvasion. »Der einzige Trost ist, dass diese hier nicht von Dauer sein kann«, meint Uluçan bekümmert.

Dieses Mal sind es keine Kreuzfahrer, sondern Briten fortgeschrittenen Alters, die für ihren Ruhestand das wärmste Plätzchen suchen, das bei einer Mittelschichtsrente erschwinglich ist. Angelockt werden sie von einer Horde hysterischer Immobilienmakler, die in dem Pseudo-Staat Nordzypern mit seinen großzügig auslegbaren Flächennutzungsplänen die letzten preiswerten und unberührten Seegrundstücke nördlich von Libyen entdeckt haben. Plötzlich schoben Bulldozer 500 Jahre alte Olivenbäume beiseite, um auf den Hügelhängen Straßen anzulegen. Felder roter Ziegeldächer ergossen sich über die Landschaft, immer gleiche Grundrisse wurden in Gussbeton geklont. Mit der Flutwelle baren Geldes wurde mit den Immobilienhaien auch eine unabsehbare Zahl englischsprachiger Plakatwände an die Küste gespült, auf denen hochtrabend »Landsitze«, »Meeresvillen« und »Luxusdomizile« beworben werden.

Grundstückspreise von 40 000 bis 100 000 Pfund (60 000 bis 150 000 Euro) lösten eine Goldgräberstimmung aus, die sich über Nebensächlichkeiten wie Besitzansprüche griechischer Zyprioten bedenkenlos hinwegsetzte. Vergeblich protestierte ein nordzyprischer Umweltschutzverband gegen einen neuen Golfplatz, indem er die Verantwortlichen daran erinnerte, dass sie das Wasser jetzt in riesigen Vinyltanks aus der Türkei herbeischaffen müssten, dass die kommunalen Müllhalden voll seien und dass infolge eines kompletten Mangels an Kläranlagen fünfmal so viele Abwässer in das klare Seewasser eingeleitet würden.

Jeden Monat fressen sich mehr Riesenbagger wie gefräßige Dinosaurier durch die Küstenregion und spucken Oliven- und Johannisbrotbäume links und rechts eines immer breiter werdenden Asphaltstreifens fünfzig Kilometer östlich von Kyrenia aus. Ein Ende ist nicht absehbar. So breitet sich diese unsägliche Architektur die Küste entlang aus und unzählige Schilder preisen die neuesten Parzellierungen mit bombastischen Bezeichnungen an, obwohl die sogenannten Luxusvillen immer schäbiger werden: der Beton nicht mit Stuck verziert, sondern nur gestrichen; die imitierten Tonziegel aus Kunststoff; Zier- und Fenstersimse mit falschen, vorfabrizierten Natursteinen beklebt. Als Hikmet Uluçan einen Stoß traditioneller gelber Ziegel vor dem nackten Gerippe eines Reihenhauses entdeckte, wurde ihm klar, dass jemand die Steinverblendungen von einheimischen Brücken abriss und sie an die Bauunternehmer verkaufte.

Etwas am Anblick dieser Kalksteinquader, die zu Füßen der Gebäudeskelette lagen, mutete ihn seltsam vertraut an, bis er wusste, was es war: »Es sieht aus wie Varoscha.« Die halb fertigen Gebäude, umgeben von Baumaterialien, waren ein genaues Ebenbild der halb zerfallenen Ruinen von Varoscha.

Und die Qualität sinkt weiter, so weit das überhaupt möglich ist. Jede Reklametafel, die Nordzyperns neue, sonnenverwöhnte Traumhäuser anpreist, erwähnt erst im Kleingedruckten die Baugarantie: zehn Jahre. Wenn die Gerüchte stimmen und sich die Bauunternehmer nicht einmal mehr die Mühe machen, das Salz aus dem Seesand zu waschen, den sie sich für ihren Beton von den Stränden holen, werden diese Häuser auch kaum mehr als zehn Jahre halten.

Jenseits des neuen Golfplatzes wird die Straße schließlich wieder schmaler. Hinter einer einspurigen Brücke, die ihrer Kalksteinornamente beraubt wurde, und einer kleinen Felsschlucht, in der Myrrhe und rosa Orchideen blühen, erreicht sie die Halbinsel Karpaz, den langen Fühler, der sich nach Osten der Levante entgegenstreckt. Überall stößt man auf leere griechische Kirchen, die ausgebrannt, aber unerschütterlich die Dauerhaftigkeit der Natursteinarchitektur bezeugen. Steinbauten gehörten zu den ersten Errungenschaften, welche die sesshaften Menschen von den nomadischen Jägern und Sammlern unterschieden, deren Hütten aus Lehm und Zweigen nicht dauerhafter waren als die einjährigen Gräser. Steingebäude werden uns am längsten überdauern. In dem Maße, wie die unbeständigen Stoffe der modernen Bautechnik zerfallen, wird die Erde unsere Spur bis in die Steinzeit zurückverfolgen und auf dem Weg dorthin alle Erinnerungen an uns auslöschen.

Je weiter die Straße auf die Halbinsel vordringt, desto unberührter wird die Landschaft. Alte Mauern verwandeln sich wieder in Hügel, da die Schwerkraft an dem lehmigen Untergrund zerrt. Die Landzunge endet in Sanddünen, die mit Salzbüschen und Pistazienbäumen bewachsen sind. Der Strand ist glatt gewalzt von den Bäuchen der weiblichen Meeresschildkröten.

Auf einem kleinen Kalksteinhügel steht eine einsame Schirmkiefer, das Geäst weit ausgebreitet. Schatten auf der Felswand erweisen sich als Höhlen. Beim Näherkommen zeigt der sanfte Schwung eines niedrigen Torbogens an, dass er in den Fels gegraben wurde. Auf dieser windigen Landspitze, keine sechzig Kilometer von der Türkei entfernt und nur dreißig weitere von Syrien, begann auf Zypern die Steinzeit. Die Menschen trafen hier etwa zur selben Zeit ein, als in Jericho, der ältesten noch bewohnten Stadt der Welt, das älteste dokumentierte Bauwerk der Erde, ein Steinturm, errichtet wurde, ca. 9000 v. Chr. Doch so primitiv diese zyprische Behausung im Vergleich erscheinen mag, sie zeugt von dem gewaltigen Schritt, als sich von Syrien aus Seefahrer aufs Meer und über den Horizont hinauswagten und eine neue Küste fanden.

Die Höhle ist niedrig, vielleicht sechs Meter tief und überraschend warm. Eine kohlegeschwärzte Feuerstelle, zwei Bänke und Schlafnischen sind in die Wände aus Sedimentgestein gehauen worden. Ein zweiter Raum, kleiner als der erste, ist fast quadratisch und besitzt einen ebenfalls quadratischen Zugang.

Fossile Überreste des *Australopithecus* in Südafrika lassen darauf schließen, dass wir schon vor mindestens einer Million Jahren Höhlenmenschen waren. Das französische Höhlensystem Chauvet Pont-d'Arc im Steilufer eines Flusses wurde vor 32 000 Jahren nicht nur von Cro-Magnon-Menschen bewohnt, sondern auch zur ersten Kunstgalerie der Menschheit ausgestaltet; die Bilder dort zeigen die europäische Megafauna.

Hier gibt es keine solchen Kunstwerke, doch die Knochen der ersten Bewohner Zyperns vor 11 000 Jahren sind unter der Erde begraben. Lange nachdem unsere Bauwerke und die Reste des Turms von Jericho zu Sand und Erde zerfallen sind, werden die Höhlen bleiben, in denen wir einst Zuflucht suchten, und in einer Welt ohne uns auf die nächsten Bewohner warten.

8 Was bleibt

Wenn Erde und Himmel beben

Es ist nicht recht zu erkennen, was die riesige runde Kuppel der Hagia Sophia in Istanbul trägt, diese einst christlich-orthodoxe Kirche mit ihren Marmorornamenten und Mosaiken. Mit einem Durchmesser von mehr als dreißig Metern ist die Kuppel zwar etwas kleiner als die des Pantheons in Rom, dafür aber erheblich höher. Kunstfertige Architekten verteilten ihr Gewicht an der Basis auf eine Kolonnade von Bogenfenstern und verliehen ihr dadurch etwas Schwebendes. Der Blick geht direkt nach oben auf einen vergoldeten Himmel in fast sechzig Metern Höhe und ruft im Betrachter ein Empfinden hervor, in dem sich Schwindel und Staunen mischen.

Im Laufe von mehr als tausend Jahren ist das Gewicht der Kuppel zusätzlich auf so viele verdoppelte Innenmauern, ergänzende Halbkuppeln, Schwibbögen, Zwickel und robuste Eckpfeiler verteilt worden, dass der türkische Bauingenieur Mete Sözen glaubt, auch ein größeres Erdbeben könne die Kuppel nicht so leicht aus ihrer Verankerung reißen. Das war nämlich das Schicksal der ersten Kuppel, die nur zwanzig Jahre nach ihrer Vollendung im Jahr 537 n. Chr. herabstürzte. Dieses Missgeschick war der Grund für alle späteren Verstärkungen; doch auch so fügten Erdbeben der Kirche (die 1453 eine Moschee wurde) zweimal schwere Schäden zu, bis Mimar Sinan, der bedeutendste Architekt des Osmanischen Reiches, sie im 16. Jahrhundert restaurierte. Die eleganten Minarette aus osmanischer Zeit, die man angefügt hat, werden sicherlich eines Tages zerfallen, doch Sözen glaubt, dass selbst in einer Welt ohne Menschen, also auch ohne Maurer, welche die Wände neu verfugen könnten, große Teile der Hagia Sophia und anderer alter Gemäuer sehr viel länger erhalten bleiben werden.

Was sich leider nicht vom Rest seiner Geburtsstadt behaupten lässt. Nicht dass es nicht mehr die gleiche Stadt wäre. Im Laufe der Geschichte hat Istanbul alias Konstantinopel alias Byzanz, so viele Herrscher gesehen, dass sich kaum vorstellen lässt, dass diese Stadt von Grund auf verändert oder gar zerstört werden könnte. Doch Mete Sözen ist davon überzeugt, dass das eine bereits geschehen ist und das andere unmittelbar bevorsteht, egal, ob es dann noch Menschen gibt oder nicht. In einer Welt ohne Menschen ist der einzige Unterschied, dass niemand mehr da sein wird, um Istanbuls Stücke aufzusammeln.

Als Dr. Sözen, Lehrstuhlinhaber für Bauingenieurwesen an der Purdue University in Indiana, 1952 die Türkei verließ, um zu promovieren, hatte Istanbul eine Million Einwohner. Ein halbes Jahrhundert später sind es fünfzehn Millionen. Dieser Sprung ist seiner Meinung nach ein weit größerer Paradigmenwechsel als die bisherigen Wandlungen – von den Ursprüngen im Dunkel der griechischen Antike zur römischen, zur byzantinisch-orthodoxen, zur katholischen Stadt der Kreuzfahrer und schließlich zur muslimischen Metropole – in all ihren osmanischen und türkisch-republikanischen Schattierungen.

Dr. Sözen sieht diesen Unterschied mit den Augen des Ingenieurs. Während die Kulturen aller früheren Eroberer sich selbst großartige Denkmäler setzten wie die Hagia Sophia oder die fast ätherisch anmutende Blaue Moschee, manifestiert sich die Gegenwart der heutigen Massen in mehr als einer Million mehrstöckiger Gebäude, die in Istanbuls enges Straßennetz gezwängt wurden – Gebäude, die nach Sözens Meinung die Lebenserwartung ihrer Bewohner entscheidend verkürzen könnten. 2005 warnten Sözen und eine Arbeitsgruppe von internationalen Architektur- und Erdbebenfachleuten die türkische Regierung, dass sich die Nordanatolische Verwerfung, die unmittelbar östlich der Stadt verläuft, binnen dreißig Jahren erneut verschieben wird. In diesem Fall würden mindestens 50 000 Wohnblöcke einstürzen.

Sözen wartet noch immer auf eine Antwort, obwohl er bezweifelt, dass irgendjemand eine Ahnung habe, wo mit den Maßnahmen begonnen werden müsste, die seine Gruppe zur Abwendung der Bedrohung für unumgänglich hält. Im September 1985 reiste Sözen im Auftrag der US-amerikanischen Regierung nach Mexico City. Er wollte wissen, wie es möglich war, dass die dortige amerikanische Botschaft ein Erdbeben der Stärke 8,1 überstanden hatte, das fast tausend Gebäude zum Einsturz brachte: Das umfangreich verstärkte Botschaftsgebäude, das er schon einmal ein Jahr früher untersucht hatte, war unversehrt, doch in beiden Richtungen der Avenida Reforma und angrenzender Straßen waren viele Bürohochhäuser, Wohnblocks und Hotels eingestürzt.

Es war eines der schlimmsten Erdbeben in der Geschichte Lateinamerikas. »Es beschränkte sich aber größtenteils auf die Innenstadt. Was in Mexiko City geschehen ist, dürfte gemessen an dem, was Istanbul erwartet, noch harmlos gewesen sein.«

Beiden Katastrophen, der vergangenen und der künftigen, ist der Umstand gemeinsam, dass fast alle Gebäude, die einfach einstürzen, nach dem Zweiten Weltkrieg erbaut wurden. Die Türkei nahm am Krieg zwar nicht teil, litt aber unter seinen wirtschaftlichen Folgen wie alle anderen Länder. Als sich die Industrie während des europäischen Nachkriegsaufschwungs erholte, wanderten Tausende von Kleinbauern auf der Suche nach Arbeit in die Städte ab. Auf der europäischen wie der asiatischen Seite des Bosporus wuchsen in Istanbul sechs- und siebenstöckige Häuser aus Stahlbeton empor.

»Doch der Beton«, so Mete Sözen, »hat nur ein Zehntel der Qualität, die er beispielsweise in Chicago hat. Haltbarkeit und Qualität des Betons hängen davon ab, wie viel Zement verwendet wird.«

Damals beschränkten sich die Probleme auf wirtschaftliche und versorgungstechnische Schwierigkeiten. Doch mit Istanbuls Bevölkerungswachstum wuchsen auch die Probleme, weil man die Häuser einfach aufstockte, um mehr Menschen unterzubringen. »Die Stabilität eines Gebäudes aus Beton oder Mauerwerk hängt davon ab«, erklärt Sözen, »welche Last der Unterbau zu tragen hat. Je mehr Stockwerke, desto schwerer das Gebäude.« Gefahren entstehen, wenn Wohnetagen auf Häuser gesetzt werden, in deren Erdgeschossen Läden oder Restaurants untergebracht sind. Meist handelt es sich dann nämlich um Gewerberäume mit freitragenden Decken, die im Inneren keine stützenden Säulen oder Wände haben, weil sie ursprünglich nicht mehr als ein Obergeschoss tragen sollten.

Erschwerend kommt hinzu, dass Stockwerke, die später hinzugefügt werden, mit denen der benachbarten Gebäude selten auf einer Höhe liegen, sodass die gemeinsamen Wände ungleichmäßig belastet werden. Schlimmer noch, so Sözen, wenn der obere Teil einer Wand offen gelassen wird, um die Räume zu belüften oder um Material zu sparen. Schwankt das Gebäude während eines Erdbebens, geben in durchbrochenen Wänden die Stützpfeiler unter dem Einfluss der Scherkräfte nach. In der Türkei findet man solche Aussparungen in Hunderten von Schulen. Überall in den Tropen, wo Klimaanlagen unerschwinglich sind – von der Karibik über Lateinamerika bis zu Indien und Indonesien –, dient diese Bauweise dazu, Wärme abzuführen und Durchzug zu schaffen. Auch in kühleren Gegenden findet man solche

Schwachstellen häufig in Gebäuden ohne Klimaanlagen, etwa in Parkhäusern.

Im 21. Jahrhundert, wo mehr als die Hälfte der Menschheit in Großstädten lebt und die meisten Menschen arm sind, wird das Thema Stahlbeton in allen Tonarten durchgespielt: Auf dem gesamten Planeten werden Billigbauten hochgezogen, die in einer Welt ohne Menschen rasch wieder auseinanderfallen werden, besonders dann, wenn die Stadt in der Nähe einer Verwerfungszone liegt. Istanbuls enge, gewundene Straßen würden vom Schutt Tausender eingestürzter Gebäude so hoffnungslos verstopft werden, dass nach Sözens Einschätzung ein Großteil der Stadt dreißig Jahre lang einfach lahmgelegt wäre, bis die Folgen der ungeheuren Zerstörung beseitigt werden könnten.

Vorausgesetzt, es gäbe noch jemand, der die Aufräumarbeit übernehmen könnte. Falls nicht und falls Istanbul eine Stadt bleibt, wo im Winter regelmäßig Schnee fällt, hätten die Frost-Tauwetter-Zyklen mit dem Schutt des Erdbebens reichlich Material, das sie oberhalb von Pflastersteinen und Asphalt zu Sand und Erde recyceln könnten. Jedes Erdbeben löst Brände aus; ohne Feuerwehr werden die weitläufigen osmanischen Holzvillen am Bosporus mit ihrer Asche von längst ausgestorbenen Zedern zur Entstehung neuen Mutterbodens beitragen.

Obwohl die Kuppeln der Moscheen wie die der Hagia Sophia zunächst erhalten bleiben dürften, werden die Erdstöße doch ihr Mauerwerk gelockert haben und die Frost-Tauwetter-Zyklen werden so lange auf den Mörtel einwirken, bis die Ziegel und Natursteine zu fallen beginnen. Schließlich werden wie im 4000 Jahre alten Troja, 280 Kilometer die türkische Küste der Ägäis hinunter, nur noch die dachlosen Tempelwände Istanbuls bleiben – immer noch aufrecht, aber verschüttet.

Sollte Istanbul lange genug existieren und sein U-Bahn-System weiter ausbauen, einschließlich einer Linie unter dem Bosporus hindurch, die Europa und Asien verbände, würde sie vermutlich, da ihre Gleise keine Verwerfungszone durchquerten, noch erhalten – wenn auch vergessen – sein, lange nachdem die Stadt an der Erdoberfläche schon längst der Vergangenheit angehörte. (U-Bahnen allerdings, deren Tunnel geologische Verwerfungen kreuzen, wie etwa San Franciscos BART und New York Citys MTA, dürfte ein ganz anderes Schicksal beschieden sein.) In der türkischen Hauptstadt erweitert sich das Nervenzentrum des U-Bahn-Systems zu einem weitläufigen unterirdischen Einkaufsviertel mit Wandmosaiken, Akustikdecken, elektronischen Reklameflächen und Einkaufspassagen – eine wohlgeordnete Unterwelt im Vergleich zur Kakophonie der Straßen darüber.

Ankaras unterirdische Geschäftswelt; Moskaus Metro mit ihren tiefen Tunneln und von Kronleuchtern erhellten, museumsartigen U-Bahn-Stationen, die zu den elegantesten Orten der Stadt zählen; Montreal, dessen Metro-Stationen in der Innenstadt der »ville souterraine« angeschlossen sind, der »unterirdischen Stadt«, einem System aus insgesamt 30 Kilometern Tunnel, Einkaufspassagen und Restaurants: Alle diese Unterwelten gehören zu den Menschenwerken, welche die beste Aussicht haben, noch weit in zukünftige Epochen hinein zu überdauern. Obwohl Sickerwasser und Einbrüche an der Oberfläche diese unterirdischen Städte irgendwann erreichen werden, dürften die Gebäude, die ständig den Elementen ausgesetzt sind, eher zerfallen als Bauwerke, die jetzt schon unter der Erde liegen.

Die ältesten allerdings werden sie nicht sein. Drei Stunden südlich von Ankara liegt Kappadokien, das »Land der schönen Pferde«, angeblich wegen der Zucht besonders rassiger Pferde in der Perserzeit. Doch das eigentlich Beeindruckende an dieser Region in der Zentraltürkei sind nicht Pferde, sondern etwas, das sich unter ihrer Oberfläche verbirgt.

1963 entdeckte der Londoner Archäologe James Mellaart in der Türkei ein Fresko, das heute als das älteste Landschaftsbild der Welt gilt. Mit seinen acht- oder neuntausend Jahren ist es auch das älteste Kunstwerk, das auf einem von Menschenhand geschaffenen Untergrund entstand: einer glatt verputzten Mauer aus Schlammziegeln. Die Elemente des zweidimensionalen, zweieinhalb Meter langen Wandgemäldes, teils mit Ockerpigmenten in nassen Kalkgips gemalt, scheinen zunächst überhaupt keinen Sinn zu ergeben, doch aus dem Blickwinkel des Ortes, an dem es entdeckt wurde, ist seine Bedeutung unmissverständlich: Betrachtet man die Silhouette des 3200 Meter hohen Hasan Dað, der 65 Kilometer ostwärts liegt – ein lang gezogener, schroffer Berg, der die Hochebene von Konya überragt –, erkennt man in dem Fresko das Bild eines ausbrechenden Vulkans mit dem Doppelkegel des Hasan Dað. Unter der Darstellung des Berges befinden sich rechteckige Gebilde, die in ihrer Gesamtheit das primitive Grundmuster einer Stadt abbilden, die viele Historiker für die erste Großstadt der Erde halten: Çatal Höyük, zweimal so alt wie die ägyptischen Pyramiden und mit rund 10 000 Einwohnern weit größer als das zeitgenössische Jericho.

Alles, was von ihm geblieben war, als Mellaart zu graben begann, war ein flacher Erdhügel, der sich über Weizen- und Gerstefelder erhob. Als Erstes fand er Hunderte von Obsidianspitzen, welche die schwarzen Flecke auf der Darstellung des Vulkans erklären könnten, da der Vulkan Hasan Dað der Ursprung dieses Materials war. Doch aus bislang ungeklärten Gründen ist Çatal Höyük aufgegeben worden. Die Schlammziegelmauern der Behausungen sind in sich zusammengefallen und die Erosion schliff die Rechtecke ihrer Silhouette zu sanften Wellen ab. Weitere neuntausend

Jahre, und auch diese Erhebungen dürften längst eingeebnet sein.

Auf dem gegenüberliegenden Hang von Hasan Daǒ geschah jedoch etwas ganz anderes. Was heute als Kappadokien bezeichnet wird, begann als See. Im Laufe der Jahrmillionen füllten häufige Vulkanausbrüche das Becken mit immer neuen Ascheschichten, die am Ende einige hundert Meter hoch waren. Als der Kessel schließlich abkühlte, erstarrte die Asche zu Tuff, einem Gestein mit bemerkenswerten Eigenschaften.

Ein gewaltiger letzter Ausbruch vor zwei Millionen Jahren stieß einen Lavastrom aus, der 26 000 Quadratkilometer grauen Staubtuff mit einer dünnen Basaltkruste überzog. Während sie sich verhärtete, wurde das Klima rauer. Regen, Wind und Schnee machten sich ans Werk, die Frost-Tauwetter-Zyklen brachen die Basaltdecke auf, sodass Feuchtigkeit einsickern und den Tuff darunter auflösen konnte. Durch die Erosion fiel der Untergrund stellenweise in sich zusammen. So blieben Hunderte von blassen, schlanken Spitztürmen stehen, alle mit einer pilzartigen Kappe von dunklem Basalt bedeckt.

In Reiseführern heißen sie Feentürme, eine einleuchtende Bezeichnung, wenn auch nicht unbedingt die erste, die einem in den Sinn kommt. Trotzdem bleibt die magische Version haften, weil die umgebenden Tuffhügel nicht nur von Wind und Wasser geformt wurden, sondern auch von erfinderischen Menschenhänden. Kappadokiens Städte sind weniger auf als vielmehr in das Land hineingebaut worden.

Das Material ist so weich, dass sich ein entschlossener Gefangener seinen Weg mit einem Löffel aus einem Tuffkerker graben könnte. An der Luft jedoch wird Tuff hart und bildet eine glatte, stuckartige Schale. Um 700 v. Chr. gruben Menschen mit Eisenwerkzeugen Löcher in die Felshänge von Kappadokien; sogar die Märchentürme höhlten sie aus.

Schon bald war jede Felswand mit Löchern durchsiebt – einige groß genug für eine Taube, andere für einen Menschen und wieder andere für ein dreistöckiges Haus.

Die Taubenlöcher – Hunderttausende von bogenförmigen Nischen, die in Felswände und Spitztürme gegraben wurden – sollten aus eben jenem Grund Felsentauben anlocken, aus dem man versucht, ihre Vettern in modernen Städten zu vertreiben: wegen ihrer überreichen Kotproduktion. So begehrt war der Taubenguano, mit dem man hier die Weinberge und die ihrer Süße wegen begehrten Aprikosen düngte, dass an der Außenseite dieser Taubenschläge Verzierungen ausgemeißelt wurden, die ebenso kunstvoll waren wie diejenigen an Kappadokiens späteren Höhlenkirchen. Erst seit in den fünfziger Jahren der Kunstdünger hierher gelangte, legen die Kappodozier keine Taubenschläge mehr an, so wie sie auch keine Kirchen mehr bauen: Bevor die Osmanen die Türkei zum Islam bekehrten, wurden mehr als siebenhundert Kirchen in Kappadokiens Plateaus und Berghänge gehauen.

Heute sind einige der teuersten Immobilien dieser Gegend Luxusbehausungen, die in den Tuff gegraben wurden, mit protzigen Halbreliefs auf den Fassaden, die jeder Villa gut zu Gesicht stehen würden, und mit Gebirgsaussichten, die ihresgleichen suchen. Ehemalige Kirchen sind in Moscheen umgewandelt worden; der abendliche Muezzinruf, der von Kappadokiens eleganten Tuffwänden und Spitztürmen widerhallt, scheint eine Gemeinde von Bergen zum Gebet zu rufen.

Eines fernen Tages werden solche Höhlen von Menschenhand – und sogar die Naturhöhlen aus viel härteren Gesteinsarten als vulkanischem Tuff – abgetragen sein. Doch in Kappadokien werden die Spuren unseres flüchtigen Verweilens auf diesem Planeten länger erhalten bleiben als andernorts, weil sich die Menschen hier nicht nur in den Bergflanken des Plateaus verborgen haben, sondern auch unter der Erdoberfläche. Tief darunter. Sollten sich die Erdpole verlagern, die Gletscherschilde sich eines Tages ihren Weg durch die Zentraltürkei bahnen und alle Bauwerke weghobeln, die sich ihnen in den Weg stellen, so werden sie hier nur an der Oberfläche kratzen.

Niemand weiß, wie viele Untergrundstädte unter Kappadokien liegen. Acht hat man bislang entdeckt, dazu viele kleinere Dörfer, doch zweifellos gibt es noch mehr. Die größte, Derinkuyu, wurde erst 1965 entdeckt, als ein Einheimischer, der ein Hinterzimmer seines Höhlenhauses putzte, durch eine Wand brach und dahinter einen Raum entdeckte, den er noch nie gesehen hatte und der in einen weiteren Raum führte, der in einen weiteren Raum führte … Schließlich fanden Archäologen, die sich auf die Erforschung solcher Höhlen spezialisiert hatten, ein Labyrinth miteinander verbundener Kammern, das mindestens 18 Stockwerke und 85 Meter tief in in die Erde hinabreicht, 30 000 Menschen Platz bietet und erst teilweise ausgegraben ist. Ein Tunnel, der so breit ist, dass drei Menschen nebeneinander in ihm gehen können, stellt die Verbindung zu einer anderen, zehn Kilometer entfernten unterirdischen Stadt her. Weitere Verbindungsgänge legen die Vermutung nahe, dass einmal ganz Kappadokien, ober- und unterhalb des Erdbodens, durch ein unsichtbares Netz verbunden war. Viele Einwohner benutzen diese Gänge heute als Kellerräume.

Wie bei einem Canyon liegen die ältesten Segmente der Oberfläche am nächsten. Einige Forscher vertreten die Ansicht, die ersten Erbauer seien in biblischer Zeit die Hethiter gewesen, die sich unter der Erde einrichteten, um vor marodierenden Phrygern Schutz zu suchen. Murat Ertuğrul Gülyaz, Archäologe am kappadokischen Nevşehir-Museum, ist zwar auch davon überzeugt, dass hier Hethiter lebten, bezweifelt aber, dass sie die Ersten waren.

Gülyaz war an der Ausgrabung von Åhoikli Höyük beteiligt, einem kleinen kappadokischen Hügel, der die Überreste einer noch älteren Siedlung als Çatal Höyük birgt. Unter den Relikten befanden sich 10 000 Jahre alte Steinäxte und Obsidianwerkzeuge, mit denen sich Tuff bearbeiten ließ. »Die Untergrundstädte sind vorgeschichtlich«, sagt er. Das erkläre die grobe Unregelmäßigkeit der oberen Kammern im Vergleich zur exakten rechteckigen Gestaltung der unteren Stockwerke. »Jeder, der später kam, grub tiefer.«

Es war, als könnten sie nicht innehalten: eine erobernde Kultur nach der anderen erkannte die Vorzüge einer verborgenen unterirdischen Welt. Die Untergrundstädte wurden von Fackeln erhellt, häufig auch, wie Gülyaz entdeckte, von Leinöllampen, die zugleich genügend Wärme abgaben, um für angenehme Temperaturen zu sorgen. Vermutlich war die Temperatur überhaupt der ursprüngliche Anlass, diese Höhlen zu graben – man suchte Schutz vor der Winterkälte. Doch die einander ablösenden Wellen von Hethitern, Assyrern, Römern, Persern, Byzantinern, Seldschuken und Christen, die diese Höhlen entdeckten, erweiterten und vertieften sie vor allem aus einem Grund: der Verteidigung wegen. Die letzten beiden Gruppen bauten die beiden ursprünglich angelegten Kammern sogar weit genug aus, um unterirdische Ställe für ihre Pferde zu schaffen.

Der Geruch des Tuffs, der Kappadokien durchzieht – kühl, lehmig, mit einer Spur Menthol – nimmt unter der Erde zu. Das Material ist so leicht formbar, dass sich überall Nischen aushöhlen ließen, wo Lampenlicht erforderlich war, andererseits aber auch so fest, dass die Türkei 1990 für den Fall, dass sich der Golfkrieg ausweitete, in Erwägung zog, diese unterirdischen Städte als Bunker zu verwenden.

In der unterirdischen Stadt Derinkuyu befanden sich direkt unter den Ställen Verschläge für das Viehfutter. Darunter lag eine Gemeinschaftsküche. Die Tonöfen standen unter Löchern in der drei Meter hohen Decke, die den Rauch über Abzugskanäle im Fels zu zwei Kilometer weit entfernten Kaminen fortleiteten, sodass Feinde nicht erkennen konnten, woher er kam. Aus dem gleichen Grund waren auch die Belüftungsschächte schräg angelegt.

Weitläufige Vorratsräume und unzählige Tontöpfe und -krüge lassen darauf schließen, dass Tausende von Menschen Monate hier unten verbrachten, ohne die Sonne zu erblicken. Über senkrechte Kommunikationsschächte konnte man mit Bewohnern auf allen Ebenen sprechen. Das Wasser lieferten unterirdische Quellen, unterirdische Entwässerungskanäle verhinderten Überflutungen. Ein Teil des Wassers wurde über Röhren im Tuff zu unterirdischen Brauereien und Weinkellereien geleitet, die mit Gärkesseln aus Tuff und Mahlwerken aus Basalt versehen waren.

Vermutlich waren diese alkoholischen Getränke erforderlich, um die Beklemmung zu lindern, die beim Klettern auf dem Weg zwischen verschiedenen Ebenen über Stiegen entstand, die absichtlich so niedrig, eng und gewunden angelegt waren, dass Eindringlinge nur langsam, gebeugt und im Gänsemarsch vorankommen konnten. Da sie nur einzeln aus diesen Treppengängen hervortreten konnten, konnten sie leicht niedergemacht werden – wenn sie überhaupt so weit kamen. Treppen und Rampen führten alle zehn Meter auf Absätze mit steinzeitlichen Schiebetüren – vom Boden bis zur Decke reichende, eine halbe Tonne schwere Steinräder –, die hinausgerollt werden konnten, um einen Gang zu versperren. Zwischen zwei solchen Rädern gefangen, mussten Eindringlinge schon bald erkennen, dass die Löcher über ihrem Kopf keine Luftschächte waren, sondern Rohre, aus denen man ihnen heißes Öl auf die Köpfe goss.

Weitere drei Stockwerke unterhalb dieser Festung befindet sich ein Raum mit gewölbter Decke und Bänken, die einem Pult gegenüberstehen: eine Schule. Weiter unten folgen mehrere Ebenen mit Wohnräumen, durch unterirdische Straßen verbunden, die sich über mehrere Quadratkilometer verzweigen und kreuzen. Doppelgrotten waren für Erwachsene mit Kindern bestimmt. Sogar Spielzimmer gibt es – mit stockdunklen Tunneln, deren vielfache Windungen zum Ausgangspunkt zurückführen.

Immer weiter geht es hinab: Auf der achten Sohle findet man in Derinkuyu zwei große, hohe Räume, die in Kreuzform angeordnet sind. Obwohl sich infolge der ständigen Feuchtigkeit keine Fresken oder Gemälde gehalten haben, dürfte es sich um eine Kirche handeln, in der sich Christen, die aus Antiochia und Palästina emigriert waren, vor arabischen Eroberern versteckt haben.

Darunter liegt ein winziger, würfelförmiger Raum, ein vorübergehendes Grab, in dem die Toten aufbewahrt wurden, bis die Gefahr vorüber war. Egal in welcher Hand und unter dem Einfluss welcher Kultur sich Derinkuyu und die anderen Untergrundstädte auch befanden, ihre Einwohner kehrten stets an die Oberfläche zurück, um ihre Angehörigen in dem Boden zu bestatten, auf dem sie bei Sonne und Regen ihre Nahrung anbauten.

Eines Tages, wenn wir schon lange verschwunden sind, werden diese unterirdischen Städte die Erinnerung an die Menschheit bewahren und ein letztes, wenn auch verborgenes Zeugnis davon ablegen, dass es uns einmal gab.

9 Von der Unvergänglichkeit der Polymere

Die Hafenstadt Plymouth im Südwesten Englands zählt heute nicht mehr zu den malerischen Städten der Britischen Inseln, obwohl sie vor dem Zweiten Weltkrieg durchaus dazugehörte. Während des »Plymouth Blitz« – sechs Nächten im März und April 1941 – zerstörten die Bomben Nazi-Deutschlands 75 000 Gebäude. Beim Wiederaufbau des Stadtzentrums wurden Plymouths verwinkelte Gassen aus Kopfsteinpflaster unter einem begradigten Straßennetz aus Beton begraben, sodass keine Erinnerung an die mittelalterliche Vergangenheit der Stadt geblieben ist.

Doch der bedeutsamste Teil der Geschichte Plymouths ereignete sich ohnehin am Stadtrand, in dem Naturhafen, den zwei Flüsse – Plym und Tamar – durch ihren Zusammenfluss dort bilden, wo sie in Ärmelkanal und Atlantik münden. Das ist das Plymouth, von wo aus die Pilgerväter aufbrachen; ihre Kolonie in der Neuen Welt benannten sie zu Ehren dieser Stadt. Hier begannen alle drei Pazifikexpeditionen von James Cook ebenso wie Sir Francis Drakes Weltumseglung. Von Plymouth Harbour stach am 27. Dezember 1831 auch die *Beagle* in See, mit dem 22-jährigen Charles Darwin an Bord.

In diesem geschichtsträchtigen Randbezirk der Stadt Plymouth ist der Meeresbiologe Richard Thompson häufig anzutreffen. Besonders im Winter, wenn die Strände am Sund leer sind, hält er sich viel hier auf – ein hochgewachsener Mann in Jeans, Gummistiefeln, blauer Windjacke und Fleecepullover, trotz kahlen Kopfes barhäuptig –, um mit bloßen Fingern den Sand zu untersuchen. Promoviert hat Thompson über die bevorzugte Nahrung von Weichtieren wie Nackt- und Strandschnecken: Kieselalgen, Zyanobakterien, Algen und winzige Pflanzen, die sich an Tang festsetzen. Einen Namen aber hat er sich weniger mit den Lebewesen im Meer gemacht als mit der wachsenden Zahl von Dingen im Meer, die nie lebendig waren.

Schon als Studienanfänger in den achtziger Jahren begann er mit dem Projekt, das später zu seiner Lebensaufgabe werden sollte; damals organisierte er an Herbstwochenenden die Liverpooler Aktionen der landesweiten Strandsäuberungen. Im letzten Jahr sammelte er mit 170 Helfern den Müll tonnenweise auf einer Küstenstrecke von 140 Kilometern ein. Abgesehen von Gegenständen, die offenbar über Bord geworfen worden waren, etwa griechische Salzpackungen oder italienische Ölflaschen, war an den Etiketten zu erkennen, dass die meisten Abfälle von der Ostküste Irlands stammten. An Schwedens Küsten wiederum landete das Strandgut aus England. Jede Verpackung, die genügend Luft enthält, um aus dem Wasser herauszuragen, scheint den Winden zu gehorchen, die in diesen Breiten östlich wehen.

Kleinere Objekte mit geringeren Angriffsflächen unterliegen offenbar dem Einfluss der Meeresströmungen. Bei der Zusammenstellung der Jahresberichte bemerkte Thompson unter den üblichen Flaschen und Autoreifen Jahr für Jahr eine kontinuierliche Zunahme kleinerer Müllteilchen. Zusammen mit einem anderen Studenten nahm er an ausgewählten Strandabschnitten Sandproben. Sie siebten die kleinsten Partikel aus, die ihnen unnatürlich erschienen, und versuchten sie unter einem Mikroskop zu bestimmen. Das erwies sich als schwierig: Ihre Untersuchungsobjekte waren meist zu klein, als dass man auf die Flaschen, Spielzeuge oder Haushaltsgeräte hätte schließen können, von denen sie stammten.

Während seines Promotionsstudiums in Newcastle wirkte Thompson auch weiterhin an den jährlichen Strandsäuberungen mit. Als er promoviert hatte und seine Lehrtätigkeit in Plymouth aufnahm, erwarb sein Fachbereich ein Fourier-Transform-Infrarot-Spektrometer, ein Gerät, das einen Mikrostrahl durch eine Substanz schickt, um anschließend deren Absorptionsspektrum mit einer Datenbank von bekannten Materialien zu vergleichen. Jetzt konnte er erkennen, was er betrachtete, woraufhin sich seine Sorge noch verstärkte.

»Können Sie sich vorstellen, was das ist?« Thompson führt seinen Besucher unweit der Mündung am Ufer des Plym entlang. Wenige Stunden vor Aufgang des Vollmonds ist das Wasser fast zweihundert Meter vom Ufer zurückgewichen und legt ein sandiges Watt frei, das mit Blasentang und Herzmuscheln übersät ist. Eine Brise streicht über die Pfützen im Watt und lässt das Spiegelbild der Häuser auf dem Hügelhang erzittern. Thompson beugt sich über den Spülsaum von Abfällen, die die ausrollenden Wellen vor sich hergeschoben haben, und sucht nach Identifizierbarem: Stücke eines Nylonseils, Spritzen, deckellose Kunststoffschachteln für Nahrungsmittel, ein halbes Rettungsfloß, zerbröckelte Überreste einer Polystyrolverpackung und ein buntes Durcheinander von Flaschenkappen. Am häufigsten sind die bunten Plastikstiele von Wattestäbchen. Aber da gibt es auch die seltsamen kleinen Einheitsformen, nach denen er seine Besucher stets fragt. Zwischen Zweigen und Tang befinden sich in der Handvoll Sand, die er als Probe genommen hat, zwei Dutzend blaue und grüne Plastikzylinder, ungefähr zwei Millimeter groß.

»Sie heißen Pellets. Bei der Herstellung von Kunststoffobjekten dienen sie als Rohmaterial. Man schmilzt sie ein, um alle möglichen Dinge herzustellen.« Er geht ein paar

Schritte weiter, dann nimmt er wieder eine Handvoll Sand auf. Er enthält weitere solcher Kunststoffteilchen: blassblaue, grüne, rote und gelbbraune. Jede Handvoll, so schätzt er, enthält rund 20 Prozent Kunststoff, und in jeder sind mindestens 30 Pellets.

»Heute finden Sie diese Dinger praktisch an jedem Strand. Anscheinend kommen sie aus irgendeiner Fabrik.«

Doch es gibt nirgendwo in der Nähe eine Kunststofffabrik. Die Pellets sind von irgendeiner Strömung über große Entfernungen hierhergetragen und angespült worden – von Wind und Gezeiten gesammelt und abgeschliffen.

In Thompsons Labor an der University of Plymouth packt der Doktorand Mark Browne Sandproben aus, die von einem internationalen Netzwerk von Forschern in durchsichtigen Plastiktüten geliefert werden. Er schüttet diese Proben in einen Scheidetrichter mit einer konzentrierten Meersalzlösung, um die Kunststoffteilchen aufschwimmen zu lassen. Einige, die er zu erkennen glaubt, filtert er aus – etwa Stücke der allgegenwärtigen bunten Stiele von Wattestäbchen –, um sie unter dem Mikroskop zu untersuchen. Alles, was wirklich ungewöhnlich ist, kommt unter das FTIR-Spektrometer.

Alles zu identifizieren dauert mehr als eine Stunde. Bei einem Drittel handelt es sich um Naturfasern wie Seetang, bei einem weiteren Drittel um Kunststoff und bei einem letzten Drittel um unbekannte Dinge – mit anderen Worten, um Dinge, für die es in der Polymer-Datenbank des Labors keine Entsprechungen gibt oder die so lange im Wasser waren, dass die Farbe abgebaut wurde, oder die zu klein für ihr Gerät sind: Es analysiert nur Objekte bis zu einer Größe von zwanzig Mikrometer – etwas dünner als ein menschliches Haar.

»Das heißt, wir unterschätzen die Menge an Kunststoff, den wir finden. Tatsache ist, dass wir einfach nicht wissen, wie viel sich da draußen herumtreibt.«

Allerdings weiß er, dass es sehr viel mehr ist als je zuvor. Anfang des 20. Jahrhunderts entwickelte der Plymouther Meeresbiologe Alistair Hardy einen Apparat, den ein Forschungsschiff in der Antarktis an einem Seil zehn Meter unter der Wasseroberfläche hinter sich herschleppen konnte, um Proben des Krills zu nehmen – jener ameisengroßen, krebsartigen Tiere, auf den sich ein Großteil der Nahrungskette dieser Erde gründet. In den dreißiger Jahren änderte Hardy sein Gerät so ab, dass es noch kleineres Plankton messen konnte. Mit Hilfe eines Flügelrads wurde ein Seidenband abgerollt, ähnlich den Handtuchautomaten in öffentlichen Toiletten. Wenn die Seide über eine Öffnung gezogen wurde, filterte sie aus dem hindurchströmenden Wasser das Plankton heraus. Jede Rolle Seide konnte Proben über eine Strecke von 500 Seemeilen nehmen. Hardy bewog englische Reedereien, die ihre Schiffe auf den Handelsrouten im Nordatlantik fahren ließen, seinen »Continuous Plankton Recorder« mehrere Jahrzehnte hinter sich herzuschleppen. Auf diese Weise legte er eine Datenbasis an, die so wertvoll für die Meeresforschung war, dass er schließlich geadelt wurde.

Er nahm so viele Proben in den Gewässern rund um die Britischen Inseln, dass nur jede zweite untersucht wurde. Jahrzehnte später wurde Richard Thompson klar, dass die Proben in einem klimatisierten Plymouther Lagerhaus eine Zeitkapsel, ein Protokoll der wachsenden Wasserverschmutzung darstellten. Zwei Routen vor der nordschottischen Küste wählte er aus, auf denen Hardy regelmäßig Proben hatte entnehmen lassen: die eine nach Island, die andere zu den Shetland-Inseln. Sein Team beugte sich über Seidenrollen, die nach chemischen Konservierungsmitteln stanken, und hielt nach altem Kunststoff Ausschau. Es gab keinen Grund, die Jahre vor dem Zweiten Weltkrieg zu untersuchen, weil es bis dahin kaum Kunststoffe gegeben hatte, ausgenommen das Bakelit, das für Telefone und Radios verwendet wurde, Geräte, die so haltbar waren, dass sie noch nicht in die Abfallkette gelangt waren. Wegwerfverpackungen aus Plastik waren noch nicht erfunden worden.

Doch mit Beginn der sechziger Jahre stießen die Forscher auf eine wachsende Zahl von Teilchen aus immer vielfältigeren Kunststoffarten. In den neunziger Jahren enthielten die Proben dreimal so viel Acryl, Polyester und andere synthetische Polymere wie die Proben dreißig Jahre zuvor. Besonders verwirrend war, dass Hardys Planktonkollektor diese Kunststoffpartikel zehn Meter unter der Wasseroberfläche, also als Schwebstoffe, eingesammelt hatte. Da Kunststoff in der Regel schwimmt, folgte daraus, dass die Wissenschaftler nur einen Bruchteil des tatsächlich im Wasser vorhandenen Kunststoffs sahen. Im Übrigen nahm die Kunststoffmenge im Meer nicht nur zu, es tauchten auch immer kleinere Stückchen auf – klein genug, um mit den weltweiten Meeresströmungen zu wandern.

Thompsons Forschungsgruppe erkannte, dass die langsame mechanische Wirkung – Wellen und Gezeiten, die gegen die Küsten schlagen und Steine in Strände verwandeln – in gleicher Weise mit den Kunststoffen verfuhr. Die größten, auffälligsten Objekte, die in der Brandung tanzten, wurden allmählich zerrieben. Gleichzeitig gab es kein Anzeichen dafür, dass einer der Kunststoffe biologisch abgebaut wurde, selbst wenn er mechanisch in winzigste Bruchstücke zerlegt wurde.

»Wir dachten, er würde immer kleiner und kleiner zermahlen, zu einer Art von Pulver. Und wir erkannten, dass kleiner und kleiner zu großen und größten Problemen führen kann.«

Selbstverständlich kannte er die scheußlichen Geschichten von Seeottern, die an den Polyethylenringen von Sixpacks erstickt waren, von Schwänen und Möwen, die sich in Netzen und Angelleinen stranguliert hatten, von der toten Suppenschildkröte auf Hawaii, in deren Verdauungstrakt man einen Taschenkamm, dreißig Zentimeter Nylonseil und das Rad eines Spielzeuglastwagens gefunden hatte. Sein schlimmstes persönliches Erlebnis war eine Studie an Sturmvogelkadavern, die an die Küsten der Nordsee angespült worden waren. 95 Prozent der toten Vögel hatten Kunststoffobjekte in ihren Mägen, im Schnitt 44 Stück pro Vogel. Eine solche Menge, auf den Menschen hochgerechnet, wöge mehr als zwei Kilogramm.

Es ließ sich nicht feststellen, ob die Kunststoffobjekte für ihren Tod verantwortlich waren, obwohl mit Sicherheit davon auszugehen war, dass Teile unverdaulichen Kunststoffs vielfach Darmverschlüsse herbeigeführt hatten. Thompson schloss daraus, dass bei dem Zerfall größerer Plastikteile in kleinere Stücke diese wahrscheinlich von kleineren Organismen gefressen würden. Er entwarf ein Aquariumexperiment mit Wattwürmern, die sich von organischen Sedimenten ernähren, mit Entenmuscheln, die im Wasser schwebende organische Substanzen ausfiltern, und Sandflöhen, die von Strandabfällen leben. In dem Experiment bot man den Versuchsorganismen Kunststoffteilchen und -fasern in »mundgerechten« Häppchen dar. Alle verzehrten sie sie augenblicklich.

Wenn die Teilchen in ihren Därmen stecken blieben, erwies sich die Verstopfung als tödlich. Waren die Objekte klein genug, wanderten sie durch den Verdauungstrakt der Wirbellosen und tauchten scheinbar harmlos am anderen Ende wieder auf. Folgte daraus, dass Kunststoffe dank ihrer chemischen Stabilität ungiftig sind? Wann beginnt ihr natürlicher Abbau – und setzen sie dann gefährliche chemische Stoffe frei, die möglicherweise Organismen in ferner Zukunft gefährden?

Richard Thompson wusste es nicht. Niemand wusste es, denn es gab die Kunststoffe einfach noch nicht so lange, dass man entscheiden konnte, wie lange sie bestehen bleiben oder was mit ihnen geschehen würde. Sein Team hatte im

Meer bislang neun verschiedene Arten identifiziert – Spielarten von Acryl, Nylon, Polyester, Polyethylen, Polypropylen und Polyvinylchlorid. Er wusste nur eines – schon bald würden alle Lebewesen sie fressen.

»Wenn sie so fein wie Pulver werden, kann selbst Zooplankton sie verschlucken.«

Zwei Verursacher solcher winziger Kunststoffteilchen hatte Thompson schon vorher entdeckt. Plastiktüten verstopfen alles, egal ob es sich um Abflussrohre oder Speiseröhren von Meeresschildkröten handelt, die sie mit Quallen verwechseln. In wachsender Zahl werden angeblich biologisch abbaubare Kunststoffe angeboten. Thompsons Forschungsgruppe hat sie getestet. Die meisten erwiesen sich lediglich als eine Mischung aus Zellulose und einfachen Polymeren. Nach Abbau der Zellulosemoleküle blieben Tausende von transparenten, fast unsichtbaren Kunststoffteilchen übrig.

Einige Hersteller von Plastiktüten werben damit, dass ihre Erzeugnisse in Komposthaufen abgebaut werden, wenn die durch den Zerfall organischen Abfalls erzeugte Wärme 38 Grad Celsius übersteigt. »Mag sein, aber das gilt nicht für den Strand oder Salzwasser.« Das weiß Thompson, seit er Kunststofftragetaschen an Pollern in Plymouth Harbour befestigt hat. »Nach einem Jahr hätte man noch immer seine Einkäufe in ihnen davontragen können.«

Noch entmutigender ist eine Entdeckung seines Doktoranden Mark Browne. Browne öffnet die oberste Schublade eines Laborschranks. Darin befindet sich eine Fülle von Kosmetika: Bodylotions, Peelings, Handreiniger und Zahnpasten. Einige sind regionale Marken, andere international vertriebene Produkte, einige gibt es in den Vereinigten Staaten, andere nur in Großbritannien. Eines aber haben sie alle gemeinsam.

»Exfolianten: kleine Körnchen, die beim Baden die Haut massieren.« Er sucht eine pfirsichfarbene Tube Peelingcreme heraus; auf dem Etikett steht zu lesen, dass es sich um hundertprozentig natürliche Exfolianten handelt. »Das Zeug ist okay. Die Körnchen sind zermahlene Jojobasamen und Walnussschalen.« Andere Hersteller von Naturprodukten verwenden Weinbeerenkerne, Aprikosenschalen, Hagelzucker oder Meersalz. »Alle anderen«, sagt er mit einer umfassenden Handbewegung, »sind zu Plastik übergegangen.«

Bei ihnen allen finden sich unter den aufgelisteten Bestandteilen Eintragungen wie »mikroskopisch feine Polyethylenkörnchen«, »Polyethylenmikrokügelchen«, »Polyethylenperlen« oder einfach »Polyethylen«.

»Ist das zu glauben? Sie verkaufen Plastik, das direkt ins Abwasser gehen soll, in die Flüsse und von dort ins Meer. Mundgerechte Bissen für die winzigen Lebewesen im Meer.«

Kunststoffteilchen werden auch zunehmend verwendet, um alte Farbe von Booten und Flugzeugen zu schleifen. Thompson schaudert. »Man fragt sich doch, wo die mit Farbrückständen belasteten Plastikperlen entsorgt werden. Es dürfte schwierig sein, sie an einem windigen Tag unter Kontrolle zu halten. Doch selbst wenn das gelingt, es gibt in Kläranlagen keine Filter für so feine Stoffe. So landen sie unausweichlich in der Umwelt.«

Durch Brownes Mikroskop betrachtet er eine Probe aus Finnland. Eine vereinzelte grüne Faser, vermutlich von einer Pflanze, liegt quer über drei hellblauen Fäden, die wahrscheinlich nichtpflanzlichen Ursprungs sind. »Sehen Sie es einmal so: Stellen Sie sich vor, alle menschlichen Aktivitäten kämen morgen zum Stillstand und es gäbe plötzlich niemanden mehr, der noch Kunststoff herstellte. Allein die Menge dessen, was gegenwärtig vorhanden ist, und die Art und Weise, wie die Fragmentierung voranschreitet, würden dafür sorgen, dass die Organismen endlos mit ihnen zu schaffen hätten. Jahrtausende möglicherweise. Oder länger.«

In gewissem Sinne gibt es Kunststoff schon seit Jahrmillionen. Kunststoffe sind Polymere: einfache Molekülstrukturen aus Kohlenstoff- und Wasserstoffatomen, die sich zu Ketten zusammenschließen. Schon vor dem Karbon, vor über 350 Millionen Jahren, woben Spinnen ihre Netze aus Polymerfasern, später entwickelten sich Bäume und begannen Zellulose und Lignin zu produzieren, auch natürliche Polymere. Baumwolle und Gummi gehören ebenfalls zu den Polymeren. Sogar wir selbst stellen sie in Form des Kollagens her, das unter anderem in unseren Fingernägeln enthalten ist.

Ein anderes natürliches und formbares Polymer, das unserem Begriff von Kunststoff sehr nahekommt, ist das Sekret der asiatischen Lackschildlaus, ein Stoff, den wir als Schellack kennen. Es war die Suche nach einem synthetischen Schellackersatz, die den Chemiker Leo Baekeland eines Tages veranlasste, in seiner Garage in Yonkers, New York, Karbolsäure – Phenol – mit Formaldehyd zu mischen. Bis dahin war Schellack die einzige Ummantelung für elektrische Kabel und Verbindungen gewesen. Das gut formbare Resultat dieses Garagenexperiments war das Bakelit. Baekeland wurde wohlhabend und die Welt nie wieder das, was sie einmal war.

Schon bald begannen die Chemiker, die langen Kohlenwasserstoffketten des Rohöls in kürzere aufzuspalten und die neu entstandenen Stoffe zu mischen, um zu sehen, wie sich Baekelands erster Kunststoff modifizieren ließ. Die Zugabe von Chlor ergab ein robustes, festes Polymer, das keinem natürlichen Stoff ähnelte. Heute heißt es PVC. Wenn man ein anderes Polymer während seines Entstehungsprozesses mit Gas aufschäumt, bilden sich feste, miteinander verbundene Blasen. Diesen Schaumstoff bezeichnet man als Polystyrol, besser bekannt unter seinem Markennamen Styropor. Das nachhaltige Verlangen nach künstlicher Seide führte schließlich zur Entwicklung des Nylons. Die Nylonstrümpfe bewirkten eine Revolution der Textilindustrie und sorgten dafür, dass Kunststoffe allgemein als eine Bereicherung des modernen Lebens empfunden wurden. Im Zweiten Weltkrieg wurden Nylon und andere Kunststoffe zu kriegswichtigem Material erklärt, was zu einer entprechenden Verknappung führte und gleichzeitig das Verlangen der Menschen nach diesen Stoffen noch steigerte.

Nach 1945 überschwemmte eine Flut von Produkten, welche die Welt noch nie gesehen hatte, die Konsumgütermärkte: Textilien aus Acryl, Plexiglas, Polyethylenflaschen, Polypropylenbehälter und Spielzeuge aus Polyurethan, »Schaumgummi«. Die größte Veränderung überhaupt aber brachte das durchsichtige Verpackungsmaterial, einschließlich der selbsthaftenden Folien aus Polyvinylchlorid und Polyethylen, die unsere Nahrungsmittel länger frisch halten, als es jemals zuvor möglich war.

Binnen zehn Jahren zeigten sich die Schattenseiten dieser Wundersubstanz. Das *Life Magazine* prägte den Begriff der »Wegwerfgesellschaft«, obwohl der Gedanke, Müll wegzuwerfen, kaum neu war. Seit Urzeiten verfuhren die Menschen so mit den übrig gebliebenen Knochen ihrer Fleischmahlzeiten und der Spreu ihrer Ernten – Reste, deren sich dann andere Organismen annahmen. Als künstlich hergestellte Dinge in den Abfallkreislauf gelangten, hielt man sie zunächst für weniger unangenehm als die stark riechenden organischen Abfälle. Der Schutt von Ziegeln und Tongefäßen wurde als Füllmaterial für die Bauwerke kommender Generationen verwendet. Ausgemusterte Kleidungsstücke wurden von Lumpensammlern weiterverkauft oder zu neuen Geweben recycelt. Defekte Maschinen, die auf Schrottplätzen landeten, konnten ausgeschlachtet oder auf wunderbare Weise in neue Erfindungen verwandelt werden. Metallteile jeder Größe ließen sich einfach einschmelzen und zur Herstellung ganz anderer Dinge verwenden. Die Ausgangsmaterialien für den Zweiten Weltkrieg fanden sich – zumindest soweit es den See- und Luftkrieg der USA gegen Japan betraf – buchstäblich auf amerikanischen Schrotthaufen.

Der Archäologe William Rathje von der Stanford University, der seine beruflichen Erfolge der Untersuchung amerikanischen Mülls verdankt, ist fortwährend damit beschäftigt, den Verantwortlichen für Abfallbeseitigung und der breiten Öffentlichkeit eine Ansicht auszureden, die er für einen Irrglauben hält: dass die Kunststoffe für das Überquellen der Deponien überall im Lande verantwortlich seien. Rathjes Jahrzehnte währendes Müllprojekt, in dessen Verlauf Studenten wochenlang den in Wohngebieten anfallenden Hausmüll wogen und auswerteten, führte in den achtziger Jahren zu der Erkenntnis, dass Kunststoffe im Gegensatz zur landläufigen Meinung am Volumen gemessen weniger als 20 Prozent des vergrabenen Müllvolumens ausmachen, zum Teil weil sie sich dichter zusammenpressen lassen als andere Abfälle. Obwohl inzwischen prozentual mehr Kunststoffartikel hergestellt werden, erwartet Rathje nicht, dass sich die Verhältnisse verändern, weil sich bessere Produktionstechniken mit weniger Kunststoff pro Plastikflasche oder Wegwerfpackung begnügen.

Die Mehrzahl dessen, was auf Deponien landet, sind laut Rathje Bauschutt und Papiererzeugnisse. Zeitungen, so behauptet er und widerlegt damit einen weiteren öffentlichen Mythos, werden nicht auf biologischem Wege abgebaut, wenn sie unter Luft- und Wasserabschluss begraben liegen. »Deshalb haben wir auch noch die 3000 Jahre alten Papyrusrollen der Ägypter. Aus Mülldeponien der dreißiger Jahre holen wir heute noch absolut lesbare Zeitungen hervor. Die bleiben da unten noch 10 000 Jahre erhalten.«

Allerdings verkörpern seiner Ansicht nach gerade Kunststoffe die Schuldgefühle, die wir haben, weil wir die Umwelt mit unserem Müll belasten. Irgendwie hat Kunststoff etwas beklemmend Dauerhaftes, im Gegensatz etwa zu einer Zeitung auf der Straße, der wir beim Zerfall zusehen können:

Sie wird vom Wind zerfetzt, im Sonnenlicht brüchig und löst sich im Regen auf.

Was mit Kunststoff geschieht, zeigt sich jedoch am deutlichsten dort, wo es keine Müllabfuhr gibt. Seit 1000 Jahren wird das Gebiet des heutigen Hopi-Reservats in Nordarizona ständig von Menschen bewohnt – länger als irgendein anderes Gebiet in den Vereinigten Staaten. Die wichtigsten Hopi-Dörfer liegen auf drei Tafelbergen, von denen aus man einen Rundblick auf die umgebende Wüste hat. Seit Jahrhunderten warfen die Hopi-Indianer ihren Abfall, der aus Nahrungsresten und Tonscherben bestand, einfach in die Tiefe. Kojoten und Geier kümmerten sich um die Küchenabfälle, und die Tonscherben vermischten sich wieder mit dem Boden, aus dem sie kamen.

Das klappte hervorragend bis zur Mitte des 20. Jahrhunderts. Dann verschwand der Müll, der über den Plateaurand geworfen wurde, plötzlich nicht mehr. Unübersehbar waren die Hopi jetzt von einem wachsenden Haufen einer neuen, naturresistenten Abfallart umgeben. Verschwinden konnte sie nur, wenn ein Wind sie in die Wüste hinauswehte. Aber auch dort war sie noch vorhanden und hing in Salbei- und Mesquitesträuchern oder aufgespießt auf Kaktusstacheln.

Südlich der Hopi-Mesas erhebt sich der fast 4000 Meter hohe Gebirgszug der San Francisco Peaks, wo unter Espen und Douglasien die Hopi- und Navajo-Götter zu Hause sind: heilige Berge, die sich jeden Winter in reinigendes Weiß hüllten – nur in den letzten Jahren nicht mehr, weil Schnee hier nur noch selten fällt. Östlich der San Francisco Peaks liegen die noch höheren Rockies; westlich von ihnen befinden sich die Sierra Madres, deren vulkanische Gipfel noch höher aufragen. Unvorstellbar, dass alle diese gewaltigen Berge eines Tages ins Meer gewaschen werden – Gesteinsblöcke, Felsnasen, Bergsättel, Gipfel, Canyonwände, alles. Jede massive Auffaltung wird zu Staub werden, mit ihren Mineralien zum

Salzgehalt der Ozeane beitragen und mit der Vielfalt der Nährstoffe in ihren Böden eine neue Entwicklungsphase marinen Lebens einleiten, während die letzte unter ihren Sedimenten verschwindet.

Doch lange vor diesen Ablagerungen wird ein Stoff, der viel leichter ist und müheloser seewärts transportiert werden kann als Gestein oder auch Schlammteilchen, diesen Weg antreten.

Das erfuhr auch Skipper Charles Moore aus Long Beach in Kalifornien eines schönen Tages im Jahr 1997, als er von Honolulu kommend mit seinem aluminiumverplankten Katamaran einen Teil des Westpazifiks ansteuerte, den er bislang immer gemieden hatte. Dieses Seegebiet zwischen Hawaii und Kalifornien, gelegentlich als Rossbreiten bezeichnet, ist etwa so groß wie Texas und wird von Seglern selten befahren, weil es ständig unter dem Einfluss eines langsam zirkulierenden Hochdruckwirbels warmer Äquatorluft liegt, der kaum einmal ein leises Lüftchen aufkommen lässt. Das Wasser in diesen Breiten kreist träge im Uhrzeigersinn und weist in der Mitte eine Flaute auf.

Die korrekte Bezeichnung lautet Subtropischer Nordpazifik-Wirbel, obwohl Moore bald erfuhr, dass Ozeanografen eine andere Bezeichnung für ihn haben: großer pazifischer Müllstrudel. Charles Moore war auf eine ozeanische Deponie geraten, auf der praktisch alles landet, was von der Hälfte der Pazifik-Anrainerstaaten ins Wasser gelangt und sich, von der langsamen spiralförmigen Strömung getragen, dieser grausigen Ansammlung industrieller Ausscheidungen hinzugesellt. Eine Woche brauchten Moore und seine Besatzung, um ein Seegebiet von den Ausmaßen eines kleinen Kontinents zu durchqueren, das mit schwimmendem Abfall bedeckt war. Ihr Boot war wie ein Schiff, das sich durch die Eisschollen der Arktis pflügt, nur dass es sich bei den Dingen, die hier auf den Wellen dümpelten, um Becher, Flaschenverschlüsse, verknäulte Fischernetze und Angelschnüre, Bruchstücke von Polystyrolverpackungen, Sixpackringe, benutzte Kondome, Frischhaltefolie und unzählige Plastiktüten handelte.

Nur zwei Jahre zuvor hatte Moore die Geschäfte seiner Möbelfirma abgegeben. Der langjährige Surfer, auf dessen Kopf sich noch kein graues Haar zeigt, hatte sich das Boot selbst gebaut und sich auf einen abwechslungsreichen, aktiven Ruhestand eingerichtet. Der stolze Besitzer eines Schiffsführerscheins der amerikanischen Küstenwache und selbst Sohn eines leidenschaftlichen Seglers gründete eine Umweltgruppe, die sich speziell um die Belange des Meeres kümmerte. Nach der unheimlichen Begegnung mit dem großen Müllstrudel mitten auf dem Pazifik entwickelte sich seine Gruppe sprunghaft zur Algalita Marine Research Foundation, die sich ganz dem Kampf gegen das Treibgut eines halben Jahrhunderts verschrieben hat, das zu neunzig Prozent aus Kunststoff besteht.

Besonders verblüfft war Charles Moore, als er erfuhr, woher der Müll kam. 1975 hatte die National Academy of Sciences der Vereinigten Staaten geschätzt, dass auf allen seegehenden Schiffen insgesamt jährlich mehr als dreieinhalb Millionen Kilogramm Kunststoff über Bord geworfen werden. Jüngere Untersuchungen zeigen, dass die Welthandelsflotte allein täglich rund 639 000 Plastikbehälter auf diesem schändlichen Wege entsorgt. Doch der Müll aller Handels- und Kriegsschiffe ist nur ein winziger Bruchteil dessen, was von den Küsten stammt.

Der wahre Grund, warum die Deponien nicht von Kunststoff überquellen, liegt, wie er herausfand, darin, dass die meisten Plastikobjekte auf dem riesigen ozeanischen Müllplatz landen. Nachdem er einige Jahre lang Proben im Subtropischen Nordpazifik-Wirbel entnommen hatte, gelangte Moore zu dem Schluss, dass achtzig Prozent des Treibguts auf dem Festland fortgeworfen wurden. Der Wind hatte es von Müllwagen oder Deponien geweht, es war auf dem

Bahntransport von Containern gefallen, in Abwasserkanäle gespült worden oder war Flüsse hinabgeschwommen – stets aber hatte es seinen Weg zu diesem stetig wachsenden Müllstrudel gefunden.

»Hier«, so Skipper Moore, »landen alle Dinge, die von den Flüssen ins Meer getragen werden.« Es ist das Gleiche, was Geologen ihren Studenten seit den Anfängen ihrer Disziplin erzählen, wenn sie die unerbittlichen Prozesse der Erosion beschreiben, die Berge zu Salzen zersetzen und in so winzige Körnchen zerlegen, dass sie ins Meer gespült werden können, wo sie absinken und die Schichten neuer Gesteine einer fernen Zukunft bilden. Moore spricht allerdings von einer Form des Stofftransports und der Ablagerung, welche die Erde in den fünf Milliarden Jahren ihrer bisherigen Geschichte noch nicht kannte – die aus ihrer Zukunft aber wohl kaum fortzudenken ist.

Bei seiner ersten 1500 Kilometer langen Querung des Wirbels errechnete Moore ein halbes Pfund Müll pro 100 Quadratmeter Wasserfläche und kam auf ein Gesamtgewicht von drei Millionen Tonnen Kunststoff. Wie sich herausstellte, wurden seine Schätzungen von Berechnungen der US Navy bestätigt. Das war die Erste von vielen bestürzenden Zahlen, auf die er stoßen sollte. Und sie betraf nur die sichtbaren Kunststoffe: Eine unbestimmte Menge größerer Teile setzte so viele Algen und Muscheln an, dass sie sank. 1998 kehrte Moore mit einer ähnlichen Schleppvorrichtung zurück, wie sie Sir Alistair Hardy für die Probenentnahme von Krill verwendet hatte, und gelangte zu dem unglaublichen Ergebnis, dass es an der Meeresoberfläche vom Gewicht her mehr Kunststoff als Plankton gab – weit mehr sogar: sechs Mal so viel.

Als er Proben in den pazifischen Mündungsgebieten der kleinen Wasserläufe von Los Angeles entnahm, wuchsen die Zahlen sogar um das Hundertfache und stiegen jedes Jahr weiter. Nun verglich er seine Daten mit denen des Meeresbiologen Richard Thompson von der University of Plymouth. Wie dieser war er vor allem über die Plastiktüten und das allgegenwärtige Kunststoffgranulat entsetzt. Allein in Indien gab es 5000 Fertigungsstätten für Plastiktüten. Kenia stellte 4000 Tonnen Kunststofftragetaschen pro Monat her, ohne irgendwelche Möglichkeiten zum Recycling zu haben.

Was die kleinen Pellets angeht, die als Ausgangsmaterial für die Kunststofffabrikation dienen, so wurden jährlich 5,5 Billiarden hergestellt – rund 110 Milliarden Kilogramm. Moore fand sie nicht nur überall im Wasser, sondern erkannte die winzigen Plastikpartikel auch in den durchsichtigen Körpern von Quallen und Manteltieren, den häufigsten und am weitesten verbreiteten Filtrierern unter den Meerestieren. Wie Seevögel nahmen sie die bunten Pellets wie Fischeier auf und die gelbbraunen wie Krill. Niemand weiß, wie viele Billiarden kleiner Stückchen – überzogen mit chemischen Substanzen der Kosmetikindustrie und von mundgerechter Größe für die kleinen Lebewesen, die größeren als Nahrung dienen – fortlaufend in die Ozeane geschwemmt wurden.

Was bedeutete das für das Meer, das Ökosystem, die Zukunft? Alle diese Kunststoffe waren in kaum mehr als fünfzig Jahren aufgekommen. Würden sich ihre chemischen Bestandteile oder Zusatzstoffe – beispielsweise metallische Farbstoffe wie Kupfer – beim Aufstieg in der Nahrungskette konzentrieren und die Evolution verändern? Würden sie lange genug erhalten bleiben, um Eingang in den Fossilbeleg zu finden? Würden Geologen in Jahrmillionen Teile von Barbiepuppen in dem Kieselgestein finden, das sich in Ablagerungen auf dem Meeresgrund gebildet hatte? Würden diese Stücke so gut erhalten sein, dass sie sich wie Dinosaurierknochen zusammenfügen ließen? Oder würden sie vorher zerfallen und Kohlenwasserstoffe freisetzen, die noch über lange Zeiträume aus einem riesigen Plastikfriedhof in Neptuns Reich aufsteigen würden, während von Barbie und Ken nur die versteinerten Abdrücke blieben?

Moore und Thompson befragten Werkstoffexperten. Der Geochemiker Hideshige Takada von der Universität Tokio, ein Spezialist für EDCs – Chemikalien, die eine Störung des Hormonhaushalts verursachen, auch *Gender-bender* genannt –, hatte auf einer grausigen Expedition persönlich untersucht, welche unheilträchtigen Stoffe die Müllkippen Südostasiens absondern. Jetzt untersuchte er die Kunststoffe, die man aus dem Japanischen Meer und der Tokiobucht gefischt hatte, und fand heraus, dass Pellets und andere Kunststofffragmente für Umweltgifte wie DDT und PCBs die Funktion von Magneten und Schwämmen haben.

Die hochgiftigen Polychlorierten Biphenyle – PCBs –, die als Weichmacher in der Kunststoffherstellung verwendet wurden, sind durch die Stockholmer Konvention vom 22. Mai 2001 weltweit verboten; neben anderem Unheil, das sie anrichteten, waren sie auch für Hormonstörungen verantwortlich, die Hermaphroditismus bei Fischen und Eisbären bewirkten. Wie Pillen mit verzögerter Wirkstofffreisetzung wird das vor dem Verbot hergestellte Kunststofftreibgut jedoch noch jahrhundertelang PCBs ins Meer abgeben. Doch Takada entdeckte noch etwas anderes: Frei flottierende Gifte verschiedenster Herkunft – von Kopierpapier, Automobilschmierstoffen, flüssigen Kühlmitteln, alten Leuchtstoffröhren und von Fabriken und Chemikalienherstellern verursachte Einleitungen in Bäche und Flüsse – setzen sich gern an im Wasser treibenden Kunststoffteilen fest.

In einer Studie untersuchte man die direkte Beziehung zwischen aufgenommenen Kunststoffmengen und dem PCB-Gehalt im Fettgewebe von Sturmtauchern. Das Ausmaß war erstaunlich. Takada und seine Kollegen stellten fest, dass die von den Vögeln verzehrten Kunststoffpellets Giftkonzentrationen enthielten, die bis zu einer Million Mal höher waren als ihr durchschnittliches Vorkommen im Meerwasser.

2005 schätzte Moore die Fläche des pazifischen Müllstrudels auf 25 Millionen Quadratkilometer – fast so groß wie Afrika. Und er war nicht der Einzige seiner Art: Der Planet weist noch sechs weitere große subtropische Wirbel auf, die alle die hässlichen Reste unserer Zivilisation mit sich führen. Es war, als wäre der Kunststoff nach dem Zweiten Weltkrieg wie aus dem Nichts explodiert und befände sich nun wie das Universum nach dem Urknall in einer unaufhörlichen Expansion. Selbst wenn die gesamte Kunststoffproduktion schlagartig eingestellt würde, bliebe dort draußen eine erstaunliche Menge an erstaunlich persistenten Stoffen. Plastikabfall ist nach Moores Überzeugung heute das häufigste Oberflächenmerkmal der Weltmeere. Wie lange wird es Bestand haben? Gibt es irgendwelche unschädlichen, weniger für die Ewigkeit bestimmten Ersatzstoffe, auf die unsere Zivilisation umsteigen könnte, damit unser Planet nicht immer weiter in Plastik verpackt wird?

In diesem Herbst organisierten Moore, Thompson und Takada in Los Angeles ein Gipfeltreffen zur marinen Kunststoffproblematik mit Dr. Anthony Andrady, einem Forscher am Research Triangle in North Carolina, der in Sri Lanka geboren wurde, einem der Gummi erzeugenden Länder Südasiens. Als er sich während seines Promotionsstudiums mit den Polymeren beschäftigte, änderte er seine Berufspläne: Statt in die Gummibranche zu gehen, begann er sich für die boomende Kunststoffindustrie zu interessieren. Das Ergebnis war ein 800-Seiten-Opus – *Plastics and the Environment* –, das ihm den Beifall der Industrie wie der Umweltverbände eintrug und ihn als Autorität auf diesem Fachgebiet auswies.

Die langfristige Prognose für Kunststoffe sei, so teilte Andrady den versammelten Meereswissenschaftlern mit, genau das: langfristig. Es sei keine Überraschung, dass die Kunststoffe eine solche dauerhafte Schweinerei auf den Weltmeeren angerichtet hätten. Ihre Elastizität, ihre Vielseitigkeit (sie können entweder untergehen oder schwimmen), der Umstand, dass sie im Wasser fast unsichtbar sind, ihre Haltbarkeit und überlegene Festigkeit haben dafür gesorgt, dass die Hersteller von Fischernetzen und Angelleinen Naturfasern zugunsten von synthetischen Stoffen wie Nylon und Polyethylen aufgegeben haben. Jene zerfallen mit der Zeit, diese setzen, selbst wenn sie zerrissen und verloren gegangen sind, die Fischerei als »Geisternetze« noch fort. Infolgedessen läuft praktisch jedes Meereslebewesen, auch der Wal, Gefahr, sich in einem der großen, frei im Wasser treibenden ehemaligen Netze zu verfangen.

Wie jeder Kohlenwasserstoff, so Andrady, wird auch Kunststoff »irgendwann biologisch abgebaut, aber so langsam, dass es sich praktisch kaum auswirkt. Allerdings kann der fotochemische Abbau in einem vernünftigen Zeitrahmen stattfinden.«

Er erläuterte: Wenn Kohlenwasserstoffe biologisch abgebaut werden, zerfallen ihre Polymermoleküle in die Bestandteile, durch deren Zusammenschluss die Kohlenwasserstoffe ursprünglich entstanden: Kohlendioxid und Wasser. Wenn sich der Abbau fotochemisch vollzieht, schwächt die ultraviolette Sonnenstrahlung die Zugfestigkeit des Kunststoffs durch Zerlegung seiner langen Polymerketten in kürzere Segmente. Da die Festigkeit der Kunststoffe von der Länge ihrer verflochtenen Polymerketten abhängt, beginnt Kunststoff zu zerfallen, wenn er UV-Strahlen ausgesetzt ist.

Jeder hat schon einmal gesehen, wie Polyethylen und andere Kunststoffe im Sonnenlicht vergilben, brüchig werden und abzublättern beginnen. Häufig werden Kunststoffe mit Zusatzstoffen behandelt, um sie UV-resistenter zu machen; andere Additive wiederum können die UV-Empfindlichkeit erhöhen. Würde man diese für Sixpackringe verwenden, könnte man, so Andrady, das Leben vieler Meereslebewesen retten.

Dabei gibt es allerdings zwei Probleme. Zum einen braucht Kunststoff im Wasser viel länger für den fotochemischen Abbau. An Land nimmt Kunststoff in der Sonne infrarote Wärme auf und ist bald viel heißer als die umgebende Luft. Im Meer wird er nicht nur vom Wasser gekühlt, sondern vom Algenbewuchs auch gegen das Sonnenlicht abgeschirmt.

Ein weiterer Haken liegt darin, dass, selbst wenn sich ein frei umhertreibendes Fischernetz aus fotochemisch abbaubarem Kunststoff auflöst, bevor es irgendwelche Delfine ertränken kann, dies auf Jahrhunderte, möglicherweise sogar Jahrtausende nichts an seiner chemischen Beschaffenheit ändert.

»Plastik bleibt Plastik. Der Stoff ist und bleibt ein Polymer. Polyethylen lässt sich biologisch in keinem vernünftigen Zeitrahmen abbauen. Es gibt in der Meeresumwelt keinen Mechanismus, der ein so langes Molekül biologisch abbauen kann.« Selbst wenn fotomechanisch abbaubare Fischernetze dem Überleben der Meeressäuger zuträglich wären, so meinte Andrady abschließend, blieben ihre pulverförmigen Restbestände im Meer, wo sie von den Filtrierern aufgenommen würden.

»Von der kleinen Menge abgesehen, die verbrannt worden ist«, sagt Tony Andrady, »ist noch jedes Stück Kunststoff erhalten. Es befindet sich irgendwo in der Umwelt.«

Die Gesamtproduktion dieses halben Jahrhunderts beträgt heute mehr als eine Milliarde Tonnen. Sie umfasst Hunderte von verschiedenen Kunststoffen mit unzähligen Modifikationen durch Zugabe von Weichmachern, Trübungsmitteln, Farben, Füllstoffen, Festigern und Lichtstabilisatoren. Deren Langlebigkeit ist individuell höchst unterschiedlich. Bislang ist noch keiner verschwunden. Die

Forscher haben versucht herauszufinden, wie lange der biologische Abbau von Polyethylen dauert, indem sie eine kleine Probe einer lebenden Bakterienkultur in einem Brutapparat überließen. Ein Jahr später war noch nicht einmal ein Prozent verschwunden.

»Und das unter idealen, kontrollierten Laborbedingungen. Die kommen im wirklichen Leben nicht vor«, sagt Tony Andrady. »Kunststoffe gibt es noch nicht so lange auf unserem Planeten, dass die Mikroorganismen Zeit gehabt hätten, Enzyme für den Umgang mit ihnen zu entwickeln, daher können sie nur die Teile des Kunststoffs mit sehr geringem Molekulargewicht abbauen« – die kleinsten, bereits gebrochenen Polymerketten. Obwohl es inzwischen wirklich biologisch abbaubare Kunststoffe aus natürlichen Pflanzenzuckern und von Bakterien erzeugte Polyester gibt, haben sie kaum Aussichten, die petrochemischen Originale zu ersetzen.

»Da Verpackungen Nahrungsmittel vor Bakterien schützen sollen«, meint Andrady, »ist es womöglich keine besonders kluge Idee, Speisereste zur Aufbewahrung in Kunststoffe einzuwickeln, die Mikroorganismen ermuntern, sie zu fressen.«

Doch selbst wenn das klappte oder wenn die Menschen verschwänden und nie wieder ein weiteres Kunststoffpellet hergestellt würde, bliebe doch all der bereits produzierte Kunststoff erhalten. Wie lange?

»Die ägyptischen Pyramiden haben Getreide, Saatgut und sogar menschliche Körperteile wie etwa Haare konserviert, weil sie von Sonnenlicht ganz und von Sauerstoff und Feuchtigkeit weitgehend abgeschirmt waren«, sagt Andrady, ein sanfter Mensch mit einer knappen, überlegten Sprechweise. »Unsere Mülldeponien sind gar nicht so verschieden. Kunststoff, der vergraben liegt, wo es wenig Wasser, Sonne oder Sauerstoff gibt, kann lange Zeit unbeeinträchtigt fortbestehen. Das gilt auch für den Fall, dass er im Meer versunken und von Sediment bedeckt ist. Am Meeresgrund gibt es keinen Sauerstoff und es ist sehr kalt.«

»Natürlich wissen wir nicht viel über die Mikrobiologie in diesen Tiefen«, fügt er hinzu, »möglicherweise können ihn dort anaerobe Organismen abbauen. Das wäre denkbar. Aber bislang hat noch niemand ein U-Boot runtergeschickt, um es zu überprüfen. Unsere Beobachtungen sprechen dagegen, es ist unwahrscheinlich. Daher erwarten wir einen sehr viel langsameren Abbau am Meeresboden. Um eine Größenordnung langsamer.«

Eine Größenordnung – das ist das Zehnfache. Das Zehnfache wovon? Eintausend Jahren? Zehntausend?

Niemand weiß es, weil bislang kein Kunststoff einen »natürlichen Tod« gefunden hat. Die Mikroorganismen, die heute Kohlenwasserstoffe in ihre Bestandteile zerlegen, brauchten nach dem ersten Auftreten von Pflanzen noch einen langen Zeitraum, um den Verzehr von Lignin und Zellulose zu lernen. In jüngerer Zeit haben sie sogar gelernt, Öl zu fressen. Doch bisher kann noch kein Stamm Plastik verdauen, denn 50 Jahre sind zu wenig, um die erforderlichen biochemischen Mechanismen zu entwickeln.

»Doch geben wir ihnen 100 000 Jahre«, sagt Andrady, der Optimist. »Ich bin sicher, es werden sich viele Arten von Mikroorganismen finden, deren Gene sie zu diesem höchst vorteilhaften Tun befähigen, daher werden sie gedeihen und sich vermehren. Es wird zwar Hunderttausende von Jahren dauern, die heutige Menge von Kunststoff zu verzehren, doch irgendwann wird alles biologisch abgebaut sein. Lignin ist ein viel komplexeres Molekül und wird trotzdem biologisch abgebaut. Wir müssen der Evolution nur die Zeit lassen, die sie braucht, um mit den Stoffen, die wir herstellen, Schritt zu halten.«

Und sollte die biologische Zeit nicht reichen, bleibt immer noch die geologische Zeit.

»Die Hebungen des Meeresbodens und Drücke werden

ihn in etwas anderes verwandeln. So wie die Bäume, die vor langer Zeit im Moor versanken – der geologische Prozess, nicht der biologische Abbau, hat sie in Öl und Kohle verwandelt. Vielleicht wird hohen Kunststoffkonzentrationen ein ähnliches Schicksal beschieden sein. Irgendwann werden sich auch diese Stoffe verändern. Veränderung ist das Kennzeichen der Natur. Nichts bleibt, wie es ist.«

10 Der Ölfleck

Nach dem Ende der Menschheit werden die Stechmücken zu den unmittelbaren Nutznießern unseres Verschwindens gehören. Obwohl unsere anthropozentrische Weltsicht uns vielleicht vorgaukeln mag, menschliches Blut sei unentbehrlich für das Überleben von Stechmücken, haben wir es hier mit einer Familie höchst vielseitiger Feinschmecker zu tun, die sich vom Lebenssaft warmblütiger Säugetiere, kaltblütiger Reptilien und sogar der Vögel ernähren können. Nach uns wird vermutlich auf unsere verwaisten Lebensräume ein Ansturm vieler wild lebender Tiere einsetzen, die bestrebt sind, sich dort häuslich einzurichten. Wenn ihre Zahl nicht länger durch den todbringenden Straßenverkehr in Grenzen gehalten wird, könnten sie sich so ungehemmt vermehren, dass die gesamte Biomasse der Menschheit – die nach Schätzung des namhaften Biologen E. O. Wilson kaum den Grand Canyon füllen würde – nicht lange vermisst würde.

Gleichzeitig würden alle Stechmücken, die unsere Abwesenheit doch als schmerzliche Lücke empfänden, durch zwei unserer Vermächtnisse getröstet. Erstens würden wir nicht mehr versuchen, sie auszurotten. Die Menschheit verfolgte die Mücken schon lange vor der Erfindung der Pestizide, indem sie Öl über ihre Brutstätten auf den Oberflächen von Seen, Meeresbuchten und Teichen ausgoss. Dieser Larvenmord, bei dem der Mückenbrut die Sauerstoffzufuhr abgeschnitten wird, erfreut sich noch immer großer Beliebtheit, wie auch alle anderen Formen der chemischen Kriegsführung gegen Stechmücken. Sie reichen von Hormonen, welche die Larven daran hindern, zur adulten Form zu reifen, bis hin zu flächendeckender Besprühung mit DDT aus der Luft, einem Pestizid, das nicht in allen Teilen der Welt verboten ist und besonders in den malariaverseuchten Tropen noch vielfach verwendet wird. Nach dem Verschwinden der Menschheit werden Milliarden der kleinen Summer leben, die sonst vorzeitig verendet wären, wovon auch viele Süßwasserfische profitieren werden, in deren Nahrungsketten Mückeneier und -larven wichtige Glieder bilden.

Die anderen Nutznießer werden die Blumen sein: Wenn Stechmücken kein Blut saugen, schlürfen sie Nektar – die Hauptnahrung aller männlichen Mücken, obwohl ihn auch die stärker am Blut interessierten weiblichen Tiere zu schätzen wissen. Das macht die Mücken zu Bestäubern und so wird die Welt nach uns eine neue Blütezeit erleben.

Der zweite Vorteil, den die Stechmücken aus unserem Verschwinden zögen, wäre die Rückgewinnung unseres traditionellen Lebensraums – Wasserraums, um genau zu sein. Allein in den Vereinigten Staaten haben Stechmücken seit der Gründung im Jahr 1776 von ihrem wichtigsten Bruthabitat – den Feuchtgebieten – eine Fläche verloren, die doppelt so groß ist wie Kalifornien. Verwandeln Sie diese Fläche in Gedanken wieder in Sumpfland und Sie bekommen eine ungefähre Vorstellung von der künftigen Entwicklung. (Das Populationswachstum der Stechmücken müsste mit einer entsprechenden Vermehrung ihrer Fressfeinde abgeglichen werden – Fischen, Kröten und Fröschen –, obwohl wir den Insekten gegenüber den beiden letztgenannten Arten einen weiteren Vorteil verschafft haben: Es ist unklar, wie viele Amphibien den Chytridpilz überleben werden, eine Pilzart, die durch den internationalen Handel mit Laborfröschen verbreitet wurde. Durch steigende Temperaturen beflügelt, hat er weltweit schon Hunderte von Arten vernichtet.)

Habitat oder nicht, wie jeder weiß, der auf einem trockengelegten und als Bauland erschlossenen ehemaligen Sumpf wohnt, egal, ob im Erdinger Moos oder in einem Slum von Nairobi, Stechmücken wissen sich immer zu helfen. Selbst die mit Tau gefüllte Kunststoffkappe einer Flasche kann als Brutstätte für ein paar Stechmückeneier dienen. Bis Asphalt- und Betonpflaster zerfallen sind und die Feuchtgebiete ihr angestammtes Terrain zurückerobert haben, werden die Mücken mit Pfützen und verstopften Gullys vorliebnehmen. Und sie können sich darauf verlassen, dass eine ihrer bevorzugten, von Menschenhand geschaffenen Kinderstuben mindestens noch hundert Jahre erhalten bleibt, hier und da aber auch über viel längere Zeiträume noch eine gewisse Rolle spielen wird: ausrangierte Autoreifen.

Gummi gehört zu den Polymeren, die man als Elastomere bezeichnet. Die natürlich vorkommenden Elastomere, etwa der Milchsaft (Latex) des ursprünglich im Amazonasbecken beheimateten Kautschukbaums, sind logischerweise biologisch abbaubar. Die Neigung von natürlichem Latex, bei hohen Temperaturen klebrig zu werden und bei Kälte zu versteifen oder sogar zu brechen, beschränkte seine praktische Verwertbarkeit, bis im Jahr 1839 ein Eisenwarenvertreter aus Massachusetts versuchte, ihn mit Schwefel zu mischen. Als er versehentlich einige Tropfen seiner Mischung auf eine Herdplatte fallen ließ und sie nicht schmolzen, wurde Charles Goodyear klar, dass er etwas geschaffen hatte, worauf die Natur noch nicht gekommen war.

Bis auf den heutigen Tag hat die Natur auch noch keinen Mikroorganismus hervorgebracht, der diesen Stoff frisst. Goodyears Prozess, die sogenannte Vulkanisation, verbindet die langen Polymerketten des Kautschuks mittels kurzer Schwefelbrücken und verwandelt sie dadurch praktisch in ein einziges Riesenmolekül. Sobald Kautschuk vulkanisiert ist – das heißt, erwärmt, mit Schwefel versetzt und in eine bestimmte Matrize, etwa die eines Lkw-Reifens, gegossen ist, nimmt das resultierende Riesenmolekül die entsprechende Form an und verliert sie nie wieder.

Da ein solcher Reifen ein einziges Molekül ist, kann er nicht eingeschmolzen und in etwas anderes verwandelt werden. Wenn er nicht mechanisch geschreddert wird oder durch die Reibung nach 100 000 Kilometern abgewetzt ist, wozu in beiden Fällen ein beträchtlicher Energieaufwand nötig ist, behält er seine runde Form. Autoreifen sind ein rotes Tuch für die Betreiber von Mülldeponien: Sie fangen durch ihre Form die Gase ab, die bei der Zersetzung organischer Abfälle entstehen, bekommen so Auftrieb und neigen dazu, innerhalb der Müllgrube nach oben zu wandern, was wiederum die Abdeckung zu beschädigen droht. Die meisten Müllhalden nehmen sie daher nicht mehr an, doch noch viele hundert Jahre lang werden sich alte Autoreifen unaufhaltsam ihren Weg an die Oberfläche vergessener Deponien bahnen, sich mit Regenwasser füllen und zur Brutstätte neuer Stechmücken werden.

In den Vereinigten Staaten wird jährlich pro Kopf im Schnitt ein Autoreifen fortgeworfen – das sind über 300 Millionen in einem einzigen Jahr. Und dann ist da noch der Rest der Welt. Angesichts von 700 Millionen Autos, die gegenwärtig auf den Straßen unterwegs sind, und einer weit höheren Zahl verschrotteter Fahrzeuge wird die Zahl der Reifen, die wir zurücklassen, vielleicht keine Billiarde betragen, aber ganz bestimmt viele, viele Milliarden. Wie lange sie dann noch herumliegen, hängt davon ab, wie viel direktes Sonnenlicht auf sie fällt. Bis die Evolution einen Mikroorganismus hervorbringt, dem die mit Schwefel gewürzten Kohlenwasserstoffe zusagen, brechen die vulkanisierten Schwefelbrücken nur bei der Oxidation mit bodennahem Ozon, dem Luftschadstoff, der unsere Nasenschleimhäute reizt, oder unter dem Einfluss jener kosmischen Energie, welche die UV-Strahlung beim Durchdringen der geschädigten Ozonschicht in der Stratosphäre freisetzt. Daher imprägniert man Autoreifen mit UV-Hemmstoffen und »Antiozonanten« und gibt noch andere Additive wie Ruß hinzu, der den Reifen Haltbarkeit und Farbe verleiht.

Bei so viel Kohlenstoff in den Reifen kann man sie auch verbrennen, was erhebliche Energie freisetzt – der Grund, warum sie so schwer zu löschen sind. Außerdem bleiben überraschende Mengen an öligem Ruß zurück, und mit ihm Schadstoffe, die aus einer Entwicklung während des Zweiten Weltkriegs stammen: Nachdem Japan in Südostasien eingefallen war, kontrollierte es fast die gesamte Gummiherstellung der Welt, und da man erkannte, dass man mit Lederdichtungen und Holzrädern nicht sehr weit kommen würde, beauftragten Deutschland und die Vereinigten Staaten ihre führenden Industrieunternehmen, einen Ersatzstoff für Gummi zu entwickeln.

Heute befindet sich die größte Fabrik für synthetischen Kautschuk in Texas. Sie gehört zur Goodyear Tire & Rubber Company und wurde 1942 erbaut, kaum dass Forscher herausgefunden hatten, wie man dieses Kunstprodukt herstellen kann. Anstelle lebendiger tropischer Bäume verwendete man tote Meerespflanzen: Phytoplankton, das vor 300 bis 350 Millionen Jahren abstarb und auf den Meeresgrund sank. Schließlich – so jedenfalls die Theorie, denn der genaue Vorgang ist nur bruchstückhaft erforscht und wird gelegentlich bestritten – wurde das Phytoplankton von so vielen Sedimenten bedeckt und so stark zusammengepresst, dass es sich in eine viskose Flüssigkeit verwandelte. Wie man aus diesem Rohöl verschiedene brauchbare Kohlenwasserstoffe raffinieren konnte, wusste man bereits. Zwei von ihnen – Styrol, ein Schaumstoff, und Butadien, ein explosiver und stark krebserregender flüssiger Kohlenwasserstoff – lieferten die Ausgangsmischung für die Herstellung von künstlichem

Kautschuk. Sechzig Jahre später produziert das Unternehmen Goodyear noch immer auf der gleichen verfahrenstechnischen Grundlage das Ausgangsmaterial für alle seine Erzeugnisse – von Reifen für Rennwagen bis zum Kaugummi.

So groß die Fabrik auch ist, sie wird erschlagen vom Ausmaß des Industriegebiets, das in ihrer Umgebung entstanden ist: eines der monumentalsten Zeugnisse für die menschliche Bauwut, mit der wir die Oberfläche unseres Planeten verunstaltet haben. Der industrielle Megakomplex, der an der östlichen Stadtgrenze Houstons beginnt und sich ununterbrochen über 80 Kilometer bis zum Golf von Mexiko hinzieht, ist die weltweit größte Konzentration von Ölraffinerien, petrochemischen Unternehmen und Zwischenlagern.

Da gibt es beispielsweise die mit mehrfachen Reihen von Stacheldraht umgebenen Tanklager, von Goodyear nur durch den Highway getrennt – eine Ansammlung zylindrischer Rohölsilos, jeder mit einem Durchmesser von der Länge eines Fußballfelds, so ausladend, dass sie flach erscheinen. Die allgegenwärtigen Rohrleitungen führen nicht nur in alle Himmelsrichtungen, sondern auch nach oben und unten – weiße, blaue, gelbe und grüne Rohre, die großen von mehr als einem Meter Durchmesser. In Fabriken wie Goodyear bilden die Rohrleitungen so hohe Torwege, dass Lastwagen unter ihnen hindurchfahren können.

Und das sind nur die sichtbaren Rohre. Unter der Erde verzweigt sich ein weiteres riesiges, vielfältig verflochtenes Rohrsystem aus Karbonstahl. Wie in jeder Stadt der entwickelten Welt verlaufen in der Mitte jeder Straße dünne Kapillaren, von denen Abzweigungen in jedes Haus führen. Das sind Gasleitungen mit so dicken Stahlwänden, dass Kompassnadeln eigentlich direkt nach unten zeigen müssten. In Houston jedoch bleiben Gasleitungen bloße Randerscheinungen. Die Rohrleitungen der Raffinerien umgeben die Stadt so dicht wie das Flechtwerk eines Weidenkorbs. Sie befördern sogenannte leichte Fraktionen, das heißt aus Rohöl destillierte oder katalytisch von ihm abgespaltene Stoffe, zu Hunderten von Chemiewerken in Houston. Hunderte anderer Rohre, gefüllt mit frisch raffiniertem Benzin, Heizungsöl, Diesel und Kerosin, führen zur Mutter aller Rohrleitungen – der fast 9000 Kilometer langen, 76 Zentimeter starken Colonial Pipeline, deren Hauptader in Houstons Vorort Pasadena beginnt. Weitere Erzeugnisse nimmt sie in Louisiana, Mississippi und Alabama auf, dann klettert sie zur Ostküste empor, manchmal über der Erde, manchmal darunter. In der Regel ist die Colonial mit verschiedenen Treibstoffsorten gefüllt, die hintereinander mit rund sechs Stundenkilometern hindurchgepumpt werden, bis sie nach einer zwanzigtägigen Reise – vorausgesetzt, es gab keine Abschaltungen oder Hurrikane – im Terminal Linden, New Jersey, etwas unterhalb des Hafens von New York, ausgespieen werden.

Stellen Sie sich künftige Archäologen vor, die sich kriechend einen Weg durch alle diese Rohre suchen. Welchen Reim werden sie sich auf die dicken alten Stahlkessel und die vielen Schlote machen? (Falls es sie dann überhaupt noch gibt und nicht der gesamte Bestand an alten Industrieanlagen, eng miteinander verschachtelt, weil es bei deren Errichtung noch keine Computer zur Ermittlung von Sicherheitsabständen gab, längst abgebaut und verscherbelt ist – nach China, das derzeit in Amerika Eisenschrott für Zwecke einkauft, welche die Historiker des Zweiten Weltkriegs mit einigen Bedenken erfüllen.) Folgten diese Archäologen den Rohren in mehr als hundert Metern Tiefe, würden sie auf etwas stoßen, das gute Aussichten hat, zu den bleibendsten Dingen zu zählen, die je von Menschenhand gefertigt wurden.

Unter der texanischen Golfküste liegen rund 500 Salzstöcke, die sich bildeten, als aus 8000 Meter tiefen Flözen Salze in darüber liegende Sedimentschichten aufstiegen.

Einige Stöcke liegen direkt unter Houston. Diese zigarrenförmigen Gebilde können Durchmesser von mehr als anderthalb Kilometern aufweisen. Wenn man einen solchen Salzstock anbohrt und anschließend Wasser einleitet, kann man sein Inneres auflösen und den entstandenen Hohlraum als Lager nutzen.

Einige solche Speicherkavernen unter der Stadt sind knapp 200 Meter breit und mehr als 800 Meter hoch, womit sie auf das doppelte Volumen eines modernen Fußballstadions kommen. Da Wände aus Salzkristall als undurchdringlich gelten, werden sie zur Speicherung von Gasen benutzt, darunter auch einige sehr explosive wie etwa Ethylen. Das Gas wird direkt in eine unterirdische Salzstockkaverne geleitet und unter einem Druck von 100 Kilogramm pro Quadratzentimeter gespeichert, bis man es zu Kunststoff verarbeitet. Da Ethylen sehr flüchtig ist, kann es sich rasch auflösen und eine Rohrleitung glatt aus dem Boden sprengen. Vermutlich wären künftige Archäologen gut beraten, die Salzkavernen unangetastet zu lassen, sonst könnte ihnen dieses Relikt einer längst vergangenen Zivilisation gehörig um die Ohren fliegen.

Wie seelenlos-technische Nachbildungen der Moscheen und Minarette an den Gestaden des Bosporus sehen die Kuppeln der riesigen Ölsilos und die silbernen Cracktürme aus, die Houstons Silhouette an den Ufern des Ship Channel ausmachen. Die flachen Tanks, in denen flüssige Brennstoffe bei Lufttemperatur gelagert werden, sind geerdet, damit sich die Dämpfe, die sich in dem Raum unter dem Dach sammeln, nicht bei einem Gewitter entzünden. In einer Welt ohne Menschen, wenn niemand die doppelwandigen Tanks inspizierte, striche und sie nach zwanzig Jahren ersetzte, wäre es interessant zu sehen, ob zuerst die Böden korrodierten und den Inhalt in den Boden sickern ließen oder ob vorher die Erdung zerfiele – woraufhin Explosionen für einen noch rascheren Verfall der Metallkonstruktionen sorgen würden.

Einige Tanks mit beweglicher Glocke, die sich mit deren flüssigem Inhalt hebt und senkt, um die Bildung von Dämpfen zu verhindern, werden noch rascher defekt werden, weil ihre elastischen Abdichtungen schon bald leck werden. Dann verdunstet der Inhalt und entlässt die letzten, von Menschen extrahierten Kohlenwasserstoffe in die Atmosphäre.

Komprimierte Gase und einige hochentzündliche Chemikalien, wie etwa Phenole, werden in Kugeltanks aufbewahrt, die sicherlich länger halten werden, weil ihre Außenhaut nicht den Boden berührt – obwohl sie, da sie unter Überdruck stehen, noch spektakulärer explodieren, sobald ihr Funkenschutz weggerostet ist.

Was liegt unter diesen Industriekomplexen, und wie groß sind die Aussichten, dass es sich jemals von den Wunden erholen kann, die ihm die Petrochemie hier mit ihrer ungeheuren Massierung von Metall und Chemie während der letzten hundert Jahre geschlagen hat? Sollte diese unnatürlichste aller irdischen Landschaften jemals von den Menschen aufgegeben werden, die dafür sorgen, dass weiterhin Gas abgefackelt wird und ihre Treibstoffe weiterhin fließen, stellt sich die Frage, wie es der Natur jemals gelingen könnte, den *Texas Petroleum Patch*, den »großen texanischen Ölfleck« zu beseitigen, von seiner Dekontamination ganz zu schweigen.

Einst erstreckten sich die 1600 Quadratkilometer Houstons zu beiden Seiten einer Grenze zwischen einer Prärie mit Bart- und Moskitogräsern, die einem Pferd bis zum Bauch reichten, und einem mit niedrigen Kiefern bewachsenen Feuchtgebiet, das zum ursprünglichen Mündungsdelta des Brazos River gehörte (und noch immer gehört). Der schmutzigrote Brazos beginnt am anderen Ende des Bundesstaats. In einer Entfernung von 1500 Kilometern entwässert er die Berge von New Mexico, durchschneidet das texanische Hügelland und entlädt schließlich eine der größten Schlammladungen des Kontinents in den Golf von Mexiko. Als während der Eiszeit die kalten Winde von den Gletschern mit der Warmluft des Golfs zusammenstießen und dadurch sintflutartige Regenfälle auslösten, lagerte der Brazos so viele Sedimente ab, dass er sich selbst den Weg verlegte und infolgedessen seinen Verlauf in einem fächerförmig ausgebreiteten Flussdelta von 150 Kilometern Breite ständig veränderte. Heute fließt er unmittelbar im Süden der Stadt vorbei. Houston liegt an einem toten Arm des Flusses auf 12 000 Meter hohen Lehmablagerungen.

In den 1830er Jahren lockte dieser magnoliengesäumte Flussarm, Buffalo Bayou, Unternehmer an, denen nicht entgangen war, dass er von der Galveston Bay bis zur Prärie schiffbar war. Zunächst transportierte man von der neu erbauten Stadt auf diesem Binnenwasserweg Baumwolle zum 80 Kilometer entfernten Hafen von Galveston, der damals größten texanischen Stadt. Nach 1900, als der fürchterlichste Hurrikan in der Geschichte der Vereinigten Staaten Galveston heimsuchte und 8000 Menschen zu Tode kamen, wurde der Buffalo Bayou zum Houston Ship Channel verbreitert und vertieft, um aus der Stadt einen Seehafen zu machen. Dieser ist heute, am Frachtaufkommen gemessen, Amerikas größter Seehafen und Houston selbst so groß, dass Cleveland, Baltimore, Boston, Pittsburgh, Denver und Washington bequem darin Platz hätten und es noch immer nicht ganz ausfüllten.

Galvestons Unglück fiel zeitlich zusammen mit der Entdeckung von Ölvorkommen entlang der texanischen Golfküste und der Entwicklung des Automobils. Sumpfkieferbestände, Laubwälder im Schwemmlanddelta und die küstennahe Prärie mussten Bohrtürmen und Dutzenden von Raffinerien an den Ufern des Houston-Kanals weichen. Als Nächstes kamen die chemischen Fabriken, dann die Gummifabriken des Zweiten Weltkriegs und nach dem Kriege schließlich die märchenhafte Erfolgsgeschichte der Kunststoffindustrie. Selbst als die texanische Ölproduktion nach ihrem Höhepunkt in den siebziger Jahren erheblich zurückging, sorgte Houstons umfangreiche Infrastruktur dafür, dass das Rohöl der Welt auch weiterhin hierher floss und raffiniert wurde.

Die Tanker unter den Flaggen nahöstlicher Staaten, Mexikos und Venezuelas machen in einer Verbreiterung des Kanals an der Galveston Bay fest – in Texas City, einer Stadt mit rund 50 000 Einwohnern, in der die Raffinerien eine ebenso große Fläche einnehmen wie die Wohn- und Geschäftsviertel. Neben den riesigen Raffinerien verlieren sich die Bungalows der Einwohner von Texas City, meist Schwarze und Latinos, in einem Stadtbild, das von der Geometrie der petrochemischen Werke beherrscht wird: Kreise, Kugeln und Zylinder – einige hoch und dünn, andere kurz und flach, wieder andere breit und rund. Es sind die hohen, die dazu neigen, in die Luft zu fliegen.

Nicht alle, obwohl sie oft danach aussehen. Einige sind sogenannte Gaswäscher: Wenn diese Türme mit Wasser aus dem Brazos River Gasemissionen ablöschen oder heiße Feststoffe abkühlen, quellen weiße Dampfwolken aus ihren Schloten. Andere sind die Destilliertürme, in deren unterem Teil Rohöl erhitzt wird, um es zu destillieren. Die verschiedenen Kohlenwasserstoffe im Rohöl – von Teer über Benzin bis hin zu Erdgas – haben unterschiedliche Siedepunkte; wenn sie erwärmt werden, trennen und ordnen sie sich innerhalb der Säule an, wobei sich das Leichteste ganz oben befindet. Solange man die expandierenden Gase abzieht, um den Druck zu verringern, oder die Wärme rechtzeitig absenkt, ist das ein relativ ungefährlicher Prozess.

Kitzliger sind da schon die Verfahren, bei denen andere chemische Stoffe hinzugegeben werden, um das Öl in etwas anderes zu verwandeln. In den katalytischen Cracktürmen etwa werden die schweren Kohlenwasserstoffe zusammen mit Aluminiumsilikatpulver als Katalysator auf rund 815 Grad Celsius erhitzt. Dadurch werden die langen Polymerketten buchstäblich in kleinere, leichtere Ketten, Propan etwa oder Benzin, zerbrochen (englisch *to crack*). Wenn man während dieses Prozesses Wasserstoff einspritzt, kann man Flugzeugbenzin (Kerosin) oder Diesel erhalten. Alle diese Stoffe sind hochexplosiv, besonders wenn hohe Temperaturen und Wasserstoff beteiligt sind.

Die Isomerisation, ein verwandtes Verfahren, verwendet einen Platinkatalysator und noch größere Wärme, um die Klopffestigkeit – die Oktanzahl – von Treibstoffen zu erhöhen oder um Hilfsstoffe für die Kunststoffproduktion herzustellen. Die Isomerisation kann ein hoch flüchtiger Prozess sein. Diese Cracktürme und Isomerisationsanlagen verfügen über Brenner. Wenn ein Prozess außer Kontrolle zu geraten droht oder die Temperatur zu sehr ansteigt, wird der Druck durch Abfackeln reduziert. Ein Sicherheitsventil schickt den Stoff, der den Überdruck erzeugt, das Fackelrohr hinauf und veranlasst die Entzündung. Manchmal wird Wasserdampf injiziert, damit die betreffende Substanz rauchlos verbrennt.

Wenn Funktionsstörungen auftreten, können die Folgen leider spektakulär sein. 1998 setzte ein Werk eine Wolke mit verschiedenen Benzolisomeren und Salzsäure frei, woraufhin Hunderte von Menschen in Krankenhäusern behandelt werden mussten. Vier Jahre zuvor waren 1400 Kilogramm Ammoniak entwichen, was dem Unternehmen 9000 Klagen wegen Körperverletzung eintrug. Im März 2005 schoss aus einer der Isomerisationsanlagen einer anderen Ölfirma ein Geysir von Kohlenwasserstoffen empor. Als er mit der Luft in Berührung kam, entzündete er sich und tötete fünfzehn Menschen. Im Juli desselben Jahres explodierte im selben Werk ein Wasserstoffrohr; im August legte austretendes Gas, das nach faulen Eiern stank, was auf giftigen Schwefelwasserstoff schließen ließ, eine Zeitlang große Teile der Anlagen lahm. Tage später ließ eine Explosion bei einem Kunststoffhersteller, 24 Kilometer südlich am Chocolate Bayou, die Flammen fünfzehn Meter hoch schießen. Der Brand konnte nicht gelöscht werden. Er hielt drei Tage lang an.

Die älteste Raffinerie in Texas City, die 1908 von einer in Virginia ansässigen landwirtschaftlichen Genossenschaft gegründet wurde, um sich Treibstoff für ihre Traktoren zu besorgen, gehört heute der Valero Energy Corporation. In ihrem modernen Gewand hat man ihr einen der höchsten Sicherheitsstandards unter den amerikanischen Raffinerien attestiert, trotzdem ist sie nach wie vor eine Anlage, die aus einer natürlichen Ressource Energie gewinnt, indem sie sie in explosivere Formen überführt. Diese Energie scheint sich kaum bändigen zu lassen durch Valeros summendes Labyrinth von Ventilen, Manometern, Wärmetauschern, Pumpen, Absorbern, Abscheidern, Öfen, Flanschen und Tanks, an denen sich Wendeltreppen und Schlangen roter, gelber, grüner und silberfarbener Rohre emporwinden (die silberfarbenen sind isolierte Rohre, das heißt, ihr Inhalt ist heiß und soll es auch bleiben). Darüber ragen zwanzig Destillationstürme und zwanzig weitere Abgasstutzen auf. Ein Coker, im Prinzip eine Art Löffelbagger, rollt vor und wieder zurück und lässt jeweils eine Ladung asphaltähnlichen Schlamm – die schweren Reste des Rohölspektrums, die am Boden der Destillationstürme zurückblieben – auf eine Förderanlage fallen, die zu einer Katalysator-Crackanlage führt, um dort noch ein Fass Diesel herauszuquetschen.

Über allem leuchten die Fackeln: Flammenkegel vor einem weißlichen Himmel, die diese organisch-chemischen Prozesse im Gleichgewicht halten, indem sie durch Abbrennen Drücke vermindern, die sich rascher aufbauen, als die

Mess- und Regeltechnik reagieren kann. Es gibt sogar Messinstrumente, welche die Wandstärke in den rechtwinkligen Biegungen von Stahlrohren ermitteln – dort, wo die heißen, ätzenden Flüssigkeiten aufprallen –, um drohende Bruchgefahr zu melden. Immer wenn heiße Flüssigkeiten rasch durch Rohrsysteme gepumpt werden, können Spannungsrisse entstehen, besonders wenn es sich bei der Flüssigkeit um Schweröl handelt, das mit Metallen und Schwefel belastet ist, Stoffen, die Gift für Rohrwände sind.

Alle diese Anlagen werden von Computern gesteuert – bis etwas eintritt, was der Computer nicht mehr korrigieren kann. Dann müssen die Fackeln einspringen. Nehmen wir aber einmal an, die Drücke des Systems überträfen auch die Kapazität der Fackeln – oder nehmen wir an, niemand wäre zugegen, der die Überlastung zur Kenntnis nehmen könnte. Normalerweise ist rund um die Uhr Bedienungspersonal anwesend. Doch was wäre, wenn die Menschen plötzlich verschwänden, während die Anlage noch in Betrieb ist?

»Irgendein Behälter würde reißen«, meint Valeros Sprecher Fred Newhouse, ein untersetzter, liebenswürdiger Mann mit ergrauendem Haar. »Und vermutlich würde ein Feuer ausbrechen.« Doch dann, so fügt Newhouse hinzu, würden vor und hinter der Unfallstelle automatisch Sicherheitsventile ausgelöst werden. »Wir messen ständig Druck, Durchsatz und Temperatur. Bei jeder Störung würde das Problem sofort isoliert, sodass das Feuer nicht von der betroffenen Einheit auf die nächste übergreifen könnte.«

Aber was wäre, wenn niemand mehr da wäre, um die Flammen zu bekämpfen? Und was wäre, wenn die Stromversorgung zusammenbräche, weil niemand mehr zur Bedienung der Kohle-, Gas- und Kernkraftwerke da wäre und weil auch die Wasserkraftwerke von Kalifornien bis Tennessee ausfielen, die alle ihre Elektronen in das Houstoner Netz einspeisen, damit die Lichter in Texas City nicht ausgehen? Und was wäre, wenn die automatischen Notstromaggregate kein Dieselöl mehr hätten, sodass kein Signal die Absperrapparatur auslösen könnte?

Newhouse tritt in den Schatten eines Crackturms, um sich die Antwort zu überlegen. Der Gedanke, dass diese ganze unabsehbare Infrastruktur außer Kontrolle geraten und sich selbst entzünden könnte, lässt ihn aufstöhnen.

»Okay, alles würde brennen, bis der gesamte Kohlenwasserstoff im System verbraucht wäre. Aber«, so stellt er mit Nachdruck fest, »es wäre höchst unwahrscheinlich, dass das Feuer über das Betriebsgelände hinausgreifen würde. In den Rohren, die die Raffinerien von Texas City verbinden, befinden sich Rückschlagventile, um die einen von den anderen zu isolieren. Also selbst wenn Anlagen explodieren, werden angrenzende Einheiten nicht in Mitleidenschaft gezogen. Auch bei einem Großfeuer sorgen Sicherheitssysteme für die Eindämmung.«

E. C. ist sich da nicht ganz so sicher. »Selbst bei normalem Betrieb«, sagt er, »ist eine petrochemische Anlage eine tickende Zeitbombe.« Als Kontrolleur chemischer Anlagen und Raffinerien hat er die flüchtigen leichten Erdölfraktionen auf dem Weg zur Umwandlung in sekundäre Petrochemikalien erstaunliche Dinge vollbringen sehen. Wenn leichte Stoffe wie Ethylen oder Acrylnitril – ein hoch entflammbarer Vorläufer des Acryls, der das menschliche Nervensystem schädigt – unter hohem Druck stehen, entweichen sie häufig durch Rohrleitungen und gelangen in benachbarte Einheiten oder sogar Raffinerien.

Was mit Ölraffinerien und chemischen Anlagen geschähe, falls die Menschen morgen plötzlich verschwänden, sagt E. C., hinge davon ab, ob jemand sich die Mühe machte, vorher noch einige Schalter zu betätigen.

»Nehmen wir an, es bliebe genügend Zeit für eine normale Abschaltung. Die hohen Drücke würden heruntergefahren und die Dampferzeuger abgeschaltet, sodass die Temperatur kein Problem wäre. In den Türmen würden sich die schweren Fraktionen am Boden zu einer zähen Masse verfestigen. Die Kessel haben innen Stahlwände, darüber eine Isolationsschicht aus Schaumstoff oder Glasfasern, und sind außen noch einmal mit Blech ummantelt. Zwischen diesen Schichten verlaufen häufig noch Kühlwasserrohre aus Stahl oder Kupfer. Folglich blieben alle Inhalte dieser Türme stabil – bis unter dem Einfluss enthärteten Wassers die Korrosion einsetzen würde.«

Er fährt fort: »Wenn es keine Brände oder Explosionen gibt, werden die leichten Gase sich in die Luft verflüchtigen. Jedes herumliegende schwefelhaltige Abfallprodukt löst sich irgendwann auf und erzeugt sauren Regen. Abgesehen davon haben Raffinerien große Tanks mit äußerst flüchtigem Wasserstoff. Wenn die Lecks bekommen, fließt der Inhalt aus. Falls nicht ein Blitz ihn vorher in die Luft jagt.«

E. C. verschränkt die Hände hinter seinem krausen Haar und kippt mit seinem Schreibtischstuhl ein wenig nach hinten. »Das würde uns jedenfalls von einer Menge Beton befreien.«

Und wenn keine Zeit bliebe, den Betrieb einzustellen, falls die Menschheit unversehens in eine andere Galaxie entführt würde und alle Anlagen weiterliefen?

»Zunächst schalten sich die Notstromaggregate ein. Sie arbeiten gewöhnlich mit Diesel. Vermutlich halten sie die Lage stabil, bis sie ihren Treibstoff verbraucht haben. Dann steigen die Drücke und Temperaturen. Ohne die Kontrolle von Monitoren und Computern würden einige Prozesse sich völlig verselbstständigen. Erst käme es zu einem Feuer und dann zu einem Dominoeffekt, weil es nichts gäbe, was diese Entwicklung aufhalten könnte. Selbst bei laufenden Notstromaggregaten würden die Sprinkleranlagen nicht funktionieren, weil niemand da wäre, um sie einzuschalten. Einige Überdruckventile würden ausgelöst, doch bei einem Feuer würde ein Überdruckventil den Flammen nur neue Nahrung geben. Alle Rohre würden zu Feuerkanälen. Das Gas wird von einem Bereich zum nächsten geleitet. Normalerweise werden in Notfällen die Schieber geschlossen, aber in diesem Fall würde nichts dergleichen passieren. Das Feuer würde von einer Anlage auf die nächste übergreifen. Diese Brände würden vermutlich wochenlang anhalten und unaufhörlich Schadstoffe in die Atmosphäre jagen. Stellen Sie sich die Menge an Schadstoffen vor, wenn das in jeder Anlage auf der Welt geschieht. Erinnern Sie sich an die Feuer im Irak. Und dann malen Sie sich aus, was passieren würde, wenn sie überall brennen.«

Bei diesen irakischen Feuern ließ Saddam Hussein Hunderte von Bohrlochköpfen sprengen, aber Sabotage ist durchaus nicht immer nötig. Schon die statische Elektrizität von Gasen und Flüssigkeiten, die sich durch Rohre bewegen, kann natürliche Erdgasquellen entzünden, aber auch Ölbrunnen entflammen, in denen mit Stickstoff ein Überdruck erzeugt wird, um mehr Öl nach oben zu treiben. Auf dem großen Flachbildschirm vor E.C. gibt ein blinkender Eintrag in einer Liste an, dass 2002 eine Acrylonitril erzeugende Anlage in Chocolate Bayou, Texas, das US-amerikanische Unternehmen war, das 2002 die größte Menge krebserregender Stoffe in die Umwelt abgegeben hatte.

»Wenn alle Menschen verschwunden sind, brennt das Feuer einer Erdgasquelle, bis das Gasvorkommen erschöpft ist. Gewöhnlich sind die Brandursachen ein Elektrokabel oder eine Pumpe. Die ständen zwar nicht mehr unter Strom, aber es gibt ja immer noch statische Elektrizität oder Gewitter. Eine Quelle brennt an der Erdoberfläche, weil dazu Luft erforderlich ist, aber es gäbe niemanden, der die Flammen zurückdrängen und den Bohrlochkopf abdecken könnte. Die riesige Gasvorkommen am Golf von Mexiko oder in Kuwait könnten ewig brennen. Das wäre bei einer petrochemischen Anlage nicht der Fall, weil es dort nicht so viel gibt, was brennen könnte. Aber stellen Sie sich unkontrolliert brennende Industriekomplexe vor, die riesige Wolken von Schadstoffen wie Cyanwasserstoff, also Blausäure, in die Luft blasen. Im Chemiegürtel Texas/Louisiana gäbe es eine massive Luftvergiftung. Denken Sie an die Passatwinde und überlegen Sie sich, was geschieht.«

Alle diese Schwebstoffe in der Atmosphäre, so glaubt er, könnten einen begrenzten chemischen Nuklearwinter hervorrufen. »Bei der Verbrennung von Kunststoffen würden auch Chlorverbindungen wie Dioxine und Furane freigesetzt. Und im Ruß wären Blei, Chrom und Quecksilber. Europa und Nordamerika, in denen es die größten Konzentrationen von Raffinerien und chemischen Anlagen gibt, wären am stärksten kontaminiert. Doch die Wolken würden sich über die ganze Welt verbreiten. Die nächste Generation von Pflanzen und Tieren müsste eine hohe Anpassungsfähigkeit beweisen, um nicht einzugehen.«

Am Nordrand von Texas City, in den langen Nachmittagsschatten einer chemischen Fabrikanlage, liegt eine schmale, 800 Hektar große Fläche mit ursprünglicher Hochgrasprärie. Diese Fläche ist der letzte Rest jener zweieinhalb Millionen Hektar küstennaher Prärie, die es hier gab, bevor das Erdöl kam. Heute beherbergt das Naturschutzgebiet Texas City Prairie Preserve die Hälfte der 40 noch nachweislich existierenden Attwater-Präriehühner – die als die gefährdetste Vogelart Nordamerikas galten, bis 2005 aus Arkansas die umstrittene Sichtung eines einsamen Elfenbeinspechts gemeldet wurde, einer Art, die bis dahin als ausgestorben galt.

Während der Balz blasen männliche Attwater-Präriehühner zu beiden Seiten des Halses auffällige, goldfarbene Hautsäcke wie Luftballons auf. Die beeindruckten Weibchen legen daraufhin eine Menge Eier. Doch es ist fraglich, ob diese Kolonie in einer Welt ohne Menschen überleben könnte. Nicht nur die Anlagen der Ölindustrie haben sich auf ihrem Lebensraum ausgebreitet. Einst erstreckte sich die beinahe vollkommen baumlose Prärie hier bis Louisiana, allenfalls hob sich einmal ein grasender Büffel gegen den Horizont ab. Das änderte sich um 1900, als zufällig zwei Ereignisse gleichzeitig eintraten: die Entdeckung des Öls und das Eintreffen des Chinesischen Talgbaums.

Daheim in China überzog diese ursprünglich in kalten Klimazonen beheimatete Baumart ihre Samen zum Schutz gegen die Winterkälte mit so viel Wachs, dass sich die Ernte lohnte. Doch kaum war der Baum als landwirtschaftliche Nutzpflanze in den milden amerikanischen Süden eingeführt worden, erschien ihm diese Vorsorgemaßnahme nicht mehr notwendig. In einem Lehrbuchbeispiel für plötzliche evolutionäre Anpassung hörte er auf, wetterbeständiges Wachs herzustellen, und nutzte seine Energie stattdessen dazu, mehr Samen zu produzieren.

Heute steht überall dort an den Ufern des Houston Ship Channel, wo sich kein Schornstein erhebt, ein Chinesischer Talgbaum. Houstons Sumpfkiefern sind längst verschwunden, verdrängt vom Eindringling aus Asien, dessen rautenförmige Blätter sich in Erinnerung ans kalte Kanton jeden Herbst rot färben und abfallen. Um das Balzgebiet des Präriehuhns zu erhalten, bleibt The Nature Conservancy nichts anderes übrig, als den Talgbaum jährlich vorsichtig abzubrennen, damit er Präriepflanzen wie dem Zwergpalmetto und der Sonnenblume nicht das Licht raubt und sie gänzlich verdrängt. Ohne Menschen, die diese künstliche Wildnis erhalten, dürfte nur ein gelegentlich explodierender alter Öltank der botanischen Invasion aus Asien vorübergehend Einhalt gebieten.

Wenn unmittelbar nach dem Verschwinden von *Homo sapiens* alle Tanks und Türme des texanischen Ölflecks mit einem gewaltigen Knall explodiert sind, bleiben, nachdem sich der ölige Rauch verzogen hat, geschmolzene Straßen, verbogene Rohre, zerfetzte Ummantelungen und geborstener Beton zurück. Die weißglühende Hitze beschleunigt die Korrosion des Metallschrotts in der salzigen Luft, und die Polymerketten in den Restbeständen an Kohlenwasserstoffen zerfallen in kleinere, leichter verdauliche Moleküle, die sich besser für den biologischen Abbau eignen. Trotz aller ausgeschiedenen Gifte wird der Boden durch den verbrannten Kohlenstoff nährstoffreicher, sodass nach einem regenreichen Jahr Rutenhirse wächst. Ein paar robuste Wildblumen zeigen sich. Allmählich fasst das Leben wieder Fuß.

Wenn jedoch das Vertrauen von Fred Newhouse in die Sicherheitsvorrichtungen des Systems begründet ist – oder der scheidende Ölarbeiter in einem letzten Akt der Loyalität den Druck der Türme herunterfährt und die Feuer eindämmt –, wird der weltweit größte Industriekomplex der Petrochemie etwas länger für sein Verschwinden brauchen. Während der ersten Jahre blättert die Rostschutzfarbe ab. Im Laufe der nächsten zwanzig Jahre überschreiten alle Speichertanks ihre Lebenserwartung. Bodenfeuchtigkeit, Regen, Salz und Texaswinde setzen den Tanks zu, bis sie undicht werden. Bis dahin hat sich das gesamte schwere Rohöl verfestigt; Wettereinflüsse übernehmen das Cracken, ehe es schließlich von Insekten verzehrt wird.

Alle flüssigen Treibstoffe, die noch nicht verdunstet sind, versickern im Boden. Wenn sie aufs Grundwasser stoßen, schwimmen sie oben, weil Öl leichter als Wasser ist. Einige Mikroorganismen erkennen, dass diese Stoffe früher auch nur pflanzliches Leben waren, und lernen in einem allmählichen Anpassungsprozess, sie zu fressen. Die Gürteltiere kommen zurück und graben sich ihre Höhlen in der gereinigten Erde zwischen den verrottenden Überresten unterirdisch verlegter Röhren.

Sich selbst überlassene Ölfässer, Pumpen, Rohre, Türme, Ventile und Bolzen rosten an ihren schwächsten Punkten, den Verbindungen. »Flansche und Nieten«, sagt Fred Newhouse, »gibt es jede Menge in einer Raffinerie.« Bis sie nachgeben und die Metallwände zum Einsturz bringen, beschleunigen Tauben, die mit Vorliebe in den Spitzen von Destillationstürmen nisten, den Verfall des Karbonstahls mit ihrem Kot, während Klapperschlangen ihre Nester am Fuß der verwaisten Stahlkonstruktionen bauen und deren Untergang von dort aus betreiben. Wenn Biber Dämme in die Bäche bauen, die in die Galveston Bay münden, werden einige Gebiete überflutet. Houston ist im Allgemeinen zu warm für einen Frost-Tauwetter-Zyklus, doch der Lehmboden im Mündungsdelta schrumpft und quillt im Rhythmus von Trocken- und Regenperioden. Ohne Bauarbeiter, die die Risse beseitigen, dauert es keine hundert Jahre, bis die Gebäude im Stadtzentrum gefährliche Schlagseite bekommen.

Gleichzeitig verschlammt der Houston Ship Channel und findet zu seiner früheren Buffalo-Bayou-Identität zurück. Im Laufe der nächsten tausend Jahre werden er und die anderen toten Arme des Brazos' regelmäßig volllaufen, über die Ufer treten, die Einkaufszentren, Autohandlungen und Highwayauffahrten unterspülen – und auf diese Weise Houstons Skyline Hochhaus um Hochhaus zum Einsturz bringen.

Und der Brazos selbst? 30 Kilometer von Texas City entfernt, an der Küste kurz vor Galveston Island und gleich hinter den Giftwolken, die von Chocolate Bayou aufsteigen, schlängelt sich der Fluss, der eigentlich Brazos de Dios (»Gottes Arme«) heißt, um zwei sumpfige Naturschutzgebiete, legt eine Schlammlast ab, aus der man eine Insel machen könnte, und ergießt sich in den Golf von Mexiko. Seit Jahrtausenden teilt er sich ein Delta und manchmal eine Mündung mit dem Colorado und dem San Bernard. Ihre toten Arme haben sich so vielfältig verflochten, dass sich häufig die Frage, wer zu wem gehört, bestenfalls vorläufig beantworten lässt.

Ein Großteil des umgebenden Landes, das kaum einen Meter über dem Meeresspiegel liegt, ist mit dichtem Schilfdickicht bewachsen, die Schwemmgebiete weisen Altbestände an Eichen, Eschen, Ulmen und einheimischen Pekannussbäumen auf, die vor Jahren nicht dem Zuckerrohranbau geopfert wurden, weil man Schatten für das Vieh brauchte. »Alt« bedeutet hier nur hundert oder zweihundert Jahre, weil die Wurzeln nicht richtig in den lehmigen Boden eindringen können, weshalb sich reife Bäume meist nur so lange halten, bis sie vom nächsten Hurrikan umgerissen werden. Diese dicht mit Wildem Wein und Louisiana-Moos behangenen Wälder werden nur selten von Menschen aufgesucht, weil diese Giftefeu und Schwarznattern ebenso wie die handgroße Goldene Seidenspinne fürchten, die klebrige Netze von der Größe kleiner Trampoline zwischen den Baumstämmen aufspannt. Und es gibt so viele Stechmücken, dass die Vorstellung, ihr Überleben als Art könnte bedroht sein, wenn es den Mikroorganismen endlich gelingt, die Gebirge von alten Reifen abzubauen, absurd erscheint.

Infolgedessen sind diese vernachlässigten Wälder begehrte Lebensräume für Kuckucke, Spechte und Watvögel wie Ibisse, Kanada-Kraniche und Rosalöffler. Baumwollschwanz- und Marschkaninchen locken Schleiereulen und Weißkopfseeadler und in jedem Frühjahr fallen Tausende von zurückkehrenden Singvögeln, unter anderem Scharlach- und Sommertangare in ihren prächtigen Balzkleidern, nach der langen Golfüberquerung in diese Wälder ein.

Die tiefen Lehmschichten unter ihren Nistbäumen wurden abgelagert, als der Brazos noch regelmäßig über die Ufer trat – bevor ein Dutzend Deiche, Umleitungen und zwei Kanäle sein Wasser nach Galveston und Texas City lenkten. Doch er wird wieder über die Ufer treten. Überlässt man Deiche sich selbst, werden sie schnell abgetragen. Nach hundert Jahren ohne Menschen wird der Brazos sie alle überschwemmen, einen nach dem anderen.

Vielleicht dauert es noch nicht einmal so lange. Nicht nur der Golf von Mexiko, dessen Wasser noch wärmer als das des Ozeans ist, wird landeinwärts vorrücken, an der gesamten texanischen Küste hat sich vielmehr während der letzten hundert Jahre der Boden gesenkt und dem Wasser damit das Vordringen erleichtert. Wenn unterirdische Öl-, Gas- oder Grundwasservorkommen aus der Tiefe hochgepumpt werden, sackt der Boden in die frei gewordenen Räume ab. Die Senkung beträgt in Teilen von Galveston drei Meter. Eine Nobelsiedlung in Baytown nördlich von Texas City rutschte so tief, dass sie während des Hurrikans Alicia im Jahr 1983 überflutet wurde und heute ein geschütztes Feuchtgebiet ist. Nur an wenigen Stellen erhebt sich die Golfküste mehr als einen Meter über den Meeresspiegel und Teile von Houston liegen sogar darunter.

Man lasse das Land absinken, den Meeresspiegel steigen und gebe Hurrikane hinzu, die weit stärker sind als Alicia, ein mittlerer Wirbelsturm der Kategorie 3 – und noch bevor die Deiche abgetragen sind, wird der Brazos wieder die Tätigkeit aufnehmen, die er 80 000 Jahre lang ausübte: Wie sein Bruder im Osten, der Mississippi, überschwemmt er dann sein ganzes Delta, indem er dort beginnt, wo die Prärie endet. Er überflutet die Riesenstadt, die dem Öl ihre Existenz verdankt, und setzt das ganze Land bis zur Küste unter Wasser, schluckt den San Bernard und verschmilzt mit dem Colorado, sodass sich das Wasser an der Küste über Hunderte von Kilometern ausbreitet. Galveston Island wird sein Fünf-Meter-Deich kaum helfen. Die Ölsilos entlang des Ship Channel verschwinden im Wasser; Brennerrohre, Cracktürme und Fraktionierungskolonnen ragen wie die Wolkenkratzer im Stadtzentrum von Houston aus den brackigen Fluten. Ihre Fundamente verrotten, während sie vergeblich auf den Rückzug des Wassers warten.

Nachdem der Brazos die Dinge wieder ins Lot gebracht hat, sucht er sich einen neuen Weg ins Meer – einen kürzeren, weil die See näher gerückt ist. Flussaufwärts entsteht neues, höheres Schwemmland und schließlich bilden sich neue Laubbaumbestände (vorausgesetzt, die Chinesischen

Talgbäume, deren wasserresistente Samen sie zur Kolonisation dieser Landschaft prädestinieren, sind bereit, die Ufergebiete mit ihnen zu teilen). Texas City ist verschwunden; die Kohlenwasserstoffe, die aus seinen überfluteten petrochemischen Anlagen entweichen, werden von den Strömungen davongetragen. Nur einige schwere Rohölreste werden als Kügelchen an die neuen Flussufer gespült, wo sie irgendwann in ferner Zukunft verspeist werden.

Unter Wasser bieten die oxidierenden Metallteile des chemischen Industriekomplexes den Austern ideale Haftflächen. Schlamm und Austernschalen decken sie langsam zu, um dann selbst begraben zu werden. Nach einigen Millionen Jahren haben sich genügend Schichten angesammelt, um die Schalen zu Kalkstein zusammenzupressen, der hier und da von seltsamen rostigen Streifen durchzogen ist, gesprenkelt mit glitzernden Spuren von Nickel, Molybdän, Niob und Chrom. Jahrmillionen später besitzt jemand vielleicht die Kenntnisse und Geräte, um die Anzeichen von rostfreiem Stahl zu erkennen. Doch nichts ist geblieben, was darauf hindeutet, dass er einst hoch über einer Gegend namens Texas aufragte und Feuer in den Himmel fauchte.

11 Die Wälder

Wenn wir an Zivilisation denken, haben wir gewöhnlich das Bild einer Stadt vor Augen. Kein Wunder: Bauwerke faszinieren uns, seit Türme und Tempel errichtet werden. Als die Architektur himmelwärts strebte und flächendeckend wurde, widerfuhr unserem Planeten etwas völlig Neues. Nur Bienenstöcke oder Ameisenhügel vermochten es, wenn auch in weit bescheidenerem Maßstab, mit der Dichte und Komplexität unserer Städte aufzunehmen. Plötzlich waren wir keine Nomaden mehr, die sich wie Vögel oder Biber flüchtige Nester aus Zweigen und Schlamm zusammenbastelten. Wir bauten uns dauerhafte Häuser, was hieß, dass wir bleiben wollten. Das Wort *Zivilisation* leitet sich vom lateinischen *civis* her, »Bürger, Stadtbewohner«.

Und doch war es der Bauernhof, der die Stadt hervorbrachte. Unsere Entscheidung, Felder zu bestellen und Vieh zu halten – das heißt, andere Lebewesen unserem Willen zu unterwerfen –, war noch schicksalhafter als unsere ausgezeichneten Fertigkeiten als Jäger. Statt Pflanzen einfach aufzulesen oder Tiere nur zu jagen, wenn wir sie essen wollten, zeichneten wir nun ihr Dasein vor, veranlassten sie, sich verlässlicher und zahlreicher zu entwickeln.

Da wenige Bauern viele Menschen ernähren konnten und da mehr Nahrung mehr Menschen bedeutete, gab es plötzlich viele Menschen, die die Freiheit besaßen, andere Dinge zu tun, als für Nahrung zu sorgen oder sie zuzubereiten. Mit

Ausnahme der Cro-Magnon-Höhlenmaler, die vermutlich ihres Talentes wegen so geachtet waren, dass sie von anderen Pflichten befreit wurden, gab es bis zur Entwicklung der Landwirtschaft für die Menschen auf diesem Planeten keine andere Beschäftigung als die Nahrungssuche.

Die Landwirtschaft brachte uns die Sesshaftigkeit und die Sesshaftigkeit führte zur Verstädterung. Doch so beeindruckend die Skylines auch sind, die Auswirkungen der landwirtschaftlichen Nutzflächen sind ungleich bedeutender. Fast zwölf Prozent der Landmasse des Planeten werden landwirtschaftlich genutzt, dagegen nur drei Prozent von kleinen und großen Städten eingenommen. Wenn wir das Weideland einbeziehen, beträgt der Teil, der für menschliche Nahrungsproduktion genutzt wird, sogar mehr als ein Drittel der gesamten Landfläche.

Wenn wir plötzlich aufhörten, zu pflügen, zu pflanzen, zu düngen, zu spritzen und zu ernten, wenn wir darauf verzichteten, unsere Ziegen, Kühe, Schweine, Hühner, Kaninchen, Meerschweinchen, Leguane und Alligatoren zu mästen, gewönnen diese Gebiete dann wieder ihre ursprüngliche vor-agrarisch-idyllische Gestalt zurück?

Um eine Vorstellung davon zu bekommen, ob sich bebautes Land von uns erholen würde oder nicht, können wir mit den beiden Englands beginnen – dem alten und dem neuen.

In jedem neuenglischen Wald südlich der Wildnis Nord-Maines sieht man es nach fünf Minuten. Das geschulte Auge eines Försters oder Umweltschützers erkennt es an einem Bestand großer Weymouth-Kiefern, die so gleichförmig und dicht nur wachsen, wo sich einst Ackerland befand. Oder sie entdecken Gruppen von Laubbäumen – Buchen, Ahorn, Eichen – ungefähr gleichen Alters, herangewachsen aus Keimen im Schatten eines nicht mehr existierenden Weymouth-Kiefernbestandes, der geschlagen oder vom Hurrikan weggefegt wurde und so den Laubbaumsämlingen den Himmel frei machte, damit sie unter ihm ihre Kronen ausbreiteten.

Doch selbst wenn Sie eine Birke nicht von einer Buche zu unterscheiden wissen, können Sie es gar nicht übersehen, etwa kniehoch, bedeckt von Laub und Flechten oder von grünen Sträuchern überwuchert: Die niedrigen Steinmauern, welche die Wälder von Maine, Vermont, New Hampshire, Massachusetts, Connecticut und den Norden New Yorks kreuz und quer durchziehen, zeigen, dass hier einst Menschen waren und Grenzen absteckten. Bei einer Erhebung aus dem Jahr 1871, so schreibt der Geologe Robert Thorson aus Connecticut, sei man östlich des Hudson River auf mindestens 384 000 Kilometer von Hand errichteter Steinmauern gestoßen – lang genug, um bis zum Mond zu reichen.

Als die letzten Gletscher des Pleistozäns vor etwa 12 000 Jahren vorrückten, rissen sie Steine aus dem felsigen Untergrund, schleppten sie mit und gaben sie andernorts wieder frei. Einige lagen an der Erdoberfläche, andere waren im Boden vergraben, von wo sie in Abständen vom Frost nach oben befördert wurden. Die aus Europa kommenden Bauern mussten sie zusammen mit den Bäumen beseitigen, bevor sie in der Neuen Welt einen Neuanfang machen konnten. Die Steine und Findlinge, die sie entfernten, markierten die Grenzen ihrer Felder und dienten zum Einhegen ihrer Tiere.

So weit von den großen Märkten entfernt, lohnte sich die Rinderzucht nicht, doch für den Eigenbedarf hielten die Farmer Neuenglands so viele Rinder, Schweine und Milchkühe, dass der größte Teil ihres Landes Weiden und Heuwiesen waren. Auf den übrigen Flächen wurde Roggen, Gerste, Sommerweizen, Hafer, Mais oder Hopfen angebaut. Die Bäume, die sie fällten, und die Stümpfe, die sie aus dem Boden rissen, waren Teil jenes Mischwaldes aus Laubbäumen, Kiefern und Fichten, den wir heute mit Neuengland gleichsetzen – was nur möglich ist, weil diese Bäume zurückgekehrt sind.

Anders als in den meisten Regionen der Erde dehnen sich Neuenglands Wälder aus und sind heute weit größer als 1776 bei der Gründung der Vereinigten Staaten. 50 Jahre nach der amerikanischen Unabhängigkeit war der Eriekanal quer durch den Staat New York gegraben und Ohio, seinerzeit noch Teil des Nordwestterritoriums, erschlossen – ein Gebiet, dessen kürzere Winter und fettere Böden die mühsam um ihren Lebensunterhalt kämpfenden Yankee-Farmer lockte. Außerdem kehrten Tausende nach dem Bürgerkrieg nicht auf ihre Höfe zurück, sondern gingen stattdessen in die Fabriken und Spinnereien, deren Maschinen von Neuenglands Flüssen angetrieben wurden – oder brachen in den Westen auf. Als die Wälder des Mittleren Westens den Siedlern wichen, kehrten die Wälder Neuenglands zurück.

Die Trockenmauern – Natursteinmauern ohne Mörtel –, an denen fleißige Bauernhände drei Jahrhunderte lang bauten, folgen den Bewegungen des Bodens, wenn er sich mit den Jahreszeiten hebt und senkt. Sie werden noch einige Jahrhunderte lang zur neuenglischen Landschaft gehören, bis genügend altes Laub zu Erde geworden ist und sie begraben hat. Doch wie ähnlich sind die Wälder, die um sie her wachsen, dem, was hier gedieh, bevor die Europäer oder vor ihnen die Indianer eintrafen? Und was würde aus diesen Wäldern werden, wenn sie sich selbst überlassen wären?

1980 bestritt der Geograf William Cronon in seinem Buch *Changes in the Land* die Auffassung jener Historiker, die behaupten, die ersten Europäer, die in die Neue Welt gelangt seien, hätten einen unberührten Urwald angetroffen – einen Wald, der angeblich die gesamte Fläche des Kontinents so dicht bedeckte, dass ein Eichhörnchen in den Baumwipfeln von Ast zu Ast hüpfend von Cape Cod bis an den Mississippi hätte gelangen können, ohne ein einziges Mal den Boden berühren zu müssen. Die Indianer wurden als primitive Eingeborene geschildert, die den Wald bewohnten und von ihm lebten, ohne ihn stärker zu prägen als beispielsweise die Eichhörnchen. Getreu der Thanksgiving-Legende der Pilgrim Fathers galt es als erwiesen, dass die Indianer eine begrenzte, schonende Landwirtschaft praktizierten, indem sie Mais, Bohnen und Kürbisse anbauten.

Heute wissen wir, dass viele der angeblich unberührten Landschaften Nord- und Südamerikas in Wirklichkeit das Ergebnis enormer, von Menschenhand bewirkter Veränderungen waren, die mit dem Massaker an der Megafauna begannen. Die ersten dauerhaften Bewohner Amerikas brannten mindestens zweimal im Jahr das Unterholz nieder, um sich die Jagd zu erleichtern. Die meisten Feuer waren begrenzt, nur zur Vernichtung von Sträuchern und Ungeziefer gedacht, aber man verbrannte auch gezielt ganze Baumgruppen, um Fallen und Schneisen anzulegen und das Wild so in die Enge zu treiben.

Die Überquerung des Kontinents in den Baumwipfeln wäre nur Vögeln möglich gewesen. Noch nicht einmal Gleithörnchen hätten das geschafft, weil sie Flügel gebraucht hätten, um die breiten Korridore zu überwinden, wo die Wälder zu Grasland mit Bauminseln gelichtet oder vollkommen verschwunden waren. Die Steinzeitindianer beobachteten, was nachwuchs, wenn durch Blitzschlag Lichtungen entstanden waren, und lernten Waldwiesen anzulegen, deren Beeren und Kräuter Hirsche, Wachteln und Truthähne anlocken sollten. Schließlich ermöglichte das Feuer ihnen das, was die Europäer und ihre Nachfahren später in so großem Maßstab praktizierten – sie betrieben Landwirtschaft.

Doch es gab eine Ausnahme: Neuengland, eine der ersten Gegenden, in denen Kolonisten eintrafen und blieben, was vielleicht zum Teil erklärt, warum die irrige Vorstellung von einem ganzen jungfräulichen Kontinent so verbreitet ist.

»Heute sind wir uns einig«, meint der Harvard-Ökologe David Foster, »dass der präkoloniale Osten Amerikas eine große Bevölkerung hatte, die sich von der Landwirtschaft, speziell dem Maisanbau, ernährte, in festen Dörfern wohnte und den Wald für Felder rodete. So weit, so gut. Aber hier lagen die Dinge anders.«

Es ist ein herrlicher Septembermorgen im dicht bewaldeten Zentralgebiet von Massachusetts, kurz vor der Grenze zu New Hampshire. Foster ist in einem Bestand hoher Weymouth-Kiefern stehen geblieben, wo sich noch vor hundert Jahren ein Weizenfeld befand. In ihrem schattigen Unterholz wachsen kleine Laubbäume – sehr ärgerlich, sagt er, für die Forstleute, die nach dem Aufbruch von Neuenglands Farmern in den Südwesten hierherkamen und glaubten, sie könnten auf Dauer einen Kieferwald heranziehen.

»Jahrelang versuchten sie vergeblich, die Weymouth-Kiefern von allein zum Wachsen zu bringen. Sie begriffen nicht, dass man, wenn man einen Wald abholzt, einen neuen Wald freilegt, der im Schatten des alten herangewachsen ist. Sie hätten Thoreau lesen sollen.«

Es ist der Harvard Forest bei dem Dorf Petersham, ursprünglich 1907 als forstwirtschaftliche Forschungsstation gegründet und heute ein Labor, in dem man untersucht, was mit Land geschieht, das von Menschen nicht mehr genutzt wird. David Foster, der Direktor, hat es verstanden, einen Großteil seines Berufslebens in der Natur und nicht in Seminarräumen zu verbringen: Mit seinen fünfzig Jahren sieht er zehn Jahre jünger aus – sportlich, das Haar noch immer dunkel. Er springt über einen Bach, der von einer der seit vier Generationen hier ansässigen Farmerfamilien zur Entwässerung verbreitert wurde. Die Eschen an seinen Ufern sind Pioniere des wiedergeborenen Waldes. Wie Weymouth-Kiefern pflanzen sie sich nicht in ihrem eigenen Schatten fort, daher werden sie in einem weiteren Jahrhundert durch den in ihrem Schatten wachsenden Zuckerahorn ersetzt werden. Doch das hier ist bereits in jeder Hinsicht ein Wald, wie er sein soll: aufregende Düfte, Pilze, die durch altes Laub nach oben drängen, Flecken grüngoldenen Sonnenlichts, hämmernde Spechte.

Selbst im technisiertesten Teil einer ehemaligen Farm kommt der Wald schon bald zurück. Ein moosüberzogener Mühlstein bei einem Steinhaufen, der einmal ein Schornstein war, verrät, dass hier ein Farmer früher die Rinde von Hemlock-Tannen und Kastanien zermahlte, um Rindshäute zu gerben. Der Mühlteich ist jetzt mit Sedimenten gefüllt. Verstreute Schamottsteine, ein paar Metallteile und Glasscherben sind alles, was von dem Farmhaus übrig geblieben ist. Im offenen Kellerloch wuchern Farne. Die Trockenmauern, die einst offene Felder trennten, schlängeln sich jetzt zwischen 30 Meter hohen Koniferen hindurch.

Im Laufe zweier Jahrhunderte holzten die europäischen Bauern und ihre Nachkommen zwei Drittel der neuenglischen Wälder ab, darunter auch diesen. Noch drei Jahrhunderte und die Baumstämme sind möglicherweise wieder so dick wie die Ungetüme, welche die ersten Neuengländer in Schiffsplanken und Kirchen verwandelten – Eichen mit einem Durchmesser von drei Metern, Platanen, die doppelt so dick waren, und 75 Meter hohe Weymouth-Kiefern. Die frühen Kolonisten fanden laut Foster so riesige Bäume in Neuengland vor, weil diese kalte Ecke, anders als andere Teile des präkolonialen Nordamerikas, nur spärlich bevölkert war.

»Es gab hier Menschen. Doch die Belege zeigen, dass es nur wenige vereinzelte Jäger und Sammler waren. Das ist keine Landschaft zum Brandroden. In ganz Neuengland gab es vielleicht 25 000 Menschen und nirgendwo Anzeichen von Sesshaftigkeit. Die Pfahllöcher für ihre Hütten haben nur einen Durchmesser von fünf bis zehn Zentimetern. Diese Jäger und Sammler konnten ein Dorf über Nacht abbrechen und mit ihm weiterziehen.«

Im Gegensatz zur Mitte des Kontinents, meint Foster, wo sich sesshafte Indianervölker im unteren Mississippi-Tal angesiedelt hatten, wurde in Neuengland vor 1100 n. Chr. kein Mais angebaut. »Die gesamte Maismenge aus archäologischen Fundstätten in Neuengland würde keine Kaffeetasse füllen.« Die meisten Siedlungen lagen in Flusstälern, wo die Landwirtschaft schließlich ihren Anfang nahm, und an der Küste, wo Jäger und Sammler, die sich aufs Wasser hinaustrauten, aus dem Vollen schöpfen konnten: Das Meer bot ihnen immense Bestände an Heringen, Alsen, Muscheln, Krebsen, Hummern und Dorschen, so dick, dass man sie mit der Hand fangen konnte. Lager im Binnenland wurden nur aufgesucht, um vor dem rauen Winterklima an der Küste Schutz zu suchen.

»Der Rest«, sagt Foster, »war Wald.« Es war eine menschenleere Wildnis, bis die Europäer dieses Land nach ihrer Heimat benannten und sich anschickten, es zu roden. Die Waldgebiete, welche die Pilgrim Fathers vorfanden, waren nach der letzten Eiszeit entstanden.

»Diese Vegetation kehrt jetzt wieder. Alle bedeutenden Baumarten kommen zurück.«

Genauso wie die Tiere. Einige, wie der Elch, sind von allein gekommen. Andere, wie der Biber, sind ausgesetzt worden und haben sich rasch vermehrt. In einer Welt ohne Menschen, die den Bibern Einhalt gebieten, könnte Neuengland wieder das Aussehen annehmen, das Nordamerika einst von Kanada bis Nordmexiko hatte: Jeder Bach wird in regelmäßigen Abständen von Biberdämmen unterbrochen, wodurch große Feuchtgebiete entstehen, die sich wie dicke Perlen aneinanderreihen und mit Enten, Bisamratten, Watvögeln und Salamandern dicht besiedelt sind. Ein neues Element des Ökosystems wäre der Kojote, der gegenwärtig bemüht ist, die verwaiste Wolfsnische zu besetzen – obwohl möglicherweise schon eine neue Unterart auf diesen Platz Anspruch erhebt.

»Die Exemplare, die wir beobachten, sind erheblich größer als die westlichen Kojoten. Ihre Schädel und Kieferknochen sind umfangreicher«, sagt Foster und seine Hände beschreiben einen eindrucksvollen Schädel dieser Hundeartigen. »Sie reißen größere Beutetiere als die Kojoten im Westen, beispielsweise Hirsche. Wahrscheinlich ist das kein plötzlicher Anpassungsprozess. Es gibt genetische Indizien dafür, dass westliche Kojoten durch Minnesota gewandert sind, dann quer durch Kanada, wo sie sich mit Wölfen gekreuzt haben, bis sie endlich hier aufgetaucht sind.«

Es sei ein Glücksfall, fügt er hinzu, dass Neuenglands Farmer das Land verlassen hätten, bevor Amerika von nichteinheimischen Pflanzen überschwemmt wurde. Bevor sich exotische Bäume ausbreiten konnten, hatte die einheimische Vegetation schon wieder festen Fuß auf dem einstigen Ackerland gefasst. Keine Chemikalien waren in den Boden gelangt. Kein Unkraut, keine Insekten und keine Pilze waren vergiftet worden, um das Wachstum anderer Pflanzen zu fördern. Es ist fast ein Musterfall für die Art und Weise, wie die Natur landwirtschaftlich genutzte Fläche wieder in Besitz nehmen kann – ein Musterfall, an dem wir beispielsweise das alte England messen können.

Der Bauernhof

Wie die meisten britischen Fernverkehrsstraßen wurde die Trasse der Autobahn M1, die von London aus nach Norden führt, ursprünglich von den Römern erbaut. In Hertfordshire ist es von Hempstead nur ein Katzensprung bis St. Alban's und von dort wiederum nur ein kleines Stück bis zum Dorf Harpenden. Von römischer Zeit bis ins 20. Jahrhundert, als die Orte Schlafstädte des 50 Kilometer entfernten London wurden, war St. Alban's ein Zentrum für landwirtschaftlichen Handel, während Harpenden inmitten von flachen Kornfeldern lag, deren Gleichförmigkeit allenfalls durch Hecken unterbrochen wurde.

Lange bevor die Römer im 1. Jahrhundert n. Chr. eintrafen, lichteten sich die dichten Wälder der Britischen Inseln bereits. Die ersten Hominiden kamen vor 700 000 Jahren, während der Eiszeiten, als der Ärmelkanal eine Landbrücke war; vermutlich folgten sie Herden von Auerochsen, den heute ausgestorbenen wilden eurasischen Rindern, doch sie schlugen nur zeitweilige Lager auf. Wie der namhafte britische Forstbotaniker Oliver Rackham meint, herrschten nach der letzten Eiszeit im Südosten Englands große Linden- und Eichenbestände vor, dazu eine Fülle von Haselnusssträuchern, die den Steinzeitsammlern als Nahrung dienten.

Um 4500 v. Chr. veränderte sich die Landschaft, weil jeder, der über das Wasser kam, das fortan England vom Kontinent trennte, Saatgut und Nutztiere mitbrachte. Diese Einwanderer, so klagt Rackham, »schickten sich an, Großbritannien und Irland in einen Abklatsch jener trockenen, offenen Steppen des Nahen Ostens zu verwandeln, in denen die Landwirtschaft begonnen hatte«.

Heute ist weniger als ein Hundertstel der Fläche Großbritanniens noch ursprüngliches Waldgebiet, in Irland ist es praktisch ganz verschwunden. Die meisten Waldbestände sind abgegrenzte Flächen, die erkennen lassen, dass hier seit Jahrhunderten konsequente Niederwaldwirtschaft betrieben wurde, bei der die Regeneration durch Stockausschläge erfolgte und das Holz zum Bauen und Heizen verwendet wurde. Die Praxis wurde nach der römischen Herrschaft von den angelsächsischen Kleinbauern und Leibeigenen und später auch im Mittelalter beibehalten.

In Harpenden, unweit eines niedrigen Steinkreises und einer angrenzenden Palisadenwand – den Überresten eines römischen Heiligtums –, wurde Anfang des 13. Jahrhunderts ein Landsitz errichtet. Rothamsted Manor, erbaut aus Ziegeln und Holz und umgeben von einem Graben und 120 Hektar Land, wechselte fünfmal den Besitzer in ebenso vielen Jahrhunderten, wobei sich die Zahl seiner Zimmer stetig erhöhte, bis dort im Jahr 1814 John Bennet Lawes geboren wurde.

Lawes besuchte Eton, ging dann nach Oxford, wo er Geologie und Chemie studierte, ließ sich üppige Koteletten wachsen, machte aber nie einen Abschluss. Stattdessen kehrte er nach Rothamsted zurück, um etwas aus dem Gut zu machen, das sein Vater hatte verkommen lassen. Was er tat, veränderte die Praxis der Landwirtschaft und große Teile der Erdoberfläche. Welche Dauer diesen Veränderungen selbst nach unserem Verschwinden beschieden sein wird, ist Gegenstand heftiger Debatten zwischen den Vertretern der Agrarindustrie und Umweltschützern. Doch mit bemerkenswerter Voraussicht hat uns John Bennet Lawes selbst viele Anhaltspunkte dafür hinterlassen.

Seine Geschichte beginnt mit Knochen – obwohl manch einer behaupten würde, dass zuerst die Kreide kam. Jahrhundertelang hatten die Bauern in Hertfordshire die kalkhaltigen Überreste urzeitlicher Meerestiere ausgegraben, die sie unter dem heimischen Lehmboden fanden, um sie auf ihren Äckern auszustreuen, weil sie dem Gedeihen ihrer Rüben und Getreidepflanzen förderlich waren. Aus den Vorlesungen in Oxford wusste Lawes, dass das Düngen mit Kalk nicht die Pflanzen nährte, sondern nur den Säuregehalt des Bodens verminderte. Gab es also etwas, was die Pflanzen selbst mit Nahrung versorgen konnte?

Der deutsche Chemiker Justus Liebig hatte kurz zuvor darauf hingewiesen, dass Knochenmehl erschöpften Böden neue Kraft gab; durch vorheriges Einweichen in verdünnter Schwefelsäure werde es für die Pflanzen noch bekömmlicher. Lawes probierte das Rezept auf einem Rübenacker aus und war beeindruckt.

Justus von Liebig gilt als der Vater der Düngemittelindustrie, er hätte diesen Ehrentitel aber vermutlich gern gegen John Bennet Lawes' außerordentlichen Erfolg eingetauscht. Liebig war nicht auf die Idee gekommen, seine

Methode patentieren zu lassen. Als Lawes sich klarmachte, was für Umstände es für viel beschäftigte Bauern bedeutete, Knochen zu kaufen, zu kochen, sie zu zermahlen, Schwefelsäure von den Londoner Gaswerken zu holen, das Pulver damit zu behandeln und das verfestigte Ergebnis dieser Prozedur erneut zu mahlen, wurde er beim Patentamt vorstellig. Das Patent in der Tasche, errichtete er 1841 in Rothamsted die erste Kunstdüngerfabrik der Welt. Schon bald verkaufte er sein »Superphosphat« an alle angrenzenden Bauernhöfe.

Kurze Zeit später verlegte er seine Düngerfabrik auf ein größeres Gelände bei Greenwich an der Themse. Als sich die Verwendung chemischer Bodenzusätze immer mehr verbreitete, wurde die Zahl von Lawes' Fabriken größer und seine Produkte vielfältiger. Jetzt gehörten nicht nur Knochenmehl und mineralische Phosphate dazu, sondern auch zwei Stickstoffdünger: Natriumnitrat und Ammoniumsulfat (die später beide durch das heute übliche Ammoniumnitrat ersetzt wurden). Abermals war es der glücklose Liebig, der Stickstoff als Schlüsselelement der für das Pflanzenwohl entscheidenden Amino- und Nukleinsäuren erkannt, aber versäumt hatte, seine Entdeckung gewinnbringend zu nutzen. Während Liebig seine Ergebnisse veröffentlichte, ließ sich Lawes die Nitratmischungen patentieren.

Um herauszufinden, welche Stoffe am wirkungsvollsten waren, legte Lawes 1843 eine Reihe von Versuchsfeldern an, die noch heute in Betrieb sind, was Rothamsted Research nicht nur zum ältesten agrarwissenschaftlichen Versuchsbetrieb macht, sondern auch zum Ort des weltweit längsten Feldexperiments. Lawes und John Henry Gilbert, der Chemiker, der Lawes' Partner wurde und es sechzig Jahre lang blieb, begannen mit der Bepflanzung zweier Felder: das eine mit Futterrüben, das andere mit Weizen. Diese unterteilten sie in 24 Streifen und verfuhren mit jedem auf andere Weise.

Die Mischungen umfassten viel, wenig oder keinen Stickstoffdünger; rohes Knochenmehl, die patentierten Superphosphate oder gar kein Phosphat; Mineralien wie Pottasche, Magnesium, Kalium, Schwefel, Natrium; schließlich noch unbehandelten oder gekochten Naturdung. Einige Streifen wurden mit dem einheimischen Kalk bestreut, andere nicht. In den folgenden Jahren wurden einige Felder abwechselnd mit Gerste, Bohnen, Hafer, Rotklee und Kartoffeln bestellt. Einige Streifen ließ man in regelmäßigen Abständen brachliegen, andere wurden ständig mit der gleichen Frucht bepflanzt. Wieder andere dienten als Kontrollfelder, die überhaupt keine Zusätze erhielten.

In den 1850er Jahren war klar, dass bei gleichzeitiger Anwendung von Stickstoff und Phosphat die Erträge zunahmen und dass sich Spurenmineralien bei einigen Pflanzen als zu- und bei anderen als abträglich erwiesen. Zusammen mit seinem Partner Gilbert, der unermüdlich Proben nahm und die Ergebnisse aufzeichnete, testete Lawes bereitwillig jede Theorie – egal ob wissenschaftlich, selbst gebastelt oder abenteuerlich –, die versprach, das Pflanzenwachstum zu fördern. Laut Lawes' Biografen George Vaughn Dyke gehörte dazu der Versuch, Superphosphat unter Verwendung von Elfenbeinstaub herzustellen oder Saaten verschwenderisch mit Honig zu versorgen.

Ein Experiment, das noch immer läuft, betrifft keine Feldfrüchte, sondern nur Gras. Eine alte Schafweide, direkt unterhalb von Rothamsted Manor gelegen, wurde in Streifen aufgeteilt und mit verschiedenen anorganischen Stickstoffverbindungen und Mineralien behandelt. Später fügten Lawes und Gilbert Fischmehl und den Dung von Tieren hinzu, die unterschiedliches Futter erhalten hatten. Als sich im 20. Jahrhundert der saure Regen verstärkte, wurden die Streifen weiter unterteilt und die Hälfte von ihnen mit Kalk bestreut, um das Wachstum bei verschiedenen pH-Konzentrationen zu untersuchen.

Dieses Wiesenexperiment zeigte, dass anorganischer

Stickstoffdünger das Gras zwar hüfthoch wachsen lässt, aber die Artenvielfalt unterdrückt. Während auf nichtgedüngten Streifen fünfzig Arten von Gräsern, Unkräutern, Gemüsepflanzen und Kräutern wuchsen, zeigten sich auf benachbarten Feldern, die mit Stickstoff gedüngt worden waren, nur zwei oder drei Arten. Da Landwirte in aller Regel nicht wünschen, dass andere Pflanzensamen mit dem von ihnen ausgebrachten Saatgut konkurrieren, haben sie damit keine Probleme, möglicherweise aber die Natur.

Überraschenderweise hatte auch Lawes damit seine Schwierigkeiten. Inzwischen wohlhabend geworden, verkaufte er in den 1870er Jahren sein Kunstdüngerunternehmen, setzte aber seine faszinierenden Experimente fort. Ihn interessierte, wie die Bodenauslaugung zustande kam. Sein Biograf zitiert ihn mit den Worten: »Jeder Landwirt, der glaubt, er könne mithilfe von ein paar Pfund einer chemischen Substanz ebenso gute Ernten erzielen wie mit ebenso vielen Tonnen Naturdung, irrt sich gewaltig.« Lawes riet jedem, der Gemüse und Gartenkräuter ziehen wolle, er solle sich »eine Gegend suchen, wo er sich zu erschwinglichen Preisen einen großen Vorrat an Naturdung besorgen kann«.

Doch in einem ländlichen Gebiet, wo man sich mühte, den Nahrungsbedarf einer rasch wachsenden städtischen Industriegesellschaft zu decken, konnten sich die Landwirte nicht mehr den Luxus leisten, genügend Milchkühe und Schweine zu halten, um die nötigen Mengen an organischem Dünger zu produzieren. Ende des 19. Jahrhunderts suchten die Landwirte überall im dicht besiedelten Europa verzweifelt nach Nahrung für ihr Getreide und Gemüse. Auf südpazifischen Inseln baute man den Guano ab, der sich in Jahrhunderten angesammelt hatte; in Ställen wurde der Mist zusammengekratzt; und selbst mit menschlichen Exkrementen wurden die Felder gedüngt. Laut Liebig hat man sogar die Knochen von Menschen und Pferden, die in der Schlacht von Waterloo ihr Leben gelassen hatten, gemahlen und als Dünger verwendet.

Als der Druck auf die landwirtschaftlichen Nutzflächen im 20. Jahrhundert überhandnahm, experimentierte man bei Rothamsted Research mit Versuchsfeldern für Herbizide, Pestizide und kommunalen Klärschlamm. Die gewundene Straße, die zu dem alten Herrenhaus führt, ist jetzt gesäumt von großen Labors für chemische Ökologie, molekulare Entomologie und Pestizidchemie. Sie befinden sich im Besitz jener agrarwissenschaftlichen Stiftung, die von Lawes und Gilbert gegründet wurde, nachdem sie beide von Queen Victoria geadelt wurden. Rothamsted Manor ist zu einem Gästehaus für Wissenschaftler aus aller Welt geworden. Doch hinter all den glänzenden, modernen Einrichtungen befindet sich in einer 300 Jahre alten Scheune mit staubigen Fensterscheiben Rothamsteds bemerkenswertestes Vermächtnis.

Es ist ein Archiv, das mehr als 160 Jahre umfasst – 160 Jahre menschlicher Bemühungen, Pflanzen zu nutzen. Die Proben, die in Tausenden von Fünf-Liter-Flaschen versiegelt sind, decken praktisch alles ab. Von jedem Versuchsstreifen nahmen Gilbert und Lawes Proben geernteter Getreidekörner, ihrer Stängel und Blätter sowie des Bodens, auf dem sie wuchsen. Sie bewahrten die Düngemittel jedes Jahres auf, einschließlich des Naturdungs. Ihre Nachfolger füllten sogar den Klärschlamm in Flaschen ab, der auf Rothamsteds Versuchsfeldern ausgebracht wurde.

Die Flaschen, chronologisch auf fünf Meter hohen Metallregalen angeordnet, reichen zurück bis zum ersten Weizenfeld von 1843. Nachdem sich in den ersten Proben Schimmel gezeigt hatte, wurden sie ab 1865 mit Korken, dann mit Paraffin und schließlich mit Blei verschlossen. Als während der Kriegsjahre Flaschen knapp wurden, versiegelte man die Proben in Blechdosen, die vorher Kaffee, Milchpulver oder Sirup enthalten hatten.

Tausende von Forschern stiegen auf Leitern, um die kalligrafischen Schriftzeichen auf den mit der Zeit vergilbten Etiketten zu entziffern – und ein wenig von der Bodenprobe zu entnehmen, die, sagen wir, im April 1871 auf Rothamsteds Geesecroft Field in einer Tiefe von 22,5 Zentimetern entnommen wurde. Doch viele Flaschen sind nie geöffnet worden: Neben der organischen Substanz bewahren sie auch die Luft ihrer Epoche. Sollten wir plötzlich verschwinden und kein Erdbeben eintreten, das die vielen Tausend Glasgefäße auf dem Boden zerklirren lässt, können wir mit einiger Gewissheit davon ausgehen, dass diese einzigartige Hinterlassenschaft uns noch lange überleben wird. Binnen hundert Jahren würde natürlich auch dieses stabile schiefergedeckte Dach den Einflüssen von Regen und Ungeziefer erliegen und die intelligentesten Mäuse würden möglicherweise herausfinden, dass bestimmte Gläser, wenn man sie anstößt und auf dem Betonfußboden zerspringen lässt, einen immer noch essbaren Inhalt zu bieten haben.

Nehmen wir jedoch an, dass die Sammlung, bevor sie solchem Vandalismus zum Opfer fällt, von außerirdischen Wissenschaftlern entdeckt wird, die zufällig auf unseren Planeten gestoßen sind. Stellen wir uns vor, sie finden das Rothamsted-Archiv mit seinen 300 000 Proben, die noch immer in dicken Gläsern oder Blechbüchsen versiegelt sind. Wenn diese Besucher schlau genug waren, um den Weg zur Erde zu finden, werden sie sicherlich auch rasch herausbekommen, dass die eleganten Schleifen und Symbole auf den Etiketten eine Systematik haben. Sobald sie Klarheit über die Boden- und Pflanzenproben gewonnen haben, wird ihnen vielleicht bewusst, dass sie eine Zeitrafferaufzeichnung der letzten anderthalb Jahrhunderte menschlicher Geschichte gefunden haben.

Wenn sie mit den ältesten Gläsern beginnen, finden sie relativ neutrale Böden, die jedoch nicht sehr lange so blieben, als sich die britische Industriekapazität verdoppelte.

Weiter stellen unsere Besucher fest, dass sich der pH-Wert Anfang des 20. Jahrhunderts stärker in den sauren Bereich verlagerte und dass die Nutzung der Elektrizität zur Entwicklung von Kohlekraftwerken führte, welche die Luftverschmutzung über die Grenzen der Fabrikstädte hinaus in die ländlichen Gebiete trugen. Gleichzeitig gab es einen stetigen Anstieg des Stickstoffs und des Schwefeldioxids, bis Anfang der achtziger Jahre verbesserte Schornsteine die Schwefelemissionen drastisch senkten, woraufhin die Außerirdischen in den späteren Proben zu ihrer Überraschung gewisse Zusätze von Schwefelpulver finden, das die Landwirte nun nämlich ihrem Dünger beimischen mussten.

Unbekannt ist ihnen vielleicht eine Substanz, die auf Rothamsteds Grasfeldern erstmals Anfang der fünfziger Jahre auftauchte: Spuren von Plutonium, einem Element, das kaum in der Natur vorkommt, schon gar nicht in Hertfordshire. Wie Weinernten das jährliche Wetter verkörpern, so hinterließ der Fallout der Atomwaffentests in der Wüste von Nevada und später in der Sowjetunion seine Spuren in Rothamsteds fernen Böden.

Wenn die Außerirdischen dann das Ende des 20. Jahrhunderts entkorken, stoßen sie auf andere neue Substanzen, die es noch nie zuvor auf der Erde gab (und wenn sie Glück haben, auch auf ihrem Planeten nicht), etwa polychlorierte Biphenyle – PCBs – aus der Kunststoffherstellung. Dem bloßen Auge erscheinen die Proben ebenso harmlos wie die Erde, die hundert Jahre früher in Flaschen abgefüllt wurde. Doch das Sehvermögen Außerirdischer nimmt vielleicht Gefahren wahr, die wir nur mit Geräten wie Gaschromatografen und Laserspektrometern sichtbar machen können.

In diesem Falle können die Außerirdischen vielleicht auch die fluoreszierenden Spuren von polyzyklischen aromatischen Kohlenwasserstoffen (PAKs) erkennen. Unter Umständen sind sie auch erstaunt, wie PAKs und Dioxine, zwei

Stofffamilien, die in der Natur bei Vulkanausbrüchen und Waldbränden emittiert werden, plötzlich keine Nebenrolle mehr in den Boden- und Pflanzenproben spielten, sondern ihre Konzentration im Laufe der Jahrzehnte immer mehr zunahm.

Wenn es sich bei den Besuchern um kohlenstoffbasierte Lebewesen wie uns handelt, treten sie möglicherweise einen Schritt zurück, denn PAKs und Dioxine können für das Nervensystem und andere Organe tödlich sein. PAKs gelangten während des 20. Jahrhunderts mit den Abgaswolken von Automobilen und Kohlekraftwerken in die Umwelt; auch im stechenden Geruch frischen Asphalts sind sie vorhanden. In Rothamsted wurden sie wie überall auf Bauernhöfen absichtlich eingeführt: in Herbiziden und Pestiziden.

Dioxine allerdings entstanden unbeabsichtigt: Sie sind Nebenprodukte, die bei der Chlorierung von Kohlenwasserstoffen entstehen: Das Ergebnis ist unumkehrbar und verheerend. Neben ihrer Rolle als Störfaktoren des endokrinen Systems, wo sie sich auf die Geschlechtseindeutigkeit auswirken, war ihre skandalöseste Anwendung vor ihrem Verbot jedoch das berüchtigte Agent Orange, ein Mittel, das den gesamten vietnamesischen Regenwald entlaubte, um Verstecke und Versorgungswege des Gegners aufzudecken. Von 1964 bis 1971 sprühten die Vereinigten Staaten rund 45 Millionen Liter Agent Orange über Vietnam aus. Vierzig Jahre danach sind Wälder, die hohe Dosen abbekommen haben, noch immer nicht wieder nachgewachsen. An ihrer Stelle sprießt das Japanische Blutgras, das als eines der schlimmsten Unkräuter der Welt gilt. Obwohl es ständig abgebrannt wird, wuchert es immer von Neuem und macht alle Versuche zunichte, es durch Bambus, Ananasstauden, Bananenstauden oder Teakbäume zu ersetzen.

Dioxine konzentrieren sich in Sedimenten, weshalb sie in Rothamsteds Klärschlammproben zutage treten. (Kommunaler Klärschlamm erschien den Verantwortlichen seit

1990 zu giftig, um ihn in der Nordsee zu entsorgen; stattdessen wird er als Kunstdünger auf Europas Äckern ausgebracht.)

Werden sich die künftigen Besucher bei der Sichtung von Rothamsteds außergewöhnlichem Archiv fragen, ob wir etwa versucht haben, uns selbst umzubringen? Vielleicht sehen sie einen Hoffnungsschimmer in dem Umstand, dass die Bleiablagerungen im Boden seit Anfang der siebziger Jahre deutlich zurückgingen. Gleichzeitig aber traten andere Metalle in stärkerem Maße auf. Besonders im archivierten Klärschlamm werden sie all die schädlichen Schwergewichte entdecken: Blei, Kadmium, Kupfer, Quecksilber, Nickel, Kobalt, Vanadium und Arsen, aber auch leichtere wie Zink und Aluminium.

Die Chemie

Dr. Steven McGrath sitzt vor seinem Computer und blickt durch seine Lesebrille konzentriert auf eine Karte Großbritanniens. Sie verzeichnet farbig markiert Substanzen, die auf einem idealen Planeten – oder einem, der die Chance bekommt, noch einmal von vorn anzufangen – nicht vorkommen sollten, schon gar nicht in Pflanzen, die gern von Tieren gefressen werden. Er deutet auf einen gelben Eintrag.

»Das hier ist beispielsweise die Netto-Zinkakkumulation seit 1843. Niemand außer uns kann diese Trends erkennen«, fügt er mit sichtlichem Stolz hinzu, »weil wir das älteste Versuchsarchiv der Welt haben.«

Dank der versiegelten Proben eines Winterweizenfelds namens Broadbalk, eines von Rothamsteds ältesten, weiß man, dass sich die ursprünglich 35 Millionstel Teile (ppm) Zink im Boden fast verdoppelt haben. »Das kommt aus der Atmosphäre, denn unsere Kontrollfelder enthalten keine Zusätze – keinen Kunstdünger, weder Mist noch Gülle, noch

Klärschlamm. Trotzdem ist die Konzentration um 25 ppm gestiegen.«

Die Versuchsfelder jedoch, die ursprünglich ebenfalls 35 ppm Zink aufwiesen, liegen jetzt bei 91 ppm. Zu den 25 ppm aus industriellen Luftemissionen muss noch ein weiterer Faktor hinzukommen, der 31 ppm beisteuert.

»Stallmist. Kühe und Schafe bekommen aus Gesundheitsgründen Zink und Kupfer in ihr Futter. In 160 Jahren hat das den Zinkgehalt im Boden fast verdoppelt.«

Wenn die Menschheit verschwindet, hat auch der zinkhaltige Rauch aus Fabriken ein Ende und niemand wird mehr mineralische Zusatzstoffe in Viehfutter mischen. Doch McGrath erwartet, dass selbst in einer Welt ohne Menschen Metalle, die in den Boden gelangt sind, dort noch lange verweilen werden. Wie lange der Regen braucht, um sie herauszuwaschen und die Böden wieder in ihren vorindustriellen Zustand zurückzuversetzen, hängt, so McGrath, von ihrer Zusammensetzung ab.

»Lehm, der wenig wasserdurchlässig ist, wird sie siebenmal so lange festhalten wie sandige Böden, weil lehmiger Untergrund das Wasser nicht so leicht passieren lässt.« Torf, ebenfalls schwer zu entwässern, kann Blei, Schwefel und Dioxin noch länger speichern als lehmige Böden. McGraths Karten zeigen hohe Konzentrationen in der Hügellandschaft der englischen und schottischen Hochmoore.

Auch sandige Böden können schädliche Schwermetalle an sich binden, wenn sie mit Klärschlamm gemischt sind. Anhand archivierter Proben von Karotten, Rüben, Kartoffeln, Lauch und verschiedenen Getreidesorten, die seit 1942 in Rothamsted mit Klärschlamm behandelt wurden, hat McGrath errechnet, wie lange Metalle, die einem solchen Boden hinzugefügt wurden, dort bleiben – vorausgesetzt, es wird auch weiterhin gesät und geerntet.

Aus einem Aktenschrank zieht er eine Tabelle, die die schlechte Nachricht enthält. »Ohne Auswaschung beträgt die Verweildauer von Zink nach meiner Schätzung 3700 Jahre.«

Das entspricht der Zeitspanne, welche die Menschen brauchten, um von Bronzezeitalter in die Gegenwart zu kommen. Doch im Vergleich zur Verweildauer anderer metallischer Schadstoffe haben wir es hier noch mit einem kurzen Zeitraum zu tun. Kadmium, das im Kunstdünger enthalten ist, so erklärt er, werde doppelt so lange brauchen: 7500 Jahre oder den Zeitraum, der verging, seit die Menschen begannen, Mesopotamien und das Nildelta zu bewässern.

Es kommt noch schlimmer. »Schwerere Metalle wie Blei und Chrom werden in der Regel nicht so leicht von Pflanzen aufgenommen und auch nicht durch Auslaugung entzogen. Sie gehen einfach Verbindungen ein.« Blei, das Metall, mit dem wir den Boden am rücksichtslosesten verseucht haben, braucht fast zehnmal so lange wie Zink, um zu verschwinden – die nächsten 35 000 Jahre. 35 000 Jahre zurück, und wir befinden uns mitten im Eiszeitalter.

Aus ungeklärten chemischen Gründen ist Chrom das hartnäckigste Metall überhaupt: McGrath schätzt seine Verweildauer im Boden auf 70 000 Jahre. Chrom ist giftig, wenn es mit Schleimhäuten Kontakt hat oder verschluckt wird, und tritt vor allem als industrieller Gerbstoff auf. Kleinere Mengen lösen sich von alten verchromten Wasserhähnen, Bremsbelägen und Abgaskatalysatoren. Doch im Vergleich zu Blei ist Chrom relativ harmlos.

Schon früh entdeckten die Menschen das Blei, doch erst vor Kurzem fanden sie heraus, wie schädlich es sich auf Nervensystem, Lernentwicklung, Gehör und allgemeine Hirnfunktionen auswirkt. Außerdem verursacht es Nierenerkrankungen und Krebs. In Großbritannien schmolzen die Römer das Blei aus Erzadern im Gebirge und stellten daraus Rohre und Trinkgefäße her – eine unbedachte Wahl, deren Folgen viele Menschen das Leben oder den Verstand gekostet haben dürften. Die Verwendung von Rohrleitungen aus

Blei war noch während der industriellen Revolution gang und gäbe – Rothamsted Manors historische, mit dem Familienwappen geschmückte Dachrinnen sind noch heute aus Blei.

Doch alte Sanitärinstallationen und Verhüttung vermehren das Blei in unserem Ökosystem nur um wenige Prozent. Werden unsere Besucher, wenn sie irgendwann während der nächsten 35 000 Jahre eintreffen, zu dem Schluss gelangen, dass Autokraftstoffe, industrielle Abgase und Kohlekraftwerke das Blei in die Umwelt geschleudert haben, das sie überall entdecken? Da niemand ernten wird, was nach unserem Verschwinden noch auf den metallgesättigten Feldern wachsen wird, vermutet McGrath, dass die Pflanzen es auch weiterhin aufnehmen werden, um es, wenn sie absterben und verfaulen, in einer Endlosschleife wieder an den Boden abzugeben.

Durch Genmanipulation hat man die Tabakpflanze und die Ackerschmalwand so modifiziert, dass sie Quecksilber, eines der gefährlichsten Schwermetalle überhaupt, aufnehmen und ausatmen. Leider legen die Pflanzen Metalle nicht wieder tief in der Erde ab, wo wir sie ursprünglich ausgegraben haben. Wenn Quecksilber in die Luft freigesetzt wird, regnet es andernorts wieder ab. Ähnliches geschieht, so Steve McGrath, mit PCBs – den polychlorierten Biphenylen –, die früher in Kunststoffen, Pestiziden, Lösungsmitteln, Fotokopierpapier und hydraulischen Flüssigkeiten Verwendung fanden. Diese 1930 erfundenen Substanzen wurden 2001 endgültig verboten, weil sie Immunsystem, motorische Fertigkeiten und Gedächtnis schädigen und die Geschlechterbestimmung zur Glückssache machen.

Anfangs hatte es den Anschein, als würde sich das Verbot der PCBs bewähren: Rothamsteds Archiv zeigt deutlich, dass sie während der achtziger und neunziger Jahre im Boden kontinuierlich seltener werden, bis sie im neuen Jahrtausend praktisch auf dem vorindustriellen Stand angekommen sind. Leider stellt sich heraus, dass sie nur aus den gemäßigten Zonen, wo man sie verwendete, davongetragen wurden, bis sie auf die kalten Luftmassen der Arktis und Antarktis stießen, wo sie wie Steine zu Boden fielen.

Das Ergebnis sind erhöhte PCB-Werte in der Milch stillender Eskimo- und Samenfrauen sowie im Fettgewebe von Robben und Fischen. Zusammen mit anderen an den Polen konzentriert auftretenden POPs – »persistenten organischen Schadstoffen« – wie polybromierten Diphenylether-Flammschutzmitteln (PBDEs) werden die PCBs verdächtigt, für die wachsende Zahl von Zwittern unter Eisbären verantwortlich zu sein. Weder PCBs noch PBDEs gab es, bevor die Menschen sie in die Welt setzten. Sie bestehen aus Kohlenwasserstoffen, die mit Elementen aus der hochreaktiven Gruppe der Halogene, etwa Chlor und Brom, Verbindungen eingegangen sind.

Das Akronym POPs klingt bedauerlich unbeschwert, denn diese Stoffe sind alle äußerst ernst zu nehmen, war doch das Prinzip, das ihrer Entwicklung zugrunde lag, hohe Stabilität. PCBs sollten Flüssigkeiten möglichst lange schmierfähig halten; PBDEs sind Isolatoren, die Kunststoffe möglichst lange am Schmelzen hindern sollten; DDT ist ein Pestizid, das möglichst lange töten sollte. Daher sind sie nur schwer zu vernichten; einige, wie die PCBs, lassen kaum oder gar nicht erkennen, dass sie biologisch abbaubar sind.

Wenn die künftige Flora unsere Metalle und POPs während der nächsten Jahrtausende recycelt, werden sich einige Pflanzen als tolerant erweisen; unter anderem werden sie sich dem metallischen Beigeschmack des Bodens anpassen, wie es die Blattpflanzen in der Umgebung der Yellowstone-Geysire getan haben (auch wenn sie dafür Jahrmillionen brauchten). Andere jedoch werden – wie einige von uns Menschen – an Blei-, Selen- oder Quecksilbervergiftung sterben. Manche von denen, die zugrunde gehen, werden die schwachen Mitglieder einer Art sein, die insgesamt aus dem Selektionsprozess für ein neues Merkmal, etwa Quecksilber- oder DDT-Toleranz, gestärkt hervorgehen wird. Andere Arten dagegen werden ganz durch das Selektionsraster fallen und aussterben.

Nachdem wir verschwunden sind, werden die Effekte all der Dünger, die wir auf unsere Äcker ausgebracht haben, seit John Lawes sie entwickelte, von unterschiedlicher Dauer sein. Einige Böden, deren pH-Werte sanken, als sich die Nitrate zu Salpetersäure auflösten, erholen sich vielleicht im Laufe von Jahrzehnten. Andere, etwa diejenigen, in denen natürliches Aluminium giftige Konzentrationen erreicht, werden überhaupt keine Pflanzen mehr tragen, bis altes Laub und Mikroorganismen für neuen Nährboden sorgen.

Die schlimmste Wirkung aber entfalten heute Phosphate und Nitrate nicht auf den Feldern, sondern dort, wohin deren Feuchtigkeit abfließt. Noch ein- bis zweitausend Kilometer talwärts ersticken Seen und Flussdeltas unter überdüngten Wasserpflanzen. Aus bloßem Schaum auf Teichen werden tonnenschwere Algenblüten, die dem Süßwasser so viel Sauerstoff entziehen, dass alle Lebewesen darin verenden. Wenn die Algen absterben, verstärkt ihr Fäulnisprozess das Ganze noch. Kristallklare Lagunen verwandeln sich in schweflige Schlammlöcher; die Mündungsgebiete eutropher Flüsse blähen sich zu gigantischen Todeszonen auf. Das Delta des Mississippi, in den ab Minnesota düngerreiche Sedimente eingeleitet werden, bevor er sich in den Golf von Mexiko ergießt, ist jetzt größer als New Jersey.

In einer Welt ohne Menschen würde das plötzliche Ende der Kunstdüngung eine augenblickliche chemische Entlastung der fruchtbarsten Biozonen unseres Planeten bewirken – der Gebiete, wo sich große Ströme, mit riesigen Nährstoffmengen beladen, in die Ozeane ergießen. Im Laufe einer einzigen Vegetationsperiode würden die toten Sedimentwolken in den Mündungsgebieten der großen Ströme – Mississippi, Sacramento, Mekong, Jangtse, Orinoko, Nil – zu schrumpfen beginnen. Die wiederholten Spülvorgänge einer Art chemischen Toilette werden das Wasser fortlaufend reinigen. Würde jemand nach zehn Jahren einen Blick auf das Mississippidelta werfen, wäre er erstaunt über das, was er vorfände.

Die Gene

Seit Mitte der neunziger Jahre schreiben die Menschen ein neues Kapitel der Erdgeschichte, indem sie nicht nur exotische Flora oder Fauna von einem Ökosystem in das andere überführen, sondern auch exotische Gene direkt in die Betriebssysteme – Genome – einzelner Pflanzen und Tiere einbauen, wo sie nur eines zu tun haben: sich wieder und wieder zu replizieren.

Ursprünglich waren GMOs – genetisch modifizierte Organismen – dazu gedacht, Getreide eigene Insektizide oder Impfstoffe produzieren zu lassen und es resistent gegen Herbizide zu machen, die gegen Unkraut eingesetzt werden, oder dazu, Pflanzen – und Tiere – marktfähiger zu machen. Derartige Produktverbesserungen haben die Lagerfähigkeit von Tomaten verbessert; Gene von Polarfischen werden in Zuchtlachs eingesetzt, sodass diese das ganze Jahr über Wachstumshormone produzieren; Kühe geben mithilfe von GMOs mehr Milch; gewöhnliche Fichten erhalten eine schönere Maserung; Zebrafische bekommen die Fluoreszenz von Quallen, damit sie im Dunkeln leuchten und entsprechend reizvoller für Aquariumliebhaber werden.

Mit wachsendem Ehrgeiz haben wir Futterpflanzen dazu gebracht, auch Antibiotika zu liefern. Sojabohnen, Weizen, Reis, Färberdistel, Canola-Raps, Luzerne und Zuckerrohr sind genetisch so »getunt« worden, dass sie von Blutverdünnern über Krebsmedikamente bis zu Kunststoffen alles produzieren. Wir haben Obst und Gemüse gentechnisch so verändert, dass sie Beta-Carotin oder Ginkgo biloba herstellen. Wir können Weizen mit hoher Salztoleranz erzeugen und Nutzholzbäume, die resistent gegen Trockenheit sind, und wir können verschiedene Feldfrüchte mehr oder weniger ertragreich machen, je nachdem, was wünschenswert erscheint.

Zu den entsetzten Kritikern gehören die in den Vereinigten Staaten beheimatete Union of Concerned Scientists (Vereinigung besorgter Wissenschaftler) und viele Länder Westeuropas. Zu den Befürchtungen zählt auch die Sorge, was wir der Zukunft antun, sollten wir neue Lebensformen erschaffen. Erntepflanzen wie die Roundup-Ready-Gruppe von Monsanto – Mais, Soja und Canola-Raps, die molekulargenetisch so hochgerüstet wurden, dass sie gegen das bekannteste Herbizid des Unternehmens, Roundup, resistent sind, während alle anderen Pflanzen ringsum absterben – sind, wie diese Kritiker nachdrücklich betonen, doppelt gefährlich.

Zum einen hat die natürliche Auslese bei kontinuierlichem Einsatz von Roundup – der Handelsmarke des Wirkstoffs Glyphosat – gegen Unkraut lediglich zu Roundup-resistenten Varietäten geführt, was Landwirte veranlasst, noch mehr Herbizide zu verwenden. Zum anderen wird der Blütenstaub vieler Nutzpflanzen vom Wind weiträumig verteilt. Untersuchungen in Mexiko, die zeigen, dass biotechnisch manipulierter Mais auf angrenzende oder benachbarte Felder übergreift und sich mit natürlichen Sorten kreuzt, werden von der Nahrungsmittelindustrie, die einen Großteil der Gelder für kostspielige genetische Studien aufbringt, geleugnet; Forscher werden unter Druck gesetzt.

Modifizierte Gene des kommerziell gezogenen Flechtstraußgrases, einer Rasensorte, die auf Golfplätzen für Greens verwendet wird, sind in einheimischen Oregon-Gräsern, viele Kilometer von ihrem Ursprung entfernt, dokumentiert worden. Zusicherungen der Fischzuchtindustrie, genetisch hochgerüstete Lachse könnten sich nicht mit wild lebenden nordamerikanischen Arten kreuzen, weil sie in Käfigen gezüchtet würden, werden durch blühende Lachspopulationen in chilenischen Flussmündungen widerlegt – obwohl es in Chile nicht einen einzigen Lachs gab, bevor die Zuchtfische aus Norwegen importiert wurden.

Noch nicht einmal Supercomputer können vorhersagen, wie die vom Menschen erschaffenen Gene, die auf unserem Planeten bereits in Umlauf sind, in den fast unzähligen möglichen Nischen reagieren werden. Einige werden den Genen, die in unendlichen Zeiträumen härtester evolutionärer Konkurrenz gestählt wurden, nichts entgegenzusetzen haben, doch andere werden mit hoher Wahrscheinlichkeit ihre Chance zur Anpassung nutzen und sich weiterentwickeln.

Nach der Landwirtschaft

Der Rothamsted-Forscher Paul Poulton steht im Nieselregen knietief in Stechpalmensträuchern, umgeben von dem, was noch vorhanden sein wird, nachdem der Mensch die Äcker und Felder nicht mehr bestellt. Poulton ist nur wenige Kilometer von hier geboren und mit diesem Land so verwurzelt wie irgendeine seiner Pflanzen. Er fing gleich nach dem Schulabschluss hier an zu arbeiten und jetzt ist sein Haar weiß. Seit mehr als dreißig Jahren betreut er Experimente, die vor seiner Geburt begonnen wurden. Ihm gefällt der Gedanke, dass sie noch lange weitergehen werden, wenn er selbst schon längst zu Staub und Erde geworden ist. Doch eines Tages, das weiß er genau, wird die üppige grüne Wildnis unter seinen Gummistiefeln das einzige Rothamsted-Experiment sein, das übrig geblieben ist.

Es ist auch das Einzige, das nicht betreut werden muss. 1882 zäunten Lawes und Gilbert von Broadbalk – dem Winterweizenfeld, das abwechselnd mit anorganischem Phosphat, Stickstoff, Kalium, Magnesium und Natrium gedüngt worden war – einen knappen Morgen ab und ernteten das Getreide nicht mehr. Im folgenden Jahr wuchs nach Selbstaussaat eine neue Weizenernte heran. Im Jahr danach geschah das Gleiche, obwohl jetzt Herkulesstaude und Sumpfziest mit dem Weizen konkurrierten.

1886 wuchsen nur noch drei verkümmerte, kaum noch erkennbare Weizenhalme. Stattdessen sah man eine stattliche Fläche Flechtstraußgras, das Ganze übersät von gelben Wildblumen, darunter die orchideenartigen Wiesenplatterbsen. Im folgenden Jahr war der Weizen – diese robuste nahöstliche Getreidepflanze, die hier schon vor Ankunft der Römer angebaut wurde – vollkommen von den zurückkehrenden einheimischen Pflanzen verdrängt worden.

Um diese Zeit gaben Lawes und Gilbert Geescroft auf, eine gut hektargroße Parzelle, die etwa 800 Meter weit entfernt lag. In der Zeit zwischen den 1840er und 1870er Jahren hatten sie dort Bohnen angepflanzt, doch nach dreißig Jahren war deutlich geworden, dass der Anbau von Bohnen ohne Fruchtwechsel auch mit chemischer Hilfestellung nicht klappte. Einige Jahre lang säte man auf Geescroft Rotklee aus. Dann wurde es wie Broadbalk eingezäunt und sich selbst überlassen.

Vor Beginn der Rothamsted-Experimente war auf Broadbalk mindestens zwei Jahrhunderte lang der örtliche Kalk gestreut worden, doch das galt offenbar nicht für das tief gelegene Geescroft, das ohne Entwässerungsgraben schwer zu bestellen war. In den Jahrzehnten nach der Aufgabe der Parzelle versauerte Geescrofts Boden immer mehr. In Broadbalk, wo diesem Effekt durch jahrelange Kalkzugabe entgegengewirkt worden war, ging der pH-Wert kaum zurück. Dort tauchten Wucherpflanzen wie Vogelmiere und Brennnesseln auf und im Laufe von zehn Jahren zeigten sich auch Haselnuss-, Weißdorn-, Eschen- und Eichensämlinge.

Geescroft dagegen blieb im Wesentlichen Grasland, bestanden mit Knäuelgras, Rot- und Wiesenschwingel, Flechtstraußgras und Rasenschmiele. Erst nach dreißig Jahren begannen Bäume und Sträucher die offenen Flächen zu beschatten. In dieser Zeit war der Bewuchs auf Broadbalk hoch und dicht geworden. Bis 1915 kamen mehr als zehn Baumtypen hinzu, darunter Feldahorn und Ulme, außerdem Brombeerdickichte und ein dunkelgrüner Efeuteppich.

Im Lauf des 20. Jahrhunderts setzten die beiden Ackerparzellen ihre Verwandlung in Waldland jede für sich fort, wobei sich die Unterschiede zwischen ihnen verstärkten und ihre unterschiedliche Geschichte umso deutlicher widerspiegelten, je weiter sie sich entwickelten. Sie hießen fortan die Broadbalk- und die Geescroft-Wildnis – scheinbar anspruchsvolle Bezeichnungen für Parzellen, die insgesamt keine anderthalb Hektar groß waren, doch vielleicht ganz passend in einem Land, in dem nur noch ein Prozent der ursprünglichen Waldgebiete erhalten geblieben sind.

1938 wuchsen Weiden rund um Broadbalk, die später durch Stachelbeeren und die Gemeine Eibe ersetzt wurden. »Hier in Geescroft«, sagt Paul Poulton und befreit seine Regenjacke, die sich in einem Beerenstrauch verfangen hat, »gab es nichts dergleichen. Doch plötzlich, vor vierzig Jahren, tauchten hier die ersten Stechpalmen auf. Jetzt haben sie alles überwuchert. Keine Ahnung, warum.«

Einige der Stechpalmensträucher sind baumhoch. Anders als in Broadbalk, wo sich Efeu an jedem Weißdornstamm emporwindet und den Waldboden überwuchert, gibt es keine Bodendecker, vom Gestrüpp abgesehen. Die Gräser und Unkräuter, die zunächst das brachliegende Geescroft in Besitz nahmen, sind jetzt vollständig verschwunden, eingegangen im Schatten der Eichen, die saure Böden mögen. Infolge der ständigen Aussaat von stickstoffbindenden Hülsenfrüchtlern, der Stickstoffdüngung und jahrzehntelanger saurer Niederschläge ist Geescroft ein klassisches Beispiel für erschöpften Boden, versauert und ausgelaugt, ein Boden, der nur wenige Arten trägt.

Doch selbst ein Wald, in dem Eichen, Brombeersträucher und Stechpalmen vorherrschen, ist keine Ödnis. Dort ist Leben, das nach und nach auch anderes hervorbringen wird.

Für den Unterschied in Broadbalk – wo nur eine einzige Eiche steht – sind zweihundert Jahre Kalkeintrag verantwortlich, der die Phosphate festhält. »Aber irgendwann«, sagt Poulton, »wird er ausgewaschen sein.« Danach kann es keine Erholung geben, weil sich der Kalkpuffer, einmal verschwunden, von allein nicht erneut bilden kann, dazu muss er ausgestreut werden. »Eines Tages«, sagt er, mit einem kritischen Blick auf die Arbeit seines Lebens, »wird dieses Ackerland wieder Unterholz sein. Dann wächst hier kein Gras mehr.«

Ohne uns wird es höchstens ein Jahrhundert dauern. Wenn aller Kalk fortgespült ist, wird die Broadbalk-Wildnis ein Abbild von Geescroft sein. Diese beiden verbliebenen Waldbestände werden ihre Samen mit dem Wind tauschen, bis sie miteinander verschmolzen sind, sich ausgebreitet und schließlich alle ehemaligen Äcker Rothamsteds in ihren voragrarischen Zustand zurückversetzt haben.

Mitte des 20. Jahrhunderts schrumpfte der Halm des handelsüblichen Weizens fast um die halbe Länge, während sich die Zahl der Körner in der Ähre vervielfachte. Weizen zählte zu den biotechnisch veränderten Pflanzen, die während der sogenannten Grünen Revolution entwickelt wurden, um den Welthunger zu besiegen. Ihre phänomenalen Ernteerträge gaben Millionen, die sonst nichts zu essen gehabt hätten, Nahrung. So leisteten diese Pflanzen ihren Beitrag zum Bevölkerungswachstum in Ländern wie Indien und Mexiko. Man schuf sie durch verstärktes Kreuzen und Zufallsbeimischungen von Aminosäuren – Kunstgriffe, die dem Gen-Splicing vorangingen; der Erfolg und das Überleben dieser Pflanzen hingen von genau dosierten Cocktails aus Kunstdüngern, Herbiziden und Pestiziden ab. Schließlich mussten die Laborgeschöpfe vor den Gefahren geschützt werden, die draußen, in der rauen Wirklichkeit, auf sie lauerten.

In einer Welt ohne Menschen wird keine dieser Pflanzen in freier Natur auch nur die vier Jahre überstehen, die sich der Weizen in der Broadbalk-Wildnis hielt, nachdem Lawes und Gilbert sie den Elementen überlassen hatten. Einige sind sterile Hybriden, die Erträge anderer sind so geschädigt, dass die Farmer jedes Jahr neue Saat kaufen müssen – ein warmer Regen für die Saatzuchtbetriebe. Die Böden, auf denen diese Sorten eines Tages aussterben werden – und das sind heute die meisten Getreidefelder der Welt –, werden von Stickstoff und Schwefel extrem übersäuert sein und es bleiben, bis sich neues Erdreich gebildet hat. Es wird Jahrzehnte dauern, bis säuretolerante Bäume Wurzeln schlagen und wachsen, und dann werden noch Jahrhunderte vergehen, ehe Mikroorganismen, die sich durch die dürftige Hinterlassenschaft der Agrarindustrie nicht vertreiben lassen, altes Laub und Holz zersetzt und als Humus ausgeschieden haben.

Unter diesen Böden, gelegentlich auch von ehrgeizigen Wurzeln an die Oberfläche geholt, liegen die in drei Jahrhunderten zusammengetragenen Schwermetalle und eine Buchstabensuppe von POPs, Substanzen, die wahrhaft neu unter der Sonne und der Erde sind. Einige gezielt entwickelte Verbindungen wie die PAKs, die zu schwer sind, um in die Arktis geweht zu werden, enden unter Umständen molekular gebunden in Böden, die zu hart sind, als dass zersetzende Mikroorganismen eindringen könnten. So bleiben diese Stoffe auf ewig dort.

1996 schrieb die Londoner Journalistin Laura Spinney in einem Artikel für das *New Scientist Magazine*, dass ihre

Stadt, wenn sie aufgegeben werde, in 250 Jahren wieder zu dem Sumpf geworden wäre, der sie einst war. Die von ihren Zwängen befreite Themse würde die Fundamente eingestürzter Gebäude umspülen, der Canary Wharf Tower wäre unter der Tonnenlast triefend nassen Efeus in sich zusammengefallen. Ein Jahr darauf ging Ronald Wright in seinem Roman *Die Schönheit jener fernen Stadt* noch 250 Jahre weiter in die Zukunft und stellte sich denselben Fluss mit Palmen umsäumt vor, wie er kristallklar an Canvey Island vorbeifließt und sich bei tropisch schwüler Luft in mangrovenbestandene Mündungsarme ergießt, um sich mit einer warmen Nordsee zu vereinigen.

Wie das Schicksal der gesamten Erde wird auch das Großbritanniens zwischen diesen beiden Visionen schwanken: Entweder kehrt es zur Pflanzenwelt der gemäßigten Zonen zurück oder es taumelt in eine tropische, überhitzte Zukunft – vielleicht auch, als dritte Möglichkeit, in ein Abbild jener Moore im Südwesten Englands, wo einst Conan Doyles Hund von Baskerville im kalten Nebel heulte.

Dartmoor, der höchste Punkt Südenglands, ähnelt einer fast 2500 Quadratkilometer großen kahlen Platte, aus der hier und da ein paar gewaltige Klötze zerborstenen Granits hervorragen, gesäumt von Bauernhöfen und kleinen Wäldchen, die aus alten Grenzhecken aufgeschossen sind. Die Region entstand Ende des Karbons, als der größte Teil Großbritanniens überflutet war und Schalentiere den Meeresgrund bedeckten, der später zur begrabenen Kalkschicht der heimischen Böden wurde. Darunter lag der Granit, der sich 300 Millionen Jahre zuvor unter dem Druck von Magma zu einer kuppelförmigen Insel aufgefaltet hatte – die Dartmoor wieder werden könnte, wenn der Meeresspiegel, wie einige Forscher fürchten, ein weiteres Mal so ansteigt.

Mehrere Eiszeiten ließen genügend Wasser des Planeten zu Eis erstarren, um den Meeresspiegel zu senken und der

Erde die Möglichkeit zu geben, ihre heutige Gestalt anzunehmen. Die letzte dieser Eiszeiten schob einen anderthalb Kilometer hohen Gletscher bis zum Nullmeridian. Wo er zum Stillstand kam, beginnt Dartmoor. Auf dessen granitenen Hügelkuppen, sogenannten *tors*, Felstürmen, befinden sich Überreste aus jener Zeit, die Vorboten dessen sein könnten, was die Britischen Inseln erwartet, sollte sich eine dritte klimatische Alternative als ihr Schicksal erweisen.

Dieses Schicksal könnte die Inseln ereilen, wenn das Schmelzwasser der grönländischen Eiskappe den Golfstrom zum Stillstand bringt oder sogar umkehrt – jene warme Meeresströmung, die Großbritannien gegenwärtig mit einem weit milderen Klima versorgt, als es etwa an der Hudson Bay herrscht, die auf dem gleichen Breitengrad liegt. Da dieses viel diskutierte Ereignis eine unmittelbare Folge global steigender Temperaturen wäre, würde sich wahrscheinlich kein Eisschild bilden – wohl aber könnten Dauerfrost und Tundra das Ergebnis sein.

Das geschah vor 12 700 Jahren in Dartmoor, als das globale Zirkulationssystem vorerst zum letzten Mal fast zum Stillstand kam: kein Eis, sondern steinhart gefrorener Boden. Was folgte, ist nicht nur lehrreich, da es zeigt, wie das Vereinigte Königreich in der Zukunft aussehen könnte, sondern auch ermutigend, weil erwiesenermaßen selbst solche Verhältnisse nicht von Dauer sind.

Der Permafrost hielt 1300 Jahre an. Während dieser Zeit gefror das Wasser, das in Spalten und Risse der Granitkuppel über Dartmoor eingedrungen war, und sprengte riesige Felsbrocken unter der Oberfläche ab. Dann ging das Pleistozän zu Ende. Der Permafrostboden taute auf. Durch Bodenerosion wurden die Granittrümmer bloß gelegt, die heutigen *tors* von Dartmoor, und das Moor erblühte. Über die Landbrücke, die England noch weitere 2000 Jahre mit dem übrigen Europa verband, gelangten Kiefern, dann Birken und schließlich Eichen ins Land. Mit ihnen kamen Hirsche,

Bären, Biber, Dachse, Pferde, Kaninchen, Eichhörnchen und Auerochsen. Auch ausgewiesene Raubtiere befanden sich darunter: Füchse und Wölfe – und nicht zuletzt die Vorfahren vieler heutiger Briten.

Wie schon lange zuvor in Amerika und Australien lichteten sie die Wälder durch Brandrodung, um sich die Jagd zu erleichtern. Von den höchsten Felsentürmen abgesehen, ist das öde Dartmoor, das sich bei einheimischen Umweltverbänden so großer Wertschätzung erfreut, ein weiteres Produkt menschlichen Wirkens: ein ehemaliger Wald, der wiederholt niedergebrannt und dann von mehr als 250 Zentimetern jährlichen Niederschlägen in einen Torfteppich verwandelt wurde, in dem keine Bäume mehr wachsen. Nur Holzkohlereste im Torf bezeugen, dass das einst der Fall war.

Diese Gegend wurde noch stärker von Menschenhand geprägt, als die Einheimischen Granitbrocken zu Kreisen anordneten, die ihren Hütten als Fundamente dienten. Sie verlängerten sie zu langen, mörtellosen Trockenmauern, welche die Landschaft kreuz und quer durchzogen und noch heute unverändert erhalten sind.

Die Natursteinmauern unterteilten das Land in Weiden für Kühe, Schafe und Dartmoors berühmte robuste Ponys. Jüngere Versuche, durch Entfernung des Nutzviehs Schottlands pittoreske Heidelandschaft nachzuahmen, erwiesen sich als erfolglos, denn statt violettem Heidekraut wuchsen nur Farn und dorniger Ginster. Doch Ginster passt viel besser in diese ehemalige Tundra, deren gefrorene Oberfläche zu jenem schwammigen Torfboden auftaute, der allen Wanderern in diesen Mooren wohlvertraut ist. Zur Tundra wird diese Landschaft wohl auch wieder werden, egal ob dann noch Menschen vorhanden sind oder nicht.

In anderen Weltgegenden, auf ehemaligen Ackerflächen, welche die Menschen jahrtausendelang bestellten, wird die globale Erwärmung ähnliche Landschaften wie im heutigen

Amazonasbecken hervorbringen. Mögen die Bäume auch ihr Blätterdach darüberdecken, die Böden werden dennoch die Erinnerung an uns bewahren. Im Amazonasgebiet selbst lässt die Holzkohle, mit der die häufigen Ablagerungen von fruchtbarer Schwarzerde, *terra preta*, durchsetzt sind, darauf schließen, dass vor Jahrtausenden Steinzeitmenschen große Teile des Landes bestellt haben, das wir heute für urzeitlichen Dschungel halten. Durch langsames Verkohlen anstelle schnellen Verbrennens der Bäume sorgten sie dafür, dass ein Großteil des wertvollen Kohlenstoffs nicht in die Atmosphäre freigesetzt wurde, sondern zusammen mit anderen Bodennährstoffen wie Stickstoff, Phosphor, Calcium und Schwefel erhalten blieb – alle in leicht verdauliches organisches Material verpackt.

Diesen Prozess hat Johannes Lehmann beschrieben, der bisher Letzte einer ganzen Reihe von Bodenkundlern der Cornell University, die sich mit der *terra preta* fast so lange beschäftigt haben, wie die Erben des Rothamsted-Gründers John Lawes mit Kunstdüngern experimentierten. Der mit Holzkohle angereicherte Boden wird trotz ununterbrochener Nutzung nie ausgelaugt. Betrachten wir das fruchtbare Amazonasbecken selbst: Lehmann und andere glauben, umfangreiche präkolumbianische Bevölkerungen hätten sich von ihm ernährt, bis die aus Europa eingeschleppten Krankheiten sie zu weit verstreuten Stämmen dezimierten, die heute von den Nussbaumhainen ihrer Vorfahren leben. Der geschlossene Amazonasdschungel, den wir heute sehen, das größte Waldgebiet der Erde, nahm die fruchtbare *terra preta* so rasch wieder in Besitz, dass den europäischen Kolonisten gar nicht klar wurde, dass er jemals zurückgedrängt worden war.

»Die Herstellung und Verwendung von Biokohle«, schreibt Lehmann, »würde den Boden nicht nur erheblich verbessern und die Ernteerträge erhöhen, sondern auch einen neuen Ansatz zur signifikanten und langfristigen

Senkung des Kohlendioxidgehalts in der Atmosphäre darstellen.«

In den sechziger Jahren stellte der britische Atmosphärenforscher, Chemiker und Meeresbiologe James Lovelock seine Gaia-Hypothese vor, derzufolge sich die Erde wie ein Superorganismus verhält, das heißt, ihre Böden, ihre Atmosphäre und ihre Meere bilden ein Zirkulationssystem, das durch Flora und Fauna reguliert wird. Heute, so Lovelock, leide der Planet unter hohem Fieber, verursacht vom »Virus Mensch«. Er schlägt vor, wir sollten das wichtigste Menschheitswissen schriftlich niederlegen (auf möglichst haltbarem Papier, wie er hinzufügt), für die Überlebenden, die sich während der nächsten tausend Jahre in den Polarregionen verkriechen werden, den letzten bewohnbaren Flecken in einer völlig überheizten Welt, bis das Meer so viel Kohlenstoff recycelt habe, dass sich annähernd ein Gleichgewicht wiederhergestellt habe.

In diesem Falle wären die klugen Erkenntnisse jener namenlosen Amazonasbauern dick unterstrichen festzuhalten, damit wir die Landwirtschaft das nächste Mal etwas anders angehen. (Vielleicht gibt es eine Chance: Norwegen archiviert jetzt auf einer Insel in der Arktis Samenproben der weltweit vorhandenen Varietäten von Erntepflanzen, in der Hoffnung, dass sie dort die schrecklichen Katastrophen andernorts überleben könnten.)

Falls das nicht der Fall sein und falls keine Menschen zurückkehren sollten, um die Äcker zu bestellen und das Vieh zu hegen und zu pflegen, bemächtigt sich der Wald des Landes. Weideland, das ausreichend Regen bekommt, bewirtet neue Gäste – oder alte, wenn einige neue Spielarten der Elefanten- und Faultierfamile die Erde bevölkern. Andere Gegenden jedoch, weniger vom Glück begünstigt, verwandeln sich in eine neue Sahara. Der amerikanische Südwesten zum Beispiel war bis 1880 mit hüfthohem Gras bedeckt, als sich sein Rinderbestand von einer halben Million Tiere plötzlich versechsfachte, doch jetzt sehen sich New Mexico und Arizona von einer nie dagewesenen Trockenheit bedroht, da das Land einen Großteil seiner Wasserhaltekapazität verloren hat. Diese Gebiete müssen vermutlich noch warten.

Doch auch die Sahara selbst war einst mit Flüssen und Teichen bedeckt. Mit Geduld – leider nicht der Geduld der Menschheit – wird sie es wieder sein.

12 Das Schicksal alter und neuer Weltwunder

Für den Fall, dass bei dem Wettstreit zwischen globaler Erwärmung und Abkühlung des Golfstroms die beiden Faktoren einander abschwächen, sagen einige Modelle vorher, dass sich die Flächen der hoch technisierten europäischen Landwirtschaft in einer Welt ohne Menschen mit Trespe und Schwingel, Lupinen, Kratzdisteln, Rübsamen und Wildem Senf bedecken werden. Binnen weniger Jahrzehnte wachsen Eichenschößlinge auf den sauren Böden der ehemaligen Weizen-, Roggen- und Gerstenfelder. Wildschweine, Igel, Luchse, Büffel und Biber breiten sich aus, Wölfe wandern aus Rumänien ein und, falls Europa kühler wird, Rentiere aus Norwegen.

In England würde das steigende Meer heftig gegen die bereits zurückweichenden Kreidefelsen von Dover branden und den 32-Kilometer-Abstand zwischen England und Frankreich noch vergrößern. Einst haben die Zwergelefanten und -flusspferde fast die doppelte Entfernung schwimmend zurückgelegt, um Zypern zu erreichen, also werden es auch hier wohl einige Tiere versuchen. Karibus, die im Wasser durch die isolierenden hohlen Haare ihres Fells Auftrieb erhalten, überqueren die Seen in Kanadas Norden, folglich könnten es ihre Vettern, die Rentiere, auch bis England schaffen.

Sollten einige tollkühne Tiere die Reise durch den Eurotunnel unter dem Ärmelkanal hindurch wagen, nachdem der

Zugverkehr zum Erliegen gekommen ist, könnte das Abenteuer durchaus gelingen. Auch ungewartet würde der Eurotunnel nicht so rasch überflutet werden wie viele U-Bahn-Schächte der Erde, weil er nur durch eine einzige geologische Schicht führt – Kreidemergel von äußerst geringer Durchlässigkeit.

Ob ein Tier es tatsächlich versuchen würde, steht auf einem anderen Blatt. Alle drei Tunnelröhren – je eine für die Züge nach Westen und nach Osten und eine mittlere Versorgungsröhre (»Service-Tunnel«) – haben rundum Betonwände. 50 Kilometer ohne Nahrung und Wasser – nur pechschwarze Dunkelheit. Trotzdem ist es nicht unmöglich, dass einige kontinentale Arten Großbritannien auf diese Weise rekolonisieren könnten: Die Fähigkeit vieler Organismen, sich an den unwirtlichsten Orten der Erde einzurichten – von Flechten auf antarktischen Gletschern bis hin zu Würmern in 80 Grad heißen Tiefseequellen – sind vielleicht ein Sinnbild des Lebens selbst. Wenn sich kleine, neugierige Tiere wie Wühlmäuse oder die unvermeidlichen Wanderratten in den Eurotunnel aufmachen, wird bestimmt irgendein abenteuerlustiger Wolf ihre Witterung aufnehmen und ihnen folgen.

Der Eurotunnel ist ein wahres Wunder unserer Zeit und mit 15 Milliarden Euro Baukosten auch das teuerste Projekt, das jemals in Angriff genommen wurde, bis China damit begann, mehrere Flüsse gleichzeitig einzudeichen. Durch die tief in der Erde liegende Mergelschicht geschützt, hat der Tunnel die besten Aussichten, einige Jahrmillionen zu überstehen, bis die Kontinentaldrift ihn auseinanderreißt oder wie ein Akkordeon zusammenstaucht.

Doch auch wenn er unbeschädigt bleibt, wird er irgendwann wohl nicht mehr benutzbar sein. Seine beiden Terminals liegen nur wenige Kilometer von den jeweiligen Küsten entfernt. Es besteht nur eine geringe Wahrscheinlichkeit, dass die englische Einfahrt in Folkestone, die fast 60 Meter über dem heutigen Meeresspiegel liegt, vom Wasser erreicht werden könnte: Dazu müssten die Kreidefelsen, die ihn vom Ärmelkanal trennen, schon gewaltig erodieren. Weit wahrscheinlicher ist, dass das Meer am französischen Terminal in Coquelles eindringt, der nur fünf Meter über dem Meeresspiegel auf der Ebene von Calais liegt. In diesem Fall würde der Eurotunnel nicht vollkommen geflutet werden: Die Mergelschicht, der er folgt, senkt sich in der Mitte des Ärmelkanals ab und steigt dann wieder an, daher würde sich das Wasser die tiefsten Stellen suchen, während einige Kammern trocken blieben – trocken, aber nutzlos, selbst für waghalsige Wandertiere.

Auch hätten sich die stolzen Erbauer der antiken Welt, die sieben Wunder vorzuweisen hatte, nicht träumen lassen, dass nach einer Zeitspanne, weit kürzer als die Ewigkeit, nur noch eines von ihnen – die ägyptische Cheopspyramide – erhalten sein würde. Wie ein Primärwald, dessen hohe Wipfel irgendwann niederbrechen, ist die Cheopspyramide in den letzten 4500 Jahren um knapp zehn Meter geschrumpft. Anfangs war das kein allmählicher Verlust – ihre Marmorhülle wurde im Mittelalter von arabischen Eroberern abgetragen, um Kairo zu erbauen. Der frei liegende Kalkstein ist jetzt wie jeder Hügel der Auflösung preisgegeben – in einer Million Jahren wird die einstige Pyramide nicht mehr zu erkennen sein.

Die anderen sechs Weltwunder waren aus noch vergänglicherem Stoff: die riesige Zeus-Statue des Phidias in Olympia, im Inneren mit einem Gerüst aus Eisen, Gips und Holz, außen mit Elfenbein, Ebenholz, Gold und Edelsteinen verkleidet, 475 n. Chr. einem Brand zum Opfer gefallen, nachdem man sie nach Konstantinopel geschafft hatte; die hängenden Gärten der Semiramis, deren Spuren in den Ruinen des babylonischen Palastes, 50 Kilometer südlich von Bagdad, noch zu besichtigen sind; der Koloss von Rhodos, eine kolossale Bronzestatue, die bei einem Erdbeben im 3. Jahrhundert v. Chr. unter ihrem eigenen Gewicht zusammenbrach und im Mittelalter als Schrott verkauft wurde; und drei Marmorbauwerke: der Tempel der Artemis in Ephesos, der von einem Feuer zerstört wurde, das Grab des persischen Königs Mausolos II. in Halikarnassos, ebenfalls von einem Erdbeben vernichtet und später von Kreuzfahrern abgebrochen, und der Leuchtturm auf der Insel Pharos, der den Hafen von Alexandria markierte und auch einem Erdbeben zum Opfer fiel.

Die Klassifizierung als Wunder verdankten diese Bauwerke teilweise ihrer betörenden Schönheit, so der Artemis-Tempel in Griechenland, häufiger aber ihren überwältigenden Ausmaßen. Überdimensionale menschliche Bauwerke flößen uns oft das Gefühl ein, klein und unbedeutend zu sein.

Weniger alt, aber imposanter als alle anderen ist ein Bauprojekt, das sich über 2000 Jahre und drei regierende Dynastien erstreckt und mit 6350 Kilometern einen Schutzwall von so monumentalem Charakter hervorgebracht hat, dass er nicht in der Landschaft zu stehen, sondern ein Teil von ihr zu sein scheint. Die Große Chinesische Mauer ist so überwältigend, dass man allgemein, wenn auch irrtümlich, annahm, sie müsse vom All aus zu sehen sein.

Doch wie jede andere Erhebung auf der Erdkruste ist auch die Große Mauer nicht unvergänglich. Das Konglomerat aus festgestampfter Erde, Steinen, gebrannten Ziegeln, Holz und sogar klebrigem Reis als Mörtel ist ohne menschliche Instandhaltung den Angriffen von Baumwurzeln und Wasser hilflos ausgeliefert – und der extrem saure Regen, den die industrialisierte Gesellschaft Chinas produziert, ist auch nicht eben hilfreich. Ohne Menschen würde die Mauer unaufhaltsam abgetragen werden, bis nur noch die Steine übrig sind.

Die Mauer, die sich ohne Unterbrechung vom Gelben Meer bis zur Inneren Mongolei erstreckt, ist gewiss sehr imposant, doch verblasst selbst sie vor dem eindrucksvollsten Bauvorhaben der Neuzeit, einem Weltwunder, das 1903 begonnen wurde, in dem Jahr, in dem New York seine U-Bahn einweihte. Denn mit diesem Bauwerk verfolgte die Menschheit kein bescheideneres Ziel, als der Plattentektonik zu trotzen, indem sie zwei Kontinente auseinanderriss, die sich drei Millionen Jahre zuvor vereinigt hatten. Nichts, was mit dem Panamakanal zu vergleichen wäre, ist jemals zuvor versucht worden, und wenig ist ihm seither gleichgekommen.

Zwar hatte man mit dem Suezkanal bereits dreißig Jahre zuvor Afrika von Asien getrennt, doch das war ein vergleichsweise einfacher chirurgischer Schnitt auf Meereshöhe durch eine leere, keimfreie Sandwüste ohne Höhenunterschiede gewesen. Das französische Unternehmen, das den Bau durchgeführt hatte, wandte sich anschließend der 82 Kilometer breiten Meerenge zwischen den beiden amerikanischen Halbkontinenten zu. In eitler Selbstüberhebung und mit verhängnisvollen Folgen unterschätzte man die hiesigen Bedingungen: dichter, mit Malaria und Gelbfieber verseuchter Dschungel, Flüsse, die bei wolkenbruchartigen Regenfällen anschwollen, und eine kontinentale Landbrücke, deren niedrigste Stelle immer noch 80 Meter über dem Meeresspiegel lag. Bevor ein Drittel der Strecke geschafft war, hatte die Gesellschaft nicht nur ihren Bankrott zu beklagen, der die französische Wirtschaft erschütterte, sondern auch den Tod von 22 000 Arbeitern.

1898, neun Jahre später, nahm der überaus ehrgeizige Unterstaatssekretär im Marineministerium Theodore Roosevelt den Untergang eines amerikanischen Schiffes, das nach einer (vermutlich durch einen defekten Kessel verursachten) Explosion in Havanna gesunken war, zum Vorwand, um die Spanier aus der Karibik zu vertreiben. Der Spanisch-Amerikanische Krieg sollte angeblich Kuba und Puerto Rico befreien, doch zur großen Überraschung der Puertoricaner wurde ihre Insel von den Vereinigten Staaten annektiert. Nach Roosevelts Einschätzung war sie wegen ihrer Lage ideal als Bunkerstation für den noch nicht existierenden Kanal geeignet, der den zwischen Atlantik und Pazifik verkehrenden Schiffen den Weg um Kap Hoorn ersparen sollte.

Roosevelt entschied sich für Panama statt Nicaragua, dessen gleichnamiger schiffbarer See zwar erhebliche Erdbewegungen erspart hätte, aber zwischen aktiven Vulkanen lag. Damals gehörte die Landenge noch zu Kolumbien, obwohl die Panamaer dreimal versucht hatten, die unberechenbare Herrschaft des fernen Bogotá abzuschütteln. Als Kolumbien das amerikanische 10-Millionen-Dollar-Angebot für die Abtretung einer fünf Kilometer breiten Zone zu beiden Seiten des geplanten Kanals ausschlug, schickte Roosevelt, inzwischen Präsident der Vereinigten Staaten, ein Kanonenboot und verhalf den panamaischen Rebellen auf diese Weise endlich zum Sieg. Einen Tag später verriet er sie, indem er die Akkreditierung eines ehemaligen französischen Ingenieurs der bankrotten französischen Kanalgesellschaft als Panamas ersten Botschafter in den Vereinigten Staaten betrieb, der daraufhin augenblicklich einen Vertrag zu amerikanischen Bedingungen unterzeichnete, was ihm auch persönlich einen hübschen Batzen Geld einbrachte.

Das festigte in Lateinamerika den Ruf der Vereinigten Staaten als räuberische Gringo-Imperialisten und brachte – elf Jahre und 5000 weitere Todesfälle später – die bis dahin erstaunlichste technische Großtat in der Geschichte der Menschheitsgeschichte zustande. Inzwischen sind mehr als hundert Jahre vergangen und der Kanal zählt immer noch zu den größten Menschheitsleistungen aller Zeiten. Abgesehen davon, dass der Panamakanal den Weg zwischen den beiden Ozeanen immens verkürzte, verlagerte er den wirtschaftlichen Schwerpunkt der Welt auch erheblich zugunsten der Vereinigten Staaten.

Etwas so Bedeutsames und buchstäblich Welt- oder zumindest Erdbewegendes scheint für die Ewigkeit bestimmt. Doch wie lange würde die Natur brauchen, um wieder zusammenzufügen, was der Mensch in Panama geschieden hat?

»Der Panamakanal«, sagt Abdiel Perez, »ist wie eine Wunde, welche die Menschen der Erde zugefügt haben, und nun versucht die Natur sie zu heilen.«

Als Aufseher der Kanalschleusen auf der Atlantikseite ist Perez – und mit ihm fünf Prozent des Welthandels – von einer Handvoll Hydrologen und Ingenieure abhängig, die damit beschäftigt sind, die Wunde offenzuhalten. Der Elektro- und Maschinenbauingenieur mit dem kantigen Kinn und der leisen Stimme begann hier neben seinem Studium an der Universität Panama als Hilfsmaschinist zu arbeiten. Er weiß, dass ihm eine technische Meisterleistung anvertraut ist, die zu ihrer Zeit wahrhaft revolutionär war.

»Portlandzement war eine Neuheit. Hier wurde er zum ersten Mal ausprobiert. Stahlbeton war noch nicht erfunden. Alle Schleusenwände waren überdimensioniert wie Pyramiden. Ihre Stabilität verdanken sie allein der Gravitation.«

Er steht neben einer Schleusenkammer, die wie ein riesiger Betonkasten aussieht, als ein orangefarbener chinesischer Frachter eingewiesen wird, der, sieben Stockwerke hoch mit Containern beladen, auf dem Weg an die Ostküste der Vereinigten Staaten ist. In der 33 Meter breiten Schleuse hat das Schiff, das so lang wie drei Fußballfelder ist, an jeder Seite genau sechzig Zentimeter Spiel, während es von zwei elektrischen Lokomotiven, *mules* genannt, in die Kammer hineingezogen wird.

»Auch die Elektrizität war neu. New York hatte gerade sein erstes Kraftwerk in Betrieb genommen. Trotzdem entschieden sich die Kanalbauer für Elektrizität anstelle von Dampf.«

Sobald das Schiff sich im Inneren befindet, wird so viel

Wasser in die Kammer gepumpt, dass sich der Frachter achteinhalb Meter hebt, was zehn Minuten dauert. Am anderen Ende wartet der Gatunsee, der fünfzig Jahre lang der größte künstliche See der Welt war. Als man ihn aufstaute, setzte man zwar einen ganzen Mahagoniwald unter Wasser, vermied aber eine Wiederholung des französischen Debakels, das aus der verhängnisvollen Entscheidung resultierte, wie in Suez einen Kanal auf Meereshöhe anzulegen. Abgesehen davon, dass man dazu einen großen Teil der Kontinentalscheide hätte abtragen müssen, gab es noch das Problem des wasserreichen Rio Chagres, der aus dem dschungelbedeckten Hochland herabstürzte und auf seinem Weg ins Meer die Kanaltrasse kreuzte. Während Panamas achtmonatiger Regenzeit führt der Chagres genug Schlamm mit sich, um einen engen Kanal in wenigen Tagen, wenn nicht Stunden unpassierbar zu machen.

Die Amerikaner lösten das Problem, indem sie den Chagres anstauten und den durch die transkontinentale Wasserscheide bedingten Höhenunterschied mit insgesamt drei Schleusen überwanden: So werden die Schiffe vom Wasser über die Hügel getragen, welche die Franzosen vergebens zu durchstechen versuchten. Die Schleusen brauchen 200 000 Liter Wasser, um ein hindurchfahrendes Schiff zu heben – Süßwasser, das mittels der Schwerkraft von dem aufgestauten Fluss geliefert wird und seewärts abfließt, wenn das Schiff die Schleuse verlässt. Während die Schwerkraft stets zur Verfügung steht, beziehen die Schleusen den Strom, den sie brauchen, um die Tore zu öffnen und zu schließen, von Generatoren, die ebenfalls mit dem Wasser des Chagres betrieben werden.

Es gibt zwei Notstromaggregate – das eine mit Dampf, das andere mit Diesel betrieben, aber, so Perez: »Ohne Menschen würde die Elektrizität keinen Tag reichen. Jemand muss entscheiden, woher die Energie kommt, ob die Turbinen zu öffnen oder zu schließen sind und so fort.«

Ohne Kontrolle würden vor allem die hohlen, schwimmfähigen Flügel der Stahltore ausfallen, die mehr als zwei Meter dick, 24 Meter hoch und zwanzig Meter breit sind. Jede Schleuse ist sicherheitshalber mit zwei Doppeltoren ausgerüstet, deren Flügel sich seit den achtziger Jahren in Kunststofflagern drehen, weil die ursprünglichen Messingangeln nach einigen Jahrzehnten stets korrodiert waren. Was wäre, wenn der Strom ausfiele, die Tore sich öffneten und so blieben?

»Dann ist alles aus. Die höchste Schleuse liegt 41 Meter über dem Meeresspiegel. Selbst wenn sie geschlossen bleibt – sobald ihre Dichtungen zerstört sind, läuft das Wasser aus.« Die Dichtungen, beim Schließen übereinandergreifende Stahlplatten an den äußeren Kanten der Torflügel, müssen alle fünfzehn bis zwanzig Jahre erneuert werden. »Der gesamte See könnte sich durch die Schleusentore leeren.«

Der Gatunsee breitet sich über dem Gebiet aus, durch das der Rio Chagres einst in das Karibische Meer floss. Um von der pazifischen Seite dorthin zu gelangen, hätte man bei La Culebra, dem niedrigsten Bergsattel der Wasserscheide, einen 20 Kilometer langen Durchstich durch den Höhenrücken treiben müssen, der Panama in Längsrichtung teilt. So viel Erde, Eisenoxid, Lehm und Basalt zu durchdringen, wäre an jedem Ort der Welt eine große Herausforderung gewesen, doch selbst nach der französischen Katastrophe konnte niemand so richtig einschätzen, wie instabil die vollgesogene panamaische Erde war.

Der Culebra-Cut, der Durchstich bei den Culebra-Bergen, sollte ursprünglich eine Breite von 90 Metern haben. Als eine gigantische Schlammlawine nach der anderen monatelange Grabungsarbeiten zunichte machte, wobei Güterwagen und Dampfbagger teilweise unter dem Schlamm begraben wurden, musste die Böschung durchgehend abgeflacht werden. Am Ende wurde die Gebirgskette, die von Alaska bis Tierra del Fuego verläuft, in Panama durch ein

Tal von Menschenhand unterbrochen, wobei der Einschnitt sechs Mal so breit war die Talsohle. Um ihn zu schaffen, bedurfte es sieben Jahre lang der täglichen Arbeitskraft von 6000 Männern. Die fast 80 Millionen Kubikmeter Erde, die sie bewegten, würden, zu einer kompakten Masse geformt, einen Asteroiden von mehr als einem halben Kilometer Durchmesser bilden. Mehr als hundert Jahre nach seiner Fertigstellung wird noch immer am Culebra-Cut gearbeitet. Da sich der Schlamm ständig ansammelt und es häufig zu kleineren Erdrutschen kommt, sind täglich Prähme mit Saugpumpen und Löffelbaggern auf der einen Seite des Kanals an der Arbeit, während die Schiffe auf der anderen Seite passieren.

In den grünen Bergen 30 Kilometer nordöstlich vom Culebra-Cut entfernt, stehen Modesto Echevers und Johnny Cuevas, zwei Hydrologen des Panamakanals, an einem Betonpfeiler über dem Alajuelasee. Er verdankt seine Existenz einem weiteren Staudamm, der 1935 flussaufwärts im Chagres erbaut werden musste. Das Einzugsgebiet des Chagres-Flusses ist eine der niederschlagreichsten Erdregionen; während der ersten zwanzig Jahre wurde der Kanal mehrfach überflutet. Der Schiffsverkehr kam stundenlang zum Erliegen, während man Fluttore öffnete, damit die strudelnden Wassermassen des Flusses die Kanalufer nicht beschädigten. Die Überschwemmung von 1923, die entwurzelte Mahagonibäume mit sich führte, erzeugte auf dem Gatunsee eine Flutwelle, die Schiffe zum Kentern bringen konnte.

Der Madden-Damm, der Betonstaudamm, der den Fluss zum Alajuelasee aufstaut, versorgt Panama City auch mit Strom und Trinkwasser. Damit das Wasser des Reservoirs sich nicht verlief, mussten die Ingenieure vierzehn Bodensenken mit Erde auffüllen und so eine seitliche Eindämmung schaffen. Flussabwärts ist der große Gatunsee ebenfalls von Erddeichen umgeben. Teilweise sind sie so vom Regenwald überwuchert, dass das ungeschulte Auge sie gar nicht mehr als künstlich erkennt – weshalb Echevers und Cuevas jeden Tag hierherkommen müssen, um der Natur nach Möglichkeit immer einen Schritt voraus zu sein.

»Alles wächst so schnell«, erläutert Echevers, ein stämmiger Mann in blauer Regenjacke. »Als ich mit diesem Job anfing, sollte ich nach Deich Nummer zehn sehen, aber ich konnte ihn nicht finden. Die Natur hatte ihn geschluckt.«

Cuevas nickt in Gedanken an viele Kämpfe mit Wurzeln, die einen Erddeich auseinanderreißen können. Der andere Feind ist das gestaute Wasser selbst. Bei einem heftigen Regenguss sind diese Männer häufig die ganze Nacht hier oben und mühen sich um einen vernünftigen Kompromiss: Einerseits gilt es, den Chagres in Schach zu halten, andererseits, genügend Wasser durch die Fluttore der Betonmauer abfließen zu lassen, damit es sich nirgendwo gewaltsam einen Weg bahnt.

Doch wenn es eines Tages keine Menschen mehr gäbe, um diese Aufgaben zu erfüllen?

Echevers schaudert bei dem Gedanken, weil er weiß, wie sich der Chagres bei Regen verhält: »Wie ein Zootier, das seinen Käfig nie akzeptiert hat. Das Wasser gerät außer Kontrolle. Wenn man es steigen lässt, überflutet es den Damm.«

Er sieht einem Pick-up nach, der die Straße auf der Dammkrone entlangfährt. »Wenn niemand hier wäre, um die Fluttore zu öffnen, würde sich der See mit Ästen, Baumstämmen und Abfällen füllen und irgendwann würde das ganze Zeugs den Damm mitsamt Straße einreißen und mit ihm zu Tal schießen.«

Cuevas, sein schweigsamer Kollege, bestätigt es: »Die Flutwelle des Flusses wäre gewaltig, wenn sie über den Damm hinausschösse. Wie ein Wasserfall würde sie den Grund vor dem Damm tief auswaschen. Dann könnte eine richtig große Flut den Damm zum Einsturz bringen.«

Doch selbst wenn das nie geschieht, werden, darin sind sich beide einig, die Überlauftore irgendwann wegrosten. »Dann«, sagt Echevers, »bricht sich eine sechs Meter hohe Wasserwand Bahn. Mit voller Wucht.«

Sie blicken auf den See hinunter, wo sechs Meter unter ihnen ein gut zwei Meter langer Alligator bewegungslos im Schatten des Dammes treibt, bis er plötzlich durch das grünblaue Wasser schießt, als sich eine unglückliche Wasserschildkröte an der Oberfläche zeigt. Der massive Betonkeil des Madden-Damms sieht eigentlich nicht so aus, als könnte er irgendwann nachgeben. Doch eines regnerischen Tages wird er es wahrscheinlich tun.

»Selbst wenn er sich hält«, sagt Echevers, »wird der Chagres, wenn keine Menschen mehr da sind, den See mit Ablagerungen füllen. Dann spielt der Damm keine Rolle mehr.«

Dort, wo sich Panama City heute in die ehemalige Kanalzone erstreckt, sitzt in einem von Maschendraht umgebenen Gebäudekomplex der Hafenkapitän Bill Huff in Jeans und Golfhemd vor einer Wand voller Karten und Monitore und dirigiert den Abendverkehr durch den Kanal. Schon Huffs Großvater, der in den zwanziger Jahren nach Panama kam, arbeitete als Schiffsmakler für die Kanalzone und er selbst wuchs hier auf. Als die Vereinigten Staaten mit Beginn des neuen Jahrtausends die Hoheit über den Kanal an Panama abtraten, zog Bill Huff nach Florida. Seine dreißigjährige Erfahrung ist jedoch noch immer gefragt, so kehrt er, nun in Diensten Panamas, alle paar Monate an seine alte Wirkungsstätte zurück.

Er betätigt einen Schalter und auf einem Monitor erscheint der Damm des Gatunsees, ein niedriger Erdwall von 30 Metern Breite. Seine unter Wasser liegende Basis ist zwanzig Mal so breit. Für den unbefangenen Beobachter gibt es nicht viel zu sehen. Trotzdem wird der Damm rund um die Uhr beobachtet.

»Unter dem Deich befinden sich Quellen. Einige kleine haben sich einen Weg gebahnt. Wenn klares Wasser austritt, ist alles in Ordnung. Klares Wasser heißt, dass es aus dem Grundgestein kommt.« Huff schiebt seinen Stuhl zurück und reibt sich den dunklen Kinnbart. »Doch wenn Schmutzwasser kommt, ist Gefahr im Verzug. Das ist dann unter Umständen eine Frage von wenigen Stunden.«

Schwer vorstellbar. Der Gatun-Damm hat einen 360 Meter dicken, theoretisch undurchdringlichen Kern aus Steinen und Kies, zwischen denen eine flüssige Lehmmasse, sogenanntes Feingut, als Kitt wirkt. Das Ganze wurde aus dem tiefer liegenden Kanal hoch gespült und zwischen zwei eingegrabenen Steinwänden festgestampft.

»Das Feingut hält den Kies und alles andere zusammen. Zuerst wird das Feingut rausgespült. Dann folgt der Kies und der Damm verliert seinen Zusammenhalt.«

Huff holt eine Kartenrolle aus einem Schreibtisch. Nachdem er eine vergilbte laminierte Karte der Landenge entrollt hat, deutet er auf den Gatun-Damm, der nur zehn Kilometer vom Karibischen Meer entfernt ist. In der Wirklichkeit ist der Damm eindrucksvolle zweieinhalb Kilometer lang, doch auf der Karte schließt er nur eine schmale Lücke im Vergleich zu der enormen Wasserfläche, die sich hinter ihm staut.

Die Hydrologen Cuevas und Echevers hätten recht, sagt er. »Wenn nicht schon während der ersten Regenzeit, so ist es doch in wenigen Jahren um den Madden-Damm geschehen. Dann ergießt sich *dieser* See in den Gatunsee.«

Daraufhin fließt der Gatunsee zu beiden Seiten über die Schleusen, in Richtung Atlantik und Pazifik. Eine Zeitlang bemerkt ein unbefangener Beobachter nichts Auffälliges, »höchstens, dass das Gras nicht mehr gemäht wird«. Die Grünanlagen zu beiden Seiten des Kanals, die noch immer nach Maßgabe des amerikanischen Militärs gepflegt werden, sähen dann arg vernachlässigt aus. Doch bevor sich Palmen oder Feigenbäume ansiedeln könnten, wäre das Gebiet überschwemmt.

»Große Flutwellen strömen an den Schleusen vorbei und graben neue Flussbetten in die Erde. Sobald eine der Schleusenwände nachgibt, ist alles vorbei. Der ganze Gatunsee kann auslaufen.« Er hält inne. »Wenn er sich nicht schon lange vorher ins Karibische Meer ergossen hat. Ich kann mir nicht vorstellen, dass nach zwanzig Jahren ohne Wartung noch ein einziger Erdwall vorhanden ist. Schon gar nicht der Gatun-Damm.«

Dann sucht sich der befreite Chagres River, der viele französische und amerikanische Ingenieure in den Wahnsinn und Tausende von Arbeitern in den Tod trieb, seinen alten Weg ins Meer. Sobald die Dämme fortgerissen und die Seen leer sind und der Fluss wieder nach Osten fließt, trocknet die pazifische Seite des Panamakanals aus und die beiden Halbkontinente sind wieder vereinigt.

Zuletzt geschah das vor drei Millionen Jahren: Als die nord- und südamerikanischen Tierarten über die zentralamerikanische Landbrücke wanderten, welche die beiden Kontinente jetzt verband, begann einer der umfassendsten biologischen Austauschprozesse der Erdgeschichte.

Bis dahin waren die beiden Landmassen getrennt, nachdem der Urkontinent Pangäa 200 Millionen Jahre zuvor auseinandergebrochen war. Während dieser Zeitspanne hatten die beiden getrennten Amerikas gänzlich verschiedene evolutionäre Wege beschritten. Wie Australien entwickelte Südamerika Beuteltiere in großer Artenvielfalt, von Faultieren bis hin zu einer Löwenspezies, die ihre Jungen im Beutel trug. In Nordamerika entschied sich die Evolution für den effizienteren und letztlich erfolgreicheren Weg der Plazenta.

Diese jüngste, vom Menschen geschaffene Trennung besteht nun seit gut hundert Jahren – nicht genug Zeit für eine erkennbare Artenevolution; außerdem kann ein Kanal, der kaum so breit ist, dass zwei Schiffe aneinander vorbeikommen, schwerlich ein echtes Hindernis sein. Bis Wurzeln in die Risse jener riesigen, leeren Betonkästen, die einst Seeschiffe aufnahmen, eingedrungen sind und sie zum Einsturz gebracht haben, werden sie, so vermutet Bill Huff, noch einige Jahrhunderte lang das Regenwasser auffangen und von Panthern und Jaguaren umschlichen werden, weil die sich wieder kräftig vermehrenden Tapire, Virginiahirsche und Ameisenbären dort zur Tränke kommen.

Noch länger als diese Kästen wird eine künstliche, V-förmige Furche bleiben und die Stelle kennzeichnen, wo die Menschheit, wie Theodore Roosevelt sagte, als er 1906 den Kanal persönlich in Augenschein nahm, »die bedeutendste technische Großtat aller Zeiten vollbrachte. Wir werden die Früchte ihrer Arbeit ernten, solange es unsere Zivilisation gibt.«

Wenn wir eines Tages verschwunden sind, werden sich die Worte dieses visionären amerikanischen Präsidenten, der ein Nationalparksystem ins Leben rief und den nordamerikanischen Imperialismus institutionalisierte, als prophetisch erweisen. Doch lange nachdem die Wände des Culebra-Cut eingestürzt sind, wird ein letztes überlebensgroßes Monument der Roosevelt'schen panamerikanischen Vision noch erhalten sein.

1923 erhielt der Bildhauer Gutzon Borglum den Auftrag, die größten amerikanischen Präsidenten in Porträts zu verewigen, die es in jeder Hinsicht mit dem Koloss von Rhodos, jenem längst untergegangenen Weltwunder der Antike, aufnehmen können. Seine Leinwand war eine riesige Felswand in South Dakota. Zusammen mit George Washington, Gründungsvater des Landes, Thomas Jefferson, Verfasser der Unabhängigkeitserklärung und Grundgesetze, und Abraham Lincoln, dem Befreier und Einiger, wurde auf Verlangen

Borglums auch Theodore Roosevelt porträtiert, der die Meere verbunden hatte.

Für das nachmalige US-amerikanische Nationaldenkmal wurde der Mount Rushmore ausgewählt, ein fast 1600 Meter hohes Felsmassiv aus feinkörnigem präkambrischem Granit. Als Borglum 1941 an einer Gehirnblutung verstarb, hatte er mit den Torsen der Präsidenten noch kaum begonnen. Doch ihre Gesichter waren unauslöschlich in Stein gehauen; auch das Gesicht seines persönlichen Helden Teddy Roosevelt konnte er noch vollenden, es wurde 1939 offiziell enthüllt.

Sogar Roosevelts Erkennungszeichen, den Kneifer, hatte er in Stein verewigt – einem Gestein, das sich vor 1,5 Milliarden Jahren gebildet hat und zu den widerstandsfähigsten auf dem Kontinent gehört. Nach Ansicht der Geologen erodiert der Granit von Mount Rushmore alle 10 000 Jahre nur um zweieinhalb Zentimeter. Bei diesem Verfallstempo werden zumindest Spuren von Roosevelts achtzehn Meter hohem Abbild, Mahnmal seines Kanalbaus, noch während der nächsten 7,2 Millionen Jahre vorhanden sein, vorausgesetzt, es findet kein Asteroideneinschlag und kein größeres Erdbeben in diesem seismisch ruhigen Zentrum des Kontinents statt.

13 Welt ohne Krieg

Kriege können irdische Ökosysteme zugrunde richten, wie Vietnams vergiftete Dschungel belegen. Doch ohne chemische Kampfstoffe erweist sich Krieg überraschend häufig als Rettung der Natur. Als in den achtziger Jahren während Nicaraguas Contra-Krieg der Raubbau an Schalentieren und Nutzholz an der Miskitoküste unterbrochen wurde, haben sich die Hummerbestände und die dezimierten Karibischen Kiefern beeindruckend schnell erholt.

Das dauerte weniger als ein Jahrzehnt. Und in lediglich 50 Jahren ohne Menschen …

Der Hang ist dicht vermint, das ist der Grund, warum Ma Yong-Un eine besondere Vorliebe für ihn hat. Oder vielmehr hat er eine besondere Vorliebe für die majestätischen Eichen, koreanischen Weiden und Traubenkirschen, die überall dort wachsen, wo Landminen die Menschen am Betreten des Geländes hindern.

Ma Yong-Un, der internationale Kampagnen für einen koreanischen Umweltverband, die Korean Federation of Environmental Movement, koordiniert, steuert seinen propangasbetriebenen Kia-Van durch den watteähnlichen Novembernebel. Mit von der Partie sind der Umweltschützer Ahn Chang-Hee, der Feuchtgebietsspezialist Kim Kyung-Won sowie die Tierfotografen Park Jong-Hak und Jin Ik-Tae. An einem Kontrollpunkt der südkoreanischen Armee schlängelt sich der Wagen durch ein Labyrinth aus schwarzgelben Betonbarrieren, bevor er in das Sperrgebiet hineinfährt. Die Wachen – zur Tarnung in winterlichem Arbeitszeug – legen ihre M16 beiseite, um die Gruppe der Umweltschützer zu begrüßen. Seit sie vor einem Jahr zuletzt hier waren, hat man ein Schild aufgestellt, das diesen Checkpoint zugleich als Umweltposten ausweist, der dem Schutz der Mandschurenkraniche dient.

Während sie auf ihre Papiere warten, notiert Kim Kyung-Won die Sichtung mehrerer Grauspechte, zweier Schwanzmeisen und den glockenhellen Gesang eines Chinabülbüls im dichten Gebüsch rund um den Kontrollpunkt. Als ihr Van nun den Hang hinaufklettert, erhaschen sie noch einen Blick auf zwei Ringfasanen und mehrere Blauelstern, wunderschöne Vögel, die außerhalb Koreas kaum noch anzutreffen sind.

Die Naturschützer befinden sich jetzt in einem fünf Kilometer tiefen Geländestreifen, der unmittelbar unterhalb von Südkoreas Nordgrenze liegt und Zivile Kontrollzone heißt. Seit fünfzig Jahren lebt fast niemand mehr in dieser Zone, allerdings dürfen Bauern hier Reis und Ginseng anbauen. Nach fünf Kilometern ungepflasterter Straße, links und rechts von Stacheldraht gesäumt, in dem Turteltauben sitzen und rote Dreiecke hängen, die vor weiteren Minenfeldern warnen, erreichen sie ein Schild, das auf Koreanisch und Englisch mitteilt, dass sie nun in die Demilitarisierte Zone fahren.

Diese sogenannte DMZ ist 240 Kilometer lang und vier Kilometer breit und seit dem 6. September 1953 praktisch eine Welt ohne Menschen.

Der kommunistisch geführte Norden fiel 1950 in den Südteil des Landes ein, um eine Vereinigung des nach dem Zweiten Weltkrieg geteilten Landes zu erzwingen, wurde aber mithilfe von Truppen der Vereinten Nationen zurückgedrängt; 1953 besiegelte ein Waffenstillstand die Pattsituation an der ursprünglichen Trennungslinie, dem 38. Breitengrad. Ein zwei Kilometer breiter Streifen zu beiden Seiten wurde das Niemandsland, das heute Demilitarisierte Zone heißt.

Ein Großteil der DMZ verläuft durch Gebirge. So weit sie Wasserläufen folgt, führt die Demarkationslinie durch fruchtbares Schwemmland, wo die Menschen seit 5000 Jahren Reis anbauten. Ihre verlassenen Reisfelder sind seit Beginn der Feindseligkeiten dicht mit Landminen gepflastert. Seit dem Waffenstillstand im Jahr 1953 hat, von Militärpatrouillen und verzweifelten nordkoreanischen Flüchtlingen abgesehen, kaum jemals ein Mensch seinen Fuß auf diesen Boden gesetzt.

In Abwesenheit der Menschen hat sich das Niemandsland zwischen den verfeindeten Staaten mit Geschöpfen gefüllt, die praktisch keinen anderen Zufluchtsort mehr haben. So wurde eine der gefährlichsten Regionen der Welt unversehens zu einem der wichtigsten Zufluchtsgebiete für gefährdete Tierarten wie den Schwarzen Kragenbären, den Eurasischen Luchs und den Moschushirsch. Auch wenn sie hier nur vorübergehend Schutz finden – das Gebiet ist viel zu klein, um genetisch gesunden Populationen dieser Arten genügend Platz zu bieten.

Die Umweltschützer kommen zu einem befestigten Beobachtungsbunker, wo der 240 Kilometer lange Doppelzaun, gekrönt mit Stacheldraht, einen scharfen Knick nach Norden macht und etwa einen Kilometer weit einem Vorgebirge folgt, bevor er wieder einwärts schwenkt. Am Nordrand des Vorgebirges geht die DMZ in eine öde, zerklüftete Felslandschaft über, die sich in beide Richtungen kilometerweit erstreckt. Obwohl seit 1953 auf beiden Seiten die Waffen schweigen, beschallen große Lautsprecher diesseits und jenseits der Demarkationslinie den Feind regelmäßig mit kommunistischen Parolen und Militärmusik respektive westlicher Popmusik oder einfach dem Radioprogramm aus

Seoul. Die nordkoreanischen Berghänge, die man vom waldigen Süden aus sehen kann, sind im Laufe der Jahre nicht nur hier für Feuerholz vollständig kahlgeschlagen worden. Die unvermeidliche Erosion hat zu tragischen Überschwemmungen, katastrophalen Missernten und Hungersnöten geführt. Wäre die gesamte Halbinsel eines Tages menschenleer, würde die Nordhälfte sicherlich weit länger brauchen, um sich biologisch zu erholen.

Unten, in der Pufferzone, die diese extremen Gegensätze trennt, haben sich die alten Reisfelder im Laufe des letzten halben Jahrhunderts in Feuchtgebiete verwandelt. Kaum haben die koreanischen Naturschützer ihre Kameras und Ferngläser in Stellung gebracht, gleitet ein blendend weißer Schwarm von elf Vögeln in vollkommener Formation über die hohen Binsen hinweg.

Das Ganze geschieht in vollkommener Stille. Es sind die lebenden Nationalembleme Koreas: Mandschurenkraniche – die größte und, nach den Schrei-Kranichen, seltenste Art dieser Vogelfamilie. Sie befinden sich in Begleitung von vier kleineren, ebenfalls gefährdeten Weißnacken-Kranichen. Aus China und Sibirien kommend, überwintern die meisten in der DMZ. Ohne diese gäbe es die Kraniche hier wahrscheinlich auch nicht.

Federleicht setzen sie auf, sodass sie keinen der vergrabenen Zünder auslösen. Die Mandschurenkraniche, die in Asien als Glücks- und Friedensbringer verehrt werden, sind ahnungslose Grenzgänger dieser waffenstarrenden Demarkationslinie, die so zu einem Schutzgebiet für seltene Tierarten wurde.

»Babys«, flüstert Kyung-Won, das Fernglas auf zwei junge Kraniche gerichtet, die in einem Bachbett waten, deren lange Schnäbel unter Wasser nach Nahrung suchen und deren Kronen noch das jugendliche Braun zeigen. Es gibt noch rund 1500 Exemplare dieser Art und jeder neue Jungvogel ist ein Ereignis.

Unbeeindruckt schweben die Kraniche an der Drohkulisse vorbei, landen auf den sonnigen Flecken zu beiden Seiten der Demarkationslinie und tun sich am Riedgras gütlich. Keiner der Männer hier, die sich über den Anblick dieser majestätischen Vögel freuen, würde ein Wort gegen den Frieden sagen, Tatsache aber ist, dass diese Vögel, würde die schwelende Feindschaft nicht für den Fortbestand dieser Zone sorgen, vermutlich kurz vor dem Aussterben stünden. Nur wenige Kilometer ostwärts breiten sich die Vororte von Seoul – einem Moloch, der sich der 20-Millionen-Grenze nähert – immer weiter nach Norden aus und stoßen bereits an die Zivile Kontrollzone. Sämtliche Immobilienmakler der Stadt hocken längst in den Startlöchern, um dieses verlockende Areal in Besitz zu nehmen, sobald der Stacheldraht niedergerissen wird.

Eine Stunde lang beobachten die Umweltschützer die herrlichen, fast anderthalb Meter großen Vögel in ihrer natürlichen Umgebung. Während der ganzen Zeit werden sie von bewaffneten Grenzsoldaten überwacht. Einer tritt näher, um ihr 40-fach vergrößerndes Fernrohr auf einem Dreibeinstativ zu inspizieren. Sie zeigen ihm die Kraniche. Als er hindurchblickt, wandern die dunklen Nachmittagsschatten über die kahlen Berge Nordkoreas. Ein Sonnenstrahl fällt wie ein Speer auf einen weißen, von Granateinschlägen zernarbten Bergrücken, der aus der DMZ emporragt. Der Soldat erzählt uns, wie viele Helden bei seiner Verteidigung fielen und dass noch mehr Männer des verhassten Feindes ihr Leben ließen.

»Von allen Streitigkeiten zwischen Nord- und Südkorea abgesehen, solltet ihr den Touristen, die die DMZ besuchen, auch von diesem gemeinsamen Ökosystem erzählen«, erwidert Ma Yong-Un. Er zeigt auf einen Wasserbock, der den grasbedeckten Abhang erklimmt. »Eines Tages, wenn unser Land wiedervereinigt ist, wird es immer noch gute Gründe geben, diese Zone zu schützen.«

Wir kehren durch ein langes, flaches Tal der Zivilen Kontrollzone zurück, das mit Reisstoppeln bedeckt ist. Die Ackerfurchen bilden ein Fischgrätmuster, unterbrochen von den glitzernden Wasserlachen einer frühen Schneeschmelze, die über Nacht wieder zufrieren werden. Der Himmel scheint das Muster des Bodens widerzuspiegeln: lange Linien einschwebender Kraniche, in die sich die Keilformationen Tausender von Gänse mischen.

Als die Vögel sich niederlassen, um von den Resten der Reisernte zu fressen, machen die Umweltschützer halt, um ein paar Fotos zu schießen und eine rasche Zählung vorzunehmen: 35 Mandschurenkraniche, wie von japanischen Seidenbildern: blendend weiß, mit roten Kappen und schwarzen Hälsen, 95 Weißnackenkraniche mit rosa Beinen, außerdem drei Gänsearten: Magellan-, Saat- und einige seltene gefleckte Schneegänse, alles Arten, für die in Südkorea Jagdverbot gilt und die daher so zahlreich sind, dass niemand sich die Mühe macht, sie zu zählen.

So aufregend es ist, die Kraniche in den neu entstandenen Feuchtgebieten der DMZ zu beobachten, ist es doch leichter auf diesen benachbarten Reisfeldern, wo sie sich an die Körner halten, die beim maschinellen Ernten übrig blieben. Würde diesen Vögeln das Verschwinden der Menschheit nützen oder schaden? Evolutionär betrachtet, sind Riedschößlinge die angestammte Nahrung von Mandschurenkranichen, doch inzwischen haben Tausende von Kranichgenerationen ihre Nahrung in den von Menschen bestellten feuchten Reisfeldern gefunden. Werden die Kranich- und Gänsepopulationen zurückgehen, wenn es keine Bauern mehr gibt und auch die fruchtbaren Reisfelder der Zivilen Kontrollzone wieder zu Sümpfen werden?

»Ein Reisfeld ist gar kein ideales Ökosystem für diese Kraniche«, erläutert Kyung-Won und blickt von seinem Fernrohr auf. »Sie brauchen nicht nur Körner, sondern auch Wurzeln. Aber zu viele Feuchtgebiete sind in Agrarland verwandelt worden, daher bleibt ihnen keine andere Wahl, als Reis zu fressen, um den Winter zu überleben.«

In den brachliegenden Reisfeldern ist noch nicht genügend Ried- und Kanariengras nachgewachsen, um selbst diese dezimierten Populationen zu ernähren, denn Nord- wie Südkorea haben flussauf Staudämme gebaut. »Sogar im Winter, wenn der Schneefall den Grundwasserspiegel eigentlich wieder steigen lassen müsste, pumpt man Wasser in die Treibhäuser, um das Gemüse zu bewässern«, sagt Kyung-Won.

Gäbe es keine Landwirtschaft, die zwanzig Millionen Menschen in Seoul zu ernähren hat, könnten die Pumpen, die sich über alle jahreszeitlichen Notwendigkeiten hinwegsetzen, abgestellt werden. Das Wasser würde zurückkehren und mit ihm die natürliche Tierwelt. »Für Pflanzen und Tiere wäre es eine riesige Erleichterung«, sagt Kyung-Won. »Ein Paradies.«

Wie die DMZ selbst: ein Gebiet tödlicher Konfrontation, das zu einem Zufluchtsort für extrem gefährdete asiatische Tiere wurde. Sogar der fast ausgestorbene Sibirische Tiger soll sich hier verbergen, was allerdings auch reines Wunschdenken sein könnte. Wovon diese jungen Naturforscher träumen, ist genau das, worum es auch ihren Mitstreitern in Polen und Weißrussland geht: ein Kriegsgebiet in einen Friedenspark zu verwandeln. Ein Zusammenschluss internationaler Wissenschaftler, das sogenannte DMZ-Forum, hat die Politiker davon zu überzeugen versucht, dass beide Seiten hier etwas für den Erhalt der einzigen guten Sache tun können, die ihnen gemeinsam ist, ohne das Gesicht zu verlieren.

»Selbst unter Berücksichtigung der kostspieligen Räumung aller Landminen«, so der Harvard-Biologe E. O. Wilson, einer der Gründerväter des Forums, »könnte der Tourismus mehr einbringen als die landwirtschaftliche Nutzung oder die Erschließung als Bauland. In hundert Jahren wird von allen Ereignissen, die sich hier abgespielt haben, der

Naturpark das nachhaltigste sein. Er wird sich als das kostbarste Erbe des koreanischen Volkes und als nachahmenswertes Beispiel für die übrige Welt erweisen.«

Das ist eine wunderbare Zukunftsvision, die aber heute schon in Gefahr ist, weil bereits allzu viele Grundstückserschließungen in die DMZ hineinreichen.

»In diesem Jahrhundert«, erklärt E. O. Wilson mit Nachdruck, »werden wir eine Ethik des allmählichen Bevölkerungsrückgangs entwickeln, bis wir eine Welt mit erheblich verminderter menschlicher Einflussnahme haben.« Er sagt das mit der Überzeugung eines Wissenschaftlers, dem so viele Belege für die Widerstandsfähigkeit des Lebens vorliegen, dass er diese ganz selbstverständlich auch für die eigene Art voraussetzt. Doch wenn die Landminen für Touristen geräumt werden können, ist das natürlich auch auf den Grundstücken möglich, auf welche die Immobilienmakler ihre begehrlichen Blicke geworfen haben. Sollte am Ende ein Kompromiss erzielt werden, der so aussieht, dass Siedlungen einen künstlichen Erlebnis-Naturpark umgeben, wird am Ende wahrscheinlich nur noch eine einzige Art in der DMZ leben: unsere eigene.

Es sei denn, die beiden Koreas – eine Halbinsel, die dreimal so groß wie Bayern, aber mit ihren fast 100 Millionen Einwohnern auch mehr als dreimal so dicht besiedelt ist – brechen irgendwann unter der eigenen Bevölkerungsexplosion zusammen. Doch wenn die Menschheit aus irgendeinem Grund vorher verschwindet, könnten einige Sibirische Tiger, so sinniert Wilson, selbst wenn die DMZ zu unbedeutend sein sollte, um zur Erhaltung ihrer Art beizutragen, »im Grenzgebirge zwischen Nordkorea und China überlebt haben«. Und seine Stimme belebt sich, als er beschreibt, wie sie sich vermehren und über Asien ausschwärmen, während die Löwen langsam durch Südeuropa Richtung Norden vorankommen.

»Die verbleibende Megafauna würde sich ungeheuer

rasch ausbreiten«, fährt er fort. »Besonders die Fleischfresser. Sie würden kurzen Prozess mit unserem Nutzvieh machen. Nach ein paar hundert Jahren wären nur noch wenige Haustiere übrig. Die Hunde würden verwildern, aber nicht lange überleben: Sie wären einfach nicht konkurrenzfähig. Es gäbe einen gewaltigen Gesundschrumpfungsprozess, der alle Arten beträfe, in deren Entwicklung der Mensch eingegriffen hat.«

Tatsächlich ist E. O. Wilson davon überzeugt, dass alle Arten, an denen der Mensch Verbesserungen vorzunehmen trachtete – denken wir etwa an die aufwendigen Zuchtbemühungen bei Pferden –, zu ihren natürlichen Ursprüngen zurückkehren würden. »Sollten die Pferde tatsächlich überleben, würden sie sich zum Przewalski-Pferd zurückentwickeln – dem einzigen noch verbliebenen echten Wildpferd, das wir auf den mongolischen Steppen antreffen.

Die Pflanzen und Tiere, die der Mensch eigenhändig manipuliert hat, wären nach ein- bis zweihundert Jahren ausgelöscht. Viele andere würden ebenfalls verschwinden, doch es gäbe noch immer Vögel und Säugetiere. Sie wären nur kleiner. Die Welt sähe im Wesentlichen so aus wie vor dem Auftritt der Menschheit. Wie unberührte Natur eben.«

14 Die Vogelwelt ohne uns

Nahrung

Was bliebe für die Vögel in einer Welt ohne Menschen? Was bliebe *von* den Vögeln? 130 der mehr als 10 000 Vogelarten – von Kolibris, die weniger als ein Centstück wiegen, bis hin zu den viereinhalb Zentner schweren, flügellosen Moas – sind bislang ausgestorben. Das ist kaum mehr als ein Prozent, fast eine ermutigende Zahl, wären nicht einige dieser Verluste so spektakulär. Moas hatten eine Körpergröße von drei Metern und waren doppelt so schwer wie ein afrikanischer Strauß. Binnen zweihundert Jahren wurden sie von den Polynesiern ausgerottet, die um 1300 n. Chr. die letzte große, von Menschen noch unbewohnte Landmasse unseres Planeten entdeckten – Neuseeland. Als die Europäer 350 Jahre später dorthin gelangten, waren von dieser Vogelart nur noch Knochenhaufen und Maori-Legenden geblieben.

Zu den abgeschlachteten flugunfähigen Vögeln gehört ferner die Dronte auf Mauritius im Indischen Ozean, ein Vogel, der es zu traurigem Ruhm brachte, weil er, obwohl er binnen hundert Jahren von portugiesischen Seeleuten und holländischen Siedlern massenhaft erschlagen und verspeist wurde, sich nie zu fürchten lernte. Da sich die Verbreitung der pinguinähnlichen Riesenalke über große Teile der nördlichen Hemisphäre erstreckte, war die Vernichtung dieser Art eine etwas langwierigere Aufgabe, welche die Jäger aus Skandinavien und Kanada jedoch mit Bravour meisterten. Der Moa-Nalo – eine flügellose, überdimensionierte

Ente, die auf Hawaii lebte und sich von Blättern ernährte – starb schon vor langer Zeit aus; wir wissen wenig von ihm, nur wer ihn tötete.

Der spektakulärste Vogelmord aber endete erst vor einem Jahrhundert und ist in seinem Ausmaß noch immer kaum zu begreifen. Die Geschichte der amerikanischen Wandertaube ist so voll schicksalhafter Zeichen und Vorbedeutungen, dass uns schon ein kurzer Blick die Schrift an der Wand zeigt: Nichts von dem, was wir für unbegrenzt halten, dürfte es auch tatsächlich sein.

Lange bevor die Geflügelzuchtfabriken Hühnerbrüste als Massenware zu liefern vermochten, erwies die Natur uns fast den gleichen Dienst in Gestalt der nordamerikanischen Wandertaube. Alle Experten sind sich einig, dass sie einst die häufigste Vogelart auf Erden war. Ihre Schwärme, bis zu 360 Kilometer lang und viele Millionen zählend, reichten von Horizont zu Horizont und verdunkelten buchstäblich den Himmel. Stunden konnten vergehen und es war, als kämen sie überhaupt nicht voran, weil immer neue nachrückten. Größer und viel prachtvoller als die gewöhnlichen Tauben, die unsere Bürgersteige und Denkmäler bekleckern, waren diese dunkelblauen, rosabrüstigen Geschöpfe nach allem, was man hört, eine wahre Delikatesse.

Sie fraßen unvorstellbare Mengen von Eicheln, Bucheckern und Beeren. Die eine Methode, mit der man die Wandertauben vernichtete, bestand darin, sie ihrer Nahrung zu berauben, indem man die bewaldeten östlichen Ebenen der Vereinigten Staaten abholzte, um Nahrungsmittel anzupflanzen. Zur anderen gehörte die Benutzung von Schrotflinten, die ihre Bleikügelchen so streuten, dass sie Dutzende mit einem Schuss vom Himmel holten. Nach 1850, als im Kernland der größte Teil der Wälder in Ackerland verwandelt worden war, wurde die Jagd auf Wandertauben noch leichter, weil sie zu Millionen in den verbliebenen Bäumen schliefen. Täglich trafen in New York und Boston Güterwagen ein, die bis obenhin mit ihnen beladen waren. Als schließlich ersichtlich wurde, dass ihre einst unvorstellbare Zahl schmolz, trieb eine Art Wahnsinn die Jäger, sie noch rascher abzuschlachten, solange es noch welche gab, die man erlegen konnte. 1900 war es dann vorüber. Ein paar bedauernswerte Exemplare vegetierten noch in den Käfigen eines Zoos in Cincinnati dahin, und als man deren wahre Bedeutung erkannte, war es zu spät: Die letzte Wandertaube starb im Jahr 1914.

In den folgenden Jahren wurde das Gleichnis von der Wandertaube häufig bemüht, doch seine Moral wurde nur unzulänglich beherzigt. Ducks Unlimited, eine von Jägern selbst gegründete Umweltschutzbewegung, hat Millionen Hektar Sumpfland gekauft, um sicherzustellen, dass die von ihnen geschätzten Flugwildarten genügend Raum zum Leben und Brüten haben. Doch in dem Jahrhundert, in dem *Homo sapiens* mehr Erfindungskraft bewies als während seiner gesamten Vorgeschichte, zeigte sich, dass sich die Vogelwelt nicht schützen lässt, indem man sich einfach um die Nachhaltigkeit der Vogeljagd bemüht.

Strom

Das Verhalten der Spornammer, eines wenig bekannten Vogels, entspricht nicht ganz dem, was wir von Zugvögeln erwarten. Ihre Sommer- und Brutgebiete liegen weit oben in der Arktis, daher sucht sie zum Überwintern – wenn die bekannteren Singvögel zum Äquator und noch weiter südwärts ziehen – lediglich die Prärien Kanadas und der Vereinigten Staaten auf.

Spornammern sind hübsche, finkengroße Vögel mit weißen Halbmasken und rostbraunen Flecken auf den Flügeln und im Nacken, aber meist erblickt man sie nur aus der

Ferne: Hunderte von schemenhaften, kleinen Vögeln, die im Winterwind über die Prärie flattern oder auf Äckern picken. Doch am Morgen des 23. Januars 1998 waren sie in Syracuse, Kansas, bequem in Augenschein zu nehmen, denn fast 10 000 von ihnen lagen tot am Boden. Am Vorabend war ein Schwarm von ihnen während eines Sturms in eine Gruppe von Sendemasten geflogen. Bei Nebel und Schneetreiben waren nur die roten Blinklichter zu erkennen gewesen, und offenbar hatten die Spornammern auf sie zugehalten.

Weder die Umstände noch die Menge der toten Vögel waren besonders ungewöhnlich, obwohl die Zahl der Opfer für einen einzigen Abend möglicherweise doch ein bisschen hoch war. Berichte über tote Vögel, die sich am Fuße von Sendemasten häuften, ließen die Ornithologen schon in den fünfziger Jahren aufhorchen. In den achtziger Jahren ging man von 2500 toten Vögeln pro Mast und Jahr aus.

Im Jahr 2000 berichtete der US Fish and Wildlife Service, dass 77 000 Sendemasten höher als 60 Meter seien und daher mit Warnlichtern für Flugzeuge ausgerüstet werden müssten. Wenn die Berechnungen stimmten, folgte daraus, dass jährlich fast 200 Millionen Vögel allein in den Vereinigten Staaten tödliche Zusammenstöße mit Sendemasten erlitten. Tatsächlich waren diese Zahlen schon überholt, weil in rasendem Tempo Mobilfunkmasten errichtet wurden; 2005 gab es in den USA 175 000. Wenn man sie hinzurechnet, steigt die Zahl der auf diese Weise getöteten Vögel auf eine halbe Milliarde – wobei zu bedenken ist, dass auch diese Zahl auf lückenhaften Daten und Vermutungen basiert, weil die meisten gefiederten Opfer zur Beute von Aasfressern werden, bevor sie gefunden werden können.

Aus ornithologischen Instituten östlich und westlich des Mississippi wurden Studenten auf schaurige Nachtexkursionen zu Sendemasten geschickt, um Vogelkadaver einzusammeln: Rotaugenvireos, Brauenwaldsänger, Orangenfleck-Waldsänger, Kletterwaldsänger, Piperwaldsänger, Walddrosseln, Gelbschnabelkuckucke … Die Listen wurden zu einem immer vollständigeren Verzeichnis der nordamerikanischen Vögel, einschließlich seltener Arten wie dem Kokardenspecht. Auffällig oft vertreten waren Zugvögel und ganz besonders diejenigen, die nachts unterwegs sind.

Einer ist der Reisstärling, ein Präriervogel mit schwarzer Brust und hellerem Rücken, der in Argentinien überwintert. Als sich der Vogelphysiologe Robert Beason mit den Augen und dem Gehirn dieser Art beschäftigte, entdeckte er evolutionäre Merkmale, die sich im Zeitalter elektronischer Kommunikationstechnik unglücklicherweise als letal erweisen. Reisstärlinge und andere Zugvögel verfügen über eingebaute Kompasse – winzige Magnetitteilchen im Kopf, mit deren Hilfe sie sich am Magnetfeld der Erde ausrichten. Der Mechanismus zur Aktivierung des Kompasses ist mit ihrem Sehsystem gekoppelt. Das kurzwellige Ende des Spektrums – Violett, Blau und Grün – scheint nützliche Orientierungsreize auszulösen. Wenn nur die längeren roten Wellen ausgestrahlt werden, verlieren die Tiere die Orientierung.

Ferner lassen Beasons Beobachtungen darauf schließen, dass Zugvögel bei schlechtem Wetter instinktiv veranlasst werden, auf helles Licht zuzufliegen. Vor der Nutzung der Elektrizität war das der Mond; wenn sie auf ihn zuhielten, entfernten sie sich von dem gefährlichen Wetter. Daher wirkt ein blinkender Sendemast, der in einen roten Schein getaucht ist, wenn Nebel oder Schneesturm alles andere verhüllen, so verführerisch und tödlich für sie wie einst der Gesang der Sirenen auf griechische Seefahrer. Da die Navigationsmagneten der Zugvögel von den elektromagnetischen Feldern eines Senders völlig durcheinandergebracht werden, umkreisen sie schließlich hilflos die Masten, deren Spannseile zu den Schneiden eines riesigen Vogelmixers werden.

In einer Welt ohne Menschen werden die roten Lichter verlöschen, wenn die Übertragungen von einer Milliarde Handygespräche pro Tag aufhören, und mehrere Milliarden mehr Vögel werden ein Jahr später noch am Leben sein. Doch solange wir noch hier sind, bedeuten die Sendemasten nur den Anfang des unbeabsichtigten Massenmordes, den die menschliche Zivilisation an gefiederten Geschöpfen verübt, die wir noch nicht einmal essen.

Ein Mast anderer Art – ein Gerüst aus Stahlgittern, im Durchschnitt 45 Meter hoch und in Abständen von etwa 300 Metern aufgestellt – zieht sich kreuz und quer durch jeden Kontinent mit Ausnahme der Antarktis. Zwischen diesen Gerüsten hängen Aluminium-Überlandleitungen, welche die in Kraftwerken erzeugte Energie unseren Versorgungsnetzen als Hochspannung zuführen. Einige sind siebeneinhalb Zentimeter dick; um Gewicht und Kosten zu sparen, hat man sie ohne jede Isolierung gelassen.

Allein im nordamerikanischen Stromnetz gibt es genügend Kabel, um bis zum Mond, wieder zur Erde zurück und fast noch einmal zum Mond zu gelangen. Als die Wälder abgeholzt wurden, setzten sich die Vögel auch auf Telefon- und Hochspannungsleitungen. Solange sie keinen geschlossenen Stromkreis mit einem anderen Kabel oder dem Erdboden bilden, erhalten sie keinen tödlichen Stromstoß. Leider sind die Spannweiten von Falken, Adlern, Reihern, Flamingos und Kranichen so groß, dass sie mit ihren Flügeln zwei Leitungen gleichzeitig berühren oder einen nichtisolierten Transformator streifen können. Das Ergebnis ist nicht einfach ein elektrischer Schlag. Schnabel und Krallen eines Greifvogels können schmelzen und seine Federn Feuer fangen. Einige in Gefangenschaft aufgewachsene Kalifornische Kondore sind nach ihrer Auswilderung exakt auf diese Weise ums Leben gekommen, ebenso wie Tausende von Weißkopfseeadlern und Steinadlern. Wie Studien im mexikanischen Chihuahua gezeigt haben, wirkt eine neue Generation von Stahlstrommasten wie ein Erdleiter, sodass jetzt auch kleinere Vögel als Kadaver neben den toten Falken und Truthahngeiern am Fuße der Masten landen können.

Andere Untersuchungen lassen darauf schließen, dass mehr Vögel durch die einfache Kollision mit Hochspannungsleitungen als durch Stromstöße umkommen. Doch die größte Gefahr für Zugvögel sind gar nicht die Netze stromführender Kabel, die größte Gefahr erwartet sie in den tropischen Zonen Amerikas und Afrikas. Dort sind so viele Waldgebiete für die Landwirtschaft – deren Erträge großenteils für den Export bestimmt sind – geopfert worden, dass es jedes Jahr weniger Schlafbäume gibt, auf denen sie rasten, und weniger sichere Feuchtgebiete, wo die Wasservögel einen Zwischenhalt einlegen können. Wie im Falle des Klimawandels lässt sich die Wirkung schlecht quantifizieren, doch in Nordamerika und Europa ist die Häufigkeit einiger Singvogelarten seit 1975 um zwei Drittel zurückgegangen.

Ohne Menschen werden solche am Wege liegenden Waldgebiete in wenigen Jahrzehnten ansatzweise zurückkehren. Zwei andere Hauptverursacher des Singvogelverlustes – saurer Regen und Insektizide, mit denen man Mais, Baumwolle und Obstbäume behandelt –, werden augenblicklich entfallen, wenn wir verschwunden sind. Die Erholung der Bestände an Weißkopfseeadlern in Nordamerika nach dem DDT-Verbot lässt Gutes für alle Tiere erhoffen, die sich mit anderen chemischen Restbeständen herumschlagen müssen. Doch während DDT erst bei einer Konzentration von einigen Millionstel Teilen giftig wird, geht von Dioxinen schon eine Gefahr bei nur 90 *Billionstel* Teilen aus – und die Dioxine könnten bis zum Ende des Lebens selbst in der Umwelt verweilen.

In zwei unabhängigen Studien sind zwei US-Behörden zu dem Ergebnis gekommen, dass 60 bis 80 Millionen Vögel jährlich in Kühlergrills und als blutiger Brei auf Windschutzscheiben von Fahrzeugen enden, die heute auf Highways entlangrasen, wo noch vor hundert Jahren gemächlich Pferdewagen fuhren. Der Hochgeschwindigkeitsverkehr würde natürlich mit uns enden. Doch die schlimmste aller vom Menschen geschaffenen Gefahren für die Vogelwelt ist vollkommen unbeweglich.

Lange bevor unsere Bauwerke zerfallen, sind sie wahrscheinlich schon ohne Fensterscheiben und ein Grund dafür dürften die unfreiwilligen Kamikazeflüge der verschiedensten Vogelarten sein. Für seine Dissertation ließ der Ornithologe Daniel Klem vom While Muhlenberg College Vorstadtbewohner in New York und im Süden von Illinois die Zahl und Arten der Vögel notieren, die in ihre großen Panoramascheiben flogen, die unverzichtbaren Prunkstücke aller amerikanischen Nachkriegseigenheime.

»Fensterscheiben werden von Vögeln nicht als Hindernisse erkannt«, stellt Klem nüchtern fest. Große Vögel, kleine Vögel, alte und junge, männliche und weibliche, bei Tag oder bei Nacht – es spielte keine Rolle, wie Klem im Laufe zweier Jahrzehnte feststellte. Auch machten die Vögel keinen Unterschied zwischen Klarglas- und verspiegelten Scheiben. Das war fatal, angesichts des Exodus spiegelglasbewehrter Hochhäuser Ende des 20. Jahrhunderts aus den Stadtzentren in jene Randbezirke, die Zugvögeln noch als offene Felder und Wälder in Erinnerung waren. Selbst die Besucherzentren der Naturschutzparks, sagt Klem, seien häufig »buchstäblich mit Glas bedeckt, sodass diese Gebäude regelmäßig eben jene Vögel umbringen, deretwegen die Leute kommen«.

1990 schätzte Klem, dass sich jährlich hundert Millionen Vögel beim Flug in Fensterscheiben das Genick brächen. Heute nimmt er an, dass die zehnfache Zahl – eine Milliarde allein in den Vereinigten Staaten – wahrscheinlich noch eine zu vorsichtige Schätzung ist. In Nordamerika gibt es insgesamt rund zwanzig Milliarden Vögel. Rechnet man weitere 120 Millionen hinzu, die jedes Jahr der Jagd zum Opfer fallen – jenem Zeitvertreib, der die Mammute und Wandertauben auslöschte –, addieren sich diese Zahlen zu einer bedenklichen Summe. Und es gibt noch eine weitere Geißel, der unzählige Vögel zum Opfer fallen und die uns überleben wird – es sei denn, ihr gehen vorher die Vögel aus.

Das verhätschelte Raubtier

Die Zoologen Stanley Temple und John Coleman brauchten ihren Heimatstaat nicht zu verlassen, um Anfang der neunziger Jahre allgemeine Schlussfolgerungen aus ihrer Feldforschung zu ziehen. Ihr Gegenstand war ein offenes Geheimnis – ein Thema, das totgeschwiegen wird, weil kaum jemand zugeben will, dass fast ein Drittel aller Haushalte so gut wie überall einen oder mehrere Serienmörder beherbergen. Der Bösewicht ist das schnurrende Maskottchen, dass sich einst ebenso majestätisch in ägyptischen Tempeln rekelte wie heute auf unseren Polstermöbeln, unsere Zuneigung nur akzeptiert, wenn es ihm gefällt, wachend und schlafend (ein Zustand, in dem es mehr als die Hälfte seines Lebens zubringt) eine unergründliche Ruhe ausstrahlt und uns dazu bringt, es zu nähren und zu pflegen.

Doch im Freien lässt *Felis silvestris catus* – die Hauskatze – den letzten Teil ihres wissenschaftlichen Namens fallen und wird wieder zu *F. silvestris*, der Wildkatze. Schließlich ist sie genetisch identisch mit den kleinen einheimischen Wildkatzen, die man noch hier und da, wenn auch selten, in Europa, Afrika und Teilen Asiens antrifft. Obwohl sich die Hauskatzen im Laufe einiger tausend Jahre klugerweise den bequemen Verhältnissen der Menschenwelt angepasst haben – Katzen, die sich nicht aus dem Haus wagen, leben im Allgemeinen viel länger –, haben sie, wie Temple und Coleman zu berichten wissen, nie ihren Jagdinstinkt verloren.

Möglicherweise haben sie ihn sogar noch intensiviert. Als die europäischen Kolonisten die ersten Exemplare mitbrachten, hatten amerikanische Vögel diese leisen, Bäume erkletternden und unversehens zupackenden Raubtiere noch nie gesehen. In Amerika gab es Rot- und Kanadaluchse, aber diese sich unaufhaltsam vermehrenden Einwanderer waren eine viel kleinere Version, nur ein Viertel so groß – auf entsetzliche Weise wie geschaffen für die riesige Singvogelpopulation. Wie einst die Clovis-Jäger töten sie nicht für den Lebensunterhalt, sondern aus purer Mordlust. »Auch wenn eine Katze regelmäßig von Menschen gefüttert wird«, schrieben Temple und Coleman, »verzichtet sie nicht auf die Jagd.«

Während sich in den letzten fünfzig Jahren die Weltbevölkerung verdoppelte, vermehrten sich die Katzen weit schneller. Anhand der Zahlen des Statistischen Bundesamtes der USA wiesen Temple und Coleman nach, dass die Zahl amerikanischer Katzen allein im Zeitraum von 1970 bis 1990 von 30 auf 60 Millionen kletterte. Die Gesamtzahl muss aber auch die verwilderten Hauskatzen einschließen, die städtische Kolonien bilden und auf Bauernhöfen und in Waldgebieten weit häufiger sind als in der Größe vergleichbare Raubtiere wie Wiesel, Waschbären, Stinktiere und Füchse, die beim Menschen keinen Schutz suchen können.

Verschiedene Studien schreiben streunenden Stadtkatzen bis zu 28 erlegte Vögel pro Jahr zu. Hofkatzen erwischen, so Temple und Coleman, noch weit mehr. Als sie ihre Ergebnisse mit allen verfügbaren Daten abglichen, schätzten sie, dass die etwa zwei Millionen frei herumstreunenden Katzen in den ländlichen Gebieten von Wisconsin mindestens 7,8 Millionen, wahrscheinlich aber mehr als 219 Millionen Vögel pro Jahr töten – und das allein im ländlichen Wisconsin.

USA-weit geht die Zahl vermutlich in die Milliarden. Egal wie hoch die tatsächliche Zahl ist, Katzen werden sehr gut in einer Welt ohne Menschen zurechtkommen, jener Menschen, die sie auf alle Kontinente und Inseln brachten, wo sie noch nicht zu Hause waren und wo sie sich allen einheimischen Raubtieren gleicher Größe zahlenmäßig und in jeder anderen Hinsicht als überlegen erwiesen. Lange nachdem wir verschwunden sind, werden die Singvögel noch ihre Last mit der Aufzucht ihrer Nachkommen haben.

In vierzig Jahren Vogelbeobachtung ist der Ornithologe Steve Hilty, Verfasser zweier der weltweit dicksten Vogelführer (über die Vögel von Kolumbien und Venezuela), Zeuge einiger seltsamer, vom Menschen verursachter Veränderungen geworden. Eine beobachtete er am Ufer eines Schmelzwassersees vor den Toren von Calafate, einer Stadt in Südargentinien, unweit der chilenischen Grenze: Gegenstand seines Interesses waren die Dominikanermöwen von der argentinischen Atlantikküste, die sich, da sie sich von Mülldeponien ernähren, über das Land verbreitet und ihre Zahl verzehnfacht haben. »Ich habe beobachtet, dass sie wie Spatzen, die sich auf heruntergefallene Körner stürzen, der Fährte menschlicher Abfälle quer durch Patagonien folgten. Heute ist die Zahl der Gänse auf den Binnenseen stark zurückgegangen, weil die Möwen sich über deren Gelege hermachen.«

Für eine Welt ohne Müll, Jagdgewehre und Fensterglas sagt Hilty eine Rückkehr der Vogelpopulationen zu ihrem einstigen Gleichgewicht voraus. Die Wiederkehr mancher Verhaltensmuster wird vielleicht länger dauern, weil sich der Temperaturwandel eigenartig auf ihre Verbreitungsgebiete ausgewirkt hat. Einige Rote Spottdrosseln im Südosten der Vereinigten Staaten machen sich nicht mehr die Mühe fortzuziehen, während die Rotschulterstärlinge sogar auf Zentralamerika verzichten, um im Süden Kanadas zu überwintern, wo sie jetzt einer klassischen Art aus dem Süden der Vereinigten Staaten begegnen, der Spottdrossel.

Als professioneller Führer für Vogelfreunde hat Hilty beobachtet, wie der allmähliche Rückgang der Singvögel in einen jähen Sturz überging, der selbst unbeteiligten Zeitgenossen das Verstummen der Natur zu Bewusstsein brachte. Zu den verschwundenen Arten seines Heimatstaates Missouri gehört auch der Pappelwaldsänger mit seinem blauen Rücken- und weißen Brustgefieder. Einst verließen Pappelwaldsänger jeden Herbst die Ozarks, ein Hochlandplateau, und suchten in Venezuela, Kolumbien und Ecuador die Wälder auf halber Höhe der Anden auf. Da aber jedes Jahr immer größere Teile dieser Wälder den Anbauflächen für Kaffee – oder Koka – weichen müssen, sind Hunderttausende von eintreffenden Vögeln gezwungen, sich auf immer weiter schrumpfenden Überwinterungsgründen zusammenzudrängen, wo es nicht für alle genügend Nahrung gibt.

Eines aber tröstet ihn: »In Südamerika sind nur sehr wenige Vögel wirklich ausgestorben.« Das ist so bemerkenswert, weil es in Südamerika mehr Vogelarten gibt als irgendwo sonst. Als die beiden amerikanischen Halbkontinente vor drei Millionen Jahren vereint wurden, wirkte das gleich unterhalb der Nahtstelle Panama gelegene Kolumbien wie eine riesige Artenfalle, die über jede denkbare ökologische Nische verfügte, vom Küstendschungel bis zum Hochmoor. Kolumbiens Spitzenposition – mehr als 1700 Vogelarten – wird jedoch gelegentlich von Ornithologen in Ecuador und Peru bezweifelt, woraus folgt, dass offenbar noch weitere wichtige Lebensräume erhalten sind. Allerdings viel zu häufig in stark reduzierter Form: Ecuadors Spiegelbuschammer lebt heute nur noch in einem einzigen Andental. Der Grauwangen-Waldsänger im Nordosten Venezuelas muss sich mit einer Bergkuppe zufriedengeben. Und die in Brasilien beheimatete Rubinkehltangare findet sich nur noch auf einer einzigen Hazienda im Norden von Rio.

In einer Welt ohne Menschen würden die überlebenden Vögel rasch für eine Neuansaat der südamerikanischen Bäume sorgen, die durch die endlosen Reihen eines äthiopischen Einwanderers verdrängt wurden – den Arabica-Kaffee.

Wenn niemand mehr da wäre zum Unkrautjäten, würden neue Sämlinge mit den Kaffeesträuchern um die Nährstoffe konkurrieren. In wenigen Jahrzehnten würde der Schatten ihrer Wipfel das Wachstum des Eindringlings einschränken, während ihre Wurzeln ihn umschlängen und erstickten.

Kokasträucher, die eigentlich im Hochland von Peru und Bolivien beheimatet und überall sonst auf chemische Hilfe angewiesen sind, überständen ohne gärtnerische Pflege keine zwei Vegetationsperioden. Brachliegende Kokafelder würden wie Viehweiden ein Schachbrettmuster von kahlen Stellen hinterlassen, wo der Wald heimlich abgeholzt wurde. Ganz besondere Sorgen macht sich Hilty um die kleinen Vögel des Amazonasbeckens, die an den dichten Busch so angepasst sind, dass sie kein helles Licht vertragen. Viele kommen um, da sie keine offenen Flächen überqueren können.

Das entdeckte der Forscher Edwin Wills gleich nach Fertigstellung des Panamakanals. Als sich der Gatunsee mit Wasser füllte, wurden einige Berge zu Inseln. Die größte, Barro Colorado, umfasst 1200 Hektar und wurde zu einem Forschungslabor für das Tropical Studies Institute der Smithsonian Institution. Wills begann Ameisenfänger und Laufkuckucke zu untersuchen – bis sie plötzlich verschwunden waren.

»Zwölfhundert Hektar reichen nicht aus, um die Population einer Art zu erhalten, die sich nicht traut, offenes Wasser zu überqueren«, sagt Steve Hilty. »In Waldinseln, die durch Weideland getrennt sind, geht es diesen Vögeln genauso.«

Vögel, denen es gelingt auf Inseln zu überleben, können sich, wie Charles Darwin am Beispiel der Finken auf den Galapagosinseln darlegte, so gezielt an die örtlichen Verhältnisse anpassen, dass sie sich zu separaten Arten entwickeln, die es sonst nirgendwo gibt. Diese Verhältnisse werden allerdings auf den Kopf gestellt, sobald die Menschen mit ihren Schweinen, Ziegen, Hunden, Katzen und Ratten kommen.

Auf Hawaii können alle Luaus – Festessen, bei denen die wild lebenden Schweine in großer Zahl gegrillt und verspeist werden – nichts an dem Unheil ändern, das diese mit ihrer Wühlarbeit in Wäldern und Sümpfen anrichten. Um zu verhindern, dass das exotische Zuckerrohr von exotischen Ratten gefressen wurde, führten die hawaiianischen Pflanzer 1833 die exotischen Mungos ein. Heute gibt es die Ratten immer noch: Lieblingsnahrung der Ratten wie der Mungos sind die Eier der wenigen noch auf Hawaiis Hauptinseln brütenden Gänse und Albatrosse. Auf Guam landete kurz nach dem Zweiten Weltkrieg ein US-amerikanisches Transportflugzeug, das in seinen Radschächten blinde Passagiere der besonderen Art mitbrachte: braune Baumschlangen aus Australien. Binnen drei Jahrzehnten waren neben mehreren Eidechsen auch die Hälfte der auf der Insel heimischen Vogelarten ausgestorben, während die Übrigen als spärlich oder selten zu bezeichnen sind.

Wenn wir Menschen selbst ausgestorben sind, wird ein Teil unseres Vermächtnisses in den Raubtieren fortleben, die wir eingeschleppt haben. Für die meisten waren die einzigen Hindernisse, die sich ihrer unbeschränkten Vermehrung in den Weg stellten, die Ausrottungsprogramme, mit denen wir Schadensbegrenzung betrieben. Wenn wir gehen, gehen diese Bemühungen mit uns und die herrlichen Inseln des Südpazifiks werden fortan den Nagetieren und Mungos gehören.

15 Strahlendes Vermächtnis

Was auf dem Spiel steht

Wie bei einer Kettenreaktion ging alles sehr schnell. 1938 reiste der Physiker Enrico Fermi aus dem faschistischen Italien nach Stockholm, um den Nobelpreis für seine Arbeit über Neutronen und Atomkerne entgegenzunehmen – und emigrierte von dort aus mit seiner jüdischen Frau in die Vereinigten Staaten.

Im gleichen Jahr wurde bekannt, dass zwei deutsche Chemiker, Otto Hahn und Fritz Straßmann, Uranatome durch Beschuss mit Neutronen gespalten hatten. Ihre Arbeit bestätigte Fermis Experimente. Dieser hatte zutreffenderweise vermutet, dass weitere Neutronen freigesetzt werden, wenn es Neutronen gelingt, einen Atomkern aufzubrechen. Jedes Neutron streut dann wie eine subatomare Schrotkugel und spaltet, falls genügend Uran vorhanden ist, weitere Kerne. Dieser Prozess breitet sich nach dem Schneeballsystem aus und setzt enorme Energien frei.

Am 2. Dezember 1942 lösten Fermi und seine neuen amerikanischen Kollegen auf einem Squashfeld unterhalb des Stadions der University of Chicago eine kontrollierte Kettenreaktion aus. Ihr primitiver Reaktor war ein bienenkorbförmiger Stapel aus Graphitblöcken und Natururanklötzen. Durch Einführung von Stäben aus Kadmium, das Neutronen absorbiert, konnten sie die exponentielle Streuung von Uranatomen kontrollieren.

Keine drei Jahre später verfuhren sie in der Wüste von

New Mexico genau umgekehrt, dieses Mal in der Absicht, die Kernreaktion völlig außer Kontrolle geraten zu lassen. Eine ungeheure Energie wurde freigesetzt, und binnen eines Monats wurde dieser Vorgang noch zweimal wiederholt – über zwei japanischen Großstädten. Mehr als 100 000 Menschen starben auf der Stelle, aber das Sterben setzte sich noch lange nach der ersten Explosion fort und bewies damit die doppelte Tödlichkeit der Kernspaltung – ungeheure unmittelbare Zerstörung und langsames Siechtum.

Wenn wir morgen aus dieser Welt verschwänden – einmal angenommen, es geschähe anders als durch den großen Knall –, ließen wir 30 000 intakte nukleare Sprengköpfe zurück. Die Wahrscheinlichkeit, dass einer von ihnen ohne uns explodieren könnte, ist praktisch gleich null. Das spaltbare Material in einer einfachen Uranbombe ist in einzelne Stücke aufgeteilt, sodass sie, um die für die Detonation erforderliche kritische Masse zu erreichen, mit einer Geschwindigkeit und Genauigkeit zusammengeführt werden müssen, die unter natürlichen Bedingungen nicht vorkommen. Sie fallen zu lassen, mit einem harten Gegenstand auf sie einzuschlagen, sie ins Wasser zu tauchen oder einen Felsbrocken über sie hinwegzuwälzen bliebe folgenlos. Träte der höchst unwahrscheinliche Fall ein, dass die glatten Oberflächen des angereicherten Urans tatsächlich in der erforderlich schnellen Weise in einer ramponierten Bombe zusammengeführt würden, gäbe es eine schwache Verpuffung – eine höchst unsaubere allerdings.

Eine Plutoniumwaffe enthält eine einzige Kugel spaltbaren Materials, die, um zur Explosion gebracht zu werden, gewaltsam und exakt auf mindestens ihre doppelte Dichte komprimiert werden muss. Sonst ist sie nur ein giftiger Klumpen. Eines jedoch wird mit Sicherheit geschehen: Die Bombenmäntel korrodieren irgendwann und setzen den hoch aktiven Inhalt dieser Waffen den Elementen aus. Waffenfähiges Plutonium-239 hat eine Halbwertszeit von 24 110

Jahren; das heißt, auch wenn die Hülle einer ballistischen Interkontinentalrakete 5000 Jahre braucht, um durchzurosten, ist der größte Teil der zehn bis zwanzig Pfund Plutonium in ihrem Inneren noch nicht zerfallen. Das Plutonium strahlt Alphateilchen ab – Klümpchen aus Protonen und Neutronen, die schwer genug sind, um von Fell oder sogar dicker Haut abgefangen zu werden, sich aber als verheerend für jedes Lebewesen erweisen, das sie einatmet. (Beim Menschen kann schon ein Millionstel Gramm Lungenkrebs verursachen.) Nach 125 000 Jahren wäre nur noch ein Pfund übrig, das allerdings immer noch außerordentlich tödlich in seiner Wirkung wäre. 250 000 Jahre würde es dauern, bis sich die Strahlungspegel der natürlichen Hintergrundstrahlung der Erde anglichen.

Zu diesem Zeitpunkt hätte sich allerdings noch alles auf der Erde verbliebene Leben mit den immer noch tödlichen Nachwirkungen von 441 Kernkraftwerken auseinanderzusetzen.

Sonnenschutz

Wenn große, instabile Atome wie Uran natürlich zerfallen oder wenn wir sie auseinanderreißen, emittieren sie geladene Teilchen und elektromagnetische Strahlen, die etwa so intensiv sind wie stärkste Röntgenstrahlen. Beide sind energetisch genug, um lebende Zellen und deren DNS zu verändern. Wenn sich diese geschädigten Zellen und Gene teilen und replizieren, kommt es zu einer Kettenreaktion anderer Art. Wir nennen sie Krebs.

Da die Hintergrundstrahlung schon immer vorhanden war, haben sich die Organismen ihr durch Selektion, Evolution und manchmal auch einfach durch Untergang angepasst. Jedes Mal, wenn wir die natürliche Hintergrundstrahlung erhöhen, zwingen wir das Gewebe lebender Organismen, darauf zu reagieren. Zwanzig Jahre bevor wir begannen, die Kernspaltung zu nutzen, zunächst für Bomben und dann in Kraftwerken, hatten wir schon einen der elektromagnetischen Geister gerufen – infolge einer Torheit, die uns erst sechzig Jahre später klar wurde. In diesem Falle haben wir Strahlung nicht frei-, sondern hereingelassen.

Es handelt sich um ultraviolette Strahlen, die zwar beträchtlich energieärmer sind als die von Atomkernen emittierten Gammastrahlen, aber plötzlich in Stärken einfielen, die es seit Beginn des Lebens auf der Erde noch nicht gegeben hatte. Diese Strahlenpegel steigen immer noch, und obwohl wir hoffen, sie im Laufe der nächsten fünfzig Jahre in den Griff zu bekommen, könnte unser vorzeitiges Verschwinden sie weit länger auf diesem erhöhten Niveau belassen.

Die UV-Strahlung trug zur Entstehung des Lebens in der uns bekannten Form bei – und paradoxerweise schuf sie sogar die Ozonschicht, die uns teilweise vor ihr schützt. Als ganz am Anfang dieser Entwicklung der Urbrei an der Oberfläche des Planeten von der Sonne mit ungefilterter UV-Strahlung beschossen wurde, nahm in einem entscheidenden Augenblick – vielleicht ausgelöst durch einen Blitzschlag – die erste biologische Molekularmischung Gestalt an. Unter den hoch energetischen ultravioletten Strahlen mutierten diese lebenden Zellen rasch, sodass ihr Stoffwechsel bald in der Lage war, anorganische Verbindungen in organische umzuwandeln. Schließlich reagierte eine dieser Verbindungen auf die Anwesenheit von Kohlendioxid und Sonnenlicht in der Uratmosphäre, indem sie einen neuen Abfallstoff ausschied: Sauerstoff.

Damit hatten die UV-Strahlen ein neues Ziel. Sie suchen sich verbundene Atompaare des Sauerstoffs – O_2-Moleküle – und brechen deren Bindung. Die beiden separaten Sauerstoffatome hängen sich sofort an O_2-Moleküle in der Nähe und bilden so O_3: Ozon. Doch ultraviolette Strahlen spalten das zusätzliche Atom des Ozons rasch wieder ab, sodass wieder Sauerstoff entsteht; ebenso rasch lagert sich das freie Atom einem anderen Paar an und bildet abermals Ozon, bis es weitere UV-Strahlung aufnimmt und sich wieder ablöst.

Allmählich stellte sich rund fünfzehn Kilometer über der Erdoberfläche ein Gleichgewichtszustand her: Ständig bildete die UV-Strahlung Ozon, spaltete und fügte es wieder zusammen, sodass sie dadurch teilweise die Erdoberfläche gar nicht erreichte. In dem Maße, wie sich die Ozonschicht stabilisierte, tat es auch das Leben auf der Erde, das von dieser Schicht abgeschirmt wurde. Schließlich entwickelten sich Arten, welche die früheren Stärken der UV-Strahlung nicht ertragen hätten. Irgendwann gehörten auch wir dazu.

Bald nach dem Beginn des Lebens hatte das Sauerstoff-Ozon-Gleichgewicht einen relativ stabilen Zustand angenommen. Das änderte sich, als wir in den dreißiger Jahren anfingen, Fluorchlorkohlenwasserstoffe, synthetische Chlorverbindungen, die als Kühlmittel eingesetzt werden, herzustellen. Diese FCKWs, wie ihre Abkürzung lautet, schienen so beruhigend inaktiv zu sein, dass man sie für Sprühdosen und Asthma-Inhalatoren verwendete und Polymere damit aufschäumte, um Einwegbecher und Laufschuhe zu produzieren.

1974 fragten sich die Chemiker F. Sherwood Rowland und Mario J. Molina von der University of California in Irvine, was aus diesen reaktionsträgen FCKWs wird, wenn die Kühlschränke und anderen Produkte, die sie enthalten, verschrottet werden oder verrotten. Sie gelangten zu dem Schluss, dass die fast unzerstörbaren FCKWs wohl in die Stratosphäre aufsteigen und dort ihren Meister in Gestalt der energiereichen UV-Strahlung finden: In dem molekularen Gemetzel wird reines Chlor freigesetzt, ein gefräßiger Jäger jener ungebundenen Sauerstoffatome, deren Vorhandensein die UV-Strahlen von der Erde fernhält.

Niemand schenkte Rowland und Molina viel Aufmerksamkeit, bis Joe Farman, ein britischer Antarktisforscher, 1985 entdeckte, dass ein Teil des Himmels fehlte. Jahrzehntelang hatten wir Chlor zu unserem UV-Schutzschirm hinaufgepumpt und diesen dadurch allmählich aufgelöst. Seither bemüht sich die Staatengemeinschaft in noch nie dagewesener Zusammenarbeit, die Ozonkiller abzubauen. Die Ergebnisse sind ermutigend, aber noch immer nicht befriedigend: Die Ozonzerstörung hat sich verlangsamt, aber es gibt einen blühenden Schwarzmarkt für FCKWs und einige werden sogar immer noch legal produziert – für »inländische Grundbedürfnisse« der Entwicklungsländer. Sogar die Ersatzstoffe, die wir heute meist verwenden, die teilhalogenisierten Fluorchlorkohlenwasserstoffe, die H-FCKWs, sind lediglich etwas weniger aggressive Ozonkiller, die ebenfalls aus dem Verkehr gezogen werden sollen – obwohl die Frage, womit sie wiederum ersetzt werden sollen, noch unklar ist.

Ganz abgesehen von der Schädigung der Ozonschicht sind die teilhalogenisierten H-FCKWs und die FCKWs – sowie ihre häufigsten chlorfreien Ersatzstoffe, die FKWs – um ein Vielfaches schlimmere Treibhausgase als Kohlendioxid. Ihre Verwendung wird natürlich mit dem Ende aller menschlichen Aktivitäten enden, doch die Schäden, die wir dem Himmel zugefügt haben, könnten sehr viel länger nachwirken. Zum gegenwärtigen Zeitpunkt können wir allenfalls hoffen, dass der Schaden – ein Loch über dem Südpol und die Ausdünnung der Ozonschicht überall sonst – 2060 behoben sein wird, nachdem die Schadstoffe abgebaut sind. Das setzt voraus, dass wir sie durch sichere Stoffe ersetzt und Wege und Mittel gefunden haben, uns der Vorräte zu entledigen, die noch nicht zum Himmel aufgestiegen sind. Allerdings erweist sich die Zerstörung von Stoffen, deren Unzerstörbarkeit einmal oberstes Entwicklungsziel gewesen war, als reichlich kostspieliges Unterfangen, das auf komplizierte, energieintensive Geräte wie etwa Argonplasmabögen und Drehrohröfen angewiesen ist – verfahrenstechnische Geräte, die in großen Teilen der Welt nur schwer zu beschaffen sind.

Infolgedessen werden vor allem in Entwicklungsländern noch Millionen von Tonnen FCKWs verwendet, zirkulieren in veralteten Geräten oder werden in Reserve gehalten. Wenn wir verschwunden sind, werden die Millionen Automobilklimaanlagen, die privaten und gewerblichen Kühlschränke, die Kühl-Lkws und Kühlwaggons, die Klimaanlagen in Privathäusern und gewerblichen Gebäuden irgendwann kaputtgehen und ihre FCKWs freisetzen.

Sie werden in die Stratosphäre aufsteigen und dafür sorgen, dass die rekonvaleszente Ozonschicht einen Rückfall erleidet. Da jedoch nicht alle FCKWs gleichzeitig freigesetzt werden, könnte die Krankheit mit einigem Glück chronisch und nicht letal verlaufen. Sonst wird die Evolution die uns überlebenden Pflanzen und Tiere nach ihrer UV-Toleranz selektieren müssen oder sie zwingen, sich mittels glücklicher Mutationen einen Weg durch das Sperrfeuer elektromagnetischer Strahlung zu bahnen.

Taktisches und Praktisches

Uran-235, mit einer Halbwertszeit von 704 Millionen Jahren, macht einen relativ unbedeutenden Bruchteil – knapp 0,7 Prozent – des natürlichen Uranerzes aus, doch wir Menschen haben mehrere Tausend Tonnen davon für die Verwendung in Reaktoren und Bomben konzentriert (»angereichert«). Dazu muss man es aus Uranerz extrahieren, gewöhnlich, indem man es in eine Gasverbindung verwandelt, und dann in einer Zentrifuge schleudern, um die verschiedenen Atomgewichte zu trennen. Zurückbleibt weit weniger aktives (»abgereichertes«) U-238, dessen Halbwertszeit bei viereinhalb Milliarden Jahren liegt: Allein in den Vereinigten Staaten lagern mindestens eine halbe Million Tonnen davon.

Ein Verwendungszweck, den wir für U-238 gefunden haben, hat mit dem Umstand zu tun, dass es sich um ein ungewöhnlich dichtes Metall handelt. Seit einigen Jahrzehnten legiert man Stahl damit und fertigt daraus Geschosse von erhöhter Durchschlagskraft, die sogar Panzer zerstören können.

Bei solchen Mengen abgereicherten Urans, das nutzlos herumliegt, kommt diese Lösung die amerikanischen und europäischen Militärs viel billiger als der Kauf der nichtradioaktiven Alternative – Wolfram –, das vor allem in China gefunden wird. Projektile mit Kernen aus abgereichertem Uran reichen von 25 Millimeter langen kleinkalibrigen Geschossen bis zu 900 Millimeter langen, 120 Millimeter dicken Pfeilen mit eigenen Treibmitteln und Leitwerksflügeln. Deren Einsatz löst empörte Diskussionen über die gesundheitlichen Folgen aus – für die Schießenden wie für die Beschossenen. Da sich Urangranaten beim Aufschlag entzünden, hinterlassen sie nur Asche. Abgereichert oder nicht, in den Geschosskernen befindet sich genügend konzentriertes U-238, um den normalen Strahlungshintergrund um das Tausendfache zu übertreffen. Nachdem wir verschwunden sind, graben nach uns kommende Archäologen vielleicht Arsenale mit mehreren Millionen dieser superdichten, modernen Versionen der Clovis-Spitzen aus. Sie werden nicht nur erheblich schrecklicher aussehen, sondern – möglicherweise ohne dass ihre Entdecker es ahnen – länger strahlen, als der Planet existieren wird.

Doch unter den Dingen, die uns überdauern werden, gibt es noch weit radioaktivere Stoffe als abgereichertes Uran – egal ob wir morgen verschwinden oder erst in 250 000 Jahren. Das Problem ist so gewaltig, dass erwogen wird, ganze Gebirgsstöcke auszuhöhlen, um sie zu entsorgen. Bislang gibt es in den Vereinigten Staaten nur eine einzige solche

Einrichtung – in 600 Metern Tiefe in einem Salzstock im Südosten New Mexicos, ähnlich den Speicherkavernen für chemische Stoffe unterhalb Houstons. Die Waste Isolation Pilot Plant (WIPP), seit 1999 in Betrieb, ist ein Endlager für radioaktive Abfälle aus Kernwaffen und der militärischen Forschung. Sie kann rund 180 000 Kubikmeter Abfall aufnehmen, das entspricht etwa 900 000 Zweihundert-Liter-Fässern. Tatsächlich wird ein Großteil des plutoniumverseuchten Abfalls in solchen Fässern geliefert und gelagert.

Die WIPP wurde nicht gebaut, um radioaktive Abfälle aus Kernkraftwerken zu lagern, die allein in den Vereinigten Staaten jedes Jahr um 3000 Tonnen anwachsen. Es handelt sich um ein Endlager nur für sogenannte schwach- und mittelaktive Abfälle – Dinge wie Handschuhe für die Waffenmontage, Schutzüberzüge für Schuhe und Lappen voller kontaminierter Reinigungsmittel, mit denen man die Kernwaffen auf Hochglanz brachte. Dazu gehören zerlegte Fertigungsmaschinen für diese Waffen und sogar die Wände der Montageräume. Die Abfälle treffen auf eingeschweißten Paletten ein: verstrahlte Stücke von Rohren, Aluminiumleitungen, Gummi, Kunststoff, Zellulose und kilometerlange Stromkabel. Nach den ersten fünf Jahren war die Einlagerungskapazität der WIPP bereits zu 20 Prozent erschöpft.

Diese Abfälle stammen aus zwei Dutzend Hochsicherheitsanlagen in den gesamten USA, beispielsweise aus der Hanford Nuclear Reservation in Washington, wo das Plutonium für die Nagasaki-Bombe aufbereitet, und aus Los Alamos, New Mexico, wo sie gebaut wurde. 2000 griffen von zwei Seiten Waldbrände auf sie über. Nach offiziellen Berichten konnten nicht unter der Erde gelagerte radioaktive Abfälle gesichert werden – doch in einer Welt ohne Feuerwehrleute sähe das ganz anders aus. Von der WIPP abgesehen, gibt es in den USA für nukleare Abfälle nur vorläufige Unterbringungsmöglichkeiten. Wenn sich daran nichts ändert, werden diese Lager irgendwann in Brand geraten, woraufhin radioaktive Wolken über den Kontinent und vermutlich auch über die Meere ziehen.

Die erste Anlage, die ihre Abfälle an die WIPP lieferte, war Rocky Flats, eine militärische Einrichtung auf der Hochebene eines Gebirgsausläufers 26 Kilometer nordwestlich von Denver. Bis 1989 stellten die Vereinigten Staaten in Rocky Flats Plutoniumzünder für Atomwaffen her, wobei ihre Sicherheitsvorkehrungen den gesetzlichen Vorschriften nicht so ganz genügten. Jahrelang wurden Tausende Fässer Kühlflüssigkeit, die mit Plutonium und Uran schwer verunreinigt war, im Freien auf nackter Erde gestapelt. Als schließlich jemand bemerkte, dass sie leckten, wurden die Beweise unter einer Asphaltdecke begraben. Rocky Flats' radioaktive Abwässer gelangten häufig in die umliegenden Bäche; in dem absurden Versuch, das Versickern aus gerissenen Verdunstungsbecken zu verlangsamen, mischte man Zement in den Schlamm; außerdem entwich regelmäßig Strahlung in die Luft. Nach einer FBI-Razzia wurde die Anlage 1989 schließlich geschlossen. Im neuen Jahrtausend wurden mehrere Milliarden Dollar für Sanierungsmaßnahmen und Öffentlichkeitsarbeit aufgewandt, um Rocky Flats in ein staatliches Naturschutzgebiet umzuwandeln.

Eine ähnlich wundersame Mutation erlebte das alte Rocky Mountain Arsenal neben dem Internationalen Flughafen von Denver. RMA war eine Chemiewaffenfabrik, in der Senf- und Nervengas, Brandbomben und Napalm hergestellt wurden – in Friedenszeiten produzierte man Insektizide; das Kerngelände galt einst als die kontaminierteste Quadratmeile der Erde. Nachdem im Sicherheitsgürtel der Anlage Dutzende von Seeadlern angetroffen wurden, die sich an der umfangreichen Population von Präriehunden gütlich taten, wurde auch dieses Fabrikgelände in einen Nationalpark umgewandelt. Dazu musste ein See trockengelegt und versiegelt werden, auf dem Enten einst schon wenige Augenblicke nach ihrer Landung verendeten und wo die

Böden der Aluminiumboote, mithilfe derer man die Kadaver einsammelte, binnen eines Monats verrotteten. Obwohl man die Giftschwaden im Grundwasser noch weitere hundert Jahre bekämpfen und überwachen will, bis sie hinreichend verdünnt sind, finden schon heute elchgroße Maultierhirsche auf einem Gelände Zuflucht, das früher noch nicht einmal die Menschen zu betreten wagten.

Ein Jahrhundert spielt jedoch kaum eine Rolle bei Uran- und Plutoniumrückständen, deren Halbwertszeiten erst bei 24 000 Jahren beginnen. Das waffenfähige Plutonium aus Rocky Flats wurde nach South Carolina in die militärische Wiederaufbereitungsanlage Savannah River Plant transportiert, wo zwei riesige Gebäude so kontaminiert sind, dass niemand weiß, wie sie entsorgt werden können. Dort werden jetzt hoch radioaktive Abfälle mit Glasperlen eingeschmolzen. Wenn die glühende Masse in Edelstahlbehälter gegossen wird, erstarrt sie zu festen Blöcken aus radioaktivem Glas.

Dieses Verfahren, die sogenannte Vitrifikation, wird auch in Europa angewandt. Da Glas zu unseren einfachsten und dauerhaftesten Schöpfungen gehört, könnten diese radioaktiven Glasziegel die meisten unserer anderen Werke überdauern. Doch an Orten wie der britischen Anlage Windscale – Schauplatz zweier nuklearer Zwischenfälle, bevor sie endlich geschlossen wurde – wird der vitrifizierte Abfall in Kühlräumen gelagert. Eines Tages, wenn kein Strom mehr fließt, wird sich eine Kammer voll zerfallendem, in Glas eingebettetem Material unaufhaltsam erwärmen – mit verheerenden Folgen.

Der Asphalt von Rocky Flats, unter dem man die ausgelaufene radioaktive Kühlflüssigkeit begrub, wurde nebst einer metertiefen Erdschicht abgetragen und ebenfalls nach South Carolina verladen. Mehr als die Hälfte der 800 Gebäude wurde abgerissen, einschließlich des berüchtigten »Unendlichkeitsraums«, in dem die Kontamination so hoch war, dass die Instrumente sie nicht mehr messen konnten. Mehrere Gebäude lagen größtenteils unter der Erde; nach der Entfernung von Gegenständen und Geräten wie den Manipulatoren, die man für den Umgang mit den glänzenden Plutoniumscheiben, den A-Bombenzündern, benötigt hatte, wurden alle unterirdischen Geschosse einfach zugeschüttet.

Darüber hat man ein Gemisch aus hohem Bart- und Moskitogras ausgesät, um einen Lebensraum für einheimische Wapitis, Nerze, Pumas und die bedrohten Wiesenhüpfmäuse zu schaffen, Arten, die in dem knapp 25 000 Hektar großen Sicherheitsgürtel trotz des Unheils, das in seinem Zentrum seinen Lauf nahm, erstaunlich gut gediehen. Ungeachtet des grausigen Geschäfts, das da betrieben wurde, schienen die Tiere keine Probleme zu haben. Doch die Verantwortlichen geben offen zu, dass man zwar vorhat, die Strahlenbelastung der Mitarbeiter des Naturschutzparks zu kontrollieren, aber nicht gedenkt, an den Tieren selbst Gentests vorzunehmen.

»Uns interessieren die Risiken für die Menschen, nicht aber welche Schäden die Arten erleiden könnten. Den Berechnungen der höchstzulässigen Effektivdosis liegt die Strahlenbelastung bei einer dreißigjährigen Berufstätigkeit zugrunde. So lange lebt kaum ein Tier.«

Vielleicht nicht, aber ihre Gene geben sie dennoch weiter.

Alles, was in Rocky Flats so fest verankert oder so aktiv war, dass man es nicht transportieren konnte, betonierte man ein, bedeckte es drei Meter hoch mit Erde und erklärte es zum Sperrgebiet, obwohl man noch nicht entschieden hat, wie man neugierige Besucher des Wildreservats fernhalten will. In der WIPP, wo ein Großteil der Bestände von Rocky Flats endete, ist die amerikanische Energiebehörde gesetzlich verpflichtet, während der nächsten 10 000 Jahre jeden daran zu hindern, der Lagerstätte zu nahezukommen. Obwohl man sich darüber klar war, dass menschliche Sprachen sich schon binnen 500 oder 600 Jahren bis zur Unkenntlichkeit verändern, beschloss man trotzdem, die Warnungen in sieben Sprachen zu formulieren, die drohende Gefahr zusätzlich aber auch bildlich darzustellen. Die Hinweise sollen auf siebeneinhalb Meter hohen, 20 Tonnen schweren Granitmonumenten eingemeißelt und auf 23 Zentimeter großen Scheiben aus gebranntem Ton und Aluminiumoxid wiederholt werden, die man überall auf dem Gelände eingraben will. Genauere Informationen über die Risiken, die unter der Erde lauern, werden auf den Wänden dreier identischer Räume zu lesen sein, von denen zwei ebenfalls unterirdisch angelegt werden sollen. Die ganze Fläche von fast anderthalb Quadratkilometern wird mit einem zehn Meter hohen Erdwall umgeben und mit Magneten und Radarreflektoren gespickt, um in alle Zukunft auf jede erdenkliche Weise zu signalisieren, dass unter der Erde Bedrohliches lauert.

Ob die Wesen, die diese Botschaft eines Tages finden, sie tatsächlich lesen oder erahnen können, ist möglicherweise eine rein akademische Frage: Der Bau dieser komplexen Drohkulisse zur Abschreckung der Nachwelt wird noch Jahrzehnte auf sich warten lassen, bis die Einlagerungskapazität der WIPP ganz ausgeschöpft ist. Außerdem bemerkte man bereits nach fünf Jahren, dass Plutonium-239 aus dem Entlüftungsschacht der WIPP entwich.

Zu den Unwägbarkeiten gehört die Frage, wie all die verstrahlten Kunststoffe, Zellulosen und Radionukleide dort unten reagieren werden, wenn Salzwasser durch die Salzformationen sickert und der radioaktive Zerfall die Temperaturen steigen lässt. Aus diesem Grund sind in der WIPP keine radioaktiven Flüssigkeiten erlaubt, es sei denn, sie sind flüchtig, doch viele Flaschen und Dosen enthalten kontaminierte Rückstände, die bei steigenden Temperaturen verdunsten werden. Zwar hat man für den Fall, dass sich Wasserstoff und Methan bilden, Kopfraum freigelassen, doch ob der reicht und ob der Entlüftungsschacht der WIPP offen bleiben oder verstopfen wird, kann nur die Zukunft zeigen.

Zu billig zum Messen

In dem größten Kernkraftwerk der Vereinigten Staaten, der 3,8 Gigawatt erzeugenden Palo Verde Nuclear Generating Station in der Wüste westlich von Phoenix, wird Wasser durch eine kontrollierte Kernreaktion in Dampf verwandelt, der die drei größten jemals von General Electric hergestellten Turbinen antreibt. Die meisten Reaktoren weltweit funktionieren ähnlich; wie Enrico Fermis erster Atommeiler wird die Reaktion in allen Kernkraftwerken mithilfe beweglicher, neutronenabsorbierender Kadmiumstäbe gedämpft oder verstärkt.

In Palo Verdes drei separaten Reaktoren sind diese Kontrollstäbe unter fast 170 000 bleistiftdünne, mehr als vier Meter lange Röhren aus einer Zirkoniumlegierung verteilt, die von einem Ende zum anderen mit Urankügelchen gefüllt sind, wobei jedes so viel Energie wie eine Tonne Kohle enthält. Die Stäbe werden zu Hunderten von Brennelementen gebündelt; das zwischen ihnen fließende Wasser kühlt das System und treibt, wenn es verdunstet, die Dampfturbinen an.

Zusammen wiegen die fast würfelförmigen Reaktorkerne, die sich vierzehn Meter tief in Becken mit türkisfarbenem Wasser befinden, mehr als 500 Tonnen. Jedes Jahr sind rund 30 Tonnen ihrer Brennelemente verbraucht. Immer noch in den Zirkoniumstäben verpackt, wird dieser nukleare Abfall von Kränen in einen Flachdachbau außerhalb der Reaktorkuppel befördert, wo er in einem Abklingbecken wie in einem riesigen Swimmingpool versenkt wird, abermals vierzehn Meter tief.

Seit Palo Verde 1986 den Betrieb aufnahm, sammeln sich dort seine verbrauchten Brennelemente, weil sie nirgends endgelagert werden können. Überall sind in den Kraftwerken die Abklingbecken erweitert worden, damit sie ein paar tausend Brennelemente mehr aufnehmen können. Insgesamt produzieren die 441 weltweit in Betrieb befindlichen Kernkraftwerke pro Jahr fast 13 000 Tonnen hoch radioaktiven Atommüll. In den Vereinigten Staaten haben die meisten Anlagen keinen Platz mehr in ihren Becken, daher werden die abgebrannten Stäbe, bis ein geeignetes Endlager gefunden ist, in »Trockenbehältern« mumifiziert – in betonummantelten Vakuum-Stahlkanistern. In Palo Verde, wo sie seit 2002 verwendet werden, lagert man sie senkrecht, sodass sie wie riesige Thermosflaschen aussehen.

Jedes Land plant, diese Stoffe dauerhaft unter der Erde zu lagern. Jedes Land hat auch Bürger, die der Gedanke mit Furcht und Schrecken erfüllt, dass ein Erdbeben die Grabkammern der Abfälle öffnen oder ein Lastwagen mit radioaktivem Müll auf dem Weg zu einer Nukleardeponie eine Panne haben oder entführt werden könnte.

Unterdessen modern die verbrauchten Brennelemente, einige von ihnen schon seit Jahrzehnten, in ihren Zwischenlagern vor sich hin. Merkwürdigerweise sind sie jetzt bis zu einer Million Mal radioaktiver als in frischem Zustand. Während sie sich im Reaktor befanden, verwandelten sie sich in Elemente, die schwerer sind als angereichertes Uran, beispielsweise in Plutonium- und Americiumisotope. Dieser Prozess setzt sich in den Nass- und Trockenlagern fort, wo die zwar abgebrannten, aber immer noch aktiven Stäbe Neutronen austauschen und Alpha- und Betateilchen, Gammastrahlen und Wärme emittieren.

Verschwänden die Menschen plötzlich, würde es nicht lange dauern, bis das Wasser in den Nasslagern verkochte – besonders rasch in der Wüste von Arizona. Sobald die abgebrannten Stäbe der Luft ausgesetzt sind, entzündet ihre

Wärme die Ummantelung, sodass ein radioaktiver Brand ausbricht. In Palo Verde war das Gebäude zum Lagern verbrauchter Brennelemente, wie in anderen Reaktoranlagen, nur als vorläufige Lösung gedacht und hat mit seinem Dach aus Mauerwerk mehr Ähnlichkeit mit einem Supermarkt als mit der Reaktorkuppel aus Spannbeton. Ein solches Dach hält nicht lange, wenn darunter ein radioaktives Feuer tobt, und in einem solchen Fall entweicht eine Menge Radioaktivität. Aber das wäre noch nicht einmal das größte Problem.

Wie riesige weiße Enoki-Pilze steigen Palo Verdes große Dampfsäulen anderthalb Kilometer über die Kreosotflächen der Wüste auf – jede Wolke besteht aus den fast 70 000 Litern Wasser, die pro Minute bei der Kühlung der drei Spaltreaktoren Palo Verdes verdampft werden. (Da Palo Verde das einzige US-amerikanische Kraftwerk ist, das nicht an einem Fluss, einer Meeresbucht oder der Küste liegt, muss es sich mit aufbereitetem Abwasser aus Phoenix zufriedengeben.) Mit seinen 2000 Mitarbeitern, die für reibungslos funktionierende Pumpen sorgen, Dichtungen kontrollieren und Filter reinigen, ist das Kraftwerk eine Kleinstadt mit eigener Polizei und Feuerwehr.

Nehmen wir an, dieses Städtchen wird evakuiert. Die Einwohner haben genug Zeit, um alle Moderatorstäbe in die Reaktorkerne zu schieben, sodass die Reaktion zum Stillstand kommt und keine Elektrizität mehr erzeugt wird. Wenn Palo Verde unbemannt ist, wird seine Verbindung zum Stromnetz automatisch unterbrochen. Notstromaggregate mit einem Treibstoffvorrat für sieben Tage springen selbstständig an und versorgen den Kühlwasserkreislauf mit Strom, denn selbst wenn die Spaltprozesse im Kern aufhören, setzt das Uran seinen Zerfall fort und erzeugt ungefähr sieben Prozent der Wärme eines aktiven Reaktors. Diese Wärme reicht aus, um den Wasserdruck des Kühlkreislaufs zu erhöhen. Von Zeit zu Zeit muss ein Überdruckventil geöffnet werden, um überhitztes Wasser abzulassen. Sobald der Druck gefallen ist, wird das Ventil wieder geschlossen. Doch Hitze und Druck bauen sich erneut auf, das Überdruckventil öffnet sich und alles beginnt von vorn.

Irgendwann geht es nur noch darum, ob zuerst der Wasservorrat erschöpft ist, ein Ventil klemmt oder die Dieselpumpen ausfallen. Auf jeden Fall wird das Kühlwasser nicht ewig aufgefüllt werden. Zu diesem Zeitpunkt strahlt der Uranbrennstoff noch; er braucht schließlich 704 Millionen Jahre, um die Hälfte seiner Radioaktivität zu verlieren. Unaufhaltsam verkocht er die Wasserdecke, unter der er ruht. Nach höchstens einigen Wochen liegt der obere Teil des Reaktorkerns frei und die Kernschmelze beginnt.

Wenn alle Menschen verschwinden, während das Kraftwerk noch am Netz ist, arbeitet es weiter, bis einer seiner vielen tausend Bauteile ausfällt, die täglich kontrolliert und gewartet werden. Ein Ausfall würde automatisch zum Abschalten führen; wenn nicht, könnte es sehr rasch zur Kernschmelze kommen. Etwas Ähnliches geschah 1979 im Kraftwerk Three Mile Island in Pennsylvania, wo sich ein Überdruckventil nicht wieder schloss. Innerhalb von zwei Stunden und 15 Minuten lag der obere Teil des Kerns frei und verwandelte sich in glühende Lava, die auf den Boden des Reaktorkessels hinabfloss und sich durch 15 Zentimeter Kohlenstoffstahl hindurchzubrennen begann.

Ein Drittel hatte sie schon geschafft, als jemand den Vorgang bemerkte. Hätte niemand den Störfall entdeckt, hätte sich die Lava mit dem etwa einen Meter hoch auf dem Fundament des Reaktorgebäudes stehenden Kühlwasser gemischt, das aus dem klemmenden Ventil geflossen war, und die etwa 3000 Grad heiße Masse wäre explodiert.

Bei Kernreaktoren ist das spaltbare Material weit weniger konzentriert als in Kernwaffen, daher wäre es eine Dampf- und keine Nuklearexplosion. Nun sind aber Reaktorkuppeln nicht für Dampfexplosionen konstruiert; wenn die Türen und Nähte gesprengt werden, strömt Luft ins Innere und entzündet augenblicklich alle brennbaren Dinge.

Wenn das Ende der achtzehnmonatigen Periode naht, nach der die Brennstäbe des Reaktors auszuwechseln sind, steigt die Wahrscheinlichkeit einer Kernschmelze, weil Monate des Zerfalls eine beträchtliche Wärme erzeugt haben. Sind die Brennelemente noch frischer, dürfte das Ergebnis weniger spektakulär sein, allerdings letztlich doch genauso tödlich. Geringere Hitze könnte ein Feuer anstelle einer Kernschmelze hervorrufen. Sollten die Verbrennungsgase die Brennstäbe zerstören, bevor sie flüssig geworden sind, würden sich die Urankügelchen in alle Richtungen zerstreuen und ihre Radioaktivität im Inneren der raucherfüllten Reaktorkuppel freisetzen.

Reaktorkuppeln sind nicht völlig luftdicht. Wenn der Strom abgeschaltet ist und die Kühlsysteme nicht mehr funktionieren, pressen Feuer und Zerfallsprozesse die Radioaktivität durch Lücken und Abzugsöffnungen. Mit der Verwitterung der Baustoffe bilden sich weitere Risse, aus denen das Gift sickert, bis der geschwächte Beton endgültig nachgibt und die Strahlung mit Macht ins Freie strömt.

Wenn alle Menschen von der Erde verschwinden, arbeiten die 441 – zum Teil mit mehreren Reaktoren bestückten – Kernkraftwerke noch kurze Zeit automatisch weiter, bis sie eins nach dem anderen der Überhitzung zum Opfer fallen. Da die Brennstoffbeschickung in der Regel zeitlich gestaffelt ist, sodass einige Reaktoren arbeiten, während andere abgeschaltet sind, wird vermutlich die Hälfte brennen und die andere Hälfte schmelzen. In beiden Fällen gelangen enorme Mengen von Radioaktivität in die Luft und in nahe gelegene Gewässer. Dort wird sie, wenn es sich um angereichertes Uran handelt, über geologische Zeiträume verweilen.

Wenn die radioaktive Lava mit dem Stahl und Beton in ihrer Umgebung verschmilzt, kühlt sie irgendwann ab – falls das der richtige Ausdruck für einen Klumpen Schlacke ist, der auch danach noch tödlich verstrahlt bleibt, eine Katastrophe für alles Leben, das noch auf der Erdoberfläche bestünde. Die eben noch so perfekt konstruierte und arbeitende Anlage wäre zu einem tödlichen, stumpfen Metallklotz erstarrt: auf Jahrtausende hinaus ein Verderben bringendes Vermächtnis für jedes Wesen, das ihm zu nahekäme.

Strahlendes Leben

Binnen eines Jahres begannen sie sich wieder zu nähern. Tschernobyls Vögel verschwanden in dem Feuersturm, den Reaktor Nummer vier im April mit seiner Explosion auslöste, als sie noch kaum mit dem Nestbau begonnen hatten. Bis zu dieser Explosion war Tschernobyl mit seinen vier 1000-Gigawatt-Reaktorblöcken im Begriff, der größte Nuklearkomplex der Welt zu werden. Eines Abends kam es infolge einer Verkettung von Bedienungs- und Konstruktionsfehlern zu einer kritischen Masse an menschlichem Versagen. Die Explosion war zwar nicht nuklear – es wurde nur ein Gebäude beschädigt –, verteilte aber in einer ungeheuren radioaktiven Dampfwolke aus verdunsteten Kühlmitteln das Innenleben eines Kernreaktors über die umgebende Landschaft und den Himmel. Für die russischen und ukrainischen Wissenschaftler, die hektisch Proben nahmen, um die Wege der radioaktiven Verschmutzung in der Erde und in den Gewässern zu verfolgen, war das Verstummen der Vogelwelt Unheil verkündend.

Doch im nächsten Frühjahr waren die Vögel wieder da und blieben. Dass Rauchschwalben ungeschützt um das Skelett des verstrahlten Reaktors flitzen, wirkt beklemmend auf den Besucher, der mehrere Schichten Wolle, einen kapuzenbewehrten Leinenoverall und eine Gesichtsmaske trägt, um Alphateilchen abzuwehren und Haar und Lunge vor Plutoniumstaub zu schützen. Die Schwalben erwecken den Anschein von Normalität, als wäre die Apokalypse doch nicht gar so schlimm gewesen. Das Schlimmste ist eingetreten und das Leben geht weiter.

Es mag weitergehen, aber die Voraussetzungen haben sich verändert. Viele Jungschwalben haben ein weiß geflecktes Federkleid. Sie fressen Insekten, werden flügge und ziehen in den Süden wie alle anderen. Doch im folgenden Frühjahr kehren sie nicht zurück. Sind sie genetisch zu stark geschädigt, um die Reise nach Südafrika und zurück zu absolvieren? Macht ihr auffälliges Gefieder sie für potenzielle Paarungspartner unattraktiv oder für Fressfeinde zu einer leichten Beute?

In der Zeit nach der Explosion und dem Feuer in Tschernobyl untertunnelten Bergleute und U-Bahn-Arbeiter die Fundamente von Block Nummer vier und vergossen Beton zu einer zweiten Bodenplatte, um zu verhindern, dass der Kern das Grundwasser erreichte. Vermutlich war das überflüssig, weil die Kernschmelze vorbei war und nur eine 200 Tonnen schwere Pfütze aus erstarrtem Schlamm am Boden des Blocks geblieben war. Während der zweiwöchigen Grabungsarbeiten drückte man den Arbeitern Wodkaflaschen in die Hand. Der Wodka schütze sie, wie man ihnen fälschlicherweise versprach, gegen die Strahlenkrankheit.

Gleichzeitig begann man mit dem Bau eines Sicherheitsbehälters, der allen sowjetischen Reaktoren vom Tschernobyl-Typ (RBMK-Reaktoren) fehlte, weil sie so schneller mit neuem Brennstoff beschickt werden konnten. Zu diesem Zeitpunkt waren schon Hunderte Tonnen strahlenden Brennstoffs auf die Dächer der benachbarten Reaktorblöcke geschleudert worden, hinzu kam die frei gewordene Strahlung, die hundert bis dreihundert Mal so stark war wie die der Hiroshima-Bombe. In den hastig errichteten grauen »Sarkophag« – den klotzigen, fünf Stockwerke hohen Sicherheitsbehälter, der so oft geflickt und ausgebessert war wie der rostige Rumpf eines alten Seelenverkäufers – hatte die Radioaktivität zahlreiche Löcher gefressen, sodass jetzt Vögel, Nager und Insekten darin nisteten und der Regen durchsickerte.

Die »Entfremdungszone«, ein evakuiertes kreisförmiges Gebiet mit einem Radius von dreißig Kilometern rund um das Kraftwerk, ist zur größten radioaktiven Müllhalde der Welt geworden. Zu den Millionen Tonnen vergrabenem aktivem Abfall gehört ein ganzer Kiefernwald, der binnen weniger Tage nach der Explosion abstarb und nicht verbrannt werden konnte, weil sein Rauch tödlich gewesen wäre. Der Zehn-Kilometer-Radius um Ground Zero, die Plutoniumzone, ist noch strenger abgesperrt. Alle Fahrzeuge und Geräte, die für die Aufräumarbeiten eingesetzt wurden, etwa die riesigen Kräne, die über dem Sarkophag aufragen, sind zu radioaktiv, um aus der Zone entfernt werden zu können.

Trotzdem sitzen Lerchen auf den verstrahlten Auslegern der Kräne und singen. Unmittelbar nördlich vom zerstörten Reaktor haben Kiefern wieder ausgetrieben, allerdings überlange, unregelmäßige Triebe mit Nadeln von unterschiedlicher Länge. Trotzdem, sie sind lebendig und grün. Etwas weiter entfernt haben sich Wälder, die überlebt haben, schon Anfang der neunziger Jahre wieder mit Rehwild und Wildschweinen bevölkert. Dann kamen Elche, Luchse und schließlich Wölfe hinzu.

Deiche haben den Fluss des radioaktiven Wassers verlangsamt, es aber nicht daran hindern können, den nahe gelegenen Pripjet und weiter flussabwärts Kiews Trinkwasserreservoir zu erreichen. Eine Eisenbahnbrücke, die in die zum Kraftwerk gehörende Stadt Pripjet führt – ihre 50 000 Einwohner wurden evakuiert, einige allerdings zu spät, sodass radioaktives Jod ihre Schilddrüsen schädigte –, ist immer noch zu verstrahlt, um benutzt werden zu können. Doch sechseinhalb Kilometer südlich davon befindet sich über dem Fluss ein wahres Paradies für Vogelfreunde: Man beobachtet dort Kornweihen, Trauerseeschwalben, Bachstelzen, Stein- und Seeadler und die seltenen Schwarzstörche, wie sie an den toten, verstrahlten Kühltürmen vorbeisegeln.

In Pripjet, einer hässlichen Ansammlung von Plattenbauten aus den siebziger Jahren, haben Pappeln, Astern und Fliederbüsche das Pflaster gesprengt und sind in Gebäude eingedrungen. Auf dem ungenutzten Asphalt der Straßen hat sich eine Moosschicht ausgebreitet. Die Dörfer in der Umgebung sind menschenleer, von einigen alten Kleinbauern abgesehen, denen man gestattet hat, hier ihren verkürzten Lebensabend zu verbringen. Der Stuck fällt von den Ziegelbauten, die von ungestutzten Sträuchern überwuchert werden. Verknäulte Weinranken und sogar Birkenschößlinge lösen die Dachschindeln von Holzhütten.

Gleich jenseits des Flusses beginnt Weißrußland; natürlich macht die Strahlung nicht an Grenzen halt. Während des fünftägigen Reaktorbrands brachte die Sowjetunion ostwärts ziehende Wolken zum Abregnen, damit der kontaminierte Regen Moskau nicht erreichte. Stattdessen ging er 150 Kilometer von Tschernobyl entfernt über der reichsten Kornkammer der UdSSR nieder, dort, wo die Ukraine, Weißrussland und die westrussische Region Nowosybkow aneinandergrenzen. Von der Zehn-Kilometer-Zone direkt um den Reaktor abgesehen, hat kein anderer Ort so viel Strahlung abbekommen – ein Umstand, den die Sowjetregierung verheimlichte, damit keine landesweite Lebensmittelpanik ausbrach. Drei Jahre später, als die Wahrheit ans Licht kam, wurde auch der größte Teil Nowosybkows evakuiert. Zurückblieben die brachliegenden riesigen Getreide- und Kartoffeläcker der Kolchosen.

Der radioaktive Niederschlag, in erster Linie Cäsium-137 und Strontium-90, Nebenprodukte der Uranspaltung mit einer Halbwertszeit von dreißig Jahren, wird Nowosybkows Böden und Nahrungsketten noch bis mindestens 2135 erheblich verstrahlen. Bis dahin gibt es dort für Mensch und Tier nichts, was gefahrlos zu verzehren wäre. Allerdings ist höchst umstritten, was als »gefahrlos« zu bezeichnen ist. Schätzungen der Zahl von Menschen, die infolge der Tschernobylkatastrophe an Krebs-, Blut oder Atemwegserkrankungen sterben werden, bewegen sich zwischen 4000 und 100 000. Die niedrigere Zahl stammt von der IAEA, der Internationalen Atomenergie-Organisation, deren Glaubwürdigkeit durch die Doppelrolle beeinträchtigt wird, die sie spielt: einerseits als Wächterin über die friedliche Nutzung der Kernenergie und andererseits als Handelsgesellschaft der Kernenergieindustrie. Die höheren Zahlen werden von offiziellen Gesundheitsexperten, Krebsforschern und Umweltverbänden wie Greenpeace genannt, die alle betonen, dass es noch viel zu früh für ein endgültiges Urteil sei, da sich die Strahlungseffekte im Laufe der Zeit akkumulierten.

Wie immer die wahre Sterblichkeitsrate der Menschen aussehen mag, sie gilt auch für andere Lebensformen, und in einer Welt ohne Menschen werden die Pflanzen und Tiere, die wir zurücklassen, mit einer großen Zahl von Tschernobyls zu tun haben. Noch wissen wir wenig über das Ausmaß der genetischen Schäden, die diese Katastrophe angerichtet hat: In der Regel fallen genetisch beeinträchtigte Mutanten Fressfeinden zum Opfer, bevor Wissenschaftler sie zählen können. Doch erste Studien lassen darauf schließen, dass die Überlebensrate der Tschernobyl-Rauchschwalben signifikant geringer ist als bei Angehörigen der gleichen Art, die, egal wo in Europa, aus ihren Winterquartieren zurückkehren.

»Das Worst-Case-Szenario«, meint der Biologe Tim Mousseau von der University of South Carolina, der oft hierherkommt, »wäre, dass wir hier das Aussterben einer Art erleben: einen genetischen Supergau.«

»Übliche menschliche Aktivitäten sind für Artenvielfalt und Häufigkeit der einheimischen Flora und Fauna viel verheerender als der schlimmste Kernkraftwerksunfall«, lautet das pessimistische Fazit der Radioökologen Robert Baker von der Texas Tech University und Ronald Chesser vom Savannah River Ecology Laboratory der University of Georgia in einer anderen Studie. Baker und Chesser haben Mutationen in den Zellen von Wühlmäusen der verstrahlten Zone Tschernobyls nachgewiesen. Andere Untersuchungen an Tschernobyls Wühlmäusen haben gezeigt, dass ihre Lebenserwartung wie die der Rauchschwalben dort geringer ist als die der gleichen Art anderswo. Allerdings scheinen sie das dadurch auszugleichen, dass sie früher zur sexuellen Reife gelangen und Nachkommen haben, daher hat sich ihre Population nicht verringert.

Möglicherweise beschleunigt die Natur also die Selektion, um die Aussicht zu verbessern, dass einige Mäuse der neuen Generation eine erhöhte Strahlungstoleranz besitzen. Mit anderen Worten, auch sie sind Mutationen – aber vitalere, die besser an eine belastete, veränderte Umwelt angepasst sind.

Begeistert von der unerwarteten Schönheit der verstrahlten Landschaft um Tschernobyl haben die Menschen sogar versucht, die scheinbar unverzagte Natur dadurch zu unterstützen, dass sie ein legendäres Tier wiederansiedelten, das man in dieser Gegend schon seit Jahrhunderten nicht mehr angetroffen hat: das Wisent aus der *Puszcza Białowieska*, jenem Restbestand des europäischen Urwalds zwischen Polen und Weißrussland. Bislang grasen die Tiere friedlich in ihrer neuen Umgebung.

Ob ihre Gene die radioaktive Herausforderung überleben, wird man erst nach vielen Generationen wissen. Vielleicht wird es auch noch mehr Herausforderungen geben: Ob ein neuer Sarkophag, der den alten, nutzlosen einschließt, halten wird, steht keineswegs fest. Wenn sein Dach irgendwann aufgesprengt wird, könnte das radioaktive Regenwasser in seinem Inneren und in angrenzenden Abklingbecken verdunsten, sodass die wiederauflebende Tierwelt von Tschernobyl weitere radioaktive Partikel einatmen müsste.

Nach der Explosion schlugen die Geigerzähler in Skandinavien so heftig aus, dass man auf den Verzehr von Rentierfleisch lieber verzichtete. Teeplantagen in der Türkei waren so gleichmäßig verstrahlt, dass man in der Ukraine die Dosimeter mit türkischen Teebeuteln eichte. Wenn in der Zeit nach uns die Abklingbecken der weltweit 441 Kernkraftwerke austrocknen und die Reaktorkerne schmelzen und brennen, werden radioaktive Wolken unseren Planeten verdunkeln.

Einstweilen sind wir noch hier. Nicht nur Tiere, sondern auch Menschen sind in die kontaminierten Zonen von Tschernobyl und Nowosybkow zurückgekehrt. Streng genommen sind sie illegale Haus- und Landbesetzer, doch die Behörden unternehmen keine großen Anstrengungen, die verzweifelten oder bedürftigen Menschen daran zu hindern, sich an unbewohnten Orten niederzulassen, die so frisch riechen und sauber aussehen, solange niemand ein Dosimeter zur Hand nimmt. Die meisten von ihnen suchen sich nicht einfach kostenloses Land anzueignen, sondern kehren wie die Schwalben zurück, weil sie früher hier zu Hause waren. Verseucht oder nicht, das Land ist ihnen teuer und unersetzlich und sogar das Risiko einer verkürzten Lebensspanne nehmen sie in Kauf: Es ist ihre Heimat.

16 Unsere geologischen Spuren

Löcher

Eine unserer umfangreichsten und vermutlich dauerhaftesten Hinterlassenschaften liegt fast 3000 Kilometer nordöstlich von Yellowknife in den kanadischen Northwest Territories. Blickt man aus dem Flugzeug hinunter, sieht man ein sehr rundes Loch, 800 Meter breit und 300 Meter tief. Es gibt viele runde Löcher in der Gegend. Dieses hier ist das einzige trockene.

In hundert Jahren könnten allerdings auch die übrigen trockengefallen sein. Nördlich des 60. Breitengrads besitzt Kanada heute mehr Seen als die ganze restliche Welt. Fast die Hälfte der Northwest Territories besteht aus Wasser. Hier hobelten die eiszeitlichen Gletscher Vertiefungen aus, als sie sich zurückzogen, und füllten diese Erdkessel mit dem fossilen Wasser geschmolzener Eisberge, sodass heute zahllose Spiegel in der Tundra funkeln. Da aber jetzt der Permafrost um diese Kessel herum auftaut, sickert das Gletscherwasser, das Jahrtausende im gefrorenen Boden festgehalten wurde, langsam davon.

Wenn der Permafrost allzu sehr zurückgeht, taut tief in der Erde verborgenes Eis auf, das kristalline Käfige um Methanmoleküle bildet. Man schätzt diese gefrorenen Methanvorkommen, sogenannte Klathrate, auf 400 Billiarden Tonnen; sie liegen viele hundert oder tausend Meter unter der Tundra und sind in noch größeren Mengen unter den Weltmeeren zu finden. Dieses tiefgefrorene Erdgas, dessen

Menge nach Schätzung der Wissenschaftler allen herkömmlichen Gas- und Erdölvorkommen mindestens gleichkommt, ist verlockend und erschreckend zugleich. Da es so verstreut ist, weiß niemand, wie man es rentabel fördern könnte. Wenn aber diese Menge Methan auf einmal frei würde, weil seine Eiskäfige schmölzen, könnte dadurch die globale Erwärmung auf ein Niveau angehoben werden, das die Erde seit dem Massenaussterben im Perm vor 250 Millionen Jahren nicht mehr erlebt hat.

Bis eine kostengünstigere und sauberere Lösung zur Verfügung steht, wird die einzige noch reichlich fließende Quelle für fossilen Brennstoff, auf die wir zählen können, eine noch tiefere Spur auf der Erde hinterlassen als ein Diamantentagebau – oder auch eine Kupfer-, Eisen- oder Uranmine. Wenn diese Löcher sich schon lange wieder mit Wasser oder taubem Gestein gefüllt haben, könnte dieses Vermächtnis durchaus einige Millionen Jahre überdauern.

Anhöhen

»Es lässt sich nur von oben würdigen, falls man das so sagen darf«, sagt Susan Lapis, eine fröhliche, rothaarige Pilotin, die ehrenamtlich für die Non-Profit-Organisation SouthWings in North Carolina tätig ist. Aus dem Fenster ihrer einmotorigen rotweißblauen Cessna 182 blicken wir auf eine Welt hinab, die so glatt gehobelt ist, wie es einst die Landschaften unter anderthalb Kilometer Gletscher waren – nur waren dieses Mal wir der Gletscher.

Nicht nur hier in West Virginia, auch in Virginia, Kentucky und Tennessee sehen mehrere Millionen Hektar Appalachen ebenso verwüstet aus, weil sie von Kohleunternehmen abrasiert wurden, die in den siebziger Jahren ein Verfahren entdeckten, das kostengünstiger war als der Abbau unter und sogar über Tage: Man pulverisierte einfach das obere

Drittel eines Berges, spülte die Kohle mit einigen Millionen Litern Wasser heraus, schob den Rest beiseite und nahm die nächste Sprengung vor.

Noch nicht einmal der Kahlschlag im Amazonasbecken wirkt so schockierend wie diese Gebirgsamputation. Wohin man blickt, ist alles einfach verschwunden. Gitter aus weißen Punkten – die nächsten Dynamitladungen – zeichnen die nackten Plateaus, wo einst grüne Berghänge waren. Der Kohlebedarf ist so ungeheuerlich – alle zwei Sekunden werden 100 Tonnen gefördert –, dass oft nicht einmal Zeit zum Abholzen blieb: Eichen, Hickorybäume, Magnolien, Amerikanische Traubenkirschbäume hat man mit Bulldozern in Senken geschoben, um sie später unter einem Berg von Gesteinsschutt zu begraben – dem »Abraum«.

Allein in West Virginia sind in solchen Senken auch Bäche in einer Gesamtlänge von 1500 Kilometern begraben worden. Wasser findet natürlich immer einen Weg, doch wenn es sich während der nächsten Jahrtausende durch das taube Gestein hindurchgeschlängelt hat, tritt es mit einer überdurchschnittlichen Konzentration an Schwermetallen zutage. Bei dem hochgerechneten Energiebedarf der Erde sind Industriegeologen – und Industriegegner – der Meinung, dass die Kohlevorkommen in den Vereinigten Staaten, China und Australien noch 600 Jahre reichen werden, und durch diese Abbaumethode kann man viel schneller viel größere Mengen fördern.

Wenn die Menschheit morgen von der Erdoberfläche verschwände, bliebe diese Kohle bis zum Ende unseres Planeten unter der Erde. Bleiben wir hingegen noch einige Jahrzehnte hier, wird ein Großteil der Kohle verschwinden, weil wir sie abbauen und verbrennen. Doch sollte ein unwahrscheinliches Vorhaben reibungslos klappen, würde eines der problematischsten Nebenprodukte der Kohleenergie wieder unter die Erde befördert werden und damit der fernen Zukunft des Planeten ein weiteres Vermächtnis hinterlassen.

Dieses Nebenprodukt ist Kohlendioxid und der Plan, der sich wachsender Beliebtheit erfreut – vor allem bei der Industrie, die die »saubere Kohle« propagiert –, sieht vor, dass man das CO_2 einfängt, bevor es die Schornsteine der Kohlekraftwerke verlässt, es unter die Erde verbringt und dort lässt. Für immer.

Das soll folgendermaßen gehen: Unter Druck gesetztes Kohlendioxid soll in bestimmte Wasser führende Gesteinsschichten (saline Aquifere) gepresst werden, die in vielen Gebieten der Erde unter undurchdringlichem Hutgestein in Tiefen von 300 bis 2500 Metern liegen. Dort geht das Kohlendioxid angeblich in Lösung und bildet eine schwache Kohlensäure – so etwa wie salziges Mineralwasser. Nach und nach reagiert die Kohlensäure mit dem Fels in der Umgebung, der sich auflösen und langsam als Dolomit und Kalkstein ausgefällt würde, sodass das Treibhausgas im Stein eingeschlossen wäre.

Seit 1996 lagert das norwegische Unternehmen Statoil jährlich eine Million Tonnen Kohlendioxid in einer Salzformation unter der Nordsee ab: Wegen der hohen CO_2-Steuern in Norwegen wird das Treibhausgas mit einem speziellen Verfahren aus dem Erdgas ausgewaschen und ohne Umweg über die Atmosphäre gleich unter hohem Druck in die Tiefe befördert. In Alberta wird CO_2 in ausgeförderte Erdgasstätten gepumpt.

Abgesehen von den Kosten, die es verursachen würde, genügend Löcher zu bohren, das Kohlendioxid aller Industrieanlagen und Kraftwerke aufzufangen, unter Druck zu setzen und unter die Erde zu pressen, bleibt die bedenkliche Tatsache, dass Leckagen schwer zu entdecken sind, sodass sich das Kohlendioxid irgendwann wieder in der Luft befände. Wir wissen zwar, dass die Natur Gase ohne Leckagen speichern kann, etwa das Methan, das seit Jahrmillionen unter dem kanadischen Permafrost gefangen ist. Die Frage lautet, ob auch uns das gelänge.

Wir tragen Berge ab und häufen unwissentlich Hügel auf.

Vierzig Minuten nordwestlich der Stadt Flores an dem See Petén Ixta im Norden Guatemalas führt eine gepflasterte Touristenstraße zu den Ruinen von Tikal, der größten antiken Maya-Stätte, deren weiße Tempel fast 70 Meter über über dem Dschungel aufragen.

In entgegengesetzter Richtung brauchte man – bis Ausbesserungsarbeiten unlängst die Fahrzeit halbierten – auf dem zerfurchten Weg drei mühselige Stunden, um den heruntergekommenen Außenposten Sayaxche zu erreichen, wo das Militär eine MG-Stellung auf einer Maya-Pyramide errichtet hat.

Sayaxche liegt am Río Pasión – dem Passionsfluss –, der sich träge durch den westlichen Teil der Provinz Petén wälzt, dem Zusammenfluss von Usamacinta und Salinas entgegen, zwei Flüssen, die zusammen Guatemalas Grenze zu Mexiko bilden. Der Pasión war einst eine wichtige Handelsstraße für Jade, erlesene Tonwaren, Quetzalfedern und Jaguarfelle. In jüngerer Zeit wird auf diesem Weg auch Schmuggelware befördert: Mahagoni- und Zedernholz, Opium von den Mohnfeldern im Hochland Guatemalas und geraubte Maya-Kunstschätze. Anfang der neunziger Jahre transportierte man aber in Holzbarkassen auf einem gemächlichen Nebenfluss des Pasión, dem Riochuelo Petexbatún, auch große Mengen zweier eher schlichter Güter, die im Petén aber wahrer Luxus sind: verzinkte Wellblechdächer und kistenweise Dosenfleisch.

Beides war für das Basislager bestimmt, das Arthur Demarest von der Vanderbilt University aus Mahagonibrettern auf einer Dschungellichtung für eine der größten archäologischen Ausgrabungen der Geschichte errichtet hatte: den Versuch, das große Geheimnis zu lüften, welches das Verschwinden der Maya-Kultur umgibt.

Sind wir überhaupt in der Lage, uns eine Welt ohne uns vorzustellen? Phantasien von Außerirdischen mit Todesstrahlen sind genau das: Phantasien. Der Gedanke, dass unsere große, allgegenwärtige Zivilisation *wirklich* enden könnte, fällt uns ebenso schwer wie der Versuch, uns die Grenzen des Universums auszumalen.

Doch die Maya waren real. Ihre Welt schien für die Ewigkeit bestimmt – in ihrer Blütezeit wirkte sie noch weit fester gefügt als die unsere. Mindestens 1600 Jahre lang führten sechs Millionen Maya ein Dasein, das in gewisser Weise dem Leben in Südkalifornien ähnelte – ein Ballungsraum blühender Stadtstaaten mit kurzen Freiflächen zwischen ineinander übergehenden Vorstädten auf einer Tiefebene, die heute den Norden von Guatemala, Belize und die mexikanische Halbinsel Yucatán umfasst. Ihre imposante Architektur, ihre Errungenschaften auf dem Gebiet der Astronomie, Mathematik und Literatur stellten die Hervorbringungen ihrer europäischen Zeitgenossen in den Schatten. Ebenso verblüffend, wenn auch weit weniger verstanden, ist der Umstand, dass so viele Menschen einen tropischen Regenwald bewohnen konnten. In diesem empfindlichen Ökosystem, das heute von einer relativ kleinen Zahl gieriger Landbesetzer rasch verwüstet wird, haben sie jahrhundertelang ihre Nahrung angebaut und ihre Kinder großgezogen.

Noch mehr erstaunte die Archäologen indessen der spektakuläre und plötzliche Zusammenbruch der Maya-Kultur. Im 8. Jahrhundert n. Chr. begann der Untergang der Maya-Zivilisation im Tiefland und war nach nur hundert Jahren abgeschlossen. Auf Yucatán sind nur spärliche Reste der Maya-Bevölkerung übrig geblieben. Die Provinz Petén im Norden Guatemalas war praktisch menschenleer. Die Vegetation des Regenwaldes nahm die Ballspielplätze und andere Freiflächen in Besitz und überwucherte die hohen Pyramiden. Es sollte tausend Jahre dauern, bis die Welt wieder Kenntnis von ihnen nahm.

Doch die Erde hält ihre Geister fest, sogar die ganzer Nationen. Der Archäologe Arthur Demarest, ein untersetzter Cajun aus Louisiana mit dickem Schnurrbart, lehnte einen Lehrstuhl in Harvard ab, weil die Vanderbilt University ihm anbot, sich an den Ausgrabungen hier zu beteiligen. Bei Feldstudien für seine Promotion war er verzweifelt bemüht, in El Salvador wenigstens einen Teil der archäologischen Belege zu retten, die beim Bau eines Staudamms zutage kamen, der Tausende von Menschen zur Umsiedlung zwang und viele von ihnen in den Widerstand drängte. Als drei seiner Arbeiter als Terroristen angeklagt wurden, setzte er sich bei den Behörden für sie ein, bekam sie frei, konnte aber nicht verhindern, dass sie später dennoch ermordet wurden.

Während seiner ersten Jahre in Guatemala bekriegten sich Guerilleros und Regierungstruppen nur wenige Kilometer von seiner Grabungsstelle entfernt. Unter ihren Schusswechseln litten Menschen, deren Sprachen auf jene Hieroglyphen zurückgingen, die Demarest und sein Team entschlüsseln wollten.

Er fährt sich durch das dichte schwarze Haar. »Hier hätte es Indiana Jones keine fünf Sekunden ausgehalten. In der Archäologie geht es nicht um prächtige Schätze, sondern um ihren Kontext. Wir sind ein Teil des Kontextes. Es sind unsere Arbeiter, deren Felder brennen, deren Kinder, die Malaria haben. Wir wollen eine antike Kultur erforschen und erfahren am Ende etwas über die Gegenwart.«

Beim Licht einer Gaslampe und dem Lärm der Brüllaffen schreibt er die ganze schwüle Nacht hindurch und rekonstruiert, wie die Maya im Laufe von fast zwei Jahrtausenden eine Methode entwickelten, Konflikte zwischen Nationen zu lösen, ohne dass sich ihre Gesellschaften dabei wechselseitig zugrunde richteten. Doch dann ging etwas schief. Man hat Hungersnöte, Dürreperioden, Epidemien, Überbevölkerung und Umweltsünden für den Untergang der Maya verantwortlich gemacht – doch keiner dieser Gründe kann eine so umfassende Vernichtung plausibel machen. Es gibt keine Anhaltspunkte für die Invasion einer fremden Macht. Bei den Maya, die immer wieder als ein beispielhaft beständiges und friedliches Volk gepriesen werden, ist kaum vorstellbar, dass sie zu viel wollten und an der eigenen Gier zugrunde gingen.

Doch im schwül-heißen Petén scheint genau das geschehen zu sein – und der Weg in den Untergang kommt einem seltsam bekannt vor.

Der Pfad vom Riochuelo Petexbatún nach Dos Pilas, der ersten von sieben größeren Fundstätten, die Demarests Team entdeckte, führt stundenlang durch undurchdringliches moskitoverseuchtes Ranken- und Lianendickicht, bis er schließlich einen steilen Hang überwindet. In verbliebenen Waldgebieten, die noch nicht von Holzdieben heimgesucht wurden, wachsen auf den dünnen tropischen Böden über Peténs Kalkstein riesige Zedern-, Kapok-, Mahagoni-, Bortnuss- und Chicle-Saft liefernde Breiapfelbäume. Am zerklüfteten Rand des Berghangs haben die Maya Städte gebaut, die, wie Arthur Demarests Archäologen herausgefunden haben, das zusammenhängende Königreich Petexbatún bildeten. Die Hügel und Grate, die der Betrachter jetzt wahrnimmt, sind in Wirklichkeit Pyramiden und Wälle, die aus dem heimischen Kalkstein erbaut wurden, indem man mit Hornsteinäxten passende Blöcke formte. Heute ist das alles mit einer dicken Schicht Erde und Regenwald bedeckt.

Der Dschungel, der Dos Pilas umgibt und von plappernden Tukanen und Papageien bevölkert ist, war bei seiner Entdeckung in den fünfziger Jahren so dicht, dass siebzehn Jahre vergingen, bis jemand in dem nahe gelegenen Hügel eine knapp 70 Meter hohe Pyramide erkannte. Für die Maya waren Pyramiden in der Tat nachgebildete Berge und in den behauenen Monolithen, den Stelen, sahen sie Bäume. Die aus eingemeißelten Punkten und Strichen bestehenden

Schriftzeichen auf den Stelen, die um Dos Pilas ausgegraben wurden, berichten, dass um 700 n. Chr. ihr *k'uhul ajaw* – »göttlicher König« – die Regel des begrenzten Konflikts brach und begann, die Stadtstaaten des benachbarten Petexbatún zu usurpieren.

Eine bemooste Stele zeigt ihn im vollen Kopfschmuck, einen Schild am Arm, wie er auf dem Rücken eines gefesselten Gefangenen steht. Bevor die Gesellschaft erste Auflösungstendenzen zeigte, richteten sich Maya-Kriege häufig nach astrologischen Zyklen. Auf den ersten Blick mögen diese Konflikte außerordentlich grausam erscheinen. Nahm man ein männliches Mitglied der feindlichen Königsfamilie gefangen, wurde es, manchmal jahrelang, auf demütigende Weise zur Schau gestellt. Schließlich riss man ihm das Herz heraus, schlug ihm den Kopf ab oder folterte es zu Tode. In Dos Pilas rollte man ein bedauernswertes Opfer zu einer Kugel zusammen, fesselte es so und benutzte es dann als Ball, bis seine Wirbelsäule gebrochen war.

»Und doch«, berichtet Demarest, »gab es relativ wenige gesellschaftliche Traumen, keine Verwüstung von Feldern oder Gebäuden, keine Territorien, die annektiert wurden. Die Opfer, die das klassische Maya-Ritual forderte, waren minimal. Es diente zur Bewahrung des Friedens durch fortwährende, gemäßigte Kriegführung zwischen den Führern, ohne die Landschaft in Mitleidenschaft zu ziehen.«

Zwischen Wildnis und Kulturlandschaft herrschte ein dynamisches Gleichgewicht. An den Berghängen fingen Mauern aus dicht gepackten Steinen den ausgewaschenen Mutterboden auf, um ihn auf den terrassierten Feldern, die heute unter tausend Jahre altem Schwemmland liegen, wieder auszubringen. Am Rande von Seen und Flüssen gruben die Maya Entwässerungsgräben zur Trockenlegung von Sümpfen, wobei sie mit dem ausgehobenen Boden fruchtbare, erhöhte Felder anlegten. Vor allem aber ahmten sie den Regenwald nach, indem sie beim Anbau ihrer Feldfrüchte für abgestuften Schatten sorgten. Auf dem Erdboden rankende Melonen und Kürbisse wurden von Mais- und Bohnenreihen beschattet; diese wiederum wurden von Obstbäumen beschirmt, und zwischen den Feldern selbst hatte man zu deren Schutz kleine Bauminseln stehen lassen. Zum Teil war das einem glücklichen Zufall zu verdanken: Ohne Kettensägen mussten die Maya die größten Bäume unbehelligt lassen.

Doch genau dies unterbleibt heute in den nahe gelegenen Dörfern der Landbesetzer entlang der Holzwege, auf denen Zedern- und Mahagonistämme mit Tiefladern abgefahren werden. Die Siedler, Maya-K'ichi'-sprechende Flüchtlinge aus dem Hochland, flohen vor Antiterrortruppen, die in den achtziger Jahren Tausende von Guatemalteken töteten. Da sich der Wanderackerbau mittels Brandrodung, der sich im vulkanischen Gebirge bewährt hatte, im Regenwald als verheerend erwies, waren diese Menschen schon bald von wachsendem Ödland umgeben, auf dem nur verkrüppelte Maiskolben wuchsen. Um die Einheimischen daran zu hindern, alle seine Fundstätten zu plündern, stellt Demarest Geldmittel für Ärzte und Arbeitsplätze zur Verfügung.

Das politische und landwirtschaftliche System der Maya bewährte sich im ganzen Tiefland jahrhundertelang, bis in Dos Pilas der Niedergang einsetzte. Während des achten Jahrhunderts tauchten neue Stelen auf, auf denen das kreative Temperament individueller Bildhauer durch einen gleichgeschalteten, militärischen Stil ersetzt wurde. Protzige Hieroglyphen, die in jede Stufe einer aufwendigen Tempeltreppe gemeißelt sind, berichten von Siegen über Tikal und andere Zentren, deren Steinskulpturen durch die von Dos Pilas ersetzt wurden. Zum ersten Mal wurde Land erobert.

Durch strategische Allianzen mit anderen rivalisierenden Maya-Stadtstaaten entwickelte sich Dos Pilas zu einer aggressiven Macht, deren Einfluss sich entlang des Pasión-Tals bis zur heutigen mexikanischen Grenze erstreckte. Seine

Kunsthandwerker stellten Stelen auf, die einen triumphierenden *k'uhul ajaw* von Dos Pilas zeigen, wie er einen nackten, besiegten König unter seinen Stiefeln aus Jaguarfell zertritt. Die Herrscher von Dos Pilas trugen fabelhafte Reichtümer zusammen. In Höhlen, die seit tausend Jahren kein menschlicher Fuß betreten hatte, fanden Demarest und seine Kollegen bunte Schmuckkrüge, gefüllt mit Jade, Feuerstein und den Überresten von Menschenopfern. In den Gräbern lagen königliche Tote, die man mit den Mündern voll Jade bestattet hatte.

760 umfasste das Gebiet, das sie und ihre Verbündeten kontrollierten, mehr als die dreifache Fläche eines normalen Maya-Reiches. Doch nun verbarrikadierten sie ihre Städte hinter Palisaden und verbrachten einen Großteil ihrer Regierungszeiten hinter Schutzwällen. Eine bemerkenswerte Entdeckung gibt Aufschluss über das Ende von Dos Pilas selbst.

Nach einer unerwarteten Niederlage wurden keine selbstverherrlichenden Monumente mehr errichtet. Stattdessen flohen die Bauern, die auf konzentrischen Feldern rings um die Stadt lebten, aus ihren Häusern und errichteten ein notdürftiges Flüchtlingsdorf auf dem Festplatz. Wie groß ihre Panik war, lässt sich an den Barrikaden ersehen, die sie um ihre Behelfsunterkünfte errichteten: Für das Material plünderten sie das Grab eines *k'uhul ajaw* und den Hauptpalast, zerstörten den dazugehörigen Tempel und verstärkten mit seinem Schutt ihr Bollwerk. Das war so, als würde man heute das Washington Monument und das Lincoln Memorial einreißen, um eine Zeltstadt auf der Capitol Mall zu befestigen. Noch schlimmer wurde die Entweihung, als der Wall alle anderen Bauwerke einschließlich der Treppe mit den triumphierenden Hieroglyphen überragte.

Waren diese rohen Barrikaden möglicherweise viel später errichtet worden? Die Antwort auf diese Frage gaben die Fassadensteine, welche die Archäologen in direktem Kontakt mit der Treppe fanden – ohne Erde dazwischen. Die hatten die Bürger von Dos Pilas, entweder ernüchtert oder sogar äußerst empört über ihre einstigen machtgierigen Herrscher, selbst angefertigt. Sie begruben die wunderbare, hieroglyphengeschmückte Treppe so tief, dass niemand von ihrer Existenz wusste, bis ein Wissenschaftler der Vanderbilt University sie 1200 Jahre später entdeckte.

Hat die wachsende Bevölkerung den Boden durch Raubbau so ausgelaugt, dass die Herrscher von Petexbatún in Versuchung kamen, das Land der Nachbarn zu annektieren, sodass eine Folge von Reaktionen und Gegenreaktionen zu einem katastrophalen Krieg eskalierte? Wenn überhaupt, so meint Demarest, verhielt es sich umgekehrt: Ein unersättliches Verlangen nach Reichtum und Macht verwandelte die Herrscher in Aggressoren. Das provozierte Vergeltungsmaßnahmen, welche die Städte des Reiches dazu zwangen, die Felder an der Peripherie aufzugeben und die Erträge der inneren Felder zu steigern, bis der Boden schließlich völlig ausgelaugt war.

»Die Gesellschaft hatte zu viele Eliten hervorgebracht, die es alle nach exotischem Luxus verlangte.« Er schildert eine Kultur, die unter der Last einer viel zu umfangreichen Adelskaste und deren unersättlichem Verlangen nach Quetzalfedern, Jade, Obsidian, Hornstein, bunten Gebrauchsgegenständen, ausgefallenen Dachgesimsen und Pelzen ächzte und wankte. Eine Adelskaste ist kostspielig, unproduktiv und parasitär; um ihre extravaganten Bedürfnisse zu befriedigen, entzieht sie der Gesellschaft zu viel Energie.

»Zu viele Erben erhoben Anspruch auf Throne oder verlangten rituelle Blutopfer, um ihre Erhabenheit unter Beweis zu stellen. Daher nahmen die dynastischen Kriege zu.« Wenn mehr Tempel gebaut werden müssen, brauchen mehr Arbeiter mehr Kalorien, was eine erhöhte Nahrungsproduktion nach sich zieht, erläutert Demarest. Folglich nimmt die Bevölkerung zu, weil man mehr Nahrungsproduzenten braucht. Häufig ließ der Krieg auch die Bevölkerung anwachsen – so in den Reichen der Azteken, Inkas und Chinesen –, weil die Herrscher Kanonenfutter brauchten.

Die Risiken wachsen, der Handel wird gestört und die Bevölkerung konzentriert sich auf engerem Raum – fatal in einem Regenwald. Das Interesse an langsam heranreifenden Ernten, die aber die Vielfalt erhalten, nimmt ab. Flüchtlinge, die hinter Schutzwällen leben, können nur unmittelbar benachbarte Felder bestellen, was zur ökologischen Katastrophe führen muss. Ihr Vertrauen in Herrscher, die einst allwissend schienen, nun aber offenbar von egoistischen, kurzfristigen Zielen besessen sind, nimmt mit der Lebensqualität ab. Die Menschen verlieren den Glauben. Sie verlassen die Zentren.

Eine Ruine am nahe gelegenen See Petexbatún, auf der Halbinsel Punta de Chimino, erwies sich als die Festungsstadt des letzten *k'uhul ajaw* von Dos Pilas. Die Halbinsel war vom Festland durch drei Gräben abgetrennt, von denen einer so tief in den Felsboden gehauen war, dass für seinen Bau etwa dreimal so viel Energie aufgewandt werden musste wie für die Errichtung der Stadt selbst. »Das ist etwa so«, meint Demarest, »als würde ein Land 75 Prozent des Staatshaushaltes für Verteidigungsausgaben aufwenden.«

Es war eine verzweifelte Gesellschaft, die die Kontrolle verloren hatte. Die Speerspitzen, welche die Archäologen in den Festungswällen entdeckten – auch an der Innenseite –, dokumentieren, welches Schicksal den Menschen widerfuhr, die in Punta de Chimino eingeschlossen waren. Ihre Bauwerke waren bald vom Wald verschlungen: In einer Welt, in der es keine Menschen mehr gibt, verschmelzen alle unsere Versuche, eigene Berge zu erschaffen, schon bald wieder mit der Erde.

»Wenn man Gesellschaften studiert, die einmal so selbstbewusst wie die unsere waren, dann zerfielen und schließlich vom Dschungel verschlungen wurden«, sagt Arthur Demarest, »erkennt man, wie außerordentlich empfindlich das Gleichgewicht zwischen Umwelt und Gesellschaft ist. Wenn es durch irgendein Ereignis gestört wird, kann alles zusammenbrechen.«

Er bückt sich und hebt eine Scherbe von dem feuchten Boden auf. »Zweitausend Jahre später bemüht sich dann jemand herauszufinden, was schiefging.«

Metamorphose

Aus einer Holzkiste auf dem Fußboden seines Büros im National Museum of Natural History der Smithsonian Institution holt Doug Erwin, Paläobiologe und Kurator, einen 20 Zentimeter großen Kalksteinblock hervor, den er in einer Phosphatmine südlich des chinesischen Jangtseflusses gefunden hat. Er zeigt die schwärzliche untere Hälfte voller Fossilien: Einzeller, Plankton, Weichtiere mit einer Schale, mit zwei Schalen, Kopffüßler und Korallen. »Hier tummelte sich das Leben noch.« Er zeigt auf eine weißliche Aschelinie, die diese untere von der stumpfgrauen oberen Hälfte trennt. »Und hier war es so gut wie vorbei.« Er zuckt mit den Achseln.

Zwanzig Jahre lang untersuchten Dutzende chinesischer Paläontologen solche Steine, bis sie erkannten, dass die schwache weiße Linie das Massenaussterben im Perm bedeutet. Durch die Analyse der in dieser Schicht als winzige glasige und metallische Kügelchen eingeschlossenen Zirkonkristalle datierten Erwin und der Geologe Sam Bowring vom Massachusetts Institute of Technology die Linie auf ein Alter von exakt 252 Millionen Jahren. Der schwarze Kalkstein in der unteren Hälfte ist ein Schnappschuss des vielfältigen Lebens im Küstenbereich des riesigen Urkontinents: der Bäume, der Insekten, der Amphibien und der ersten fleischfressenden Reptilien.

»Dann wurden 95 Prozent des irdischen Lebens ausgelöscht«, sagt Erwin. »Eigentlich war das eine sehr gute Idee.«

Während er so leichthin über das Ereignis spricht, das der vollkommenen Vernichtung des Lebens auf der Erde so nahe kam wie nie zuvor und danach, lächelt er nachdenklich. Jahrzehntelang forschte Doug Erwin in den Bergen von West-Texas, alten chinesischen Steinbrüchen und Schluchten in Namibia und Südafrika, um herauszufinden, was im Einzelnen passiert ist. Genau weiß er es noch immer nicht. Ein Vulkanausbruch durch riesige Kohlevorkommen in Sibirien, damals Teil des Urkontinents Pangäa, der eine Million Jahre andauerte, überflutete das Land mit einer so großen Menge Basaltmagma – teilweise war sie mehr als 5000 Meter dick –, dass vermutlich verdampfte Kohle als Kohlendioxid die Atmosphäre übersättigte und in Form schwefliger Säure vom Himmel regnete. Den Todesstoß gab möglicherweise ein Asteroid von viel größeren Ausmaßen als derjenige, der sehr viel später den Dinosauriern den Garaus machte; er scheint auf jenem Teil von Pangäa eingeschlagen zu sein, den wir heute Antarktis nennen.

Was immer die Ursache war, während der nächsten Jahrmillionen waren die häufigsten Wirbeltiere winzige Würmer mit zahnähnlichen Hartteilen, sogenannte Conodonten. Selbst Insekten gingen massenhaft zugrunde. Und das sollte eine gute Idee gewesen sein?

»Klar. Das machte den Weg frei für das Mesozoikum. Das Paläozoikum gab es seit fast 400 Millionen Jahren. Es war eine feine Sache gewesen, aber nun war es Zeit für etwas Neues.«

Nach dem feurigen Ende des Perms hatten die wenigen Überlebenden kaum Konkurrenz. Einer von ihnen, die Claraia-Muschel, die der Kammmuschel ähnelte, wurde so zahlreich, dass ihre Fossilien heute ganze Felsen in China, Süd-Utah und Norditalien buchstäblich pflastern. Doch binnen vier Millionen Jahren starben sie, die meisten anderen zweischaligen Weichtiere und die Schnecken, die nach dem Massenaussterben eine Blütezeit erlebt hatten, ganz von alleine aus. Sie fielen mobileren Opportunisten wie den Krebsen zum Opfer, die nur eine unbedeutende Rolle im alten Ökosystem gespielt hatten, aber plötzlich – zumindest nach geologischem Zeitmaß – die Chance bekamen, sich neue Nischen in einem ganz neuen System zu schaffen. Alles, was sie dazu brauchten, war eine Schere, um Weichtiere zu knacken, die nicht fliehen konnten.

Die Welt schlug einen anderen Weg ein, einen, der von aktiven Raubtieren geprägt war und fast aus dem Nichts ins üppige Reich der Dinosaurier führte. Währenddessen brach der Superkontinent Pangäa in einzelne Stücke auseinander und verteilte sich allmählich über den ganzen Globus. Als nach weiteren 150 Millionen Jahren ein anderer Asteroid einschlug, traf es jetzt die Halbinsel Yucatán in Mexiko und die Dinosaurier erwiesen sich als zu groß, um sich zu schützen oder anzupassen; es war an der Zeit, wieder einmal von vorn zu beginnen. Wieder war es ein kleinerer, beweglicherer Akteur, ein Wirbeltier namens *Säugetier*, das seine Chance erkannte und wahrnahm.

Könnte die gegenwärtige explosionsartige Zunahme des Artensterbens – das zwingend auf einen einzigen Grund hindeutet, dieses Mal allerdings nicht auf einen Meteoriteneinschlag – den Schluss nahelegen, dass die Zeit eines gewissen dominanten Säugers nun zu Ende geht? Hat, erdgeschichtlich gesehen, wieder einmal die Stunde geschlagen? Doug Erwin, der Experte für Artenuntergang, arbeitet mit so großen Zeiträumen, dass die paar Millionen Jahre, welche die Existenz der Gattung *Homo* umspannt, für ihn fast zu klein für sein Raster sind. Wieder zuckt er mit den Achseln.

»Die Menschen werden irgendwann aussterben. Das blieb bislang keiner Art erspart. Es ist wie mit dem Tod: Es gibt keinen Grund für die Annahme, dass wir eine Ausnahme sind. Aber das Leben wird weitergehen. Zunächst vielleicht in Form von Mikroorganismen. Danach sind es möglicherweise Tausendfüßler. So erholt sich das Leben, egal ob wir noch vorhanden sind oder nicht. Ich finde, es ist interessant jetzt zu leben«, sagt er. »Mich kann das alles nicht aufregen.«

Für den Fall, dass es die Menschen noch länger geben sollte, sagt der Paläontologe Peter Ward von der University of Washington voraus, dass Agrarland das größte Habitat der Erde werden wird. Die künftige Welt, so meint er, wird geprägt sein von den wenigen Pflanzen und Tieren, die wir für Ernährung und Arbeit, als Rohstofflieferanten und Gefährten domestiziert haben, und von den Arten, die sich aus ihnen noch entwickeln.

Doch sollten die Menschen morgen verschwinden, sind noch genügend wild lebende Raubtiere vorhanden, um die meisten unserer Haustiere zu verdrängen oder aufzufressen, obwohl sich einige verwilderte Ausnahmen als erstaunlich überlebenstüchtig erwiesen haben. Die entlaufenen Pferde und Esel im Großen Becken der USA und in der Sonora-Wüste haben die Pferdearten, die Ende des Pleistozäns ausstarben, praktisch ersetzt. Die Dingos, ursprünglich die Gefährten südostasiatischer Händler, haben die letzten australischen Raubbeuteltiere ausgelöscht und sind schon lange die dominanten Raubtiere des Kontinents.

Hawaii, wo es keine größeren Raubtiere geben wird als die Nachkommen von Schoßhunden, wird vermutlich in den Besitz von Kühen und Schweinen übergehen. Andernorts könnten Hunde sogar dem Vieh zu überleben helfen: Schafzüchter auf Feuerland behaupten des Öfteren steif und fest, der Hüteinstinkt sei in ihren Australischen Kelpies so tief verwurzelt, dass es keine Rolle spiele, ob Menschen vorhanden seien oder nicht.

Doch sollte die Menschheit so zahlreich an der Spitze der planetarischen Hackordnung bleiben, dass immer größere

Teile der freien Natur unserer Nahrungsproduktion geopfert werden, ist Peter Wards Szenario durchaus vorstellbar, obwohl es zur absoluten Herrschaft des Menschen über die Natur sicherlich nie kommen wird. Kleine, sich schnell fortpflanzende Tiere wie Nager und Schlangen passen sich fast jedem Lebensraum an, abgesehen von Gletschern, und beide Arten werden einem ständigen Ausleseprozess durch wild lebende Katzen unterzogen, die selbst sehr fruchtbar sind. In seinem Buch *Future Evolution* entwirft Ward das Bild von Ratten, die sich zu känguruähnlichen Hüpftieren mit Säbelzähnen entwickeln, und Schlangen, die fliegen lernen.

Ob erschreckend oder amüsant, im Augenblick ist diese Vision noch reine Phantasie. Die Lehre aus jedem Massenaussterben laute, so Doug Erwin, dass wir durch Betrachtung der verbliebenen Arten nicht vorhersagen können, wie die Welt fünf Millionen Jahre später aussehen wird.

»Es wird eine Menge Überraschungen geben. Seien wir doch ehrlich: Wer hätte die Existenz von Schildkröten vorhergesagt? Wer hätte sich einen Organismus vorstellen können, der sich praktisch selbst umkrempelte, indem er seinen Schultergürtel zwischen die Rippen einzog, um einen Panzer zu bilden? Wenn es die Schildkröten nicht gäbe, würde kein Biologe einem Wirbeltier so etwas zutrauen: Er würde zum Gespött seiner Zunft. Es gibt nur eine einzige vernünftige Voraussage: dass das Leben weitergeht. Und das wird interessant sein.«

17 Wohin gehen wir?

»Wenn die Menschen verschwunden sind, wird es ein Drittel der Vögel auf der Erde wohl überhaupt nicht bemerken«, sagt der Ornithologe Steve Hilty.

Damit meint er die Vögel, die ihr ganzes Leben isoliert im Dschungel des Amazonasbeckens, in entlegenen australischen Dornwäldern oder auf indonesischen Schattenhängen verbringen. Ob sich andere Tiere, die vermutlich eine Veränderung bemerken – unter Stress, gejagt und gefährdet wie etwa das Dickhornschaf oder das Spitzmaulnashorn –, tatsächlich über unser Verschwinden freuen würden, entzieht sich unserer Kenntnis. Nur bei ganz wenigen Tieren, meist domestizierten wie Hunden oder Pferden, könnten wir die Emotionen deuten. Sie würden die regelmäßige Fütterung und vielleicht – trotz Leinen und Zaumzeug – den einen oder anderen Besitzer vermissen. Tierarten, die wir für besonders intelligent halten – Delfine, Elefanten, Schweine, Papageien und unsere Vettern, die Schimpansen und Bonobos –, würden uns vermutlich überhaupt nicht vermissen. Obwohl wir häufig beträchtliche Anstrengungen unternehmen, sie zu schützen, ändert das nichts daran, dass ihre Gefährdung in der Regel von uns ausgeht.

In erster Linie dürften wir von den Geschöpfen betrauert werden, die buchstäblich nicht ohne uns leben können, weil die Evolution sie gelehrt hat, *auf* und *von* uns zu leben: *Pediculus humanus capitis* und sein Bruder *Pediculus huma-*

nus humanus – die Kopf- und Kleiderläuse. Die Letzteren sind so speziell an uns angepasst, dass sie nicht nur von uns, sondern auch von unserer Kleidung abhängig sind – eine Eigenschaft, die sie mit keiner anderen Art teilen, abgesehen vielleicht von den Modedesignern. Trauern werden möglicherweise auch die Haarbalgmilben, die so winzig sind, dass Hunderte von ihnen in unseren Augenwimpern leben; sie verzehren unsere abgestoßenen Hautzellen und sorgen so dafür, dass unsere Schuppen nicht überhandnehmen.

Außerdem beherbergen wir rund 200 Bakterienarten, besonders in Dickdarm, Nasenlöchern, Mundhöhle und auf den Zähnen. Hunderte von kleinen Staphylokokken leben auf jedem Quadratzentimeter unserer Haut, wobei sich Tausende in den Achselhöhlen, im Schritt und zwischen den Zehen einnisten. Fast alle sind genetisch so auf uns zugeschnitten, dass sie mit uns verschwinden werden. Nur wenige würden ein Abschiedsbankett auf unseren Kadavern besuchen, noch nicht einmal die Haarbalgmilben: Entgegen einem weitverbreiteten Mythos wachsen Haar und Nägel nach dem Tod nicht mehr weiter. Wenn unser Gewebe austrocknet, zieht es sich zusammen und die dadurch zutage tretenden Haarwurzeln erwecken den Eindruck, exhumierte Leichname könnten einen Haarschnitt gebrauchen.

Würden wir alle plötzlich das Zeitliche segnen, hätten die üblichen Aasfresser unsere Knochen in wenigen Monaten abgenagt, abgesehen von den Menschen, deren sterbliche Hülle in einer Gletscherspalte gelandet oder so tief in einem Moor versunken ist, dass Sauerstoff und der biologische Entsorgungstrupp ihnen nichts anhaben können. Doch was ist mit denjenigen, die vor uns gegangen sind – in die nächste Welt, wie immer sie aussehen mag, nachdem wir sie zur letzten Ruhe gebettet haben? Wie lange sind unsere sterblichen Überreste tatsächlich als solche erkennbar? Welche Dauer ist dem Erfolg unserer aufwendigen und kostspieligen Versuche beschieden, die Toten zu konservieren und unzugänglich zu verwahren?

In großen Teilen der modernen Welt beginnen wir mit dem Einbalsamieren, einer Geste, die das Unvermeidliche nur vorübergehend aufschiebt, so Mike Mathews, der seinen Studenten die chemischen, mikrobiologischen und kulturgeschichtlichen Aspekte dieses Prozesses im Rahmen der Leichenkunde an der University of Minnesota vermittelt.

»Die Einbalsamierung ist wirklich nur für die Bestattungen. Das Gewebswasser verdickt sich ein bisschen, doch dann setzt die Verwesung wieder ein.« Da es unmöglich ist, einen Leichnam vollständig zu desinfizieren, entfernten die ägyptischen Mumifizierer alle Organe, weil dort die Zersetzung beginnt.

Im Darmtrakt verbliebenen Bakterien kommen schon bald natürliche Enzyme zur Hilfe, die aktiv werden, sobald der pH-Wert des Leichnams sich verändert. »Eines von ihnen ist in vielen Fleischzartmachern enthalten. Sie zerlegen unsere Proteine, sodass sie leichter zu verdauen sind. Sobald es aus ist mit uns, machen sie sich an die Arbeit, ob Einbalsamierung oder nicht.«

Die Einbalsamierung war nicht üblich bis zum amerikanischen Bürgerkrieg, als man sich ihrer zur Überführung gefallener Soldaten bediente. Anstelle des Blutes, das sich rasch zersetzt, nahm man etwas, was ein bisschen haltbarer war. Häufig handelte es sich um Whisky. »Eine Flasche Scotch ist prima«, meint Mathews. »Mich hat sie schon mehrfach einbalsamiert.«

Arsen erwies sich als noch geeigneter und war billiger. Bis seine Nutzung zu diesem Zweck in den 1890er Jahren verboten wurde, wurde es allgemein verwendet; daher sind hohe Arsenkonzentrationen gelegentlich ein Problem für Archäologen, die alte amerikanische Gräber öffnen. In der Regel stellen sie fest, dass die Toten trotzdem verwest sind, nur das Arsen ist geblieben.

Danach kam das Formaldehyd, das noch heute verwendet wird. Es wird aus den gleichen Phenolen gewonnen, die dem Bakelit, dem ersten Kunststoff, zugrunde liegen. Seit einiger Zeit protestiert eine grüne Bestattungsbewegung gegen die Verwendung von Formaldehyd, weil es zu Ameisensäure oxidiert, dem Gift der Ameisen und Bienen, und so als ein weiteres Umweltgift ins Grundwasser gelangt: Die Umwelt wird noch aus dem Grab heraus verschmutzt. Diese Fürsprecher einer Ökobestattung beanstanden auch, dass wir nach der frommen Floskel, »Asche zu Asche, Staub zu Staub«, unsere Toten zwar begraben, uns zuvor aber paradoxerweise größte Mühe geben, die Erde von ihnen fernzuhalten.

Dieses Fernhalten beginnt schon mit dem Sarg. In Deutschland sind aufgrund von Umweltschutzbestimmungen nur Holzsärge erlaubt, doch in den USA hat man Kiefernkisten durch moderne Sarkophage aus Bronze, reinem Kupfer und rostfreiem Stahl ersetzt oder verwendet Särge aus den geschätzten 150 000 Kubikmetern tropischen und einheimischen Laubbäumen, die man jährlich nur fällt, um sie unter die Erde zu bringen. Allerdings kommt die Holzkiste, in die man US-Amerikaner zur ewigen Ruhe bettet, noch in einen anderen Kasten, eine Ummantelung, die gewöhnlich aus einfachem grauen Beton besteht und die Aufgabe hat, das Gewicht der Erde zu tragen, damit die Gräber nicht, wie auf älteren Friedhöfen, einsinken und Grabsteine umfallen, wenn die Särge darunter verrotten und zusammenbrechen. Da die Deckel nicht wasserdicht sind, befinden sich Löcher im Boden des Betonsargs, damit alles, was hineinsickert, auch wieder abfließen kann.

Die Fürsprecher der Ökobestattung missbilligen die Betonhüllen und empfehlen Särge aus Stoffen, die leicht abgebaut werden, etwa Pappe oder Weidengeflecht – oder überhaupt keine Särge: nicht einbalsamierte, in Tücher gehüllte Leichen, die direkt in die Erde gelegt werden, damit sie die noch vorhandenen Nährstoffe gleich an die Erde zurückgeben können. Obwohl die meisten Menschen im Lauf der Geschichte wohl auf diese Art begraben wurden, ist diese Bestattungsart in den USA und Europa nur teilweise gestattet, ebenso wie der grüne Grabsteinersatz: ein Baum, auf das Grab gepflanzt, damit er sich von dem Toten nähre.

Die Bestattungsindustrie in den USA dagegen hält am Wert der Konservierung fest und empfiehlt etwas noch Beständigeres. Anstelle der Sarghüllen aus Beton, die als roh und unschön gelten, empfehlen sie Bronzesarkophage, die so dicht sind, dass sie bei einer Überschwemmung aufsteigen und auf dem Wasser schwimmen würden, obwohl sie so viel wiegen wie ein Auto.

Laut Michael Pazar, Vizepräsident bei Wilbert Funeral Services in Chicago, dem größten Hersteller solcher Beerdigungsbunker, liegt das Problem darin, »dass Gräber im Gegensatz zu Kellern keine Lenzpumpen haben«. Die Drei-Schichten-Lösung seines Unternehmens hält garantiert dem Druck einer Wassersäule von zwei Metern stand – das heißt, sie schließt auch dann noch dicht, wenn ein steigender Grundwasserspiegel den Friedhof in einen Teich verwandelt. Die Sarghülle besitzt einen Betonkern, der von rostfreier Bronze umgeben und innen wie außen mit ABS verkleidet ist – Acrylnitril-Butadien-Styrol-Copolymerisat, dem vielleicht robustesten, schlag- und feuerbeständigsten Kunststoff, den es gibt.

Sein Deckel ist mit einer patentierten Butylsiegelmasse verschlossen, die sich unauflöslich mit dem Kunststoffüberzug verbindet. Diese Masse, so Pazar, könnte der stärkste Schutz überhaupt sein. »Der Sarg wurde erhitzt, mit UV-Strahlung beschossen, in Säure getaucht. Testberichte besagen, dass er Jahrmillionen halten wird. Stellen Sie sich mal die Archäologen in ferner Zukunft vor, wie sie sich den Kopf über diese rechteckigen Butylringe zerbrechen.«

Allerdings werden sie kaum Spuren von den Toten finden, für die alle diese Kosten, Chemie, strahlenresistenten Polymere, gefährdete Laubbäume und Schwermetalle aufgeboten wurden. Ohne weitere Nahrung zur Verarbeitung zu erhalten, verflüssigen die Körperenzyme alles, was die Gewebebakterien nicht verdauen, sodass sich das Ergebnis dieser Prozesse einige Jahrzehnte lang mit dem sauren Gebräu der Einbalsamierungssäfte mischt. Das wird ein weiterer Test für die Versiegelung und die ABS-Beschichtung sein, doch den dürften sie leicht bestehen und sogar unsere Knochen überdauern. Sollten jene Archäologen eintreffen, bevor Bronze, Beton und alles andere außer der Butylversiegelung zerfallen sind, wird von uns nichts geblieben sein als ein bisschen Menschensuppe.

Wüsten wie die Sahara, die Gobi und Chiles Atacama, in denen es kaum Feuchtigkeit gibt, produzieren durch Austrocknung gelegentlich auf natürlichem Wege menschliche Mumien, mit erhaltenen Kleidungsstücken und Haaren. Tauende Gletscher und Permafrostböden geben hin und wieder Tote frei, die vor langer Zeit gestorben sind, unheimliche Vorgänger von uns – so zum Beispiel Ötzi, den in Fell und Leder gekleideten Bronzezeitjäger, der 1991 in den italienischen Alpen gefunden wurde.

Wir alle, die wir heute leben, haben allerdings kaum Aussichten, eine so dauerhafte Spur zu hinterlassen. Heutzutage ist es unwahrscheinlich, dass jemand von uns nach seinem Tod mit einem Schlamm bedeckt wird, dessen reichlich vorhandene Mineralien nach und nach sein Knochengewebe ersetzen, bis er in skelettförmiges Gestein verwandelt worden ist. Gerade durch unsere extravaganten Schutzvorkehrungen nehmen wir uns heute selbst die Möglichkeit eines tatsächlich dauerhaften Denkmals: unseres Fortlebens als Versteinerung.

Die Wahrscheinlichkeit, dass wir alle zusammen, und das sogar schon bald, verschwinden, ist gering, aber durchaus vorhanden. Die Wahrscheinlichkeit, dass nur wir Menschen sterben und alles andere bleibt, ist noch geringer, aber dennoch größer als null. Dr. Thomas Ksiazek, Leiter der Pathologie an den US Centers for Disease Control, forscht über Krankheitserreger, die Millionen Menschen auslöschen könnten. Ksiazek war früher für die US-Army als veterinärmedizinischer Mikrobiologe und Virologe tätig. Seine Zuständigkeit reichte von den Gefahren durch biologische Waffen bis zu den Risiken, die durch Krankheitserreger verschiedener Tierarten für den Menschen entstehen könnten, so durch das SARS-Virus, an dessen Isolierung und Beschreibung er beteiligt war.

So grausig diese Szenarien auch sind, besonders zu einer Zeit, da die Hälfte der Menschheit in Städten lebt, die Mikroorganismen ideale Nährböden bieten, kann sich Ksiazek doch keinen Erreger vorstellen, welcher die ganze Art auslöschen könnte. »Es wäre ein beispielloser Vorgang. Wir arbeiten wirklich mit den bösartigsten Erregern, aber selbst bei denen gibt es Überlebende.«

In Afrika raffen immer wieder Horrorviren wie Ebola und Marburg Dorfbewohner ebenso wie Entwicklungshelfer und medizinisches Personal dahin. In allen Fällen ließ sich die Ansteckungskette schließlich einfach dadurch unterbrechen, dass man die Schwestern und Pfleger dazu brachte, Schutzmasken zu tragen und sich nach Kontakt mit Patienten die Hände mit Wasser und Seife zu waschen – Dinge, die in den Armutsgebieten häufig fehlen, wo solche Krankheiten meist ausbrechen.

»Hygiene ist der entscheidende Faktor. Selbst wenn jemand vorsätzlich versucht Ebola einzuschleusen, gibt es vielleicht ein paar sekundäre Fälle bei Familienangehörigen und dem Krankenhauspersonal, doch bei ausreichenden Vorsichtsmaßnahmen würde sich das Virus nicht weiter ausbreiten. Es sei denn, es mutiert zu einem lebensfähigeren Erreger.«

Hoch virulente Erreger wie das Ebola- und das Marburgvirus entwickeln sich in Tieren – in Verdacht stehen Flughunde – und werden von Mensch zu Mensch durch Kontaktinfektion übertragen. Da Ebola auch über die Atemwege eindringen kann, haben Forscher der US-Army in Fort Detrick, Maryland, untersucht, ob Terroristen eine Ebolabombe basteln könnten. Sie entwickelten ein Aerosol, das in der Lage war, das Virus wieder auf Tiere zu übertragen. »Aber es produzierte keine Teilchen«, sagt Ksiazek, »die klein genug sind, um durch Husten oder Niesen auf Menschen übertragen zu werden.«

Doch sollte ein Ebolastamm, Ebola-Reston, jemals mutieren, könnte es problematisch werden. Gegenwärtig tötet das Virus nur nichtmenschliche Primaten; man nimmt allerdings an, dass es im Unterschied zu anderen Ebolastämmen auf dem Luftweg übertragen wird. Auch das hoch virulente HIV, das gegenwärtig durch Blut- oder Samenflüssigkeit verbreitet wird, könnte, wenn es fliegen lernt, zu einem echten Artenkiller werden. Doch das ist unwahrscheinlich, glaubt Ksiazek.

»Möglicherweise ändert es den Übertragungsweg. Doch die gegenwärtige Methode ist für das Überleben des HIV von Vorteil, weil sie den Opfern Zeit lässt, es noch eine Zeit lang zu verbreiten. Es hat sich nicht umsonst in dieser Nische entwickelt.«

Selbst den tödlichsten, auf dem Luftweg übertragenen Grippeviren ist es nicht gelungen, alle Menschen auszulöschen, weil diese irgendwann immun werden und die Pandemie verpufft. Doch was wäre, wenn etwa Terroristen etwas genetisch zusammenbastelten, was sich schneller entwickelte, als wir Abwehrkräfte aufbieten könnten – vielleicht, indem sie genetisches Material in das wandlungsfähige SARS-Virus einbauten, sodass es sexuell und auf dem Luftweg übertragen würde, bevor jemand eingreifen könnte?

Es wäre zwar möglich, extreme Virulenz herzustellen, räumt Ksiazek ein, obwohl die Genmanipulation, wie die transgenen Pestizide zeigten, nicht in jedem Fall zu den erwünschten Ergebnissen führen würde.

»Es ist so, als züchtete man Moskitos, deren Fähigkeit eine Viruserkrankung zu übertragen, eingeschränkt ist. Werden diese laborgezüchteten Moskitos freigesetzt, sind sie nicht besonders konkurrenzfähig. Es ist also leichter gesagt als getan: Ein Virus im Labor künstlich zu erzeugen ist eine Sache, dafür zu sorgen, dass es die gewünschte Wirkung erzielt, eine ganz andere. Um ein ansteckendes Virus zu erhalten, brauchen Sie eine Anordnung von Genen, die dazu führt, dass das Virus eine Wirtszelle infiziert und dann eine Vielzahl neuer Viren produziert. Wer so etwas versucht, könnte sich dabei leicht umbringen. Da gibt es viel einfachere und weniger mühsame Möglichkeiten.«

Da unsere Verhütungsmittel immer noch nicht perfektioniert sind, kann uns im Augenblick der Gedanke an eine Verschwörung zur Sterilisierung der gesamten Menschheit wenig Angst machen. Von Zeit zu Zeit berechnet Nick Bostrom, Leiter des Future of Humanity Institute in Oxford, die (seiner Meinung nach unaufhaltsam zunehmende) Wahrscheinlichkeit, dass die menschliche Existenz enden könnte. Besonders beschäftigt ihn die Möglichkeit, dass die Nanotechnologie oder die künstliche Intelligenz zufällig oder absichtlich aus dem Ruder laufen könnten. In beiden Fällen kommt er jedoch zu dem Ergebnis, dass sowohl medizinische Geräte von Atomgröße, die durch unsere Blutbahn patrouillieren und Krankheiten ausschalten, bis sie sich plötzlich gegen uns wenden, als auch selbstreplizierende Roboter, die uns vom Planeten verdrängen könnten, »noch mindestens Jahrzehnte auf sich warten lassen werden«.

In seinem so fundierten wie pessimistischen Buch *The End of the World* stimmt der Kosmologe John Leslie von der University of Guelph in Ontario mit Bostrom überein. Allerdings gebe es, so warnt er, keine Garantie dafür, dass unsere gegenwärtigen Experimente in Hochenergiebeschleunigern nicht die Physik des Vakuums, in dem unsere Galaxie rotiere, zum Zusammenbruch bringen oder sogar einen neuen Urknall auslösen könnten – »versehentlich«, wie er als schwachen Trost hinzufügt.

All diese Philosophen und Forscher, die versuchen ethische Maßstäbe für ein Zeitalter zu finden, in dem Maschinen zwar schneller rechnen als Menschen, sich aber regelmäßig als mindestens ebenso fehleranfällig erweisen, stoßen wiederholt auf ein Phänomen, mit dem sich Denker früherer Zeiten noch nicht auseinanderzusetzen hatten: Zwar haben die Menschen offenkundig alle Seuchen und Meteoriten überlebt, die ihnen die Natur bislang schickte, doch unsere Eingriffe in die Natur mittels der Technik erfolgen auf eigene Rechnung und Gefahr.

»Die gute Nachricht lautet, dass uns die Technik noch nicht umgebracht hat«, sagt Nick Bostrom, der, wenn er nicht gerade seine Weltuntergangsdaten aktualisiert, untersucht, wie sich die menschliche Lebenserwartung verlängern lässt. »Doch wenn wir aussterben, wird es vermutlich eher durch neue Technologien als durch Umweltzerstörung geschehen.«

Für den Rest des Planeten würde das keine große Rolle spielen, denn egal, was der Grund wäre, müssten viele Arten zweifellos mit uns dran glauben. Die Wahrscheinlichkeit, dass außerirdische Tierpfleger uns entführten, aber alles andere unverändert ließen, ist nicht nur gering, sondern scheint auch eher ein Produkt narzisstischer Phantasien zu sein – warum sollte jemand nur an uns interessiert sein? Und warum sollten die Außerirdischen nicht Appetit auf die gleichen verlockenden Ressourcen bekommen, über die wir uns so gierig hergemacht haben? Unsere Meere, Wälder und Tiere könnten rasch erkennen, dass wir das kleinere Übel waren, wenn sie sich einer hoch entwickelten außerirdischen Zivilisation gegenübersähen, die aus dem gleichen Grund, der uns bewog, ganze Flüsse aus ihren Betten zu saugen, einen intergalaktischen Strohhalm in die Weltmeere tauchte.

»Definitionsgemäß sind wir die fremden Eindringlinge. Überall, mit Ausnahme Afrikas. Wo *Homo sapiens* hinkam, begann das Aussterben.«

Les Knight, Gründer von VHEMT – Voluntary Human Extinction Movement (Bewegung für das freiwillige Aussterben der Menschheit) –, ist ein nachdenklicher und ernsthafter Mann. Anders als die schrillen Propheten der Vertreibung des Menschen von einem geschändeten Planeten – etwa der Church of Euthanasia, mit ihren vier Säulen Abtreibung, Selbstmord, Sodomie und Kannibalismus sowie einer Internetanleitung zur Zerlegung eines menschlichen Körpers und Zubereitung einer passenden Grillsauce – empfindet Knight keine misanthropische Freude beim Gedanken an Krieg, Krankheit und Leid. Es ist nur so, dass er beim Durchrechnen bestimmter Aufgaben immer wieder zum gleichen Ergebnis kommt.

»Kein Virus könnte jemals alle sechs Milliarden Menschen erwischen. Wenn 99,99 Prozent daran sterben würden, blieben immer noch 650 000, die von Natur aus immun sind und überleben. Tatsächlich dienen Epidemien zur Stärkung einer Art. In 50 000 Jahren könnten wir leicht wieder dort sein, wo wir heute stehen.«

Auch der Krieg ist keine Lösung. »Millionen sind in Kriegen gestorben und trotzdem nimmt die Weltbevölkerung unaufhaltsam zu. Meist veranlassen Kriege Sieger und Besiegte gleichermaßen, die Bevölkerungslücken wieder aufzufüllen. Unter dem Strich ergibt das in der Regel eine Bevölkerungszu- und keine -abnahme. Abgesehen davon«, fügt er hinzu, »ist Töten unmoralisch. Massenmord kann niemals ein Mittel sein, um das Leben auf Erden zu verbessern.«

Obwohl er in Oregon lebt, hat seine Bewegung ihren Sitz überall, was heißen soll, im Internet, mit Websites in elf Sprachen. Auf Veranstaltungen zum Tag der Erde und bei Umweltkonferenzen hängt Knight Tabellen auf, die den Vorhersagen der Vereinten Nationen recht geben, nach denen weltweit Bevölkerungswachstum und Geburtenraten bis 2050 zurückgehen werden – doch der Clou ist das dritte Diagramm, welches zeigt, dass die absoluten Zahlen weiterhin ansteigen.

»Wir haben zu viele fortpflanzungsfähige und fortpflanzungswillige Menschen. China hat seine Fortpflanzungsrate auf 1,3 Prozent heruntergeschraubt, verzeichnet aber trotzdem noch einen jährlichen Zuwachs von zehn Millionen Menschen pro Jahr. Hungersnöte, Krankheiten und Kriege halten reiche Ernte wie eh und je, können aber mit unserem Bevölkerungswachstum beim besten Willen nicht Schritt halten.«

Unter dem Motto »Auf dass wir lange leben und aussterben« möchte diese Bewegung der Menschheit das qualvolle Massensterben ersparen, zu dem es kommen wird, wenn es, wie Knight prophezeit, zur unumstößlichen Gewissheit wird, dass es naiv war zu meinen, ungehemmtes Wachstum und Ressourcenknappheit wären vereinbar. Statt abzuwarten, bis die unvermeidlichen Verteilungskriege und Hungersnöte eintreten, sollen wir, wenn es nach VHEMT geht, die Menschheit ganz allmählich zur ewigen Ruhe betten.

»Nehmen wir an, alle Menschen würden sich auf einen Verzicht auf Fortpflanzung verständigen. Oder darauf, ein Virus auf die Menschheit loszulassen, das alle menschlichen Spermien wirkunglos machte. Tragisch wäre das sicherlich für die Paare, die gern ein Kind bekommen möchten. Andererseits gäbe es nach fünf Jahren auch keine Kinder unter fünf mehr, die elend sterben müssten, und das Los aller noch lebenden Kinder würde sich verbessern, weil sie mehr geschätzt würden.«

Nach Knights Meinung gewönne das Leben der Menschheit umso mehr an Qualität, je näher es seinem Ende käme. Es gäbe mehr als genug zu essen und auch die anderen Ressourcen, etwa Wasser, würden wieder ausreichen. Die leer gefischten Meere würden sich wieder auffüllen, desgleichen die Wälder und Feuchtgebiete, weil keine neuen Wohngebäude gebraucht würden.

»Ohne Verteilungskonflikte würden wir vermutlich damit aufhören, unsere Leben in Kriegen zu vergeuden.« Wie Manager im Ruhestand, die bei der Gartenarbeit plötzlich ihre innere Gelassenheit finden, würden wir, wenn Knight recht hat, unsere verbleibende Zeit damit verbringen, eine immer mehr in ihren ursprünglichen Zustand zurückkehrende Welt von dem hässlichen und nutzlosen Schund zu befreien, für den wir einst die lebendige Schönheit der Natur eingetauscht haben.

In einem Zeitalter, in dem das allmähliche Verschwinden der Natur parallel mit dem Aufstieg eines Phänomens abläuft, das man als virtuelle Realität bezeichnet, sieht sich VHEMT nicht nur von den Menschen abgelehnt, welche die Verheißung eines besseren Lebens durch den Untergang der Menschheit für geisteskrank halten, sondern auch von einer Gruppe namhafter Theoretiker und Forscher, die das Aussterben möglicherweise für einen wichtigen Entwicklungsschritt von *Homo sapiens* halten. Diese Transhumanisten, wie sie sich selbst nennen, hoffen, einmal den virtuellen Raum zu kolonisieren, indem sie ihren Geist in Schaltkreise hochladen, die Gehirn und Geist des Menschen in mancherlei Hinsicht überlegen wären (nicht zuletzt durch Unsterblichkeit). Dank Selbstoptimierung der Computer, reichlich Silizium, neuer Möglichkeiten durch modulare Speicher und geeigneter Peripheriegeräte würde das Aussterben der

Menschheit zu einem bloßen Abwerfen der sterblichen Hülle geraten, über die unser technischer Verstand endlich hinausgewachsen ist.

Das größte Hindernis für Roboter und Computer auf dem Sprung von bloßen Objekten zu Lebensformen sei, so wird häufig vorgebracht, dass bislang noch niemand eine Maschine gebaut habe, die sich ihrer selbst bewusst sei: Ohne zu fühlen ist ein Supercomputer vielleicht in der Lage, die kompliziertesten Berechnungen für uns anzustellen, nicht aber, seinen Platz in der Welt zu erkennen. Viel schwerer wiegt jedoch die Einschränkung, dass keine Maschine ohne menschliche Wartung unbegrenzt arbeiten kann. Selbst Geräte ohne bewegliche Teile geben den Geist auf und selbstreparierende Software stürzt ab wie jedes andere Programm. Die Rettung in Form von Sicherheitskopien könnte in eine Welt führen, in der Roboter verzweifelt versuchen, durch pausenloses Selbstklonen dem jeweils neuesten Entwicklungstand immer ein Stückchen voraus zu sein – wie die Katze, die versucht sich in den Schwanz zu beißen, dabei aber bestimmt mehr Spaß hat.

Selbst wenn es den Transhumanisten eines Tages gelingen sollte, sich in synthetische Schaltkreise herunterzuladen, dürfte bis dahin noch einige Zeit vergehen. Für uns andere, die wir so sentimental an unserer kohlenstoffbasierten Beschaffenheit hängen, wäre die Vision einer Welt, in der sich Flora und Fauna nach unserem freiwilligen Aussterben wieder frei entfalten können, zunächst zwar sehr beglückend. Unmittelbar darauf folgte jedoch die schmerzliche Trauer über den Verlust der wunderbarsten aller menschlichen Schöpfungen: Gäbe es keine Kinder mehr, was bliebe dann von uns? Was von unserem Geist und Verstand wäre wirklich unsterblich?

18 Sternenstaub

1977 fragte der Astrophysiker Carl Sagan den kanadischen Maler und Radioproduzenten Jon Lomberg, wie ein Künstler das Wesen menschlicher Identität einem Publikum vermitteln würde, das noch nie Menschen gesehen habe. Zusammen mit Frank Drake, seinem Kollegen von der Cornell University, hatte er gerade die NASA aufgefordert, eine aussagekräftige Botschaft über die Menschheit zu entwerfen, um sie den beiden Voyager-Sonden mit auf den Weg zu geben, welche die äußeren Planeten besuchen und dann durch den interplanetarischen Raum fliegen sollten, möglicherweise ewig.

Sagan und Drake waren bereits an einem anderen Projekt beteiligt gewesen, bei dem zwei Raumsonden das Sonnensystem hinter sich lassen sollten. *Pioneer 10* und *Pioneer 11* wurden 1972 beziehungsweise 1973 ins All geschossen, um festzustellen, ob der Asteroidengürtel zwischen Mars und Jupiter von Raumfahrzeugen überwunden werden kann und um Jupiter und Saturn zu untersuchen. *Pioneer 10* überstand 1973 eine dramatische Begegnung mit radioaktiven Ionen in Jupiters Magnetfeld, sendete Bilder der Jupitermonde nach Hause und setzte seine Reise fort. Seine letzte vernehmbare Nachricht traf 2003 ein; damals war er fast dreizehn Milliarden Kilometer von der Erde entfernt. In zwei Millionen Jahren müsste er den Roten Riesen Aldebaran, das Auge im Sternbild Stier, in sicherer Entfernung passieren. *Pioneer 11* umkreiste Jupiter ein Jahr nach seinem Bruder und schleuderte sich dann unter Ausnutzung der Gravitation des Planeten 1979 über Saturn hinaus. Seine Bahn zeigte in Richtung des Sternbild Schütze; vier Millionen Jahre lang wird die Sonde keinem einzigen Stern begegnen.

An den Rumpf beider *Pioneer*-Sonden sind vergoldete Aluminiumplatten – je 15 × 23 cm – genietet, auf denen sich Strichätzungen von Sagans damaliger Frau Linda Salzman befinden. Sie zeigen ein nacktes Menschenpaar, die Position der Erde im Sonnensystem und die Stellung der Sonne in der Milchstraße werden grafisch dargestellt, dazu die kosmische Entsprechung einer Telefonnummer: eine mathematische Formel, die auf dem Übergangszustand des Wasserstoffs beruht und die angeben soll, auf welcher Wellenlänge unsere Empfänger ins All lauschen.

Die Botschaften in den Voyager-Sonden sollten nun, so erklärte Sagan Jon Lomberg, sehr viel mehr Einzelheiten über uns enthalten. Da es noch keine digitalen Medien gab, hatte Drake ein Verfahren entwickelt, um auf einer vergoldeten Kupferplatte Laute und Bilder analog aufzuzeichnen. Hinzufügen wollte man einen Tonabnehmer und, wie man hoffte, verständliche Abbildungen, die erklärten, wie man den Datenträger abspielen sollte. Sagan bat Lomberg, einen Schaukasten zu entwerfen, der, selbst ein Kunstwerk, die wahrscheinlich letzten Relikte des ästhetischen Ausdrucks der Menschheit enthalten sollte. Einmal im All, wäre der vergoldete Aluminiumkasten mit den Aufzeichnungen der Erosion durch kosmische Strahlen und Staubpartikel ausgesetzt. Nach vorsichtigen Schätzungen bliebe der Kasten mindestens eine Milliarde Jahre lang, vermutlich aber viel länger intakt. Bis zu der Zeit könnten tektonische Verwerfungen oder eine aufgeblähte Sonne unsere letzten Relikte längst in ihre molekularen Bestandteile zerlegt haben. So wird die Botschaft in der Raumkapsel vielleicht die Hinterlassenschaft der Menschen sein, die der Ewigkeit am nächsten kommt.

Um das Problem bis zum Start der Sonde zu lösen, blieben Lomberg nur sechs Wochen. Seine Kollegen und er befragten Experten in aller Welt, Semiotiker, Denker, Künstler und Science-Fiction-Autoren nach Darstellungsweisen, die für Adressaten, von denen man keine Vorstellung hatte, am ehesten verständlich seien. (Jahre später half Lomberg auch beim Entwurf der Warnhinweise, die in der WIPP in New Mexico auf die unterirdischen Gefahren radioaktiven Materials aufmerksam machen sollten.) Die Platte enthielt in 54 Sprachen aufgezeichnete Grußworte, außerdem die Stimmen von Dutzenden anderen Erdbewohnern, von Spatzen bis zu Walen, und das Geräusch von Herzschlag, Brandung, einem Presslufthammer, knisterndem Feuer, Donner und den Kuss einer Mutter.

Zu den Abbildungen gehörten Diagramme der DNS und des Sonnensystems, Fotografien von Landschaften, Gebäuden, kleinen und großen Städten, stillenden Frauen, jagenden Männern, Kindern, die einen Globus betrachten, Sportlern in Wettkämpfen und essenden Menschen. Da die Finder möglicherweise nicht in der Lage sind, in einem Foto mehr als abstrakte Schnörkel zu erkennen, zeichnete Lomberg zusätzlich noch einige Silhouetten ein, um Gestalten und Hintergründe deutlicher unterscheidbar zu machen. Zu dem Porträt einer fünf Generationen umfassenden Familie zeichnete er die Silhouetten der einzelnen Personen nach und fügte Anmerkungen hinzu, die Aufschluss gaben über ihre relativen Größen, Gewichte und Lebensjahre. Bei einem Menschenpaar machte er in der Frauensilhouette die Gebärmutter transparent, damit der darin wachsende Fötus sichtbar wurde – in der Hoffnung, dass die Idee eines Künstlers auch Zeit und Raum überwinden könnte, um sich mit der Vorstellungskraft eines unbekannten Betrachters zu verbinden.

»Meine Aufgabe bestand nicht nur darin, alle diese Bilder zu finden, sondern auch sie so anzuordnen, dass sie aneinandergereiht informativer waren als die Summe der einzelnen Bilder«, erinnert er sich heute in seinem Haus auf Hawaii unweit des Vulkans Mauna Kea und dessen Sternwarte. So begann er mit Dingen, die ein kosmischer Reisender am ehesten erkennen könnte: Planeten, vom Weltraum aus gesehen, die Spektren von Sternen, Bilder auf einer evolutionären Zeitleiste, von geologischen Zeitaltern über die Biosphäre bis zur menschlichen Kultur.

Ähnlich arrangierte er die Geräusche und Laute. Obwohl Maler, war er der Ansicht, dass Musik bessere Aussichten als Bilder hätte, ein außerirdisches Gemüt zu erreichen: Einerseits, weil sich Rhythmus in der Physik manifestiert, aber auch, weil sie für ihn »von der Natur abgesehen, das sicherste Mittel ist, mit dem in Kontakt zu kommen, was wir Geist nennen«.

Die Platte enthält sechsundzwanzig ausgewählte Beispiele, unter anderem die Musik von Pygmäen, Navajo-Indianern, aserbaidschanischen Sackpfeifern, Mariachi-Kapellen, Chuck Berry, Bach und Louis Armstrong. Lombergs Lieblingsbeispiel war die Arie der Königin der Nacht aus Mozarts »Zauberflöte«. Darin demonstriert die Sopranistin Edda Moser, begleitet vom Orchester der Bayerischen Staatsoper, die oberste Grenze der menschlichen Stimme, indem sie den höchsten Ton des üblichen Opernrepertoires singt, das hohe F.

Lomberg und Timothy Ferris, Produzent der Platte und ehemaliger Redakteur der Zeitschrift *Rolling Stone*, setzten durch, dass die Arie berücksichtigt wurde. Sie zitierten Kierkegaard, der einmal schrieb: »Mozart gesellt sich jener kleinen, unsterblichen Schar hinzu, deren Namen, deren Werke die Zeit nicht vergessen wird, da die Ewigkeit ihrer gedenkt.« Lomberg und Ferris waren stolz, dass sie mit *Voyager* ein bisschen zur Erfüllung dieser Prophezeiung beitragen konnten.

Die beiden *Voyager*-Sonden wurden im September 1977 in den Weltraum geschossen. Beide passierten Anfang 1979 Jupiter und erreichten zwei Jahre später Saturn. Nach seiner sensationellen Entdeckung aktiver Vulkane auf dem Jupitermond Io tauchte *Voyager 1* unter Saturns Südpol ab und gewährte uns einen ersten Blick auf dessen Mond Titan, der ihn aus der elliptischen Ebene des Sonnensystems hinaus und an *Pioneer 10* vorbei in den interstellaren Raum schleuderte. Heute ist er weiter von der Erde entfernt als irgendein anderes Objekt von Menschenhand. *Voyager 2* machte sich eine seltene planetarische Konstellation zunutze, um Uranus und Neptun zu besuchen, und lässt jetzt ebenfalls das Sonnensystem hinter sich.

Lomberg beobachtete den Start der ersten *Voyager*-Sonde mit der vergoldeten Hülle der Platte, die seine Diagramme über den Heimatplaneten des Raumfahrzeugs und über die Verwendung der Platte enthielt – Zeichen, von denen Sagan und Drake hofften, dass eine fremde Intelligenz sie entziffern könne, obwohl wenig Hoffnung besteht, dass die Platte je gefunden wird, und noch weniger, dass wir je davon erfahren. Allerdings sind weder die *Voyager*-Sonden noch ihre Informationsträger die ersten Lebenszeichen von uns, die über unser Planetensystem hinausgelangen. Sogar wenn der unaufhörliche Abrieb durch interstellare Staubpartikel die Sonden und ihren Inhalt nach Jahrmilliarden selbst zu Staub verschlissen hat, bleibt uns noch immer eine Chance, dass man jenseits unserer Welt von uns erfahren wird.

In den 1890er Jahren ließen Nikola Tesla, ein serbischer Einwanderer in die Vereinigten Staaten, und der Italiener Guglielmo Marconi unabhängig voneinander Geräte patentieren, die drahtlose Signale übermitteln konnten. 1897 demonstrierte Tesla in New York, dass man elektromagnetische Impulse von Schiffen über das Wasser an Land senden kann, während Marconi das Gleiche über den Ärmelkanal hinweg unter Beweis stellte und ihm 1901 dieses Kunststück sogar über die Weite des Atlantiks zwischen Cornwall und Neufundland gelang. Am Ende versuchten sie gerichtlich klären zu lassen, wer die Funktechnik erfunden und wer einen Anspruch auf die Lizenzgebühren hatte. Egal wer recht hatte, zu diesem Zeitpunkt war die drahtlose Kommunikation über Meere und Kontinente bereits Routine.

Und damit nicht genug: Elektromagnetische Radiowellen – viel länger als die Wellen der schädlichen Gammastrahlen oder des ultravioletten Sonnenlichts – breiten sich mit Lichtgeschwindigkeit in Gestalt einer expandierenden Kugel aus. Bei ihrer Bewegung nach außen nimmt die Intensität proportional zum Quadrat der Entfernung ab, das heißt, ein von der Erde ausgesandtes Signal ist nach 50 Millionen Kilometern noch viermal so stark wie nach der doppelten Entfernung, also 100 Millionen Kilometern. Trotzdem ist es noch vorhanden. Während sich die Oberfläche dieser elektromagnetischen Kugel immer weiter in die Milchstraße hineinschiebt, absorbiert der galaktische Staub einen Teil der Funkstrahlung, wodurch das Signal zwar weiter geschwächt wird, aber sich immer noch ausbreitet.

1974 strahlte Frank Drake einen dreiminütigen Funkgruß mit der heute zweitgrößten Radioschüssel der Erde aus, dem Arecibo-Radioteleskop in Puerto Rico mit einem Durchmesser von 305 Metern und einer Sendeleistung von 500 Kilowatt. Die Botschaft bestand aus einer Reihe von binären Impulsen, die ein extraterrestrischer Mathematiker möglicherweise als einfache grafische Anordnung erkennen könnte: die Zahlenfolge von 1 bis 10, das Wasserstoffatom, die DNS, unser Sonnensystem und ein Strichmännchen.

Das Signal war, wie Drake später erklärte, rund eine Million Mal stärker als eine normale Fernsehübertragung und auf einen Sternhaufen im Sternbild Herkules gerichtet, wo es erst in 22 800 Jahren eintreffen wird. Doch angesichts des nachfolgenden Entsetzens darüber, dass dadurch möglicherweise einer überlegenen, raubgierigen Zivilisation außerirdischer Intelligenzen die Position der Erde enthüllt worden sei, kam die internationale Gemeinschaft der Radioastronomen überein, den Planeten nie wieder durch einen Alleingang einem solchen Risiko auszusetzen. Diese Übereinkunft wurde 2002 von kanadischen Wissenschaftlern missachtet, die ihre Laser himmelwärts richteten. Doch wie Drakes Botschaft bislang noch keine Reaktion hervorgerufen hat, von einem Angriff gar nicht zu reden, ist die Wahrscheinlichkeit, dass jemand oder etwas auf die gebündelten Laserstrahlen stößt, vernachlässigbar gering.

Abgesehen davon ist die Katze wahrscheinlich schon längst aus dem Sack. Seit mehr als einem halben Jahrhundert senden wir Signale aus, die sich zwar nur mit einem sehr großen und sehr empfindlichen Empfänger registrieren ließen, was aber für die hochintelligenten Wesen, die wir dort draußen vermuten, keine Schwierigkeit sein dürfte.

1955, etwas mehr als vier Jahre nach Verlassen eines Fernsehstudios in Hollywood, erreichten die Signale, welche die ersten Töne und Bilder der Comedyserie *I Love Lucy* transportierten, den Stern Proxima Centauri, der unserer Sonne am nächsten steht. Ein halbes Jahrhundert später waren die Bilder der erfolgreichen Serie mit Lucille Ball mehr als fünfzig Lichtjahre oder rund 500 Billionen Kilometer entfernt. Da die Milchstraße einen Durchmesser von 100 000 und eine Dicke von 1000 Lichtjahren hat und da unser Sonnensystem etwa in der Mitte der galaktischen Ebene liegt, folgt daraus, dass die expandierende Kugel von Radiowellen, die Lucy, ihren Mann Ricky und ihre Nachbarn enthält, über die Ober- und Untergrenze der Milchstraße hinaus in den intergalaktischen Raum expandieren wird.

Vor ihr liegen Milliarden anderer Galaxien, über Entfernungen, die wir zwar quantifizieren, aber nicht wirklich begreifen können. Wenn *I Love Lucy* sie dann wirklich erreicht, steht es im wahrsten Sinn des Wortes in den Sternen, ob irgendetwas dort draußen in der Lage sein wird, sich einen Reim darauf zu machen. Ferne Galaxien bewegen sich, von uns aus gesehen, voneinander fort, und je weiter sie entfernt sind, desto schneller bewegen sie sich – eine Besonderheit des Universums, die mit der Struktur des Raumes zu tun zu haben scheint. Je weiter die Radiowellen sich ausbreiten, desto schwächer werden sie und desto länger erscheinen sie. An den Rändern des Universums, gegenwärtig mehr als zehn Milliarden Lichtjahre entfernt, würde das Licht unserer Galaxie bei irgendeiner superintelligenten Lebensform den Anschein erwecken, als sei es zum roten Ende des Spektrums verschoben, dorthin, wo die Wellenlängen am größten sind.

Unterwegs verzerren massereiche Galaxien die Radiowellen auch weiterhin. Im Übrigen geraten diese Wellen auch in immer stärkere Konkurrenz zum Hintergrundgeräusch des Urknalls, dem Beginn unseres Universums, der etwa 13,7 Milliarden Jahre zurückliegt. Wie Lucys Fernsehklamauk hat sich dieser Laut seither mit Lichtgeschwindigkeit ausgebreitet und durchdringt jetzt alles. Irgendwann werden Lucys Radiosignale noch schwächer als das kosmische Hintergrundrauschen.

Doch wie zerstückelt auch immer, Lucy wäre da, sogar verstärkt durch die weit robusteren Ausstrahlungen der Wiederholungen in UHF-Wellen, ultrahochfrequenten Mikrowellen. Wie Lichtwellen expandieren auch Radiowellen endlos. So weit unser Universum und unser Wissen reicht, sind sie unsterblich und sie tragen die Bilder unserer Welt, unserer Zeit und unserer Erinnerung in sich.

Da die *Voyager-* und *Pioneer*-Sonden allmählich zu Sternenstaub erodieren, werden unsere Radiowellen, welche die Töne und Bilder eines guten Jahrhunderts menschlicher Existenz aufbewahren, am Ende alles sein, was von uns im

Universum zurückbleibt. Das ist selbst nach menschlichen Begriffen kaum mehr als ein Augenblick, aber ein bemerkenswert ereignisreicher – sogar ein erschütternder. Wer immer am Rande von Zeit und Raum unsere Botschaften empfängt, wird einiges zu hören bekommen. Er wird *Lucy* vielleicht nicht verstehen, aber er wird uns lachen hören.

19 Ewige Wiege Ozean

Die Haie hier haben noch nie zuvor Menschen gesehen. Und kaum einer der Menschen, die sie beobachten, hat jemals so viele Haie gesehen.

Vom Mondlicht abgesehen, haben die Haie auch die Äquatornacht noch nie anders als dunkel und undurchdringlich erlebt. Das gilt auch für die Aale, die anderthalb Meter langen Silberbändern mit Flossen und nadelspitzen Mäulern gleichen, als sie zum Stahlrumpf der *White Holly* emportauchen, angelockt von den bunten Lichtstrahlen, welche die Deckscheinwerfer in die nächtliche See bohren. Zu spät bemerken sie, dass hier unzählige gefräßige Riffhaie das Wasser zum Kochen bringen.

Ein böiger Wind kommt und geht und bläst einen warmen Regenvorhang über die Lagune, wo das Schiff ankert. Die Forscher stehen an der Reling der *White Holly*, fasziniert von den vielen tausend Kilo Biomasse der Haie, die unter Beweis stellen, dass sie zu Recht die Spitze der Nahrungspyramide einnehmen, indem sie die Aale mit solchem Elan schnappen, dass sie vom eigenen Schwung aus dem Wasser getragen werden. Während der letzten vier Tage sind diese Leute zwischen den geschmeidigen Räubern umhergeschwommen, haben sie und alle anderen Lebewesen im Wasser gezählt: von den wirbelnden Regenbogen der Riffbarsche bis hin zu den irisierenden Korallenwäldern; von riesigen Muscheln, die mit samtartigen, schillernden Algen überzogen sind, bis hin zu Mikroorganismen und Viren.

Dies ist das Kingman-Riff, einer der unzugänglichsten Flecken dieser Erde. Mit bloßem Auge ist es kaum zu erkennen: Eine Veränderung der Wasserfarbe von Kobaltblau zu Aquamarin ist der deutlichste Hinweis darauf, dass sich, 1000 Meilen südwestlich von Hawaii, in 15 Metern Tiefe ein neun Meilen langes, bumerangförmiges Korallenriff befindet. Bei Niedrigwasser erheben sich zwei kleine Inseln, entstanden aus den zertrümmerten Schalen der Riesenmuschel, knapp einen Meter über das Wasser.

Zwei Dutzend Wissenschaftler an Bord der *White Holly* und ihr Sponsor, die Scripps Institution of Oceanography, haben diese Wasserwelt ohne Menschen aufgesucht, um zu sehen, wie Korallenriffe aussahen, bevor die Menschen auf Erden erschienen. Ohne einen solchen Vergleichsmaßstab wird man sich kaum darauf einigen können, wie ein gesundes Riff auszusehen hat, gar nicht zu reden von der Frage, wie man die unterseeischen Pendants der Artenvielfalt des Regenwaldes wieder in ihren Urzustand zurückversetzen kann. Obwohl noch Monate der Datenauswertung vor ihnen liegen, haben diese Forscher bereits Anhaltspunkte gefunden, die im Widerspruch zur herrschenden Meinung und sogar ihren eigenen Erwartungen stehen.

Angesichts dieser Haie und einer allgegenwärtigen Art von mehr als zehn Kilo schweren Roten Schnappern mit eindrucksvollen Gebissen – deren einer sich das Ohr eines Fotografen als Andenken holte – hat es den Anschein, als würden die großen Fleischfresser hier den Löwenanteil der gesamten Biomasse stellen. Falls das richtig wäre, würde daraus folgen, dass am Kingman-Riff das konventionelle Bild der Nahrungspyramide auf den Kopf gestellt wäre.

Wie der Paläontologe Paul Colinvaux 1978 beschrieb, fressen die meisten Tiere Geschöpfe, die kleiner und sehr viel zahlreicher sind als sie selbst. Da nur etwa zehn Prozent der Energie, die sie zu sich nehmen, in Körpermasse verwandelt wird, müssen Millionen kleiner Insekten das Zehnfache ihres Körpergewichts an winzigen Milben fressen. Die Insekten ihrerseits werden von einer entsprechend geringeren Zahl von kleinen Vögeln vertilgt, die ihrerseits von noch weniger Füchsen, Wildkatzen und großen Greifvögeln gejagt werden.

Noch stärker als von der Stückzahl, so Colinvaux, werde die Nahrungspyramide von der Masse bestimmt: »Alle Insekten in einem Waldstück wiegen viele Male so viel wie die Gesamtzahl der Vögel; und alle Singvögel, Eichhörnchen und Mäuse zusammen wiegen weit mehr als die Gesamtheit aller Füchse, Falken und Eulen.«

Keiner der Forscher, die zu dieser Expedition im August 2005 aus Amerika, Europa, Asien, Afrika und Australien angereist sind, würde diese – auf die Verhältnisse an Land bezogenen – Schlussfolgerungen bestreiten. Doch im Meer könnte es sich anders verhalten. Vielleicht ist aber auch das Festland die Ausnahme. Die Oberfläche unseres Planeten besteht – ob mit oder ohne Menschen – zu zwei Dritteln aus jenem veränderlichen Stoff, auf dem sich jetzt die *White Holly* wiegt. Vom Kingman-Riff aus betrachtet, gibt es kaum Anhaltspunkte, um unseren Raum zu gliedern, da der Pazifik keine Grenzen hat. Endlos erstreckt er sich in alle Richtungen, bis er in den Indischen Ozean und das Südliche Eismeer übergeht und sich durch die Beringstraße ins Nördliche Eismeer quetscht, um endlich zum Atlantik zu werden. Vor langer Zeit war das große Meer der Erde der Ursprung von allem, was atmet und sich fortpflanzt. Mit dem Meer verschwände die Zukunft aller Lebewesen.

»Schleim.«

Jeremy Jackson, Meerespaläoökologe an der Scripps Institution, ist der Initiator dieser Mission. Er hat viele Jahre seines Forscherlebens hier in der Karibik verbracht, um die

Auswirkungen von Überfischung und Klimaerwärmung auf die Korallenriffe zu studieren. Wenn die Korallen sterben und zerfallen, werden sie von einem unansehnlichen Algenschleim ersetzt.

In den ersten Tagen waren die Forscher der *White-Holly*-Expedition 2005 verblüfft über den Schleim auf den Riffs vor Kiritimati, der Weihnachtsinsel, wo etwa Papageifische, die die niedrige Pflanzendecke abweiden, schon überfischt sind. Auf einer weiteren Insel bot das rostende Wrack eines gesunkenen Frachters noch viel mehr Algen Lebensraum. Rund um die winzige Insel Teraina, die für ihre Größe erheblich überbevölkert ist, gibt es überhaupt keine Haie oder Schnapper mehr. Die Bewohner haben dort in der Brandung mit Gewehren unter anderem nach Schildkröten und Gelbflossen-Thunfischen gejagt. Das Riff wies eine zehn Zentimeter dicke Algenmatte auf.

Das heute unter der Meeresoberfläche befindliche Kingman-Riff, am weitesten nach Norden gelegen, hatte einst die Größe von Hawaiis Hauptinsel und besaß einen ebenso großen Vulkan. Sein Krater liegt jetzt unter dem Wasser der Lagune, nur sein Korallenring ist gerade noch erkennbar. Da Korallen in Symbiose mit friedlichen einzelligen Algen leben, die Sonnenlicht brauchen, wird mit Kingmans Kegel auch das Riff verschwinden – die Westseite ist bereits überflutet, wodurch jene Bumerangform entsteht, die es der *White Holly* ermöglichte, in die Lagune einzulaufen und dort zu ankern.

»Es ist schon äußerst merkwürdig«, meinte Jeremy Jackson, »dass ausgerechnet die älteste Insel, die sich anschickt, in den Wellen zu versinken, die größte Widerstandskraft gegen die Umweltsünden des Menschen beweist.«

Bewaffnet mit Maßbändern, wasserfesten Klemmbrettern und einem Meter langen Kunststofflanzen, zählte das Forscherteam in seinen Neoprenanzügen Korallen, Fische und Wirbellose rund um den zerbrochenen Ring des Kingman-

Riffs, wobei ihre Stichproben bis zu vier Metern zu beiden Seiten mehrerer Transsekte unter dem kristallklaren Wasser des Pazifiks erfassten. Um die mikroorganische Basis der gesamten Lebensgemeinschaft des Riffs zu untersuchen, nahmen sie Proben des Korallenschleims, pflückten Seetang und füllten Hunderte von Literflaschen mit Seewasserproben.

Die Forscher schwammen dabei nicht nur durch Schwärme neugieriger Haie, unfreundlicher Schnapper und scheuer Muränen, sondern durch die ganze Farbenpracht der pazifischen Unterwasserwelt: Papageifische, Riffbarsche, Pfauen-Zackenbarsche, Falterfische und viele andere mehr. Die ungeheure Vielfalt und die unzähligen Nischen eines Korallenriffs ermöglichen jeder Art, durch entsprechende Ausgestaltung der Körperform eine Lebensgrundlage zu finden. Einige ernähren sich nur von einer bestimmten Korallenart, andere wechseln zwischen Korallen und Wirbellosen, andere haben lange Mäuler, mit denen sie in Spalten und Rissen nach winzigen Weichtieren suchen, einige treiben sich tagsüber zwischen den Korallen umher, während die anderen schlafen, um nachts die Rollen zu tauschen.

»Das ist so ähnlich wie die Wachablösung auf den U-Booten«, erläutert Alan Friedlander vom Oceanic Institute in Hawaii, einer der Ichthyologen des Teams. »Die Jungs schieben ihre Vier- bis Sechsstundenschicht und tauschen dann den Schlafplatz. So werden die Kojen niemals kalt.«

So lebendig das Gewimmel um das Kingman-Riff auch ist, hat es trotzdem viel Ähnlichkeit mit einer Oase mitten in der Wüste, Tausende von Meilen von jeder nennenswerten Landmasse entfernt, wo diese Lebensgemeinschaft ihre Vielfalt auffrischen könnte. Die 300 bis 400 Fischarten, die es hier gibt, entsprechen noch nicht einmal der Hälfte jener Artenvielfalt, welche die großen pazifischen Korallenriffs im Dreieck von Indonesien, Neuguinea und der Solomoninseln zu bieten haben. Doch die Belastung, die durch Aquariumhandel und Überfischen mit Dynamit und Zyanid entsteht, hat diese paradiesischen Orte fast zerstört und alle großen Raubfische vernichtet.

»Es gibt in den Weltmeeren keinen Ort mehr wie die Serengeti, der alle Arten noch einmal zusammenführt«, meint Jeremy Jackson.

Doch das Kingman-Riff ist wie der Bialoweza-Urwald eine Zeitmaschine, ein intaktes Bruchstück dessen, was einst jeden grünen Fleck in diesem großen blauen Ozean umgab. Hier entdeckt das Korallen-Forschungsteam ein halbes Dutzend unbekannte Arten. Die Forscher, die für die wirbellosen Tiere zuständig sind, kommen von ihren Streifzügen mit merkwürdigen Weichtieren zurück. Die Gruppe für Mikroorganismen entdeckt Hunderte von neuen Bakterien und Viren, in erster Linie, weil vor ihr noch niemand den Mikrokosmos eines Korallenriffs untersucht hat.

In einem drückend heißen Frachtraum unter Deck hat sich der Mikrobiologe Forest Rohwer ein verkleinertes Abbild des Labors eingerichtet, das ihm an der San Diego State University zur Verfügung steht. Mithilfe einer Sauerstoffsonde von lediglich einem Mikrometer Durchmesser, die an einen Mikrosensor und ein Laptop angeschlossen ist, hat diese Forschungsgruppe nachgewiesen, wie die Algen, die sie zuvor vor Palmyra gesammelt hatte, lebende Korallen verdrängen. In kleine, mit Meerwasser gefüllte Glaswürfel haben sie Proben von Korallen und Algen gegeben und sie durch eine Glasmembran getrennt, die so feinporig ist, dass noch nicht einmal Viren sie durchdringen können. Wohl aber sind die Zucker dazu fähig, die von den Algen produziert werden, da sie sich auflösen. Wenn die Bakterien, die auf Korallen leben, diese energiereiche Zusatznahrung aufnehmen, verbrauchen sie allen verfügbaren Sauerstoff, woraufhin die Koralle abstirbt.

Um dieses Ergebnis zu bestätigen, gaben die Mikrobiologen in einige Würfel eine Dosis Ampicillin, um die hyperventilierenden Bakterien abzutöten, woraufhin die Korallen in diesen Glaswürfeln gesund blieben. »Jedenfalls«, sagt Rohwer und klettert aus dem Frachtraum in den wesentlich kühleren Nachmittag, »bringt der Stoff, der von den Algen ausgeschieden wird, die Koralle um.«

Woher kommt diese Algenplage? »Normalerweise«, erläutert er, »leben Korallen und Algen in friedlichem Gleichgewicht, wobei die Fische ihren Teil dazu beitragen, indem sie die Algen abweiden und kurz halten. Doch wenn die Wasserqualität in der Umgebung eines Riffs nachlässt oder die weidenden Fische aus dem Ökosystem eliminiert werden, bekommen die Algen die Oberhand.«

In gesundem Meerwasser wie dem am Kingman-Riff gibt es eine Million Bakterien pro Milliliter, die Lebenswichtiges für unseren Planeten leisten, indem sie die Bewegung der Nährstoffe und des Kohlenstoffs in seinem Verdauungssystem steuern. An den Küsten der bewohnten Line Islands (Zentralpolynesische Sporaden) zeigen einige Proben jedoch fünfzehnmal so viele Bakterien. Durch Sauerstoffaufnahme ersticken sie die Korallen und schaffen so Platz für noch mehr Bakterien. Es ist jener Schleimzyklus, den Jeremy Jackson fürchtet und den Forest Rohwer für durchaus möglich hält.

»Mikroorganismen kümmert es herzlich wenig, ob wir – oder andere Geschöpfe – existieren oder nicht. Wir sind lediglich eine mäßig interessante ökologische Nische für sie. Tatsächlich ist der Zeitraum, wo es *neben* Mikroorganismen noch andere Lebewesen auf dem Planeten gibt, sehr kurz. Über Jahrmilliarden gab es nur sie. Sobald die Sonne ihre Expansion beginnt, werden wir verschwinden und die Weltbevölkerung wird wieder auf Millionen oder Milliarden Jahre hinaus aus Mikroorganismen bestehen.«

Sie würden bleiben, sagt er, bis die Sonne das letzte Wasser auf der Erde verdunstet habe, da Mikroorganismen es brauchen, um leben und sich fortpflanzen zu können. »Allerdings lassen sie sich durch Gefriertrocknen sehr gut lagern. Alles, was wir ins All schießen, ist mit Mikroorganismen behaftet, auch wenn wir dies um jeden Preis zu verhindern suchen. Wenn sie einmal dort oben sind, gibt es keinen Grund, warum sie nicht Jahrmilliarden überstehen sollten.«

Die Mikroorganismen waren jedoch außerstande, sich über Land auszubreiten, wie es die komplexeren Zellstrukturen schließlich taten, indem sie Pflanzen und Bäume bildeten, die ihrerseits noch komplexeren Lebensformen neue Nischen boten. Mikroorganismen können nur eine einzige Strukturform bilden: Schleimteppiche, ein Rückfall in die frühesten Lebensformen des Planeten.

Zur sichtlichen Erleichterung der Wissenschaftler ist das am Kingman-Riff noch nicht geschehen. Herden Großer Tümmler begleiten die Tauchboote auf ihren Ausflügen. Immer wieder springen die großen Säuger aus dem Wasser, um sich einen der reichlich vorhandenen Fliegenden Fische zu schnappen. Jedes Unterwassertranssekt offenbart eine neue Vielfalt, von den zentimeterlangen Grundeln bis zu Mantarochen mit einer Spannweite von bis zu sieben Metern und Hunderten anderer Fischarten.

Die Riffe selbst, wunderbar sauber, zeigen eine bunte, verschwenderische Korallenvielfalt. Gelegentlich verschwinden die Korallenwände fast hinter farbenfrohen Wolken kleinerer Weidefische. Die Expedition hat ein Paradox bestätigt: Die Anzahl dieser Fische wird durch die Schwärme hungriger Raubfische hervorgerufen, die sie verschlingen. Unter solchem Druck pflanzen sich die kleinen Pflanzenfresser noch schneller fort.

»Denken Sie ans Rasenmähen«, erläutert Alan Friedlander. »Je öfter Sie das Gras schneiden, desto schneller wächst es. Wenn Sie es eine Zeit lang sich selbst überlassen, nimmt das Wachstumstempo wieder ab.«

Es ist wenig wahrscheinlich, dass dergleichen am Kingman-Riff geschehen könnte – angesichts der Heerscharen hungriger Haie. Die Papageifische, deren schnabelartige Schneidezähne sich im Zuge der Evolution so ausgebildet haben, dass sie auch noch die hartnäckigsten korallenerstickenden Algen erwischen, wechseln sogar ihr Geschlecht, um ihre schwindelerregende Reproduktionsrate aufrechtzuerhalten. Das gesunde Riff sorgt für ökologisches Gleichgewicht, indem es den kleinen Fischen genügend Schlupfwinkel und Spalten anbietet, in denen sie sich verstecken und fortpflanzen können, bevor sie zu Haifutter werden. Infolge der ständigen Umwandlung pflanzlicher Nährstoffe in kleine Fische von kurzer Lebensdauer konzentriert sich in den Raubfischen an der Spitze der Nahrungspyramide der Großteil der Biomasse.

Später sollten die Expeditionsdaten zeigen, dass 85 Prozent des Lebendgewichts am Kingman-Riff von Haien, Schnappern und anderen Angehörigen der fleischfressenden Fraktion gestellt wird. Wie viele PCBs die Nahrungskette emporgewandert sind und sich nun in deren Gewebe eingenistet haben, ist Stoff für eine künftige Studie.

Zwei Tage vor Beendigung der Kingman-Expedition steuern die Forscher mit ihren Tauchbooten die halbmondförmigen Inselchen an, die auf dem nördlichen Arm des bumerangförmigen Riffs liegen. Im seichten Wasser erwartet sie ein überaus erfreulicher Anblick: eine spektakuläre Gemeinschaft von stachligen schwarzen, roten und grünen Seeigeln, die tüchtige Algenweider sind. 1998 vernichtete eine durch El Niño hervorgerufene Temperaturschwankung, die durch die globale Erwärmung noch verstärkt wurde, 90 Prozent der Seeigel in der Karibik. Das ungewöhnlich warme Wasser veranlasste Korallenpolypen, die in enger Symbiose mit ihnen lebenden fotosynthetisch aktiven Algen auszuspucken, die den Korallen normalerweise für den von diesen ausgeschiedenen Ammoniakdünger ein ausgewogenes Sortiment an Zuckern und die charakteristischen Farben zur Verfügung stellen. Innerhalb eines Monats hatte sich mehr als die Hälfte der karibischen Riffe in ausgebleichte Korallenskelette verwandelt, die heute mit Schleim überzogen sind.

Wie die Korallenbänke weltweit, zeigen auch diejenigen an den Rändern der Kingman-Inselchen bleiche Narben, doch eifriges Abweiden hat die eindringenden Algen in Schach gehalten, sodass die rosa Korallenalgen das verwundete Riff langsam wieder kitten konnten.

Vorsichtig, um sich nicht an den Seeigelstacheln zu verletzen, klettern die Forscher an Land. Nach wenigen Schritten befinden sie sich auf der Luvseite des Muschelschutts, wo sie ein Schock erwartet. Von einem Ende zum anderen sind die Inseln mit zerdrückten Plastikflaschen, Wegwerffeuerzeugen, Schaumstoffschwimmern und unkenntlich gewordenem Kunststoffmüll in verschiedenen Stadien ultravioletter Auflösung bedeckt. Die einzigen organischen Stoffe im Spülsaum sind das Skelett eines Rotfußtölpels, Bruchstücke eines alten Auslegerkanus und sechs Kokosnüsse.

Am folgenden Tag kehren die Forscher von ihrem letzten Tauchgang zurück und füllen Dutzende von Müllbeuteln. Sie geben sich nicht der Illusion hin, sie hätten das Kingman-Riff wieder in den jungfräulichen Zustand versetzt, in dem es sich befand, bevor die Menschen es entdeckten. Asiatische Strömungen werden weiteren Plastikmüll heranführen, steigende Temperaturen mehr Korallenbänke bleichen – vielleicht sogar alle, es sei denn, die Korallen und ihre fotosynthetisch aktiven Partner können sich rasch auf ein neues symbiotisches Abkommen einigen.

Sogar die Haie zeigen, wie den Forschern jetzt klar wurde, Spuren menschlicher Einflüsse. Nur einer, den sie während der ganzen Woche gesehen haben, ist ein Koloss von fast zwei Metern; die Übrigen sind offenbar noch nicht ausgewachsen. In den letzten zwanzig Jahren müssen auf

Haifischflossen spezialisierte Fischer hier gewesen sein. In Hongkong bringt die Schüssel Haifischflossensuppe bis zu hundert Dollar. Nachdem man den Tieren bei lebendigem Leib Brust- und Rückenflossen abgeschnitten hat, werfen die Fischer die verstümmelten Fische wieder ins Meer. Navigationsunfähig sinken sie auf den Meeresgrund, wo sie ersticken. Trotz aller Kampagnen zum Verbot der Luxusspeise gehen in weniger entlegenen Gewässern jährlich geschätzte hundert Millionen Haie auf diese Weise zugrunde. Die Anwesenheit so vieler kräftiger Jungtiere lässt zumindest hoffen, dass genügend Haie den Messern entkamen, um die Population wieder aufzufrischen. PCBs oder nicht, sie machen einen kräftigen Eindruck.

»In einem Jahr«, sagt Expeditionsleiter Enric Sala und beobachtet von der Reling der *White Holly*, wie die Schiffsscheinwerfer die nächtliche See in Aufruhr versetzen, »erlegen die Menschen hundert Millionen Haie, während diese vielleicht fünfzehn Menschen angreifen. Kein fairer Kampf.«

Enric Sala steht am Ufer des Palmyra Atolls und wartet auf eine Turbo-Prop-Gulfstream, die auf dem Rollfeld aus dem Zweiten Weltkrieg landen soll, um das Expeditionsteam zu dem drei Flugstunden entfernten Honolulu zu bringen.

Pastellgrün und kristallklar nagt Palmyras Lagune geduldig an den bröckelnden Betonplatten, auf denen heute Tausende von Rußseeschwalben nächtigen. Das höchste Bauwerk hier, eine ehemalige Radarantenne, ist zur Hälfte verrostet; noch ein paar Jahre und sie wird vollkommen zwischen Kokospalmen und Mandelbäumen verschwunden sein. Würde mit ihr plötzlich alle menschliche Aktivität ersterben, könnten sich nach Salas Auffassung die Riffe der nördlichen Line Islands schneller als erwartet erholen und wieder eine so vielfältige Lebensgemeinschaft bilden wie in den letzten Jahrtausenden, bevor der Mensch mit Fischernetzen und Angelhaken auftauchte. (Und Ratten: wahrscheinlich die mitgeführte, sich selbst erneuernde Nahrungsquelle für die polynesischen Seefahrer, die sich nur mit Kanus und Courage bewaffnet auf die unendliche See hinauswagten.)

»Ich denke, die Riffe würden sich trotz globaler Erwärmung binnen zweihundert Jahren erholen. Es wäre örtlich verschieden. An einigen Riffen gäbe es ein reichliches Vorkommen großer Raubfische. Andere wären mit Algen überzogen. Doch im Laufe der Zeit kämen die Seeigel zurück. Und die Fische. Und dann die Korallen.«

Hoch wölben sich Salas dichte, dunkle Augenbrauen bei dieser Aussicht. »Kämen die Menschen in fünfhundert Jahren zurück, würden sie sich hüten, ins Meer zu springen, denn da würden zu viele hungrige Mäuler auf sie warten.«

Jeremy Jackson, der die Sechzig schon überschritten hat, war der ökologische Doyen der Expedition. Die meisten anderen Teilnehmer sind wie Enric Sala zwischen dreißig und vierzig. Sie gehören einer Generation von Biologen und Zoologen an, die den Umweltschutz als Teil ihres Berufsbildes begreifen. Unvermeidlich begegnen sie bei ihrer Forschung Mitgeschöpfen, die von dem heute weltweit gefährlichsten Raubtier – dem Menschen – in ihrem Bestand bedroht sind. Wenn es noch fünfzig Jahre so weitergeht, das wissen sie, werden die Korallenriffe nicht mehr wiederzuerkennen sein. Die Einblicke, die sie hier in das natürliche Gleichgewicht des Kingman-Riffs und das gedeihliche Zusammenleben seiner Bewohner gewonnen haben, hat sie in ihrer Entschlossenheit bestärkt, das Gleichgewicht auch andernorts wiederherzustellen.

Ein Palmendieb, das größte an Land lebende Krebstier, wackelt vorbei. Zwischen den Blättern des Mandelbaums über unseren Köpfen schimmert es schneeweiß: das frische Gefieder der Feenseeschwalbenküken. Sala nimmt seine Sonnenbrille ab und schüttelt den Kopf.

»Ich bin fasziniert von der Fähigkeit des Lebens, sich

überall anzusiedeln«, sagt er. »Wenn es Gelegenheit dazu erhält, richtet es sich an jedem denkbaren Ort ein. Eine Art, die so kreativ und möglicherweise auch intelligent wie die unsere ist, sollte in der Lage sein, überall für Gleichgewicht zu sorgen. Wir müssen natürlich noch viel lernen, aber ich habe uns noch nicht aufgegeben.«

Zu seinen Füßen werden Tausende von winzigen, zitternden Muschelschalen von Einsiedlerkrebsen zu neuem Leben erweckt. »Doch selbst für den Fall, dass wir es nicht schaffen: Wenn sich der Planet vom Perm erholen konnte, wird er es auch von der Menschheit können.«

Mit oder ohne überlebende Menschen wird auch das jüngste Massensterben des Planeten enden. So bestürzend die Rasanz des gegenwärtigen Artenverlusts auch ist, es handelt sich nicht um eine neue Perm-Katastrophe und auch nicht um einen von der Bahn abgekommenen Asteroiden. Der Planet hat immer noch seine Ozeane, zwar vom Menschen heimgesucht, und doch von grenzenloser Kreativität. Obwohl sie 100 000 Jahre brauchen werden, um all den Kohlenstoff aufzunehmen, den wir aus der Erde geholt und in die Luft geblasen haben, werden sie ihn am Ende wieder in Muscheln, Korallen und andere Dinge verwandeln. »Am Genom gemessen«, meint der Mikrobiologe Forest Rohwer, »ist der Unterschied zwischen uns und den Korallen nur klein. Es gibt überzeugende molekulare Belege dafür, dass wir alle die gleiche Wurzel haben.«

Noch in jüngerer Zeit tummelten sich in der Umgebung der Korallenriffe Zackenbarsche von fast 400 Kilo Gewicht, ließ sich der Pazifische Kabeljau in Körben fangen und filterten Austern die gesamte Wassermenge der Chesapeake Bay alle drei Tage. An den Küsten des Planeten drängten sich unabsehbare Mengen von Seekühen, Robben und Walrössern. Binnen zweihundert Jahren wurden dann die Korallenriffe abgetragen und die Seegrasbetten kahl geschabt, vor der

Mündung des Mississippi bildete sich eine Todeszone von der Größe New Jerseys und die Kabeljaubestände des Planeten erlebten einen ungeheuren Einbruch.

Doch trotz maschineller Überfischung, Suche der Fischschwärme per GPS, Nitrateinträgen und fortgesetztem Abschlachten der Meeressäuger ist der Ozean noch immer größer als wir. Da der vorgeschichtliche Mensch keine Möglichkeit hatte, der marinen Megafauna nachzustellen, war der Ozean neben Afrika das einzige Gebiet, das von der massiven Artenvernichtung im Pleistozän verschont blieb. »Die meisten Meeresarten sind erheblich dezimiert«, sagt Jeremy Jackson, »aber es gibt sie noch. Wenn die Menschen tatsächlich verschwänden, würden sich die meisten erholen.«

Selbst wenn die globale Erwärmung das Kingman-Riff und Australiens Großes Barrierriff zugrunde richten würde, meint er, bleibt zu berücksichtigen, dass sie nur 7000 Jahre alt sind. Alle diese Riffe wurden von den Eiszeiten immer wieder abgehobelt und mussten sich neu bilden. Wenn sich die Erde ständig erwärmt, werden weiter nördlich und südlich neue Riffe entstehen. Die Welt hat sich immer wieder verändert. Nichts bleibt gleich.

Eines Tages, wenn es keine Menschen mehr auf der Erde gibt, werden die Staudämme dieser Welt versanden und überlaufen. Die Flüsse werden wieder Nährstoffe ins Meer tragen, wo es immer noch vor Leben wimmelt, so wie es bereits lange Zeit war, bevor die ersten Wirbeltiere an Land krochen.

Und schließlich würden auch wir es erneut versuchen. Für die Welt wäre es ein neuer Anfang.

Epilog
Unsere Erde, unsere Seele

Einer Redensart zufolge endet das Leben tödlich. Das gilt auch für die Erde. In grob geschätzt fünf Milliarden Jahren wird die Sonne sich zu einem Roten Riesen aufblähen und alle inneren Planeten wieder in ihren feurigen Schoß zurückholen. Dann wird das Eis auf dem Saturnmond Titan, wo die Temperatur gegenwärtig minus 160 Grad beträgt, auftauen und aus seinen Methanseen könnten höchst interessante Geschöpfe an Land kriechen. Eines von ihnen wird vielleicht, während es durch den organischen Schlamm patscht, auf die *Huygens*-Landekapsel stoßen, die von dem Cassini-Orbiter im Januar 2005 per Fallschirm abgesetzt wurde. Beim Flug durch die Titanatmosphäre und noch weitere neunzig Minuten, bis die Batterien leer waren, schickte uns die Landesonde Bilder von flussbettartigen Einschnitten, die von dem orangefarbenen, kieselbedeckten Bergland in die endlosen Sanddünen des Titanmondes führen.

Leider wird, wer oder was die *Huygens*-Sonde auch immer findet, keine Ahnung haben, woher sie kam oder dass es uns je gab. Eine Zeit lang überlegten die Projektleiter der NASA, der Cassini-Mission eine Botschaft mitzugeben, die dieses Mal in einen Diamanten eingeschlossen werden sollte, eine grobe Skizze unserer Geschichte, die mindestens fünf Milliarden Jahre Bestand gehabt hätte – Zeit genug für die Evolution, mit einem neuen Publikum aufzuwarten.

Entscheidender für uns hier und jetzt auf der Erde ist die Frage, ob wir Menschen die Phase überleben, die man vielfach als das jüngste Massensterben des Planeten bezeichnet – oder ob wir den Rest des Lebens retten können, statt ihn auch noch zu vernichten. Die naturgeschichtliche Lehre, die wir den fossilen und lebenden Belegen entnehmen können, lautet, dass wir es alleine nicht sehr lange schaffen würden.

Die Weltreligionen bieten uns alternative Zukunftsentwürfe, gewöhnlich in irgendeinem Jenseits angesiedelt. Doch bedarf es eben des Glaubens, um diesen Vorstellungen zu vertrauen. Die Wissenschaft bietet für das Überleben kein anderes Kriterium an als die natürliche Selektion, das Überleben der Angepasstesten.

Das Schicksal des Planeten und seiner anderen Bewohner, nachdem wir mit ihm fertig sind – oder er mit uns –, ist für die Religionen, um es vorsichtig auszudrücken, kein Thema. Die Erde nach den Menschen wird entweder außer Acht gelassen oder als zerstört aufgefasst, obwohl sie nach Auffassung des Buddhismus und des Hinduismus wieder von vorne anfinge – wie übrigens nach einer Spielart der Urknalltheorie auch das ganze Universum. (Bis das eintritt, gibt es laut dem Dalai Lama auf die Frage, ob die Erde ohne uns noch fortexistiert, nur eine Antwort: »Wer weiß?«)

»Die Welt ist vorhanden, um dem Menschen zu dienen, weil er das edelste aller Geschöpfe ist«, sagt der türkische Sufi-Meister Abdulhamit Cakmut. »Das Leben besteht aus Kreisläufen. Aus dem Samen wächst der Baum, aus ihm die Frucht, die wir essen, und wir geben sie zurück. Alles ist dazu bestimmt, dem Menschen zu dienen. Wenn wir aus diesem Kreislauf ausscheiden, wird die Natur nicht mehr sein.«

In den muslimischen Sufi-Regeln kommt die Auffassung zum Ausdruck, dass sich alles, ob Atom oder Galaxie, in Zyklen bewegt, auch die Natur in ihrer ständigen Erneuerung – jedenfalls bis jetzt. Wie so viele andere – Hopi, Hindus, Juden, Christen, Parsen – warnt auch der Islam vor einer Endzeit. (Im Judentum heißt es, auch die Zeit werde enden, aber nur Gott wisse, was das bedeute.) »Wir sehen die Zeichen«, sagt Cakmut. »Die Harmonie ist gebrochen. Die Guten sind in der Unterzahl. Es gibt mehr Ungerechtigkeit, Ausbeutung, Korruption, Umweltverschmutzung. Jetzt müssen wir uns den Konsequenzen stellen.«

Das Szenario ist bekannt: Gut und Böse trennen sich, enden im Himmel beziehungweise der Hölle und alles andere ist zum Untergang verurteilt. Es sei denn, so fügt Abdulhamit Cakmut hinzu, wir können diesen Prozess verlangsamen, die Harmonie wiederherstellen und die Regeneration der Natur beschleunigen.

»Wir behandeln unseren Körper pfleglich, um länger zu leben. Genauso sollten wir auch mit der Welt umgehen. Wenn wir ihr eine möglichst lange Dauer verleihen, können wir den Jüngsten Tag hinausschieben.«

Können wir das? Für den Fall, dass sich die Verhältnisse nicht bald ändern, rät uns der Gaia-Theoretiker James Lovelock, das Kernwissen der Menschheit in einem Medium, das keine Elektrizität braucht, an den Polen zu sichern. Doch Dave Foreman, Gründer von Earth First!, einer radikalen Umweltorganisation, die sich schon weitgehend von der Vorstellung verabschiedet hat, dass der Mensch noch einen Platz im Ökosystem verdiene, leitet heute das Rewilding Institute, eine Denkfabrik auf der Grundlage von Erhaltungsbiologie und kompromissloser Hoffnung.

Diese Hoffnung setzt auf die Einrichtung von »Megavernetzungen« – Korridore, die nach dem Willen ihres Planers ganze Kontinente umspannen und die Menschen verpflichten sollen, mit den wild lebenden Tieren zu koexistieren. Allein in Nordamerika hält er mindestens vier dieser Korridore für erforderlich: die Wasserscheide des Kontinents entlang den Rocky Mountains bis nach Mittelamerika, die

Atlantik- und die Pazifikküste und den arktischen Norden. In allen würde man die erfolgreichen Raubtiere und die im Pleistozän vernichtete Megafauna wieder heimisch machen, so weit möglich jedenfalls: afrikanische Stellvertreter für Amerikas verschwundene Kamele, Elefanten, Geparden und Löwen.

Gefährlich? Der Vorteil für die Menschen wäre nach Auffassung von Foreman, dass uns ein Ökosystem, das sich wieder im Gleichgewicht befände, eine Überlebenschance gewährte. Wenn nicht, wird uns das Schwarze Loch, in das wir den Rest der Natur befördern, ebenfalls verschlingen.

Dieser Plan eint auch Paul Martin, Vater der Clovis-Theorie zum Aussterben der amerikanischen Megafauna, und David Western aus Kenia, der versucht, die Elefanten daran zu hindern, auch noch die letzten von Trockenheit geschwächten Fieberbäume zu vernichten: Schickt uns doch ein paar von euren Rüsseltieren, bittet Martin. Lasst sie wieder Milchorangen, Avocados und andere Früchte und Samen fressen, die so groß sind, weil unsere Megafauna sie einst verdauen konnte.

Doch der größte Elefant ist symbolischer Art und zeigt sich erst in globaler Perspektive: Alle vier Tage nimmt die Weltbevölkerung um eine Million Menschen zu. Solche Zahlen können wir nicht wirklich erfassen, und sie wachsen unkontrolliert weiter, bis sie über uns zusammenbrechen, wie es bislang bei jeder Art der Fall war, die zu zahlreich für das Raumschiff Erde wurde. So ziemlich die einzige Möglichkeit, das drohende Unheil abzuwenden, besteht darin, abgesehen vom freiwilligen weltweiten Aussterben, zu beweisen, dass es wirklich die Intelligenz ist, die uns von anderen Arten unterscheidet.

Die intelligente Lösung würde voraussetzen, dass wir den Mut und die Weisheit besitzen, unser Wissen auf die Wirklichkeit anzuwenden. Das wäre in gewisser Weise schmerzlich und traurig, aber nicht verhängnisvoll: Man müsste durchsetzen, dass fortan jede Frau auf dem Planeten nur ein Kind bekommen durfte.

Das Ergebnis dieser drakonischen Maßnahme wäre, unter Berücksichtigung aller Faktoren, nur schwer vorherzusagen: Weniger Geburten würden beispielsweise die Säuglingssterblichkeit senken, weil alle Ressourcen mobilisiert würden, um die kostbaren Angehörigen der jeweils jüngsten Generation zu schützen. Ausgehend von dem mittleren Szenario für die Lebenserwartung bis 2050 hat Dr. Sergej Scherbow, Forschungsleiter am Institut für Demografie der Österreichischen Akademie der Wissenschaften und Analytiker des Weltbevölkerungsprogramms, berechnet, was geschehen würde, wenn alle gebärfähigen Frauen von nun an nur noch ein Kind bekämen (2004 lag die durchschnittliche Fertilität bei 2,6 Kindern pro Frau; nach dem mittleren Szenario ginge diese Zahl bis 2050 auf rund zwei Kinder zurück).

Begänne das, aus welchen Gründen auch immer, schon morgen, fiele die gegenwärtige Weltbevölkerung von 6,5 Milliarden Menschen bis zur Mitte des Jahrhunderts um eine Milliarde. (Wenn wir weitermachen, wie hochgerechnet, klettert sie auf neun Milliarden Menschen.) Von diesem Punkt an würde sich, bliebe es bei der Maßgabe ein Kind pro Mutter, das Leben auf der Erde für alle Arten grundlegend verändern. Infolge natürlichen Schwunds würde sich die Weltbevölkerung deutlich reduzieren. 2075 wäre sie um die Hälfte zurückgegangen und läge bei 3,43 Milliarden. Unser Einfluss wäre noch weit stärker geschrumpft, weil vieles von dem, was wir tun, durch die Kettenreaktion verstärkt wird, die wir im Ökosystem auslösen.

Im Jahr 2100, in noch nicht einmal hundert Jahren, gäbe es nur noch 1,6 Milliarden Menschen: der Stand, den wir im 19. Jahrhundert hatten, kurz bevor die Quantensprünge in der Energieversorgung, Medizin und Nahrungsmittelproduktion die Zahl ein erstes und dann noch ein zweites Mal verdoppelten. Damals erschienen diese Entdeckungen der Menschheit wie Wunder. Heute werden sie, wie alle guten Sachen, die man im Übermaß genießt, zur Gefahr für uns.

Bei solchen weit übersichtlicheren Bevölkerungszahlen hätten wir die Möglichkeit, unsere zivilisatorischen Errungenschaften zu nutzen und unsere Anwesenheit hier auf Erden durch kluge Maßnahmen zu steuern. Diese Klugheit wäre teils das bittere Ergebnis unwiederbringlichen Artenverlustes, teils aber auch die beglückende Konsequenz einer Welt, die sich täglich zu ihrem Vorteil veränderte. Die Beweise müsste man nicht mühsam aus Statistiken herauslesen. Jeder Blick aus dem Fenster würde sie zeigen, jeder Morgen, der mehr Vogelstimmen in sauberer Luft ertönen ließe.

Wenn wir nichts tun und unsere Zahl, wie hochgerechnet, um eine weitere Hälfte zunimmt, könnte unsere Technik dann noch einmal, wie es ihr eine Zeit lang im 20. Jahrhundert gelang, die Ressourcen strecken? Wir haben bereits von der Roboteroption gehört.

Der Mikrobiologe Forest Rohwer liegt entspannt an Deck der *White Holly* und beobachtet die vorbeischwimmenden Haie, während er eine andere Möglichkeit erörtert: »Wir könnten mit Lasern oder anderen Teilchen-Welle-Strahlen Objekte auf ferne Planeten oder in andere Sonnensysteme teleportieren. Das würde viel schneller gehen, als jemanden tatsächlich dorthin zu schicken. Vielleicht könnten wir einen Menschen codieren und ihn irgendwo im All wieder zusammenbauen. Die Biowissenschaften werden vermutlich die Voraussetzungen dafür schaffen. Ob die Physik es leisten wird, weiß ich nicht. Doch im Grunde kommt es nur auf die Biochemie an, daher gibt es keinen Grund, warum wir nicht dazu in der Lage sein sollten. Es sei denn«, räumt er ein, »es gibt tatsächlich so etwas wie den Lebensfunken. Aber wir werden etwas derartiges brauchen, denn es gibt keinen Anhaltspunkt dafür, dass wir in einem vernünftigen Zeitrahmen von der Erde fortkommen können.«

Wenn wir dazu in der Lage wären – irgendwo einen fruchtbaren Planeten finden, der groß genug für uns alle wäre, unsere Körper holografisch klonen und über Lichtjahre hinweg unser Bewusstsein hochladen könnten –, dann würde sich die Erde endlich von uns erholen. Ohne Herbizide könnten die Unkräuter (gelegentlich auch als Artenvielfalt bezeichnet) in unsere Agrarfabriken und riesigen Monokulturen eindringen – in Amerika wäre das eine Zeit lang in erster Linie Kudzu. Irgendwann werden die leer stehenden Häuser und Wolkenkratzer – ohne Gärtner, die versuchen, des wuchernden Krauts Herr zu werden –, lange bevor sie einstürzen bereits unter einer leuchtend grünen, fotosynthetisierenden Decke verschwunden sein.

Seit dem Ende des 19. Jahrhunderts, als wir zunächst die Elektronen und dann auch andere Elementarteilchen des Universums zu manipulieren begannen, war das menschliche Leben einem raschen Wandel unterworfen. Ein Beispiel dafür, wie schnell das alles ging: Noch vor knapp hundert Jahren – bevor Marconi die drahtlose Nachrichtenübermittlung und Edison den Phonographen erfanden – war alle Musik, die jemals auf der Erde gehört worden war, live. Heute ist es nur noch ein winziger Bruchteil: ein Prozent. Der Rest wird elektronisch wiedergegeben oder in den Äther ausgestrahlt, Tag für Tag zusammen mit Billionen Wörtern und Bildern.

Diese Radiowellen verschwinden nicht einfach – wie Licht breiten sie sich aus. Das menschliche Gehirn sendet ebenfalls elektrische Impulse von sehr niedriger Frequenz aus: ähnlich den Radiowellen, die man zur Kommunikation mit U-Booten verwendet, nur sehr viel schwächer.

Auch die Emanationen unserer Gehirne müssen sich, wie Radiowellen, endlos ausbreiten – wohin? Der Raum wird heute als expandierende Blase beschrieben, allerdings ist das nur eine Theorie. Daher ist die Vorstellung vielleicht gar nicht so abwegig, dass unsere Gehirnwellen eines Tages auf geheimnisvollen interstellaren Raumzeitkrümmungen wieder hierher zurückfinden. So könnten unsere Gedanken und Erinnerungen – lange nach unserem Hinscheiden – irgendwann mittels einer kosmischen elektromagnetischen Welle zur Erde zurückkehren, voller Sehnsucht nach der Welt, aus der wir uns selbst vertrieben haben.

Nachwort zur Neuausgabe
Welt mit uns, Welt ohne uns

Einige Jahre, bevor ich *Die Welt ohne* uns schrieb, reiste ich durch verschiedene Teile der Welt, um über Umweltkatastrophen zu berichten: von dem unsichtbaren Loch, das über der Antarktis hing, bis zur schmelzenden Arktis, von den Bränden und Kettensägen, die riesige Bereiche des Amazonas vernichteten, bis zu geköpften Bergketten, Industriebrachen, schwindenden Flüssen, und – nicht weit von dem Dorf, in dem mein Vater geboren wurde – der Reaktorkatastrophe von Tschernobyl. Allmählich wurde mir klar, dass dies keine isolierten, unabhängigen Ereignisse waren: Sie hingen zusammen, und den Zusammenhang bildete das alltägliche Verhalten meiner eigenen Spezies auf diesem Planeten.

Durch das Privileg meiner Zeugenschaft fühlte ich mich verpflichtet, über alle diese Ereignisse zu schreiben, die, wie mir klar wurde, in ihrer Summe auf eine globale Umweltkrise hinausliefen. Aber ein so übermächtiges Thema verlangte nach einem Buch, und kaum jemand, auch ich nicht, hatte Lust, in seiner kostbaren Freizeit zu lesen, dass wir alle sterben könnten, wenn es der Menschheit nicht bald gelänge, ihren unersättlichen, selbstzerstörerischen Lebensstil zu ändern.

Einige Jahre war ich wie gelähmt: Ich konnte mir einfach nicht vorstellen, wie man über dieses grauenhafte Thema ein Buch schreiben sollte, das die Leser nicht nach ein paar Seiten an die Wand klatschen würden.

Eines Tages wurde mir durch die zufällige Bemerkung eines Redakteurs klar, dass sich die Leser *darum* keine Sorgen mehr machen müssten, wenn ich die ganze Weltbevölkerung vor Beginn des Buchs sterben ließe. Und da wir alle auf die Zukunft neugierig sind, war die Möglichkeit, einen Blick auf die Entwicklung der Erde zu werfen, wenn niemand mehr da wäre, um ihr zu schaden, möglicherweise unwiderstehlich.

Das Ergebnis war eine raffinierte Methode, um durch die Hintertür all das, was die Umweltschützer umtreibt, einzuschmuggeln, ohne in ihre düstere Rhetorik einzustimmen. Wenn wir uns alle plötzlich in Luft auflösten, wäre alles, was wir zurückließen, die Gesamtsumme der von uns verursachten Umweltschäden – obwohl ich das sinistre Wort nie verwenden musste. Anstatt zu beschreiben, wie unser Planet unaufhaltsam hässlicher, wärmer, verschmutzter und unbewohnbarer wird, stellte ich mir einfach vor, was geschähe, wenn, sagen wir, so etwas wie ein humanspezifisches Virus die Menschheit befiele, aber alles andere unangetastet ließe. (Für gläubige Christen und Science-Fiction-Fans deutete ich auch die Möglichkeit an, Jesus oder eine außerirdische Macht hätte uns entführt.) Wie lange würde die Natur, von unseren täglichen Ansprüchen befreit, brauchen, um die von uns verlassenen Räume zu besetzen, unsere Infrastruktur und Architektur niederzureißen, leere Nischen wiederzubesetzen und die Wunden zu heilen, die wir diesem wunderschönen Himmelskörper geschlagen haben?

Mein Trick funktionierte: Die Leser nahmen mit solchem Entzücken zur Kenntnis, wie Wälder und Tiere Manhattan zurückeroberten, Wildblumen industrialisiertes Ackerland überwucherten und fast ausgestorbene Arten wiederbelebt wurden und erblühten, dass sie ihr eigenes implizites Ableben darüber vergaßen. Fasziniert lasen sie, dass sich Koreas Demilitarisierte Zone in knapp einem halben Jahrhundert in eine Wildnis zurückverwandelt hatte und zu einem der wichtigsten koreanischen Tierschutzgebiete geworden war und dass in noch kürzerer Zeit Schlüsselblumenfelder die gepflasterten Straßen eines verlassen zypriotischen Badeorts aufbrachen. Mein buchlanger Nachruf auf die Menschheit wurde zu einem internationalen Bestseller und liegt heute in 35 Sprachen vor.

Deshalb wurde ich, als Covid-19 mehr als zehn Jahre nach Erscheinen des Buchs ausbrach, mit Interviewanfragen überschüttet: von *NPR*, dem *New Yorker*, der *BBC*, von Journalisten aus Italien, Dänemark, Portugal, Spanien, Polen, Indien, Argentinien, Mexiko, Taiwan – und sogar vom iranischen Fernsehen.

Als die Leute beobachteten, wie der Himmel über Peking und Los Angeles kristallklar wurde und wie Kojoten, Ziegen, Wildtruthähne, Krokodile und Pumas durch menschenleere Straßen streiften, wollten sie wissen, wie ich in *Die Welt ohne uns* so vieles hätte voraussehen können. Weltweit war in symbolträchtigen öffentlichen Räumen wie der Piazza San Marco, der Place de la Concorde, dem Roten Platz, dem Platz des Himmlischen Friedens und dem Times Square Ruhe und Frieden eingekehrt. Plötzlich hörte alle Welt die Vogelstimmen, und allmählich ging den Menschen auf, dass sie schon immer da gewesen waren, aber dass sie von den zeitweilig verstummten Maschinen übertönt worden waren. Nachdem in Venedig die Vaporetti mit den schäumenden Bugwellen von Schwänen und Kormoranen ersetzt worden waren, staunten die in Quarantäne lebenden Venezianer nicht schlecht, als sie aus den Fenstern auf ihre stille Stadt schauten und in den durchsichtig gewordenen Kanälen Fischschwärme schwimmen sahen.

Zwar erwiesen sich virale Videos von Delfinen, die im Canal Grande herumsprangen, als gefälschte Aufnahmen aus einem sardischen Hafen, aber ich fand es rührend, dass so viele Menschen sie für wahr halten wollten. Damals war Norditalien der erste westliche Covid-Hotspot, doch trotz ihres Schreckens spürten die Menschen, dass auch etwas Schönes geschah. »Ist das die Welt ohne uns«, fragten sie fast sehnsüchtig, weil die Vision einer friedlichen, wahrhaft gesunden Welt unwiderstehlich ist. Sehnsüchtig, aber auch beunruhigt, weil ich in meinem Buch die Möglichkeit erwähnt hatte, dass ein Virus die Menschheit ausrotten könnte. »Sind Sie ein Prophet?« lautete die bange Frage, die ich oft zu hören bekam.

Nein, erwiderte ich dann, nur ein Journalist, der sich bei Epidemiologen erkundigt hat, die schon seit langem Bescheid wissen – so wie die Frage auch nicht lautet, *ob*, sondern *wann* das große Erdbeben Los Angeles dem Erdboden gleichmacht. Pandemien seien, sagen sie, natürliche Korrekturen, die immer dann unvermeidlich würden, wenn eine Art sich so vermehre, eine solche Übervölkerung verursache, dass sie ihre Umwelt überfordere und aus dem Gleichgewicht bringe.

Sehr schmerzlich ist es natürlich, wenn die eigene Art die Korrektur erleidet.

Interviewern, die beklagten, das Leben sei in Zeiten der Pandemie so schrecklich unwirklich geworden, antwortete ich: Nein, tatsächlich ist die Situation, die wir jetzt haben, real. Ein Trugbild waren die Vorstellungen, mit denen wir gelebt haben: Wachstum ohne Ende und Leugnung des Offensichtlichen.

Als ich das vorliegende Buch begann, machte ich mir Sorgen um das Schicksal der Erde, doch nach den Recherchen und der Niederschrift war das vorbei: Der Planet wird sich erholen. Er hat bereits fünf große Phasen des Aussterbens überstanden, die teilweise neun Zehntel alles Lebens ausgelöscht haben. Obwohl es jeweils Jahrmillionen dauerte, hat unser Planet doch stets zu seiner alten Pracht und Größe zurückgefunden, indem er die freien Nischen mit neuen Gattungen und Arten füllte. Genauso wird es nach dem großen Sterben sein, das wir gegenwärtig verursachen. Selbst wenn einige unserer bösartigsten Schöpfungen möglicherweise bis zum Ende der Zeit überleben werden – etwa die neuen Verbindungen, die man als langlebige organische Schadstoffe oder Dauergifte bezeichnet und die weltweit Umweltverwüstungen anrichten –, irgendwann werden auch sie mit all dem Plastikzeug vergraben sein.

Die Erde wird sich also erholen: Sie hat buchstäblich alle Zeit der Welt, um zu heilen. Aber was ist mit der Welt, die uns ermöglichte, uns zu entwickeln und zu entfalten? Der Titel *Die Welt ohne uns* war eigentlich ein Täuschungsmanöver, in Wirklichkeit wünschte ich mir natürlich eine Welt *mit* uns. Als ich das Buch schrieb, dachte ich, ich müsse nur zeigen, wie kraftvoll und widerstandsfähig das Leben ist und wie die Natur sich auf wunderbare Weise selbst Orte zurückerobert, denen die Menschen so übel mitgespielt haben – die verbrannte Erde der entmilitarisierten Zone in Korea oder das strahlenverseuchte Tschernobyl. Dann würden sich die Leser vielleicht fragen, ob wir nicht selbst wieder in diesem Porträt eines genesenen Planeten einen Platz finden könnten, nur dieses Mal in Harmonie und nicht in tödlichem Kampf mit ihm.

Ursprünglich hatte ich beabsichtigt, in einem Epilog einige Vorschläge dafür zu unterbreiten. Doch gegen Ende meiner Recherche, als ich nach Stimmen suchte, die tatsächlich eine Welt ohne Menschen forderten, entdeckte ich die globale »Bewegung für das freiwillige Aussterben der Menschheit« (»Voluntary Human Extinction Movement«). Ihr Leiter, ein liebenswürdiger Lehrer, ist bereits in Trauer um unsere Spezies. Er ist der Meinung, die Menschheit und ihr Verhalten seien eine Zeit lang eine gute Sache gewesen, aber in letzter Zeit sei es zu viel des Guten geworden.

Heute brauchen wir fast den halben Planeten, um uns alle zu ernähren: deshalb verdrängen wir so viele andere Arten von ihm. Irgendwann, so erklärt er – und gibt damit die Meinung vieler Umweltschützer wieder, die ich kenne –, wird eine darunter sein, die, wie uns zu spät klar werden wird, für unser Überleben unentbehrlich war. Seiner Meinung nach gibt es nur eine moralische Option für uns: den freiwilligen Verzicht auf Fortpflanzung.

Dann würde die Welt im Übergang zum nächsten Jahrhundert, während wir allmählich von der Bildfläche verschwänden, in ihren natürlichen, ursprünglichen Zustand zurückkehren. Jedes Jahrzehnt wäre schöner als das vorhergehende. Die letzten Menschen hätten das unvergleichliche Erlebnis, den Garten Eden im Naturzustand zu erleben, und unsere Art würde verlöschen, ohne noch mehr ihrer irdischen Mitgeschöpfe mit sich zu reißen.

Widerstrebend musste ich ihm recht geben, zum Teil, weil die moderne Medizin unsere Lebenserwartung verlängert und die Kindersterblichkeit eingedämmt hat, aber vor allem, weil wir gelernt haben, mehr Nahrung anzubauen, als die Natur aus eigener Kraft erzeugen könnte, indem wir unsere Nutzpflanzen chemisch gepusht und genetisch manipuliert haben. Allein im 20. Jahrhundert hat sich die menschliche Bevölkerung *vervierfacht*. In der biologischen Geschichte hat das vermutlich vor uns noch nie eine Großtierart geschafft. Zusammen mit unserem Nutzvieh lassen wir allen anderen immer weniger Platz. Unsere gesamte Agrochemie, die ungeheure Mengen an fossilen Brennstoffen verbraucht, erwärmt unsere Atmosphäre und verschmutzt an den Mündungen der großen Ströme Meeresflächen von mehr als 200 000 Quadratkilometern.

Aber als ich ihm zuhörte, wurde mir klar, dass ich das Buch schrieb, weil ich mich mit dem Aussterben meiner Art noch nicht abgefunden hatte. Ich liebe Menschen – einige meiner besten Freunde gehören zur Spezies des Homo sapiens.

Mit einem Exemplar bin ich verheiratet. Ich denke, wir haben dasselbe Recht, hier zu sein, wie jede andere Art: Trotz der schrecklichen Exzesse, die auf unser Konto gehen, haben wir doch mit bildender Kunst, Musik, Literatur und Architektur viel Schönheit in die Welt gebracht. Vögel sind nicht die einzigen Geschöpfe, die singen können. Daher suchte ich nach einem goldenen Mittelweg zwischen seinem Rezept – keine Babys mehr – und dem, was wir taten.

Von der UN-Bevölkerungsabteilung erfuhr ich, dass pro Jahr die Bevölkerung des Planeten um rund 84 Millionen Menschen – Geburten minus Todesfälle – anwächst, eine Zahl, die mir nicht viel sagte. Mithilfe eines Taschenrechners teilte ich sie durch 365. Sofort erschien eine Zahl auf dem Display, die meine Leser und ich uns vorstellen konnten: Etwa alle vier Tage vermehren wir die Weltbevölkerung um eine Million Menschen. Das ist eindeutig mehr, als der Planet verkraften kann. Am Ende meines Gedankenexperiments über die Frage, was in einer Welt ohne uns geschehen würde, beschloss ich daher, noch ein weiteres anzufügen – eines, das mir erst zwei Wochen vor dem Abgabetermin des Manuskripts einfiel. Ich ließ die gesellschaftliche Problematik des Projekts für den Moment beiseite und fragte mich, was wäre, wenn die ganze Welt sich an der chinesischen Ein-Kind-Politik beteiligte?

»Das ist ein super Buch«, eröffnete der Moderator einer Radio-Talkshow in Bowling Green, Indiana, unser Gespräch. »Der Typ ist kein spinnerter Ökofreak, der euch Schuldgefühle einredet, weil ihr die Umwelt versaut. Er liefert euch nur alle diese irren Fakten und überlässt es euch, eure Schlüsse daraus zu ziehen. Aber eins kann ich Ihnen sagen«, meinte er zu mir, »hätte ich gewusst, worauf das Buch hinausläuft, hätte ich das verdammte Ding nie gelesen. Aber nach allem, was Sie berichtet haben, bevor sie mit diesem Bevölkerungskram kamen, war das ja wohl nur logisch: Auf einem Planeten, der nicht wächst, können wir nicht ewig wachsen.«

Mehr noch als New York City, das mit überraschendem

Tempo zerfällt, nachdem sein Wartungspersonal verschwunden ist, bot die Frage, die ich am Ende des Buchs offengelassen hatte, Anlass zu heftigen Diskussionen. Da Chinas Ein-Kind-Politik praktisch weltweit verurteilt wurde (sogar von den Chinesen selbst, wie man mir versicherte, als ich in Pekings Nationalbibliothek zu mehr als einer Milliarde Fernsehzuschauern sprach), fragten mich meine Leser immer wieder, ob es irgendeine humane Alternative für das Bevölkerungsproblem gäbe, bevor der Rest der Natur – und wir mit ihr – zugrunde gehen würden.

Tatsächlich gab es einige, wie ich während der nächsten Jahre entdecken sollte, als ich für mein nachfolgendes Buch *Countdown: Hat die Erde eine Zukunft?* Nachforschungen in 21 Ländern anstellte. Einige sind schon mit bemerkenswertem Erfolg in die Wege geleitet worden, wobei die wichtigste wohl die immer nachdrücklichere Forderung nach einer besseren Ausbildung für Mädchen und Frauen ist, die in vielen Kulturkreisen der Erde gestellt wird. In jedem Land, das ich besuchte, erwies sich der Schulbesuch von Mädchen als das wirksamste Verhütungsmittel. Da eine Ausbildung unzählige interessante, erstrebenswerte Möglichkeiten eröffnet, aber ein vernünftiger Beruf sich kaum ausüben lässt, wenn sieben Kinder an Mamas Rockzipfel hängen, bekommen Frauen mit einer höheren Schulbildung weltweit im Durchschnitt höchstens zwei Kinder. Wenn Empfängnisverhütungsmittel verfügbar sind – ein großes *Wenn* in vielen Ländern, sogar in Teilen meines eigenen – entscheidet sich die überwiegende Mehrheit gebildeter Frauen für ihre Verwendung, unabhängig von der Religion und ohne die Notwendigkeit politischen Zwangs.

Zwei Kinder ersetzen einfach ihre Eltern; bei zweien wächst die Bevölkerung also nicht. Ist die Durchschnittszahl kleiner, schrumpft sie. Da heute immer mehr Frauen Zugang zu Bildung und Empfängnisverhütung bekommen, liegt mehr als die Hälfte der Weltbevölkerung bei der »Ersetzungsrate« oder darunter, trotzdem sind wir auf dem Planeten noch weit von einem nachhaltigen Gleichgewicht entfernt. Und wie jeder weiß, der lesen kann, rutscht Grönlands Eisschild unaufhaltsam ins Meer. Uns läuft also die Zeit davon.

Ungeachtet unserer Fortschritte auf dem Gebiet sauberer Energiegewinnung steigen die Temperaturen noch immer und wir vermüllen den Planeten wie eh und je. Für mich waren die erfreulichsten Reaktionen auf *Die Welt ohne uns* das Verbot von Kunststoffflaschen und -tüten in zahlreichen Städten und sogar ganzen Ländern. Dabei berief man sich manches Mal auf mein häufig abgedrucktes Kapitel »Die Unvergänglichkeit der Polymere«, das den nordpazifischen Müllstrudel und das an den Stränden der Welt angeschwemmte Kunststoffgranulat einer breiten Öffentlichkeit zu Bewusstsein brachte. Ich war stolz darauf, dass eine meiner Schriften tatsächlich eine positive Veränderung bewirkt hatte – bis ich kürzlich veröffentlichten Industriedaten entnahm, dass sich seit Erscheinen meines Buchs im Jahr 2007 die Kunststoffmenge weltweit verdoppelt hat.

Im selben Zeitraum sind weitere 1,3 Milliarden Menschen hinzugekommen. Covid-19 und nachfolgende Pandemien, die sicherlich nicht auf sich warten lassen werden, gehören zu den Maßnahmen der Natur, mit denen diese unseren Exzessen Einhalt gebietet. Und sie hält noch andere Maßnahmen bereit: Wenn unser ständig wachsender CO_2-Ausstoß unsere Meere in Kohlensäure verwandelt, wird das Plankton, das gegenwärtig mehr als die Hälfte unseres Sauerstoffs produziert, eines Tages seine Toleranzgrenze erreichen. Wenn sonst nichts hilft, wird uns vielleicht Ersticken aus unserer Lethargie reißen.

Doch in der Zwischenzeit geben wir unser Bestes. Zwar sehe ich mich jetzt in dem unangenehmen Paradox gefangen, dass ich ein Teil des Problems bin, über das ich schreibe – ich betrüge die Natur, indem ich mich impfen lasse, damit ich weitermachen kann –, aber so lange wir da sind, ist noch Hoffnung. Mein nächstes Buch, in dem es um die Frage gehen wird, welche realistische Möglichkeit wir haben, die kommenden schwierigen Jahrzehnte zu überstehen, wird *Hope Dies Last* heißen und sich mit beispielhaften Menschen befassen, die unverdrossen nach einem Weg suchen, der uns in eine lebbare Zukunft führt. Als Journalist, der mehr als sechzig Länder und alle sieben Kontinente bereist hat, hatte ich nicht nur das Privileg, unendlich viel von diesem wunderbaren Planeten zu sehen, sondern auch Menschen voller Visionen und Ideen kennenzulernen, in deren Vokabular das Wort *unmöglich* nicht vorkommt. Immer wieder schöpfe ich Hoffnung, wenn ich sehe, wie sich solche Mitmenschen anschicken, der existenziellen Herausforderung, die vor uns liegt, mit Intelligenz, Phantasie und Hartnäckigkeit zu begegnen.

Eines ist gewiss: In dieser Welt, die jetzt schon aus allen Nähten platzt, werden wir mit einem einfachen »Weiter so!« nie ein vernünftiges Gleichgewicht mit dem Rest der Schöpfung erreichen, wenn uns nicht gelingt, was wir nie in unserer Geschichte oder Vorgeschichte in Betracht ziehen mussten: uns auf unsere irdischen Grenzen zu beschränken. Können wir das überhaupt?

Wir werden es nicht erfahren, wenn wir es nicht versuchen. Als ich einen dieser Visionäre fragte, warum er seine Bemühungen trotz der minimalen Erfolgsaussichten fortsetze, antwortete er: »Was soll ich denn sonst tun?«

Genau. Ans Werk.

Alan Weisman, 2022

Danksagung

Im Juli 2003 hatte ich genug davon zuzusehen, wie Dürre, Borkenkäfer und Brände große Teile jener Wälder Arizonas vernichteten, die seit Langem mein Zuhause waren. Daher ergriff ich die Flucht und suchte in der Hoffnung auf freundlichere Wetterverhältnisse das Hinterland New Yorks auf. Ich erreichte die Hütte eines Freundes am gleichen Abend wie der erste Tornado, der jemals die Catskill Mountains heimgesucht hatte. Am folgenden Tag, als wir überlegten, wie wir das zwei Meter lange Stück eines jungen Fichtenstamms, das den Dachüberstand wie ein Speer durchbohrt hatte, am besten entfernten, erhielt ich einen Anruf von Josie Glausiusz.

Josie, Redakteurin des *Discover Magazine,* hatte kürzlich einen Artikel noch einmal gelesen, den ich vor Jahren für *Harper's* geschrieben hatte. Dort hatte ich geschildert, wie rasch die Natur die Lücke füllte, welche die Menschen bei ihrer Flucht aus Tschernobyl hinterlassen hatten. Plutoniumverseucht oder nicht, das Ökosystem in der Umgebung des zerstörten Reaktors schien ohne uns besser zurechtzukommen. »Was wäre«, fragte sie mich, »wenn die Menschen *überall* verschwänden?«

Es war eine täuschend einfache Frage. Der Artikel, um den mich Josie bat, wuchs sich zum vorliegenden Buch aus, in dem ich versucht habe, mich etwas gründlicher mit ihrer Frage auseinanderzusetzen. Ich bin ihr dankbar, dass sie sie mir gestellt hat.

Mein Agent Nicholas Ellison erkannte nicht nur, dass es sich um den Stoff für ein hochinteressantes Buch handelte, sondern brachte mich auch mit dem richtigen Lektor zusammen, John Parsley bei Thomas Dunne Books/St. Martin's Press. Ich danke Nick und John für ihre professionelle Unterstützung und Hilfe.

Wer ein Buch darüber schreiben möchte, wie sich unser Planet ohne Menschen entwickeln würde, erfährt bald, dass sich ein solches Unterfangen nicht ohne die Hilfe einer großen Zahl von Menschen bewerkstelligen lässt. Von vielen war auf diesen Seiten die Rede und ich bin ihnen zu großem Dank verpflichtet, weil sie mir halfen, den Planeten mit ihren Augen, Herzen und Kenntnissen zu sehen. Wichtige Beiträge anderer wurden nicht explizit erwähnt, was aber nur aus Platzgründen geschah: Hätte ich alle diese Namen genannt, wäre das vorliegende Buch viermal so umfangreich geworden.

So gilt mein Dank Peter Jessop von Integrity Development and Construction in Amherst, Massachusetts, und seinen Kollegen Anna Novey, Kyle Wilson und Ben Goodale. Zusammen mit den Amherster Architekten Chris Riddle und Laura Fitch erläuterten sie mir die tragenden Elemente von Bauwerken, über die ich mir nicht im Entferntesten Gedanken gemacht hatte. Der Spaziergang durch Tucson, den ich mit der Architektin Erin Moore und Chris White, einem Prähistoriker am Arizona State Museum, unternahm, erwies sich als erhellend und zeigte mir, wie wenig ich von meiner eigenen Umwelt wahrgenommen hatte. In New York City vermittelten mir die Landschaftsarchitekten Laura Starr und Stephen Whitehouse, die gerade den Battery Park neu gestaltet hatten, viele Einsichten und noch mehr Fragen, denen ich auf den Grund zu gehen hatte, um Klarheit über das Schicksal von Gebäuden, Infrastruktur und Landschaftsentwicklung ohne fortdauernde menschliche Pflege und Wartung zu gewinnen.

Weiterhin danke ich Steve Clemants vom Brooklyn Botanical Garden, der sich die Zeit nahm, meine Fragen zu beantworten, ebenso Dennis Stevenson und Chuck Peters vom New York Botanical Garden und Barbara Thiers, der Direktorin des Herbariums. Jenseits des Parks, im Bronx Zoo, erwiesen sich Eric Sanderson und sein Mannahatta Project als eine ergiebige Quelle der Inspiration. Charles Seaton von den New Yorker Verkehrsbetrieben organisierte meine Expedition durch die U-Bahn, die Paul Schuber und Peter Briffa kompetent leiteten. Weitere Stunden verbrachte ich mit Jameel Ahmad, dem Direktor des Fachbereichs Tiefbau am Cooper Union College, sowie dem vielseitigen Wissenschaftler Tyler Volk und dem Physiker Marty Hoffert von der New York University. Und dank der Freundlichkeit und Geduld von Jerry Del Tufo weiß ich heute, dass eine Brücke weit mehr ist, als nur ein Mittel, um auf die andere Seite eines Flusses zu gelangen.

Die Ausmaße des Alls übersteigen unsere Vorstellungskraft; zum Glück habe ich einen wirklichen Fachmann als Nachbarn. Der Astrophysiker Jonathan Lunine von der University of Arizona ist wesentlich an den Forschungsarbeiten beteiligt, die unsere Erkenntnisse über die äußeren Planeten vorangebracht haben. Er vermag äußerst komplizierte kosmologische Sachverhalte auch für Laien verständlich zu erklären. Ihm verdanke ich auch die Idee, die Ausbreitung von Radiosignalen anhand der Fernsehserie *I Love Lucy* zu erläutern.

Frühere Aufträge führten mich an einige Orte, die zu Schauplätzen des vorliegenden Buches wurden, an anderen war ich noch nie zuvor gewesen. In Ecuador habe ich Gloria, Bartolo und Luciano Ushigua von der Gemeinschaft der Zapara zu danken. Für den Besuch des Bialowieza-Urwalds in Polen bzw. Weißrussland gilt mein Dank Andrzej Bobiec, Bogdan

Jaroszewicz und Heorhi Kazulka, die mir diese Landschaft nahegebracht haben.

Auf der Insel Zypern bereiste ich die Grüne Linie mit der freundlichen Erlaubnis von Wlodek Cibor, der der Friedenstruppe der Vereinten Nationen auf Zypern angehört. Asu Muhtaroglu vom Außenministerium des türkischen Teils Zyperns, der Botaniker Mustafa Kemal Merakli sowie der Maler und Gartenbauexperte Hikmet Uluçan zeigten mir Varoscha, Karpaz und vieles mehr. In Kyrenia gilt mein Dank Kenan Atakol vom CEVKOVA Environmental Protection Trust, Bertil Wedin, Felicity Alcock, dem verstorbenen Allan Cavinder und zu guter Letzt dem Amerikaner Anthony Weller – Konzertgitarrist, Journalist, Romancier und langjähriger Bewohner Zyperns – für seine unschätzbaren Ratschläge und Informationen.

In der Türkei bin ich Elif Shafak, einem anderen Romancier, für seine Hilfe und Anregungen sehr verpflichtet. Er hat mich ferner mit den Journalisten Eyüp Can und David Judson bekannt gemacht, Redakteuren der Istanbuler Zeitung *Referans*. Eyüp seinerseits brachte mich mit dem Kolumnisten Metin Münir zusammen. Ihnen verdanke ich Ideen, Mahlzeiten, Getränke und Freundschaftsbeweise. In Kappadokien brachte mich mein ausgezeichneter Führer Ahmet Sezgin im Nevşehir Museum mit dem Archäologen Murat Gulyaz zusammen. Melis Şenerdem, auch er ein brillanter Journalist, übersetzte meine Unterhaltung mit dem Sufi Meister Abdülhamit Çakmut von der Mevlana-Gesellschaft für Erziehung und Kultur.

David »Jonah« Westerns Beitrag beschränkt sich nicht nur auf anregende Diskussionen – und den Sitz in seiner Cessna –, sondern liegt auch in seinen Bemühungen, die Ökosysteme in Äquatorialafrika zu erhalten. Dank auch Samantha Russell und Zippy Wanakuta vom African Conservation Centre, Evans Mgwani von der University of Nairobi und Dr. Helen Gichohi von der African Wildlife Foundation.

Wichtige Hinweise auf umweltpolitische Probleme Afrikas verdanke ich dem Korrespondenten Paul Salopek von der *Chicago Tribune*, Kelly West vom ostafrikanischen Regionalbüro der World Conservation Union und Oscar Sims von Envision Multimedia. In Kenia zeigten mir mehrere Führer und Umweltschützer Tiere und Orte, die ich selbst nie gefunden hätte: David Kimani, Francis Kahuta, Vincent Kiama, Joe Njenga, Joseph Motongu, John Ahalo, die Vizedirektorin des Tsavo-Parks Kathryn Wambani, Lucy Makosi sowie in Masai Mara Lemeria Nchoe und Partois ole Santian.

In Tansania habe ich Joseph Bifa für die Informationen über die Olduvai-Schlucht und Browny Mtaki für die Führung durch die Serengeti zu danken. Karen Zwick und Michael Wilson vom Jane Goodall Institute in Kigoma und Gombe danke ich für ihre Gastfreundschaft und ausführlichen Informationen. Die Doktorandin Kate Detwiler hat mich mit einer hochinteressanten Theorie bekannt gemacht. Mein besonder Dank gilt dem Limnologen Andy Cohen von der University of Arizona, der mir mit seiner großen Erfahrung zu vielen wertvollen Anregungen verhalf.

Ich danke Paul Poulton von Rothamsted Research für die Informationen über das Archiv sowie Richard Bromilow und Steve McGrath für ihre Ausführungen über Bodenkunde. Das tiefere Verständnis für die Landschaft von Dartmoor wurde mir näher gebracht durch den Archäologen Tom Greeves von der Tavistock University und den Geografen Chris Caseldine von der University of Exeter. Von der Kunststoffbelastung an Englands Südküste erfuhr ich durch Richard Thompson von der University of Plymouth. Mein Dank gilt ihm, seinem Doktoranden Mark Browne und den amerikanischen Kunststoffexperten, die er mir empfahl: Tony Andrady vom North Carolina Research Triangle und John Moore von der Algalita Marine Research Foundation.

Ein Besuch des petrochemischen Industriekomplexes, der sich von Houston nach Galveston erstreckt, erwies sich als sehr kompliziert, weil man nur sehr schwer Zutritt bekommt. Daher danke ich Juan Parras von der Texas Southern University für die vielen Wege, die er für mich machte, und Umweltdirektor Max Jones von Texas Petrochemical und Valero Refining, Sprecher von Fred Newsome in Texas City, für die Offenheit, mit der sie mich empfingen. Über die Welt vor den petrochemischen Aktivitäten der Menschheit informierten mich zahlreiche Wissenschaftler und Umweltschützer: John Jacob vom Texas Coastal Watershed Program, Brandon Crawford von The Nature Conservancy, Sammy Ray von Texas A & M-Galveston und insbesondere Andy Sipocz von Texas Parks and Wildlife, seines Zeichens Biologe und Fachmann für Feuchtgebiete.

Weiter danke ich Karen Lutz von US Fish and Wildlife, Joe Leguerre vom Energieministerium, John Rampe, John Cors und Bob Nininger, alle von Kaiser-Hill, den Direktoren Dean Rundle und Matt Kales vom Wildpark Rocky Mountain Arsenal, dem panamaischen Anthropologen Stanley Heckadon Moreno vom Smithsonian Tropical Research Institute, der mich über den ökologischen Kontext des Panamakanals informierte, sowie Abdiel Pérez, Modesto Echevers, Johnny Cuevas und Bill Huff, die so freundlich waren, mir die Verhältnisse vor Ort zu zeigen. In den Northwest Territories flog und führte mich der Pilot »Tundra« Tom Faess durch Gegenden der kanadischen Wildnis.

Überaus beeindruckend war die Expedition mit dem Archäologen Arthur Demarest nach Dos Pilas in Guatemala. Nicht weniger bewegend war der Besuch Tschernobyls mit den Kernphysikern Andrij Demydenko und Wolodja Tychyi, dem Landschaftsarchitekten David Hulse, dem Systemanalytiker Kit Larsen und dem verstorbenen Umweltpädagogen John Baldwin von der University of Oregon. In der Antarktis, die ich vor einigen Jahren mit freundlicher Unterstützung der National Science Foundation und des *Los Angeles Times Magazine* bereiste, erläuterten mir der Physiker Ray Smith, die Biologin Barbara Prezelin, beide von der University of California in Santa Barbara, und der Molekularbiologe Deneb Karentz von der University of California in San Francisco ihre Forschungsarbeiten über die Zerstörung der Ozonschicht. Auf mehreren Reisen ins Amazonasgebiet konnte ich meine Kenntnisse dank dem Amphibien- und Reptilienforscher Bill Lamar vertiefen. Den Harvard Forest besichtigte ich mit David Foster, die Primärwälder in Oregon mit dem Geologen Fred Swanson vom US Forest Service sowie der Philosophin und Schriftstellerin Kathleen Dean Moore.

Außerordentlich hilfreich waren meine Interviews mit Doug Erwin von der Smithsonian Institution, einem Fachmann für Massensterben, mit der Biologin Diana Papoulias, einer Expertin für Fischzucht, dem Ethnobotaniker Gary Paul Nabhan, dem Materialkundler Enrique Medina, dem Sicherheitsingenieur Bob Roberts, dem »Müllologen« William Rathje von der Stanford University, dem Paläoornithologen David Steadman, dem Ornithologen Steve Hilty, Verfasser eines umfangreichen Vogelführers, und dem Biologen und Anthropologen Peter Warshall. Über die Vorgänge im Inneren eines Kernkraftwerks informierten mich David Lochbaum von der Union of Concerned Scientists, Alex Marion vom Nuclear Energy Institute, Mitch Singer, Sprecher des NEI, und Susan Scott vom Waste Isolation Pilot Project des amerikanischen Energieministeriums. Ich danke dem Arizona Public Service, dass er mir Zugang zur Palo Verde Nuclear Generating Station gewährte. Große Dankbarkeit und Bewunderung empfinde ich für Gregory Benford, Physiker an der University of California in Irvine und preisgekrönter Science-Fiction-Autor, der meinen Kenntnissen über Zeit, Vergangenheit und Zukunft auf die Sprünge half – keine leichte Aufgabe.

In Tucsons International Wildlife Museum, das von dem Paläontologen Richard White in vorbildlicher Weise geleitet wird, hat mich erstmals der Paläoökologe Paul Martin geführt, dem ich tiefe Einsichten über das Massensterben der amerikanischen Megafauna verdanke. C. Vance Haynes half mir, die verschiedenen konkurrierenden Theorien zu diesem Thema einzuordnen.

Überaus dankbar bin ich Jeremy Jackson und Enric Sala, dass sie mich 2005 zu einer Expedition der Scripps Institution of Oceanography auf die Line Islands (Zentralpolynesische Sporaden) im Südpazifik einluden. Auf dieser Reise haben viele Menschen zur Vertiefung meiner Kenntnisse beigetragen: der Forscher Stuart Sandin, die Mikrobiologen Rob Edwards, Olga Pantos und vor allem Forest Rohwer von der San Diego State University, der Biologe Machel Malay, David Obura, Fachmann für Korallenriffe vom CORDIO-Programm, Jim Maragos von US Fish and Wildlife, die Ichthyologen Edward DeMartini von der National Oceanic and Atmospheric Administration und Alan Friedlander vom Oceanic Institute Hawaii, die Meeresbotanikerin Jennifer Smith von der University of California in Santa Barbara, Liz Dinsdale, eine Expertin für Korallenkrankheiten von der James Cook University in Australien, sowie die Doktoranden Steve Smriga und Melissa Roth. Dank auch an andere Reisebegleiter: Mike Lang, zuständig für die Sicherheit der Tauchgänge, den Filmemacher Soames Summerhays und den Fotografen Zafer Kizilkaya. Alex Wegman in Palmyra unterrichtete mich über die terrestrische Atollökologie. Nicht zuletzt bin ich Vincent Backen und seiner Besatzung von der *White Holly* verpflichtet.

Ich verdanke meine Informationen über Methaneinschlüsse und Kohlenstofflagerung Charles Bryer, Hugh Guthrie und Scott Klara vom National Energy and Technology Laboratory in Morgantown, West Virginia, sowie David Hawkins vom National Resources Defense Council, über die verstümmelte Bergwelt West Virginias Susan Lapis von South Wings und Judy Bonds von der Coal River Mountain Watch, über die gesundheitlichen Folgen der Agrarchemie der Kodirektorin Monica Moore vom Pesticide Action Network of North America, über die Verweildauer von Metalllegierungen David Olson, dem Direktor der Colorado School of Mines, über die Cassini-Mission der Astrophysikerin Carolyn Porco, über die Gefahren und Grenzen von Virenerkrankungen Dr. Thomas Ksiazek, Leiter der Abteilung für spezielle Pathogene an den Centers for Disease Control, und Dr. Jeff Davis, Leiter der Gesundheitsbehörde von Wisconsin, über das Schicksal unserer Toten Michael Mathews von der University of Minnesota und Michael Wilk von der Wayne State University, über Bestattungstechniken Michael Pazar von den Wilbert Funeral Services.

Als äußerst anregend erwiesen sich die Interviews mit dem Oxford-Wissenschaftler Nick Bostrom. Für die spirituelle Perspektive sorgten die Rabbiner Michael Grant und Baruch Clein, Reverend Rodney Richards, Todd Strandberg von Rapture Ready, Sufi Abdülhamit Çakmut, Reverend Hyon Gak Sunim und der Dalai Lama. Ähnlich profund waren die Ansichten von Les U. Knight von VHEMT und Dave Foreman vom Rewilding Institute. Besonders dankbar bin ich Dr. Wolfgang Lutz vom Weltbevölkerungsprogramm und Dr. Sergeji Scherbow vom Wiener Institut für Demografie der Österreichischen Akademie der Wissenschaften, die mir halfen, ihre Formeln in verständliche Zahlen zu übersetzen – Zahlen, mit denen wir, ganz wörtlich, leben könnten. Wir alle.

Zu großem Dank verpflichtet bin ich ferner Jacqueline Sharkey, der Direktorin des Fachbereichs Journalistik an der University of Arizona, und dem Center for Latin American Studies der Universität, dass sie mich ermutigten, mein jährliches Seminar über internationalen Journalismus mit meinen Recherchen in Panama zu verbinden. Ebenso wäre meine Reise nach Ecuador ohne die Hilfe der Gastproduzentin Nancy Hand sowie meiner ständigen Partner bei Homelands Productions – Sandy Tolan, Jon Miller und Cecilia Vaisman – kaum möglich gewesen.

Viele andere Freunde, Bekannte und Kollegen hatten entscheidenden Anteil am Zustandekommen des vorliegenden Buches. Für ihre Ratschläge, kritischen Anmerkungen, moralische Unterstützung und Gastfreundschaft danke ich Alison Deming, Jeff Jacobson, Marnie Andrews, Drum Hadley, Rebecca West, Mary Caulkins, Karl Kister, Jim Schley, Barry Lopez, Debra Gwartney, Chuck Bowden, Mary Martha Miles, Bill Wing, Terri Windling, Bill Posnick, Pat Lanier, Constanza Vieira, Diana Hadley, Tom Miller, Ted Robbins, Barbara Ferry, Dick Kamp, Jon Hipps, Caroline Corbin, Clark Strand, Perdita Finn, Molly Wheelwright, Marvin Shaver, Joan Kravetz und ganz besonders Julie Kentnor für ihre unermüdlichen Recherchen. In diese Liste gehören auch ganze Familien: Nubar Alexanian, Rebecca Koch und Abby Koch Alexanian; Karen, Benigno, Elias und Alma Sanchez-Eppler; Rochelle, Peter, Brian und Pahoua Hoffman.

Es folgt eine gewaltige Untertreibung: Ohne meine Frau Beckie wäre dieses Buch niemals zustande gekommen.

Und gleich noch eine weitere: Die Menschheit in ihrer Gesamtheit ist unzähligen anderen Arten zu Dank verpflichtet. Ohne sie könnten *wir* nicht existieren. So einfach ist das. Wir können es uns nicht leisten, sie zu vernachlässigen – so wenig wie wir die Erde vernachlässigen dürfen, die uns alle hervorbringt und am Leben erhält. Die Erde könnte ohne uns sein, aber wir nicht ohne sie.

Literatur

Addiscott, T. M., *Nitrate, Agriculture, and the Environment*. Wallingford, Oxfordshire, U.K.: CABI Publishing, 2005.

Andrady, Anthony, (Hrsg.), *Plastics and the Environment*. Hoboken: John Wiley & Sons, Inc., 2003.

Audubon, John James, *Ornithological Biography, or an Account of the Habits of the Birds of the United States of America*. Edinburgh: Adam Black, 1831 (*Audubons Vögel*. München: Ars Edition, 1996).

Benford, Gregory, *Deep Time*. New York: Avon Books, 1999.

Bobiec, Andrzej, *Preservation of a Natural and Historical Heritage as a Basis for Sustainable Development: A Multidisciplinary Analysis of the Situation* in *Bialowieža Primeval Forest, Poland*. Narewka, Poland: Society for Protection of the Bialowieža Primeval Forest (TOPB), 2003.

Cantor, Norman, *In the Wake of the Plague: The Black Death, and the World It Made*. New York: Free Press, 2001.

Colborn, Theo, John Peterson Myers und Dianne Dumanoski, *Our Stolen Future: Are We Threatening Our Own Fertility, Intelligence, and Survival? – A Scientific Detective Story*. New York: Dutton, 1996 (*Die bedrohte Zukunft. Gefährden wir unsere Fruchtbarkeit und Überlebensfähigkeit?* München: Droemer Knaur, 1996).

Colinvaux, Paul, *Why Big Fierce Animals Are Rare: An Ecologist's Perspective*. Princeton, N.J.: Princeton University Press, 1978.

Cronon, William, *Changes in the Land: Indians, Colonists, and the Ecology of New England*. New York: Hill and Wang, 1983.

Cronon, William, (Hrsg.), *Uncommon Ground: Rethinking the*

Human Place in Nature. New York: W. W. Norton & Company, 1995.
Crosby, Alfred W., *Ecological Imperialism (Second Edition)*. Cambridge: Cambridge University Press, 2004 (*Die Früchte des weißen Mannes. Ökologischer Imperialismus 900–1900*. Frankfurt/Main: Campus, 1991).
Demarest, Arthur, *Ancient Maya: The Rise and Fall of a Rainforest Civilization*. Cambridge: Cambridge University Press, 2004.
Department of Economic and Social Affairs, Population Division, United Nations, *World Population Prospects: The 2004 Revision Highlights*. New York: United Nations, February 2005, vi (*Aktuelle Aspekte des Weltbevölkerungsprozesses. Regionalisierte Ergebnisse der UN World Population Prospects 2004*. Wiesbaden: BiB, Bundesinstitut für Bevölkerungsforschung, 2005).
Depleted Uranium Education Project, *Metal of Dishonor, Depleted Uranium: How the Pentagon Radiates Soldiers and Civilians with DU Weapons (Second Edition)*. New York: International Action Center, 1997.
Dixon, Douglas, *After Man: A Zoology of the Future*. New York: St. Martin's Press, 1981.
Dreghorn, William, *Famagusta and Salamis: A Guide Book*. Leefkosa, Northern Cyprus: K. Rustem and Bros., 1985.
Dreghorn, William, *A Guide to the Antiquities of Kyrenia*. Nicosia: Halkin Sesi, 1977.
Dyke, George V., *John Lawes of Rothamsted: Pioneer of Science, Farming and Industry*. Harpenden: Hoos, 1993.
Erwin, Douglas, *Extinction: How Life on Earth Nearly Ended 250 Million Years Ago*. Princeton, N.J.: Princeton University Press, 2006.
Evans, W. R., und A. M. Manville II, (Hrsg.), *Transcripts of Proceedings of the Workshop on Avian Mortality at Communication Towers*. August 11, 1999, Ithaca, N.Y.: Cornell University, 2000, im Internet unter http://www.towerkill.com/ und http://migratorybirds. fws.gov/issues/towers/agenda.html.
Flannery, Tim, *The Eternal Frontier: An Ecological History of North America and Its Peoples*. Melbourne: The Text Publishing Company, 2001.
Flannery, Tim, *The Future Eaters: An Ecological History of the*

Australasian Lands and People. Sydney: Reed Books/New Holland, 1994.

Foreman, Dave, *Rewilding North America: A Vision for Conservation in the 21st Century*. Washington D.C.: Island Press, 2004.

Foster, David R., *Thoreau's Country: Journey Through a Transformed Landscape*. Cambridge: Harvard University Press, 1999.

Garrett, Laurie, *The Coming Plague*. New York: Farrar, Straus and Giroux, 1994 (*Die kommenden Plagen. Neue Krankheiten in einer gefährdeten Welt*. Frankfurt/Main: Fischer, 1996).

Hall, Eric J., *Radiation and Life*. London: Pergamon, 1984.

Hilty, Steven L., und William L. Brown, *Birds of Colombia*. Princeton N.J.: Princeton University Press, 1986.

Hoffecker, John, *Twenty-Seven Square Miles: Landscape and History at Rocky Mountain Arsenal National Wildlife Refuge*. U.S. Fish and Wildlife Service, 2001.

Jefferson, Thomas, *Notes on the State of Virginia, 1787*. Chapel Hill: University of North Carolina Press, 1982.

Kain, Roger, und William Ravenhill, (Hrsg.), *Historical Atlas of South-West England*. Exeter: University of Exeter Press, 1999.

Koester, Craig, *Revelation and the End of All Things*. Grand Rapids, Mich.: Wm. B. Eerdmans Publishing Company, 2001.

Kurtén, Björn, und Elaine Anderson, *Pleistocene Mammals of North America*. New York: Columbia University Press, 1980.

Kurzweil, Ray, *The Singularity Is Near: When Humans Transcend Biology*. New York: Viking, 2005.

Langewiesche, William, *American Ground: Unbuilding the World Trade Center*. New York: North Point Press, 2002.

Leakey, Richard, und Roger Lewin, *The Sixth Extinction: Patterns of Life and the Future of Humankind*. New York: Doubleday, 1995 (*Die sechste Auslöschung. Lebensvielfalt und die Zukunft der Menschheit*. Frankfurt/Main: Fischer, 1996).

LeBlanc, Steven A., *Constant Battles*. New York: St. Martin's Press, 2003.

Lehmann, Johannes, et al., *Amazonian Dark Earths: Origin, Properties, Management*. Dordrecht, Boston, London: Kluwer Academic, 2003.

Leslie, John, *The End of the World: The Science and Ethics of Human Extinction*. London: Routledge, 1996.

Lovelock, James, *The Ages of Gaia: A Biography of Our Living Earth*. New York: W. W. Norton & Company, 1988.

Lovelock, James, *Gaia: A New Look at Life on Earth*. Oxford: Oxford University Press, 1979 (*Unsere Erde wird überleben. GAIA, eine optimistische Ökologie*. München: Heyne, 1984).

Lovelock, James, *The Revenge of Gaia*. London: Allen Lane/ Penguin Books, 2006.

Lunine, Jonathan I., *Earth: Evolution of a Habitable World*. Cambridge: Cambridge University Press, 1999.

Mann, Charles C., *1491: New Revelations of the Americas Before Columbus*. New York: Alfred A. Knopf, 2005.

Marcó del Pont Lalli, Raúl, (Hrsg.), *Electrocución de Aves en Líneas Eléctricas de México: Hacia un Diagnóstico y Perspectivas de Solución*. México, D.F.: INE-Semarnat, 2002.

Martin, Paul, *The Last 10 000 Years: A Fossil Pollen Record of the American Southwest*. Tucson, Ariz.: The University of Arizona Press, 1963.

Martin, Paul, *Twilight of the Mammoths: Ice Age Extinctions and the Rewilding of America*. Berkeley, Calif.: University of California Press, 2005.

Martin, Paul, und H. E. Wright, (Hrsg.), *Pleistocene Extinctions: The Search for a Cause*. New Haven, Conn.: Yale University Press, 1967.

McCullough, David, *Path Between the Seas: The Creation of the Panama Canal 1870–1914*. New York: Simon & Schuster, 1977 (*Sie teilten die Erde*. München: Scherz, 1978).

McGrath, S. P., und P. J. Loveland, *The Soil Geochemical Atlas of England and Wales*. London: Blackie Academic and Professional, 1992.

McKibben, Bill, *The End of Nature, 10th Anniversary Edition*. New York: Doubleday/Anchor Books, 1999.

Moorehead, Alan, *The Fatal Impact: The Invasion of the South Pacific 1767–1840*. New York: Harper & Row, 1967.

Moulton, Daniel, und John Jacob, *Texas Coastal Wetlands Guidebook*. Texas Parks & Wildlife, o. J.

Muller, Charles, *The Diamond Sutra*. Toyo Gakuen University, Copyright 2004, http://www.hm.tyg.jp/~acmuller/bud-canon/diamond_sutra.html.

Mwagore, Dali, (Hrsg.), *Land Use in Kenya: The Case for a*

National Land Use Policy. Nakuru, Kenya: Kenya Land Alliance, o. J.
Mycio, Mary, *Wormwood Forest: A Natural History of Chernobyl.* Washington D.C.: Joseph Henry Press, 2005.
Outwater, Alice, *Water: A Natural History.* New York: Basic Books, 1996.
Ponting, Clive, *A Green History of the World.* London: Sinclair-Stevenson, 1991.
Potts, Richard, *Humanity's Descent: The Consequences of Ecological Instability.* New York, William Morrow & Co., 1996.
Rackham, Oliver, *Ancient Woodland: Its History, Vegetation and Uses in England.* London: E. Arnold, 1980.
Rackham, Oliver, *The Illustrated History of the Countryside.* London: Weidenfeld & Nicolson Ltd., 1994.
Rackham, Oliver, *Trees and Woodland in the British Landscape.* London: Dent, 1990.
Rathje, William, und Cullen Murphy, *Rubbish! The Archeology of Garbage.* Tucson, Ariz.: University of Arizona Press, 2001 *(Müll. Eine archäologische Reise durch die Welt des Abfalls.* München: Goldmann, 1994).
Rees, Martin, *Our Final Hour.* New York: Basic Books, 2003 (*Unsere letzte Stunde. Warum die moderne Naturwissenschaft das Überleben der Menschheit bedroht.* München: Bertelsmann, 2003).
Rothamsted Experimental Station, *Rothamsted: Guide to the Classical Field Experiments.* Harpenden, Hertsfordshire, U.K.: AFRC Institute of Arable Crops Research, 1991.
Safina, Carl, *Eye of the Albatross.* New York: Henry Holt and Company, 2002.
Safina, Carl, *Song for the Blue Ocean.* New York: Henry Holt and Company, 1998.
Sagan, Carl, F. D. Drake, Ann Druyan, Timothy Ferris, Jon Lomberg und Linda Salzman Sagan, *Murmurs of Earth: The Voyager Interstellar Record.* New York: Random House, 1978.
Schama, Simon, *Landscape and Memory.* New York: Alfred A. Knopf, 1995 (*Der Traum von der Wildnis. Natur als Imagination.* München: Kindler, 1996).
Simmons, Alan, *Faunal Extinction in an Island Society: Pygmy Hippopotamus Hunters of Cyprus.* New York: Kluwer Academic/Plenum Publishers, 1999.

Steadman, David, und Jim Mead, (Hrsg.), *Late Quaternary Environments and Deep History: A Tribute to Paul Martin*. Hot Springs, S. Dak.: The Mammoth Site of Hot Springs, South Dakota, Inc., 1995.

Stewart, George R., *Earth Abides*. New York, Houghton Miflin Company, 1949 (*Leben ohne Erde*. München: Bertelsmann, 1982).

Strum, Shirley C., *Almost Human: A Journey into the World of Baboons*. New York: Random House, 1987 (*Leben unter Pavianen. Fünfzehn Jahre in Kenia*. Wien: Zsolnay, 1990).

The Texas State Historical Association, *The Handbook of Texas Online*. Austin, Tex.: University of Texas Libraries and the Center for Studies in Texas History, 2005, http://www.tsha.utexas.edu/handbook/online/index.html.

Thomas, Jr., William L., *Man's Role in Changing the Face of the Earth*. Chicago: University of Chicago Press, 1956.

Thorson, Robert M., *Stone by Stone: The Magnificent History in New England's Stone Walls*. New York: Walker & Company, 2002.

Todar, Kenneth, *Online Textbook of Bacteriology*. Madison, Wisc.: University of Wisconsin, Department of Bacteriology, 2006, http://textbookofbacteriology.net.

Turner, Raymond, H. Awala Chung, und Jeanne Turner, *Kenya's Changing Landscape*. Tucson, Ariz.: University of Arizona Press, 1998.

Wabnitz, Colette, et al., *From Ocean to Aquarium*. Cambridge, U.K.: UNEP World Conservation Monitoring Centre, 2003.

Ward, Peter, und Donald Brownlee, *The Life and Death of Planet Earth*. New York: Henry Holt and Company LLC, 2002.

Ward, Peter, und Alexis Rockman, *Future Evolution*. New York: Times Books, 2001.

Weiner, Jonathan, *The Beak of the Finch: A Story of Evolution in Our Time*. New York: Alfred A. Knopf, 1994 (*Der Schnabel des Finken oder Der kurze Atem der Evolution*. München: Droemer Knaur, 1994).

Western, David, *In the Dust of Kilimanjaro*. Washington, D.C.: Island Press, 1997.

Wilson, Edward. O., *The Diversity of Life (1999 Edition)*. New York: W. W. Norton & Company, 1999 (*Die Welt der Vielfalt.*

Die Bedrohung des Artenreichtums und das Überleben des Menschen. München: Piper, 1995).
Wilson, Edward. O., *The Future of Life*. New York: Alfred A. Knopf, 2002 (*Die Zukunft des Lebens*. München: Goldmann, 2004).
Wrangham, Richard, und Dale Peterson, *Demonic Males: Apes and the Origins of Human Violence*. New York: Panther/ Houghton Miflin Company, 1996 (*Bruder Affe. Menschenaffen und die Ursprünge menschlicher Gewalt*. München: Hugendubel, 2001).
Yurttą Şükruü, *Cappadocia*. Ankara: Rekmay Ltd., o. J.
Zimmerman, Dale, Donald Turner, und David Pearson, *Birds of Kenya and Northern Tanzania*, Princeton, N.J.: Princeton University Press, 1999.

Wie mächtige Netzwerke den Klimaschutz sabotieren

© Cover- und Preisänderungen vorbehalten

Die Klimaschmutzlobby

Wie Politiker und Wirtschaftslenker die Zukunft unseres Planeten verkaufen

Piper Taschenbuch, 320 Seiten
ISBN 978-3-492-31502-9

Der Klimawandel bedroht uns alle. Trotzdem steigen die CO2-Emissionen ungebremst. Dieses Buch zeigt, wie Klimaschutz-Gegner seit Jahrzehnten den dringend nötigen Systemwechsel in Europa und den USA verhindern. Sie sitzen in neoliberalen Thinktanks, rechtspopulistischen Parteien und auch in Regierungen. Ihr ständiger Widerstand gegen Erneuerbare Energien, Verkehrswende und nachhaltige Landwirtschaft hat bereits großen Schaden angerichtet – darum wird es höchste Zeit, sie zu enttarnen.

PIPER

Leseproben, E-Books und mehr unter www.piper.de

Die Zeit reicht nicht aus – niemals

Cover- und Preisänderungen vorbehalten

4000 Wochen

Das Leben ist zu kurz für Zeitmanagement

Aus dem Englischen von Heide Lutosch und Henning Dedekind

Piper, 304 Seiten
ISBN 978-3-492-05816-2

Gerade einmal 4000 Wochen haben wir auf der Erde, und das auch nur, wenn wir um die achtzig werden. Kein Wunder, dass wir unaufhörlich versuchen, möglichst viel in diese kurze Zeit hineinzupressen. Dabei verlieren wir genau die Dinge aus dem Blick, die uns wirklich wichtig sind und uns vor allem glücklich machen. Oliver Burkeman führt geistreich und kurzweilig vor, wie wir dem Zeit- und Effizienzdruck widerstehen – und damit der Kürze und den Möglichkeiten unseres Lebens gerecht werden können.

Leseproben, E-Books und mehr unter www.piper.de